轻松学

黑客攻防

曹汉鸣 主编

东南大学出版社
·南 京·

内容简介

本书是《轻松学》系列丛书之一。全书以通俗易懂的语言、翔实生动的实例，全面介绍了黑客攻防实用技巧的相关知识。本书共分10章，内容涵盖了黑客入门知识、获取和扫描信息、常见密码攻防技术、系统漏洞攻防技术、常见木马攻防技术、网络应用攻防技术、远程控制攻防技术、入侵检测和清理痕迹、脚本攻击技术、防范黑客技巧等内容。

全书双栏紧排，双色印刷，同时配以制作精良的多媒体互动教学光盘，方便读者扩展学习。附赠的DVD光盘中包含15小时与图书内容同步的视频教学录像和5套与本书内容相关的多媒体教学视频。此外，光盘中附赠的云视频教学平台（普及版）能够让读者轻松访问上百GB容量的免费教学视频学习资源库。

本书面向电脑初学者，是广大电脑初中级用户、家庭电脑用户，以及不同年龄阶段电脑爱好者的首选参考书。

图书在版编目(CIP)数据

黑客攻防／曹汉鸣主编. —南京：东南大学出版社，2014.4

ISBN 978-7-5641-4042-7

Ⅰ. ①黑… Ⅱ. ①曹… Ⅲ. ①计算机网络—安全技术 Ⅳ. ①T393.08

中国版本图书馆CIP数据核字(2014)第025962号

黑客攻防

出版发行 东南大学出版社
社　　址 南京市四牌楼2号　**邮编** 210096
出 版 人 江建中
网　　址 http://www.seupress.com
电子邮箱 press@seupress.com
经　　销 全国各地新华书店
印　　刷 江苏徐州新华印刷厂
开　　本 787mm×1092mm　1/16
印　　张 13
字　　数 315千
版　　次 2014年4月第1版
印　　次 2014年4月第1次印刷
书　　号 ISBN 978-7-5641-4042-7
定　　价 39.00元

丛书序

《轻松学》系列丛书挑选了目前人们最关心的方向，通过实用精炼的讲解、大量的实际应用案例、完整的多媒体互动视频演示、强大的网络售后教学服务，让读者从零开始、轻松上手、快速掌握，力求让所有人都能即学即用，真正做到满足工作和生活的需要。

丛书、光盘和网络服务特色

（1）双栏紧排，双色印刷：本丛书采用双栏紧排的格式，使图文排版紧凑实用，其中200多页的篇幅容纳了传统图书一倍以上的内容，从而在有限的篇幅内为读者奉献更多的电脑知识和实战案例，让读者的学习效率达到事半功倍的效果。

（2）结构合理，内容精炼：本丛书紧密结合自学的特点，由浅入深地安排章节内容，让读者能够一学就会、即学即用。书中通过添加大量的“注意事项”和“专家指点”的注释方式突出重要知识点，使读者轻松领悟每一个知识点的精髓所在。

（3）书盘结合，互动教学：丛书附赠一张精心开发的多媒体教学光盘，其中包含了15小时左右与图书内容同步的视频教学录像。光盘采用全程语音讲解、真实详细的操作演示等方式，紧密结合书中的内容对各个知识点进行深入的讲解。

（4）免费赠品，量大超值：附赠光盘采用大容量DVD格式，收录书中实例视频、源文件以及3～5套与本书内容相关的多媒体教学视频。此外，光盘中附赠的云视频教学平台（普及版）能够让读者轻松访问上百GB容量的免费教学视频学习资源库。让读者花最少的钱学到最多的电脑知识，真正做到物超所值。

（5）在线服务，贴心周到：本丛书通过技术交流QQ群（101617400、2463548）和精心构建的特色服务论坛（http://bbs.btbook.com.cn），为读者24小时提供便捷的在线服务。用户可以登录官方论坛下载大量免费的网络教学资源。

读者对象和售后服务

本丛书是广大电脑初中级用户、家庭电脑用户和不同年龄阶段电脑爱好者，或学习某一应用软件用户的首选参考书。

感谢您对本丛书的支持和信任，我们将再接再厉，继续为读者奉献更多更好的优秀图书，并祝愿您早日成为电脑高手！

如果您在阅读图书或使用电脑的过程中有疑惑或需要帮助，可以通过我们的邮箱（E-mail：easystudyservice@126.net）联系，本丛书的作者或技术人员会提供相应的技术支持。

丛书编委会

2014年3月

前言

电脑操作已经成为当今社会不同年龄层次的人群必须掌握的一门技能。为了使读者在短时间内轻松掌握电脑各方面应用的基本知识，并快速解决生活和工作中遇到的各种问题，我们组织了一批教学精英和业内专家特别为电脑学习用户量身订制了这套《轻松学》系列丛书。

《黑客攻防》是这套丛书中的一本，该书从读者的学习兴趣和实际需求出发，合理安排知识结构，由浅入深、循序渐进，通过图文并茂的方式讲解黑客攻击和防范黑客攻击的各种应用方法。全书共分为10章，主要内容如下：

第1章：介绍了黑客的基础入门知识。

第2章：介绍了在黑客攻防中信息数据的获取与扫描技巧。

第3章：介绍了在黑客攻防中密码的攻击与防御技巧。

第4章：介绍了在黑客攻防中系统安全漏洞的攻击与防御技巧。

第5章：介绍了在黑客攻防中木马的攻击与防御技巧。

第6章：介绍了在网络应用中的攻击与防御技巧。

第7章：介绍了在黑客攻防中远程控制技术及防御技巧。

第8章：介绍了在黑客攻防中的入侵检测和清理痕迹的技巧。

第9章：介绍了在黑客攻防中脚本攻击技术。

第10章：介绍了防范黑客的实用技巧。

本书附赠一张精心开发的DVD多媒体教学光盘，其中包含了15小时左右与图书内容同步的视频教学录像。光盘采用全程语音讲解、情景式教学、真实详细的操作演示等方式，紧密结合书中的内容对各个知识点进行深入的讲解。让读者在阅读本书的同时，享受到全新的交互式多媒体教学。

此外，本光盘附赠大量学习资料，其中包括5套与本书内容相关的多媒体教学视频和云视频教学平台(普及版)。该平台能够让读者轻松访问上百GB容量的免费教学视频学习资源库，使读者在短时间内掌握最为实用的电脑知识，真正达到无师自通的效果。

除封面署名的作者外，参加本书编写的人员还有王毅、孙志刚、李珍珍、胡元元、金丽萍、张魁、谢李君、沙晓芳、管兆昶、何美英等人。由于作者水平有限，本书难免有不足之处，欢迎广大读者批评指正。我们的联系邮箱是 easystudyservice@126.net。

编　者

2014年3月

第4章 系统漏洞攻防技术

第5章 常见木马攻防技术

第6章 网络应用攻防技术

第1章

黑客入门知识

说起网络安全，大多数人会自然而然地联想到黑客，并将黑客与盗取资料、破解密码、破坏网络安全等行为联系起来。其实黑客并不完全是网络上的"破坏者"，也有一部分是网络中的"保护者"。

参见随书光盘

例 1-1　查看系统中开放的端口
例 1-2　关闭系统中指定的端口
例 1-3　限制访问系统中指定端口
例 1-4　使用 ping 命令查看网络
例 1-5　使用 netstat 命令查看网络
例 1-6　启动 telnet 功能
例 1-7　查看 IP 地址
例 1-8　安装虚拟机
例 1-9　创建虚拟机
例 1-10　在虚拟机中安装系统
例 1-11　打开系统防火墙

1.1 认识黑客

黑客最早源自英文hacker，原指热心于计算机技术，水平高超的电脑专家，尤其是程序设计人员。但到了今天，黑客一词已被用于泛指那些专门利用电脑网络搞破坏或恶作剧的家伙。对这些人的正确英文叫法是Cracker，有人翻译成“骇客”。

1.1.1 黑客简介

“黑客”一词是由英语hacker音译出来的，“黑客”拼做“heike”。黑客伴随着计算机和网络的发展而产生并成长，精通各种编程语言和系统，泛指擅长IT技术的人群、计算机科学家。

黑客所做的不是恶意破坏，他们是一群纵横于网络的技术人员，热衷于科技探索、计算机科学研究。在黑客圈中，hacker一词无疑是带有正面的意义。

黑客最早出现于20世纪50年代。最早的计算机于1946年在宾夕法尼亚大学诞生，而最早的黑客出现于麻省理工学院，以及贝尔实验室。

1994年以来，因特网在全球的迅猛发展为人们提供了方便、自由和无限的财富，政治、军事、经济、科技、教育、文化等各个方面都越来越网络化，并且逐渐成为人们生活、娱乐的一部分。可以说，信息时代已经到来，信息已成为物质和能量以外维持人类社会的第三资源，它是未来生活中的重要介质。随着电脑的普及和因特网技术的迅速发展，黑客也随之出现了。

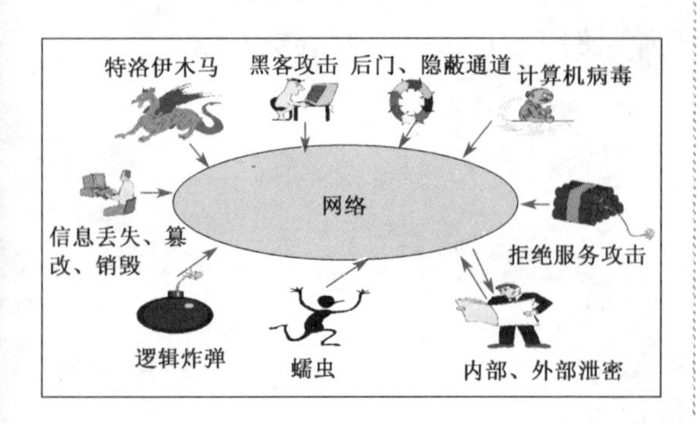

1.1.2 黑客的特点

现如今，黑客已经不是以前那种少数个体，而是已经发展成网络上的一个独特的群体。他们有着与常人不同的理想和追求，有着自己独特的行为模式，网络上现在出现了很多由一些志同道合的人组织起来的黑客组织。

1. 黑客的行为

黑客行为（hack）在英文中意为“劈、砍及游荡、闲逛”，因此黑客即指在网络中游荡并破除其前进障碍的人。其行为特点有以下几种。

- 学习技术：互联网上的新技术一旦出现，黑客就立刻学习，并用最短的时间掌握、深入了解此项技术。
- 伪装自己：黑客的一举一动都会被服务器记录下来，所以需要伪装自己的IP地址、使用跳板逃避跟踪、清理记录扰乱对方搜索等，使得对方无法识别其真实身份。
- 发现漏洞：黑客要经常学习发现的漏洞，并寻求未知漏洞，寻找有价值、可被利用的漏洞进行试验，最终通过漏洞进行破坏或者修补。

2. 黑客的区别

随着计算机网络的日益发展，黑客文化也随之产生了。并非所有的人都能恪守黑客文化的信条专注于技术的探索。恶意的计算机网络破坏者、信息系统的窃密者随后层出不穷。人们把这部分主观上有恶意企图的人称为“骇客”（Cracker），试图区别于

"黑客",同时也诞生了诸多的黑客分类方法。

3. 黑客基本技能

必须掌握一定的技能才能成为一名黑客。这些技能基本包括以下几项。

- 英文基础:因为大多资料和教程都是英文版本,包括新闻和使用的软件也都是英文,而且也可以浏览国外网络安全网站。
- 软件基础:掌握日常使用的电脑命令,如 ftp、ping、net 命令等;掌握端口扫描器、漏洞扫描器、信息截获工具等工具。
- 网络协议:了解 TCP/IP 协议、网络传递信息方式、客户端浏览器申请等内容。
- 编程基础:学习 C 语言、ASP 和 CGI 脚本语言,对 HTML 超文本语言和 PHP、Java 等有所了解。
- 网络应用:包括服务器后台程序,如 wuftp、Apache 等服务器;网上流行的各种论坛和社区。

4. 黑客攻击目的

黑客攻击的目的主要是为了窃取信息,获取口令,获得超级用户权限。其中,窃取信息是黑客最主要的目的。攻击目的包括以下几点。

- 执行进程:黑客使用木马程序执行非法进程,入侵到用户启动的程序后台加载的进程中。
- 窃取信息:黑客登录目标主机,或使用网络监听进行攻击,复制用户目录下文件系统中的用户名和密码。
- 取得权限:黑客只要获取到主机的超级用户权限,就可以更加随心所欲地控制这台电脑了。
- 非法访问:在许多系统和网络中其他用户的访问都是被禁止的。黑客对其系统进行攻击只是为了得到访问的权限。
- 不许可的操作:用户都会有允许和不允许访问的资源,并受到许多的限制。黑客会寻找管理员在设置中的漏洞或者突破系统安全防线来获取超出允许的权限。
- 拒绝服务:是一种破坏行为,方式为向服务器发送大量无意义请求,使其系统关键资源过载,从而停止部分或全部服务。
- 修改信息:修改、更换或删除用户重要信息,导致操作失误,造成巨大损失。
- 暴露信息:使用系统攻击时,可能会暴露黑客的身份和地址。因此窃取到信息时黑客会将信息发送到一个公开的 FTP 站点,之后再从这个站点取走信息。所以,这些信息可能会被公开并被扩散出去。

1.2 使用 IP 地址和端口

在网络中需要给电脑指定一个号码,用于区别不同的计算机,这个号码就是"IP 地址"。电脑上有很多端口,但是这些端口大部分都是关闭的,每个网络连接都需要使用到一个端口。

1.2.1 IP 地址的种类

IP 地址就像家庭地址一样,当需要写信给他人时,就要知道其地址。计算机发送信息时也必须知道地址。

IP 地址格式一般为:a. b. c. d(0≤a, b, c, d≤255)。该格式为点分十进制,如 218.242.161.231。例如,一个用二进制形式记录的 IP 地址表示为:11000000.10011110.00000011.00000101。以 192.168 开头的是局域网的 IP 地址。

每个 IP 地址分为网络地址和主机地址两部分。同一个物理网络上的所有主机都使用同一个网络地址，而同一个网络上的每一个主机都有一个主机地址与其对应。

- A 类 IP 地址：由 1 字节的网络地址和 3 字节主机地址组成，网络地址最高位是"0"，范围：1.0.0.1～126.255.255.254。可用的 A 类网络有 126 个，每个网络能容纳 1 677 214 台主机。
- B 类 IP 地址：由 2 字节的网络地址和 2 字节的主机地址组成，最高位是"10"，范围：128.0.0.1～191.255.255.254。可用的 B 类网络有 16 384 个，每个网络能容纳 65 534 台主机。
- C 类 IP 地址：由 3 字节的网络地址和 1 字节的主机地址组成，最高位必须是"110"，范围：192.0.0.1～223.255.255.254。C 类网络可达 2 097 152 个，每个网络能容纳 254 台主机。
- D 类 IP 地址：第一个字节以"1110"开始，范围：224.0.0.1～239.255.255.254。这是一个专门保留的地址，并不指向特定网络，目前这类地址被用在多点广播中。
- E 类 IP 地址：仅作实验和开发而保留，以"11110"开始。全 0(0.0.0.0)的 IP 地址指任意网络，全 1(255.255.255.255)的 IP 地址是当前子网广播地址。

A 类地址前 8 位为网络地址，后 24 位为主机地址；B 类地址前 16 位为网络地址，后 16 位为主机地址；C 类地址前 24 位为网络地址，后 8 位为主机地址。

1.2.2 IP 地址的组成

通常情况下，一个完整 IP 地址是由 IP 地址（网络地址＋主机地址）、子网掩码、默认网关和 DNS(域名系统)这几部分组成。

- 子网掩码：不能单独存在，必须结合 IP 地址一起使用。子网掩码只有一个作用，就是将某个 IP 地址划分成网络地址和主机地址两部分。
- 默认网关：用于 TCP/IP 协议的配置项，是一个可直接到达 IP 路由器的 IP 地址。就好像一个房间可以有多扇门一样，一台主机可以有多个网关。现在主机使用的网关都是指默认网关。
- DNS：域名系统(Domain Name System)的英文缩写。因特网中，域名与 IP 地址之间是一对一或多对一的关系，域名虽然便于记忆，但电脑间只能互相识别 IP 地址。DNS 就是用于电脑间转换工作的域名解析服务器。

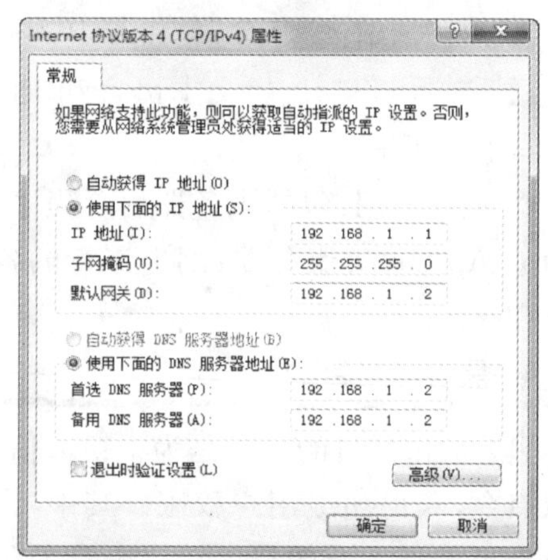

1.2.3 端口的分类

在 Windows 系统中，端口是通过端口号进行标记的，端口号只有整数，从 0 到 65535。

- 公认端口(Well Known Ports)：指用户所熟知的端口号，范围从 0～1023，紧密绑定于一些服务。通常，这些端口的通信明确表明了某些服务的协议。
- 注册端口(Registered Ports)：端口号为 1024～49151，松散地绑定于一些服务。这些端口用于许多其他目的，但不是所有的端口都有对应的服务，有些需要用户自行分配。例如，腾讯 QQ 就是 4000 端口。

端 口	作 用
21 端口	FTP:下载、上传
23 端口	Telnet:远程登录,入侵后留下后门木马
79 端口	Finger Service:获取用户信息
80 端口	HTTP:服务器
110 端口	POP:接收电子邮件
139(445)端口	NetBIOS:共享,远程登录
135 端口	RPC:远程溢出漏洞端口
3389 端口	Windows 2000:超级终端

- 动态/私有端口(Dynamic/Private Ports):端口号为 49152～65535。理论上不应为服务分配这些端口。实际机器通常从 1024 起分配动态端口而不被人们注意,容易隐藏。例如,SUN 的 RPC 端口是从 32768 开始的。

1.2.4 设置指定端口

在 Windows 系统中,可以进行查看、关闭、限制指定端口的操作。

1. 查看系统开放的端口

在 Windows 系统中,使用自带的 netstat 命令查看自己系统端口的状态,了解系统当前开放了哪些端口。

【例 1－1】在命令提示符中查看系统中开放的端口。视频

01 按 Win＋R 组合键,弹出【运行】对话框,在【打开】文本框中输入“cmd”命令,单击【确定】按钮。

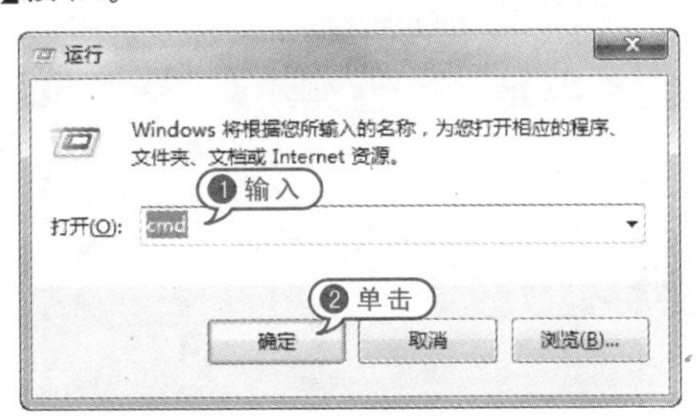

02 弹出【命令提示符】对话框,在弹出的【命令提示符】对话框中,输入“netstat -a -n”命令。

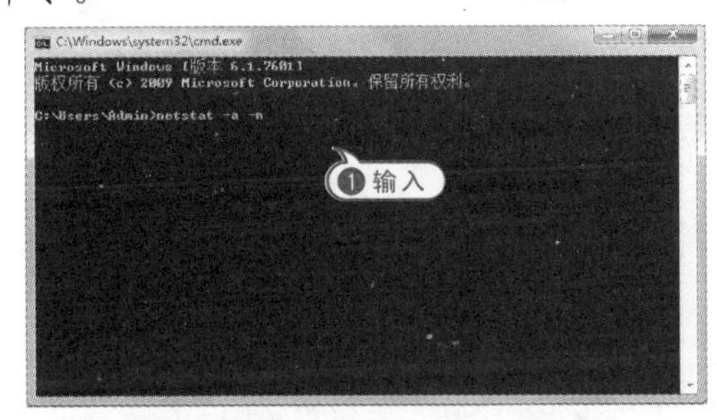

03 按 Enter 键,稍等片刻,即可看到在下方列出以数字形式显示的 TCP 和 UDP 连接的端口号及其端口状态。

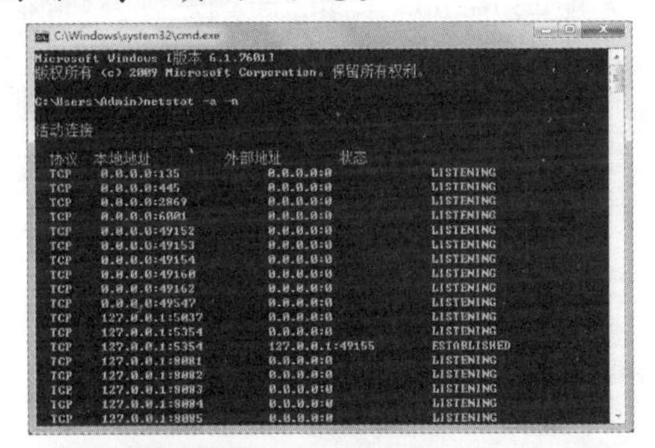

2. 关闭访问指定的端口

在系统默认情况下,许多没用的端口或不安全的端口是开启的,可以将这些端口关闭。

【例 1－2】在计算机系统中关闭指定的端口。视频

01 单击【开始】按钮,右击【计算机】选项,在弹出的菜单中,选择【管理】命令。

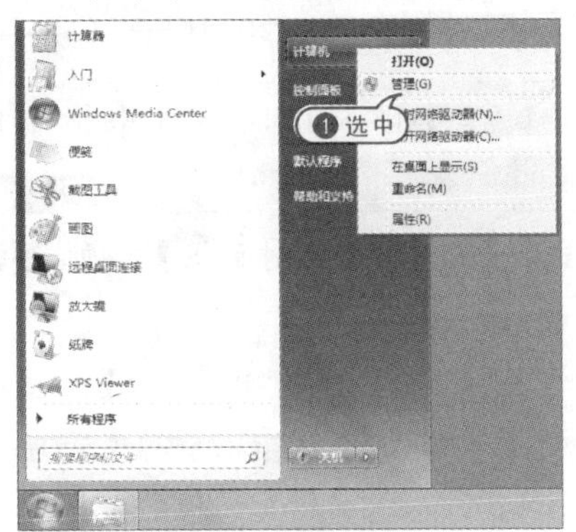

02 弹出【计算机管理】对话框，在左侧窗格选择【服务和应用程序】|【服务】选项，弹出【服务】窗格。

03 在【服务】窗格中，双击【Remote Registry】服务项。

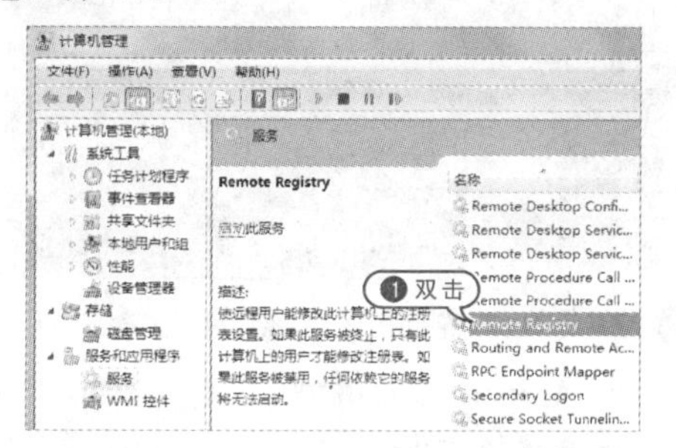

04 弹出【Remote Registry 的属性】对话框。在【启动类型】下拉列表框中选择【禁用】选项，单击【确定】按钮，禁用该服务选项。

3. 限制访问指定的端口

利用限制访问指定的端口，同样可以关闭端口。如黑客常利用 3389 端口远程控制用户主机，可限制访问该端口。

【例 1－3】限制访问系统中指定的端口。视频

01 选择【开始】|【控制面板】选项，弹出【控制面板】对话框。

02 单击【查看方式】按钮，选择【大图标】命令，单击【管理工具】链接，弹出【管理工具】窗口。

03 双击【本地安全策略】图标，弹出【本地安全策略】对话框。

04 右击【IP 安全策略，在本地计算机】选项，在弹出的菜单中选择【创建 IP 安全策略】命令。

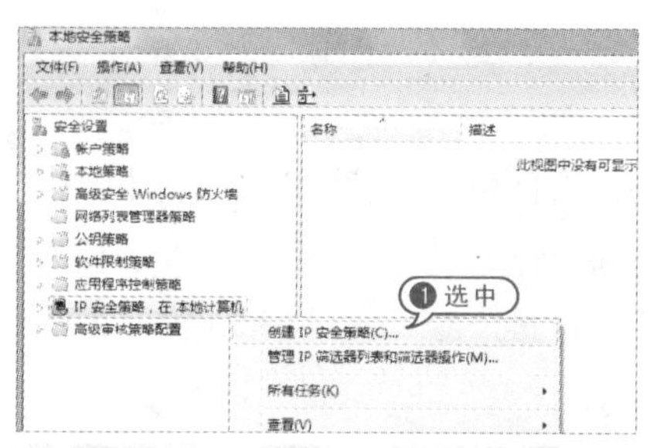

05 弹出【IP 安全策略向导】对话框，单击【下一步】按钮。

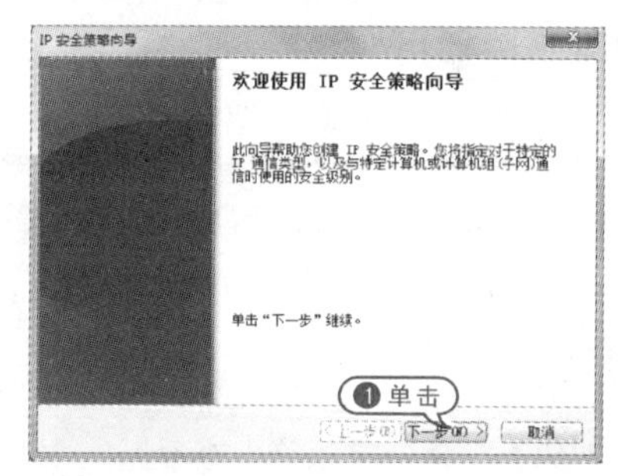

06 跳转到【IP 安全策略名称】页面，在【名称】文本框中输入“限制访问 3389 端口”，单击【下一步】按钮。

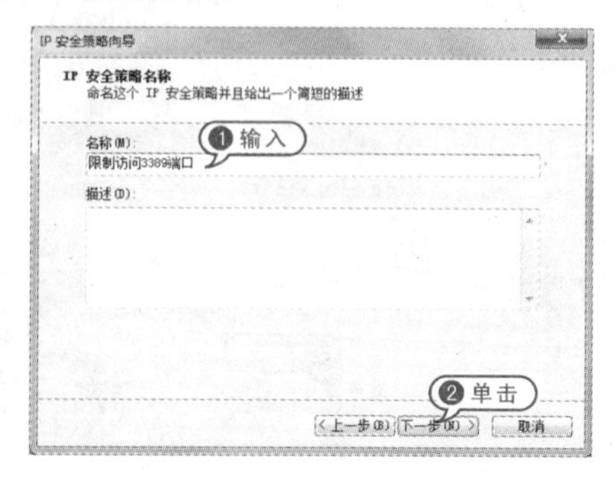

07 转到【安全通讯请求】页面，单击【下一步】按钮。

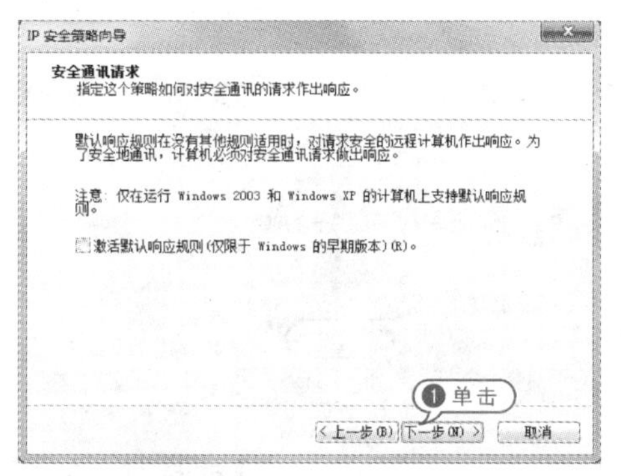

08 转到【正在完成 IP 安全策略向导】页面，单击【完成】按钮。

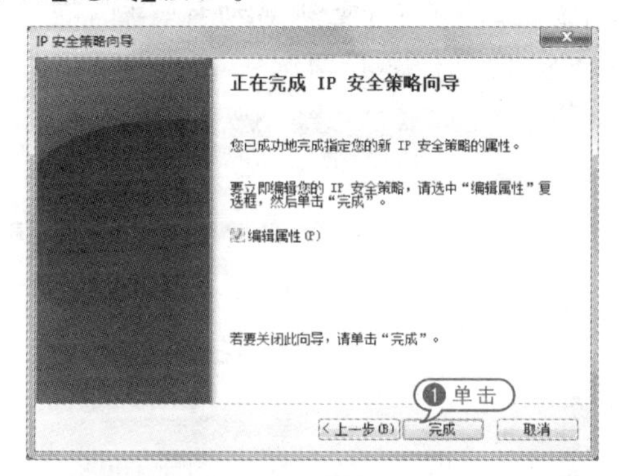

09 弹出【限制访问 3389 端口 属性】对话框，取消选中的【使用"添加向导"】复选框，单击【添加】按钮。

10 弹出【新规则 属性】对话框。在【IP 筛选器列表】选项卡中单击【添加】按钮，弹出【IP 筛选器列表】对话框，取消选中的【使用"添加向导"】复选框，单击【添加】按钮。

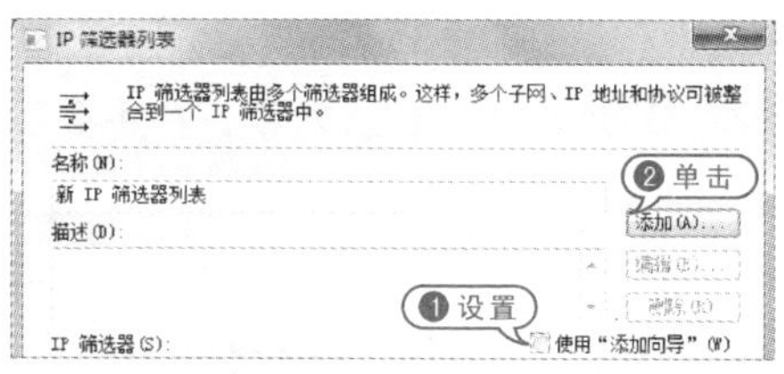

11 弹出【IP 筛选器 属性】对话框，在【源地址】下拉列表框中选择【任何 IP 地址】选项，在【目标地址】下拉列表框中选择【我的 IP 地址】选项。

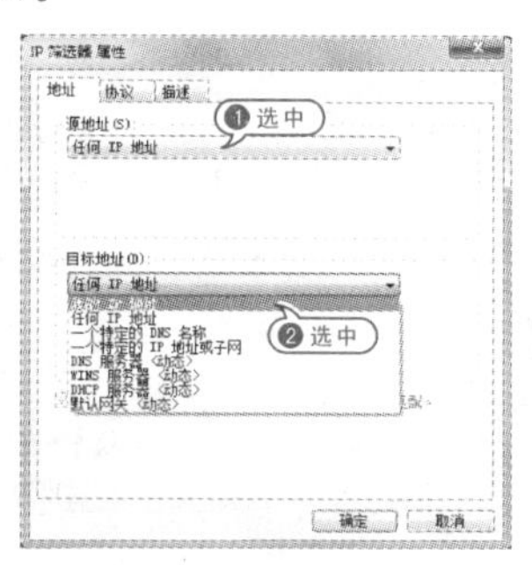

12 选择【协议】选项卡，在【选择协议类型】下拉列表框中选择【TCP】选项，选择【从任意端口】和【到此端口】单选按钮，在文本框中输入"3389"，单击【确定】按钮。

13 返回【新规则 属性】对话框，在【IP 筛选器列表】选项卡中选择【新 IP 筛选器列表】单选按钮。

14 选中【筛选器操作】选项卡，取消选中的【使用“添加向导”】复选框，单击【添加】按钮。

15 弹出【新筛选器操作 属性】对话框，在【安全方法】选项卡中，选中【阻止】单选按钮，单击【确定】按钮。

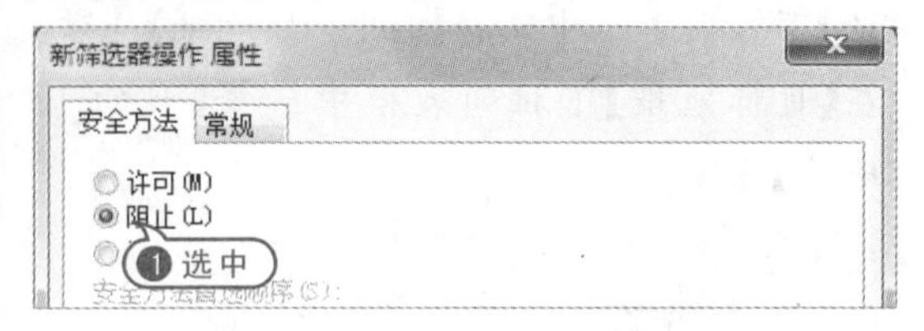

16 返回【新规则 属性】对话框，在【筛选器操作】选项卡中，选中【新筛选操作】单选按钮，单击【关闭】按钮。

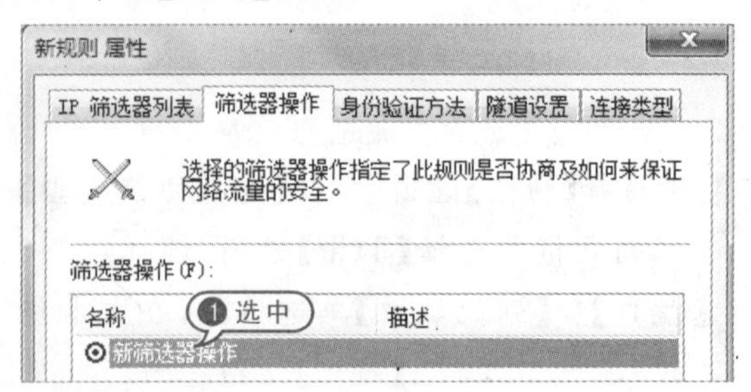

17 返回【限制访问3389端口 属性】对话框，选中【新IP筛选器列表】复选框，单击【确定】按钮。

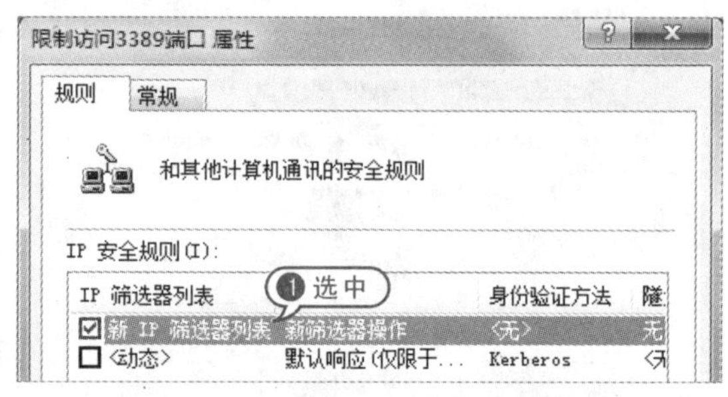

18 返回【本地安全策略】对话框，右击【限制访问3389端口】选项。在弹出的菜单中选中【分配】命令，重新启动计算机，即可阻止对3389端口的访问。

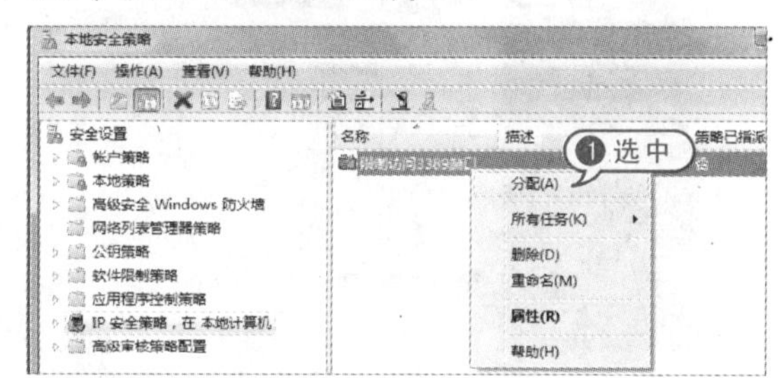

1.3 黑客常用术语和命令

想要成为一名黑客，必须要了解黑客常用的一些术语和命令，并且熟练地掌握这些命令的使用方法。

1.3.1 黑客常用术语

下面详细介绍黑客领域中经常使用的一些专业术语。

- 肉鸡：比喻那些可以随意被黑客控制的电脑或者服务器，而不被发觉。
- 木马：表面上伪装成了正常程序，当被程序运行时，就会获取系统的整个控制权限。
- 网页木马：将木马程序的代码插入到正常网页文件中。网页木马会利用系统或浏览器的漏洞自动将配置好的木马服务端下载到访问者的电脑上，并自动执行。
- 后门：入侵者在成功地控制了目标主机后，在对方的系统中植入特定的程序，或者是修改某些设置。这些改动是很难被察觉的。大多数的“特洛伊”木马程序都可以被入侵者用于制作后门。
- IPC：是为了让进程间通信而开放的命名通道，可以通过验证用户名和密码获得相应的权限，在远程管理计算机和查看计算机的共享资源时使用。
- 弱口令：指强度不够、易被猜解的口令(密码)，如123，abc。
- 默认共享：Windows 2000/XP/2003系统开启共享服务时，会自动开启所有硬盘的共享。因为加了 $ 符号，所以看不到共享的托手图标，也称为隐藏共享。

- Shell：是一种命令执行环境，如按下 Win+R 组合键时出现【运行】对话框，在其中输入“cmd”会出现一个用于执行命令的黑窗口，这个就是 Windows 的 Shell 执行环境。
- WebShell：是以 ASP、PHP、JSP 或者 CGI 等网页文件形式存在的一种命令执行环境，也可以将其称为一种网页后门。
- 溢出：确切地讲，应该是“缓冲区溢出”，就是程序对接受的输入数据没有执行有效的检测而导致错误，后果可能是造成程序崩溃或者是执行攻击者的命令。溢出大致分为堆溢出和栈溢出。
- 注入：用户提交一段数据库查询代码，根据程序返回的结果，获得想要知道的数据，这个就是所谓的 SQL 注入。
- 注入点：是可以实行注入的地方，通常是一个访问数据库的链接。根据注入点数据库的运行账号的权限的不同，所得到的权限也不同。
- 内网：通俗地讲，就是局域网，如网吧、校园网、公司内部网等。IP 在 10.0.0.0～10.255.255.255，172.16.0.0～172.31.255.255，192.168.0.0～192.168.255.255 三个范围之内，就说明处于内网之中。
- 外网：直接连入互联网，可以与互联网上的任意一台电脑互相访问。
- 免杀：通过加壳、加密、修改特征码、加花指令等技术来修改程序，使其逃过杀毒软件的查杀。
- 加壳：利用特殊的算法，将 EXE 可执行程序或 DLL 动态链接库文件的编码进行改变（比如实现压缩、加密），以达到缩小文件体积或者加密程序编码，甚至是躲过杀毒软件查杀的目的。
- 花指令：就是几句汇编指令，让汇编语句进行一些跳转，使得杀毒软件不能正常地判断病毒文件的构造。

1.3.2 ping 命令

ping 是用来检查网络是否畅通及网络连接速度的命令。对一个网络管理员或者黑客来说，ping 是第一个必须掌握的 DOS 命令。

【例 1-4】在命令提示符中使用 ping 命令查看网络。视频

01 按 Win+R 组合键，弹出【运行】对话框。

02 在【打开】文本框中输入“cmd”命令，单击【确定】按钮，弹出【命令提示符】对话框。

03 在【命令提示符】对话框中，输入命令，格式为“ping + 空格 + IP 地址”，如“ping 192.168.1.2”。

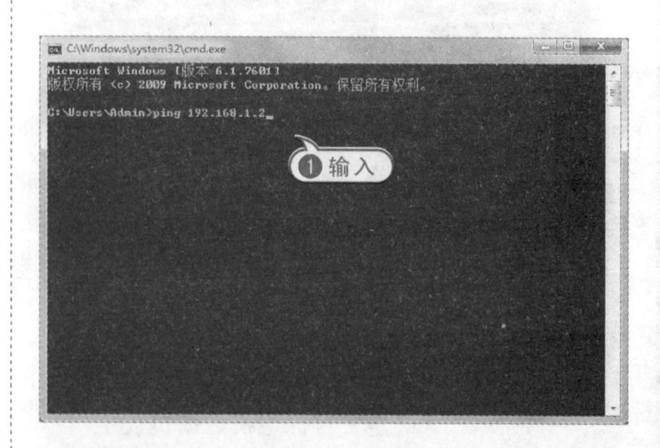

04 按 Enter 键，若显示“来自……”则表示两台计算机之间是连通的。

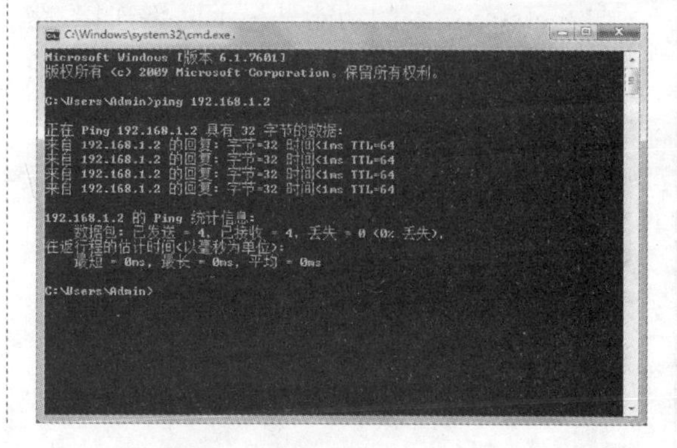

05 按 Enter 键，若显示“请求超时”或“无法访问目标主机”的信息，则表示两台计算机之间不能连通。

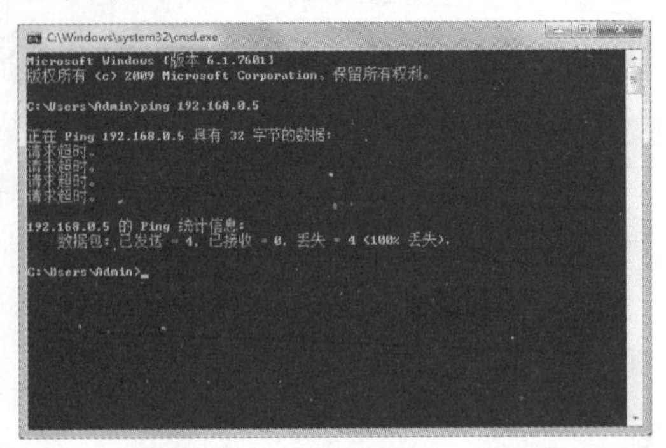

06 也可以输入“ping＋空格＋网站地址”格式来测试本机与某个服务器的连通状态。

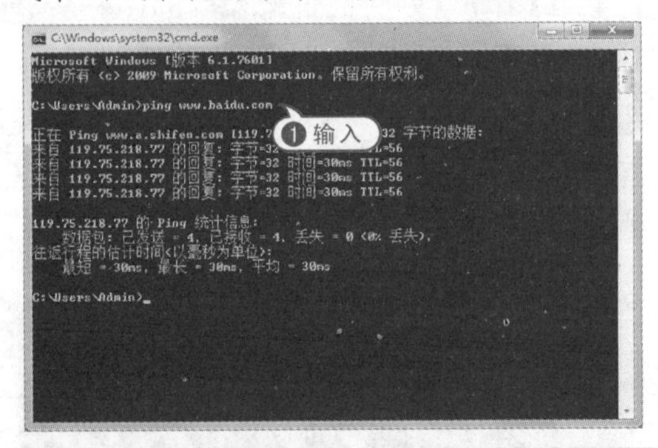

参　数	作　用
-t	不停地向目标主机发送数据
-a	解析计算机 NetBIOS 名
-n count	由 count 指定 ping 的次数
-l size	定义目标主机数据包大小

1.3.3 netstat 命令

netstat 命令的功能是显示网络连接、路由表和网络接口信息，可以让用户得知目前都有哪些网络连接正在工作。

【例 1－5】在【命令提示符】中使用 netstat 命令查看网络连接。视频

01 按 Win＋R 键，弹出【运行】对话框。

02 在【打开】文本框中输入“cmd”命令，单击【确定】按钮，弹出【命令提示符】对话框。

03 在【命令提示符】对话框中，输入“netstat”命令，按 Enter 键，查看协议统计和当前的 TCP/IP 网络连接。

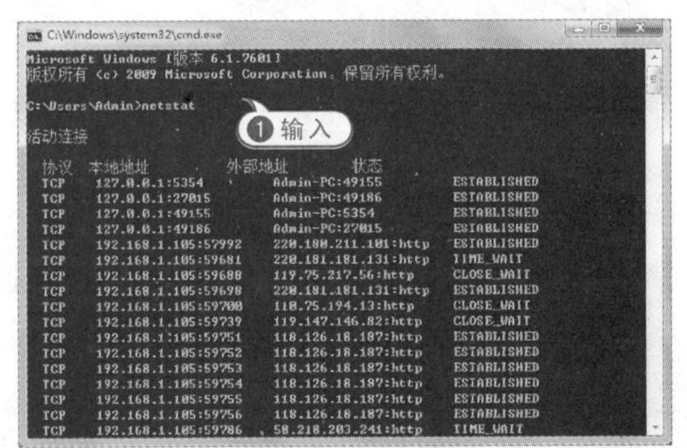

参　数	作　用
-a	显示所有 socket，包括正在监听的
-c	每隔 1 秒就重新显示一遍，直到用户中断它
-i	显示所有网络接口的信息
-n	以网络 IP 地址代替名称，显示出网络连接情形
-r	显示核心路由表的内容
-t	显示 TCP 协议的连接情况
-u	显示 UDP 协议的连接情况
-v	显示正在进行的工作

1.3.4 tracert 命令

tracert 命令的作用是判定数据包到达目的主机所经过的路径，显示数据包经过的中继节点清单及到达时间。

参　数	作　用
-j host-list	显示经过的主机列表
target_name	显示目标主机名称或 IP

1.3.5 net 命令

net 命令是一种基于网络的命令，属于命令行命令。该命令可以管理网络服务、用户、登录等本地以及远程信息，可以轻松地管理本地或者远程计算机的网络环境，以及各种服务程序的运行和配置。

参　数	作　用
net computer	从数据库中添加或删除电脑
net file	显示某服务器上所有打开的共享文件及锁定文件数
net session	列出或断开本地电脑及与之连接的客户端会话
net share	创建、删除或显示共享资源
net start|stop	启动、停止网络服务
net view	显示一台电脑上的共享资源
net user	增加、创建或修改用户账户

1.3.6 telnet 命令

telnet 命令允许用户使用 telnet 协议在远程计算机之间进行通信，用户可以通过网络在远程计算机上登录，就像在本地电脑上一样执行各种操作。

【例 1－6】启动 telnet 功能。视频

01 选择【开始】|【控制面板】选项。在【控制面板】窗口中单击【程序】图标。

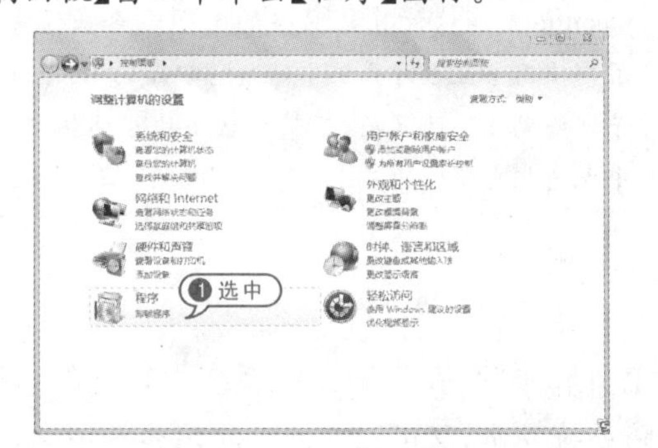

02 弹出【程序】对话框，选择【打开或关闭 Windows 功能】选项。

03 弹出【Windows 功能】对话框，选择【Telnet 客户端】复选框，单击【确定】按钮。

04 弹出【Microsoft Windows】对话框，等待几分钟至对话框消失，telnet 即可使用。

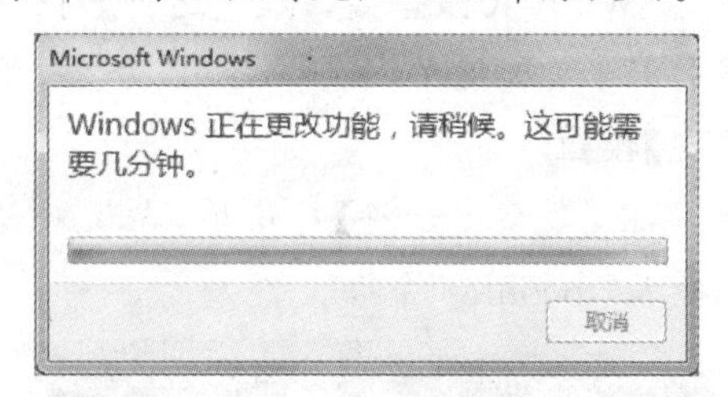

05 按 Win+R 组合键，弹出【运行】对话框。在【打开】文本框中输入“cmd”命令，单击【确定】按钮，打开【命令提示符】窗口。输入“telnet 192. 168. 1. 380”命令，按 Enter 键，telnet 可以正常使用。

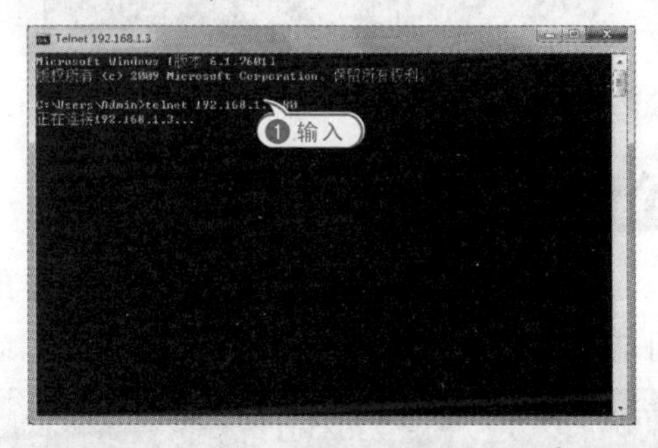

1.3.7 FTP 命令

FTP 用于因特网上控制文件的双向传输。它也是一个应用程序。用户可以把自己的计算机与世界各地所有运行 FTP 协议的服务器相连，即可访问服务器上信息以及下载文件、上传文件、创建或改变服务器上的目录。

参 数	作 用
-d	将调试信息发送给 syslogd 守护进程
-v	显示远程服务器全部响应，并提供数据传输的统计信息

1.3.8 ipconfig 命令

ipconfig 命令用于显示所有当前的 TCP/IP 网络配置值、刷新动态主机配置协议(DHC)和域名系统(DNS)设置。

【例 1-7】查看 IP 地址。视频

01 按 Win+R 组合键，弹出【运行】对话框，在【打开】文本框中，输入“cmd”命令，单击【确定】按钮。

02 弹出【命令提示符】对话框，在该对话框中，输入“ipconfig”命令。

03 按 Enter 键，即可查看本地计算机的 IP 地址、子网掩码和默认网关。

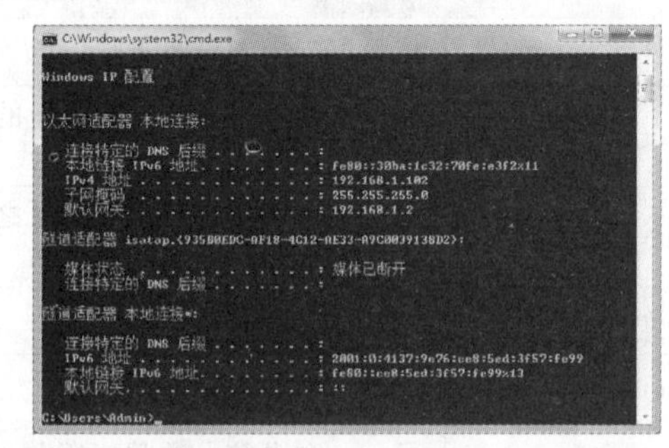

04 输入命令“ipconfig/all”命令，按 Enter 键，即可查看本地计算机完整的 TCP/IP 配置信息。

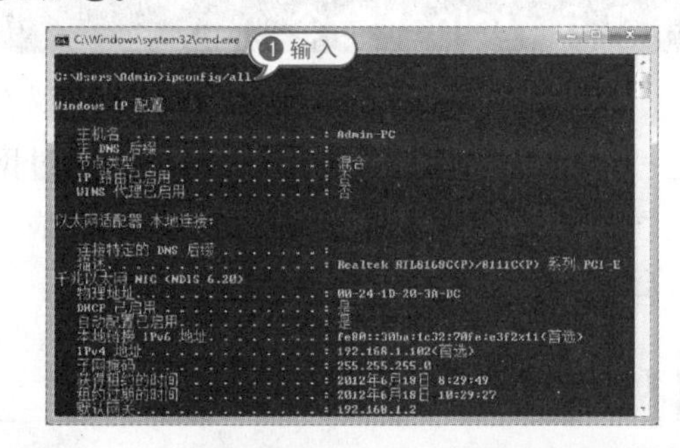

注意事项

ipconfig 是调试计算机网络的常用命令。通常，用户使用它显示计算机中网络适配器的 IP 地址、子网掩码及默认网关，而带参数用法在网络应用中也是相当便捷的。

1.4 使用虚拟机

黑客攻击受到很多因素的影响，同样的攻击工具和步骤，在不同操作系统中得到的结果可能不同。所以构建一个虚拟测试环境，既能保障系统安全，又可以方便学习黑客知识。

1.4.1 安装虚拟机

测试系统就是在电脑中模拟出一台或多台虚拟电脑，可以在虚拟的电脑中配置一切真实电脑所具备的硬件。

【例 1-8】安装虚拟机。视频

01 双击【VMware 8.0】软件安装程序，开始进行程序安装。

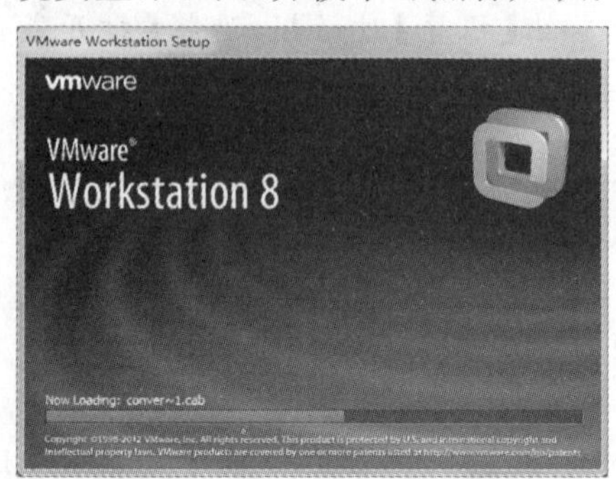

02 在【开始安装】界面单击【Next】按钮，选

择安装方式，单击【Custom】按钮。

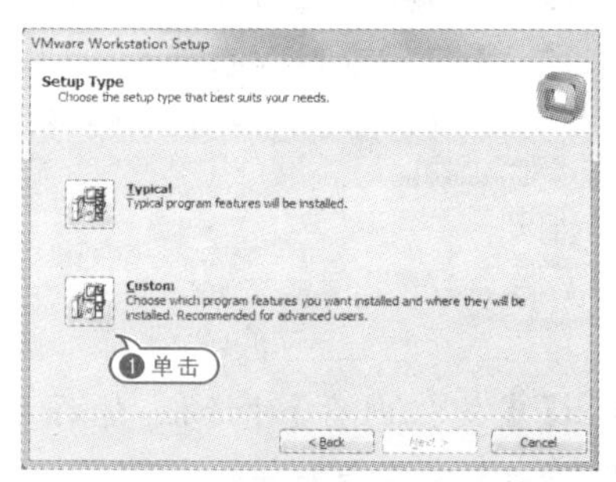

03 选择需要安装的程序，选择【Core Components】复选框和【VIX Application Programming Interface】复选框，单击【Change】按钮，选择安装路径。

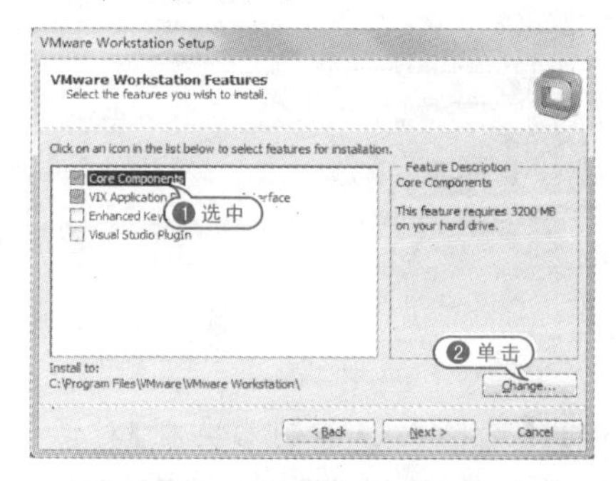

04 设置后返回，单击【Next】按钮。

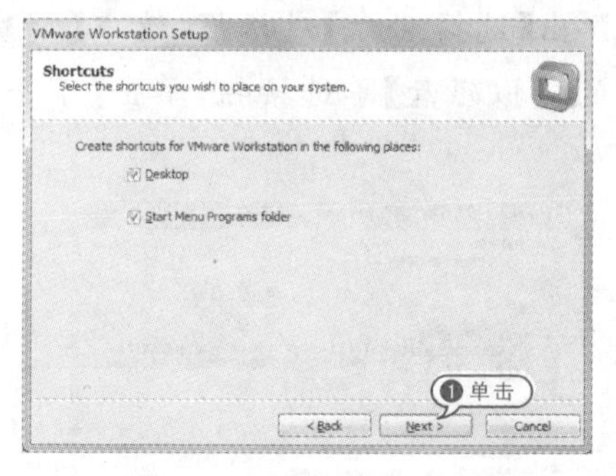

05 设置完毕后，单击【Continue】按钮，进行文件安装。

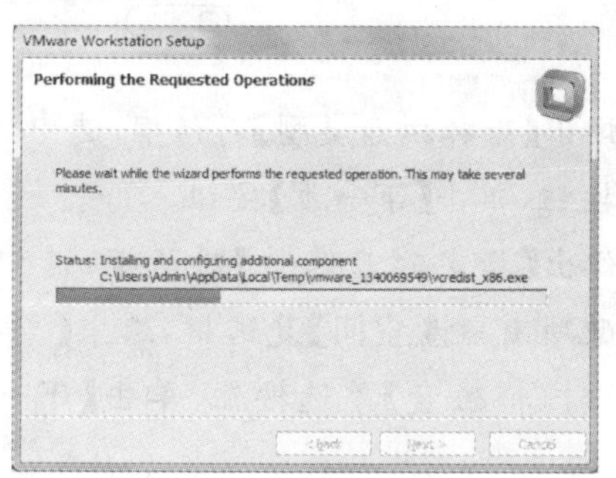

06 安装完毕后，输入序列号，然后按Enter键。

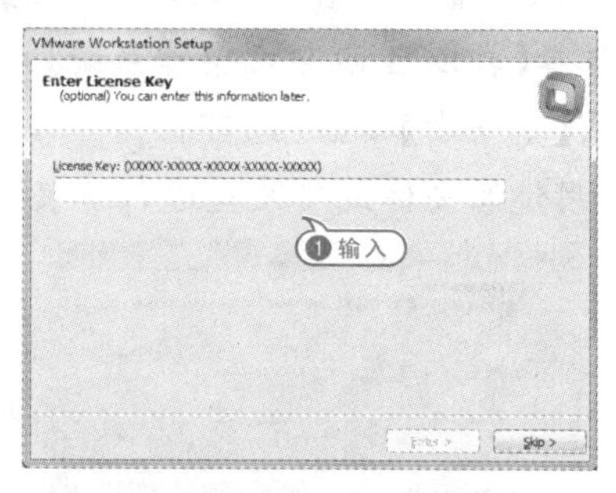

07 按【Finish】按钮，完成安装。

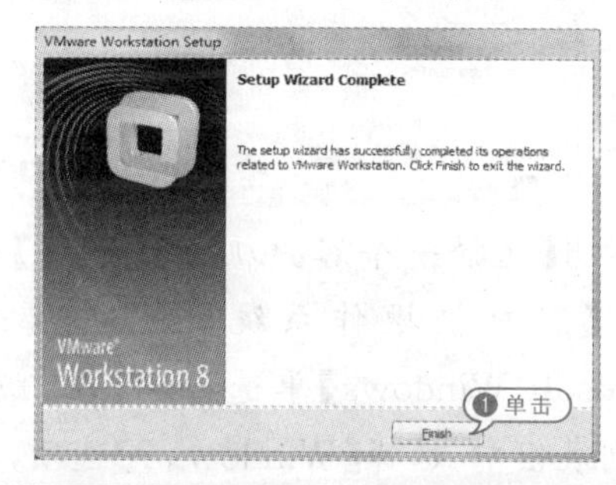

1.4.2 创建虚拟机

要创建安全的测试环境，首先要在VMware虚拟机中创建一台虚拟机，并设置其中的选项。

【例1-9】在VMware 8.0软件中创建一个Windows 7虚拟机。视频

01 双击【VMware】软件启动程序，选择【新建虚拟机】选项。

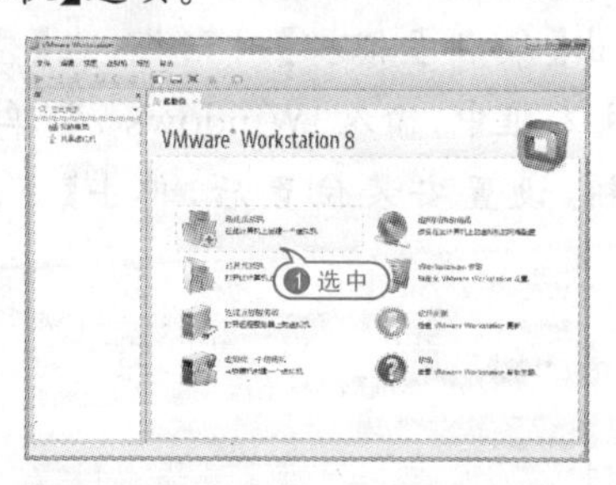

02 弹出【欢迎使用新建虚拟机向导】对话框，选中【自定义】单选按钮，单击【下一步】按钮。

03 在弹出的【选择虚拟机硬件兼容性】对话框中，保存系统默认设置即可，单击【下一

步】按钮。

04 在弹出的【安装客户机操作系统】对话框中，选择【我以后再安装操作系统】单选按钮，单击【下一步】按钮(也可在这一步骤中，设置使用镜像文件或安装盘进行安装)。

05 弹出【选择一个客户机操作系统】对话框，在【客户机操作系统】选项中，选中【Microsoft Windows】单选按钮，在【版本】下拉列表框中，选择【Windows 7】选项，单击【下一步】按钮。

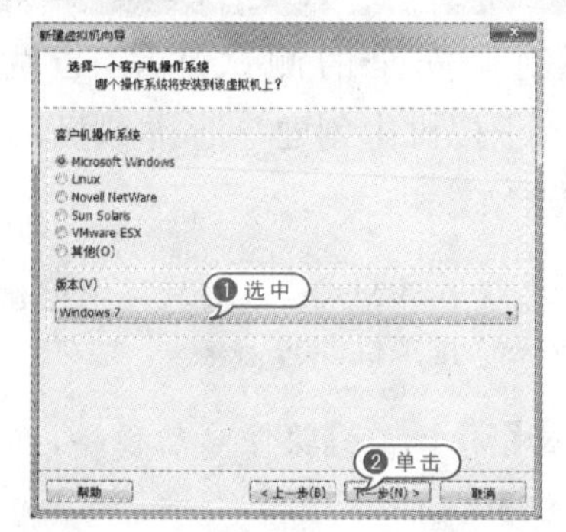

06 弹出【命名虚拟机】对话框，在【虚拟机名称】文本框中，输入“Windows 7”，单击【浏览】按钮，设置安装位置后，单击【下一步】按钮。

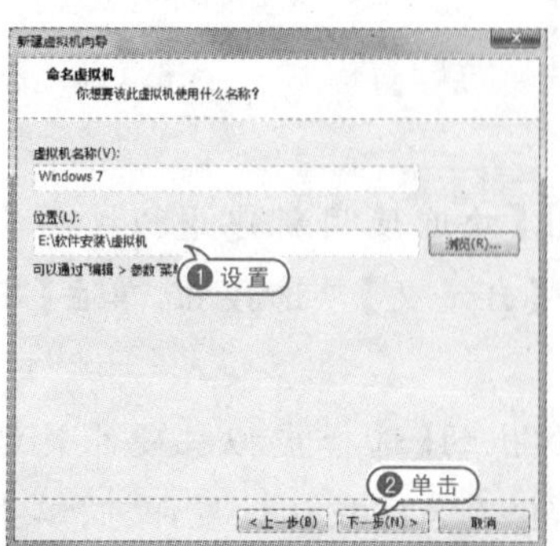

07 弹出【处理器配置】对话框，保存系统默认设置，单击【下一步】按钮。

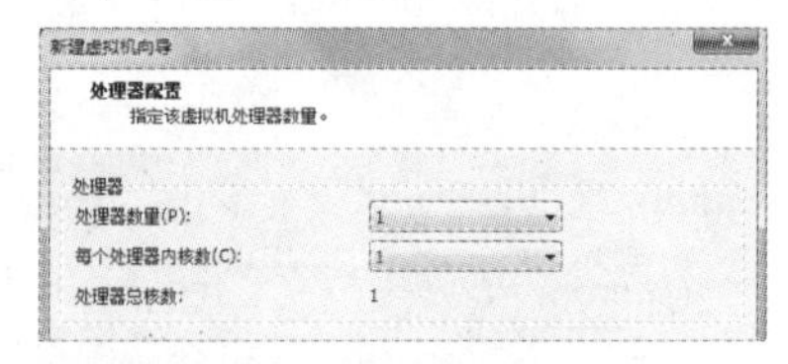

08 弹出【虚拟机内存】对话框，保存系统默认设置，单击【下一步】按钮。

09 弹出【网络类型】对话框，选中【使用桥接网络】单选按钮，然后单击【下一步】按钮。

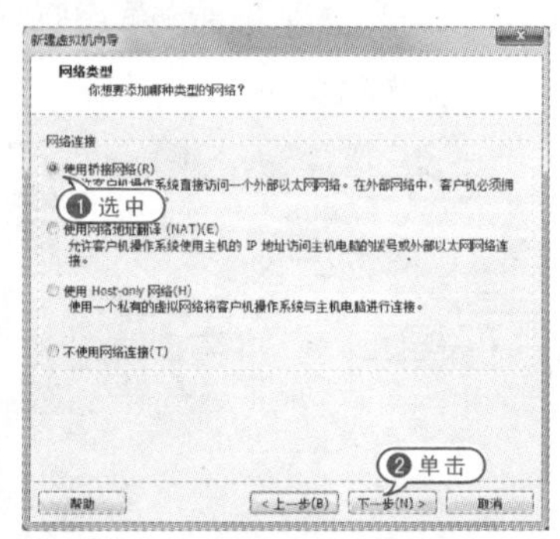

10 弹出【选择 I/O 控制器类型】对话框，保存系统默认设置，单击【下一步】按钮。

11 弹出【选择磁盘】对话框，选中【创建一个新的虚拟磁盘】单选按钮，单击【下一步】按钮。

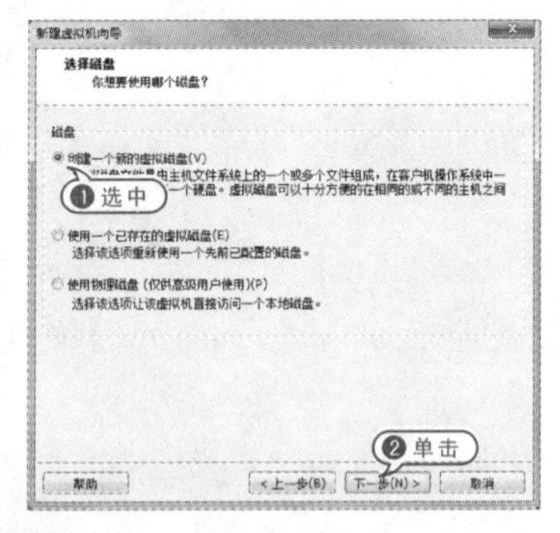

12 弹出【选择磁盘类型】对话框，选中 SCSI 单选按钮，单击【下一步】按钮。

13 弹出【指定磁盘容量】对话框，选中【立即分配所有磁盘空间】复选框，选中【单个文件存储虚拟磁盘】单选按钮，单击【下一步】按钮。

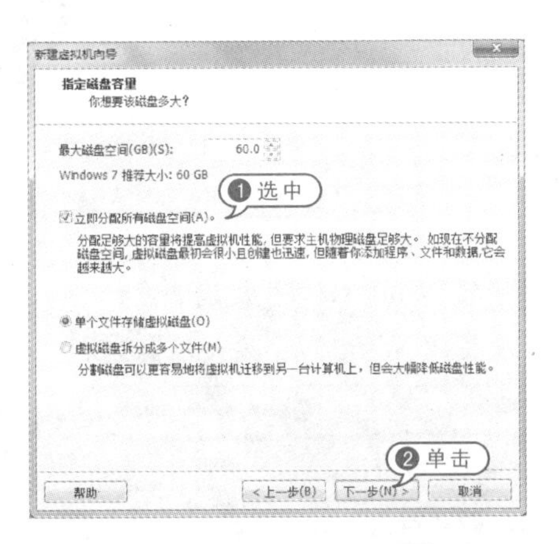

14 在弹出的【指定磁盘文件】界面中，单击【浏览】按钮，设置虚拟机磁盘文件保存位置，然后单击【下一步】按钮。

15 弹出【准备创建虚拟机】对话框，单击【完成】按钮。等待创建磁盘。

1.5 实战演练

本章实战演练部分包括在虚拟机中安装 Windows 7 操作系统和打开系统防火墙两个实例，通过练习巩固所学知识。

1.5.1 新建 Windows 7 系统

【例 1 - 10】在 VMware 8.0 虚拟机中安装 Windows 7 操作系统。视频

01 双击【VMware】软件启动程序，选中【编辑虚拟机设置】选项。

02 弹出【虚拟机设置】对话框，在左侧窗格选择【CD/DVD(IDE)】选项，在右侧的【连接】窗格中，选中【使用 ISO 镜像文件】单选按钮，单击【浏览】按钮，设置 ISO 镜像文件所在路径，单击【确定】按钮。

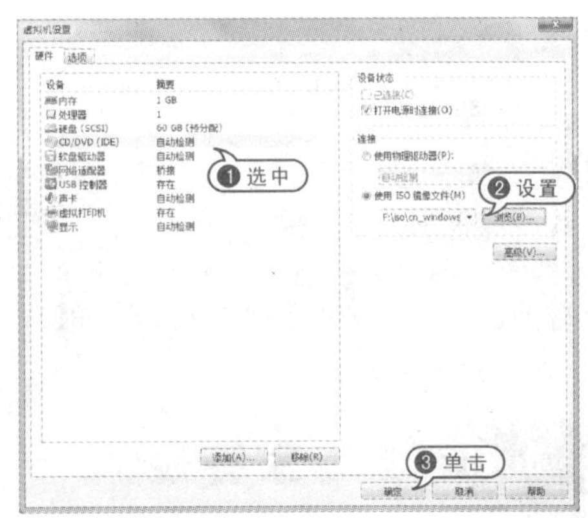

03 返回【VMware】对话框，单击【打开此虚拟机电源】超链接。

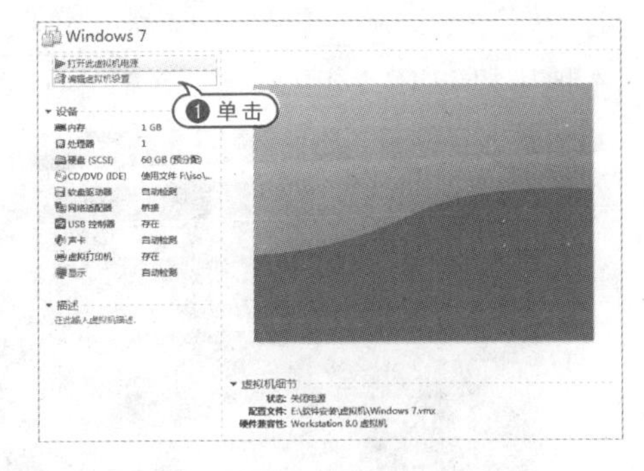

04 所创建的 Windows 7 虚拟机开始启动，

稍后开始运行系统安装界面。

05 进入 Windows 7 安装界面，按照正常安装操作系统的方法即可完成。

1.5.2 使用系统防火墙

【例 1-11】打开系统防火墙。视频

01 选择【开始】|【控制面板】选项，弹出【控制面板】对话框，选择【系统和安全】选项。

02 弹出【系统和安全】对话框，单击【Windows 防火墙】选项。

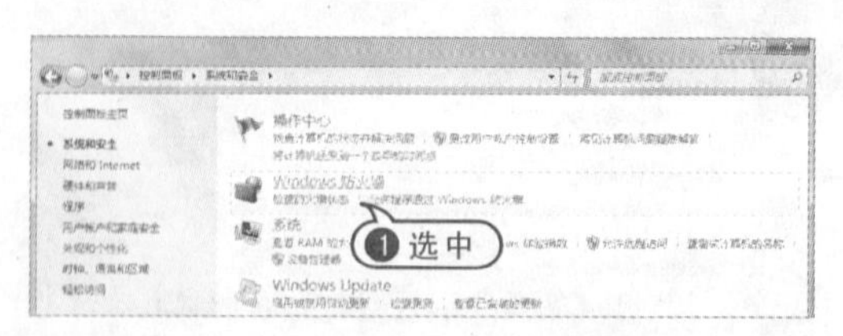

03 弹出【Windows 防火墙】对话框，选中【打开或关闭 Windows 防火墙】选项。

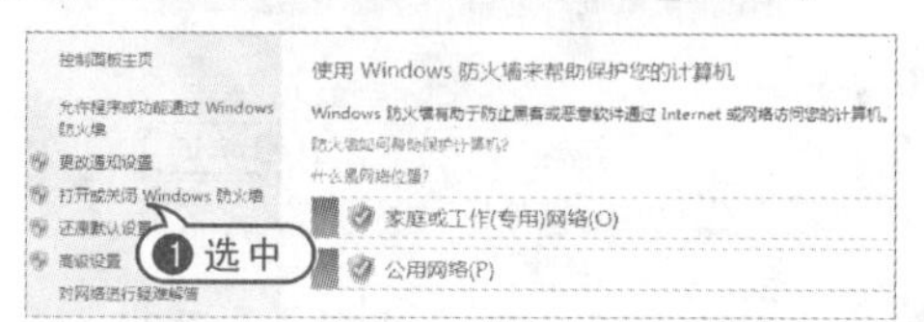

04 弹出【自定义每种类型的网络的设置】对话框，选中【启用 Windows 防火墙】单选按钮，单击【确定】按钮，完成设置。

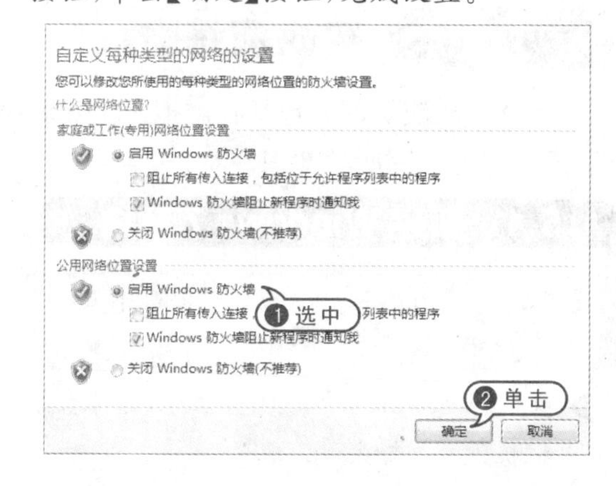

1.6 专家答疑

一问一答

问：如何检测本地主机与某个计算机的连通情况？

答：在【命令提示符】窗口中，输入"ping　某计算机 IP"，然后按 Enter 键即可。如下图，表示本地主机和 IP 为 192.168.1.61 的计算机无法连通。

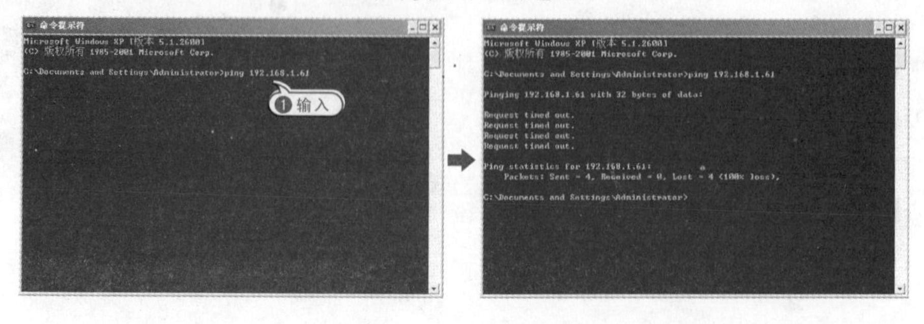

第2章

获取和扫描信息

黑客在攻击前,会利用专门的扫描和嗅探工具对目标计算机进行扫描。在分析目标计算机的各种信息之后,才会对其进行攻击。这些信息包括目标计算机的 IP 地址信息、地理位置、漏洞信息和端口信息等。

参见随书光盘

例 2-1　查看目标主机 IP 地址
例 2-2　获取目标主机地区位置
例 2-3　查看网站备案信息
例 2-4　使用 Super Scan 扫描器
例 2-5　使用 X-Scan 扫描器
例 2-6　设置防火墙
例 2-7　安装更新补丁
例 2-8　设置 SSS 扫描器
例 2-9　设置定时扫描
例 2-10　使用 SSS 扫描器
例 2-11　使用流光扫描器
例 2-12　使用 360 安全卫士修复漏洞
例 2-13　设置 Iris 网络嗅探器
例 2-14　使用 Iris 网络嗅探器
例 2-15　使用影音神探嗅探器
例 2-16　使用 SmartSniff 嗅探器

2.1 获取初级信息

黑客在攻击某个网站时，首先就是搜集该网站的基本信息、IP 地址、地理位置等信息，找出系统漏洞，从而拟定有效的入侵方式。

2.1.1 获取 IP 地址

黑客在攻击电脑时必须要知道目标主机的 IP 地址。获取 IP 地址的方法很简单。

【例 2－1】使用命令提示符查看目标主机的 IP 地址。视频

01 按 Win＋R 组合键，弹出【运行】对话框，在【打开】文本框中输入“cmd”命令，单击【确定】按钮，弹出【命令提示符】窗口。

02 在弹出的【命令提示符】窗口中，输入“nslookup www. baidu. com”命令。

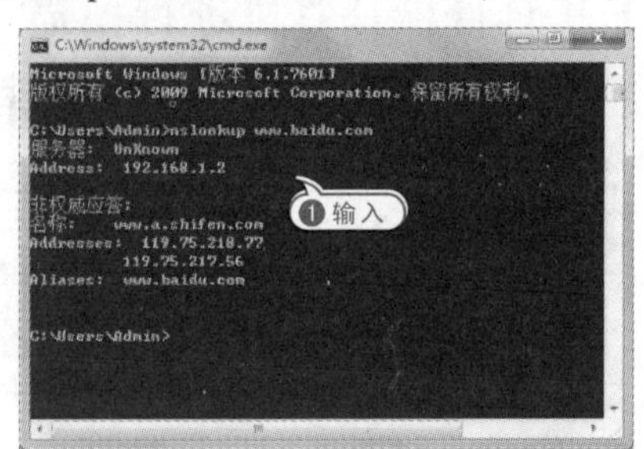

专家指点

nslookup 是 Windows NT/2000 中连接 DNS 服务器、查询域名信息的一个非常有用的命令，可以指定查询的类型，可以查到 DNS 记录的生存时间，还可以指定使用哪个 DNS 服务器进行解释。在已安装 TCP/IP 协议的电脑上均可以使用这个命令。主要用来诊断域名系统（DNS）基础结构的信息。

2.1.2 获取目标位置

获取了目标 IP 地址后就可以查看到其所属地区位置了。很多网站都可以查询到 IP 地址所属地区。

【例 2－2】使用获取到的目标 IP 地址查询其所属位置。视频

01 双击【浏览器】软件启动程序，在【地址】文本框中，输入“www. ip138. com”网站地址，按 Enter 键。

02 弹出【查询】页面，在【IP 地址或者域名】文本框中，输入“119. 75. 218. 77”IP 地址，单击【查询】按钮。

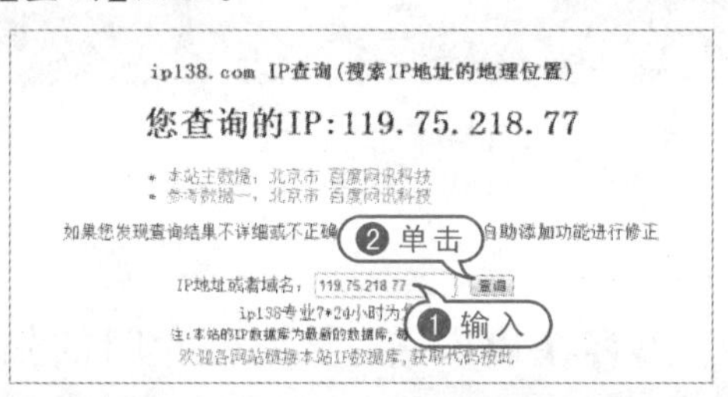

2.1.3 查询网站备案信息

每个商业网站在工商局都会有登记信息。只需在商业网站的主页末单击工商局管理商业网站的红盾标志，即可获取登记信息。

【例 2－3】查询网站备案信息。视频

01 双击【浏览器】软件启动程序，在【地址】文本框中输入“www. sina. com. cn”网站地址，按 Enter 键，选中【经营性网站备案信息】超链接。

02 弹出【经营性网站备案信息】页面，即可查询到相关信息。

2.2 使用端口扫描工具

关于黑客知识的学习，很多都涉及端口，通过端口扫描可以获得需要的信息。对于电脑，一些端口是非常重要的，若被黑客攻击，会使重要信息丢失。

2.2.1 了解扫描器

扫描器是通过扫描主机，从而确认TCP、UDP中可以访问的端口和检测出主机的漏洞。

TCP建立连接的过程主要有3个步骤。

请求方	过　程	服务方
A	SYN→	B
A	←SYN|ACK	B
A	ACK→	B

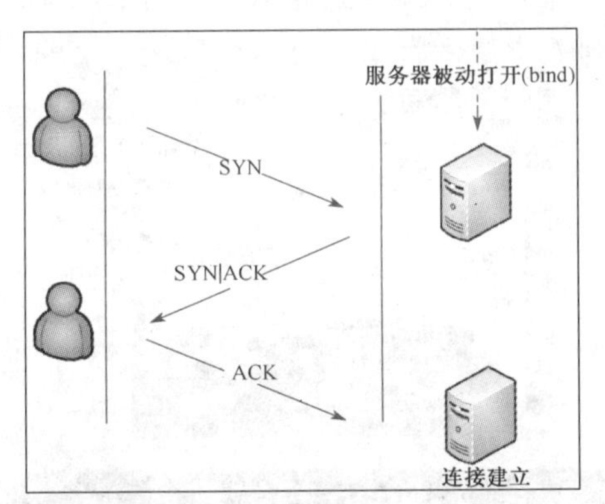

- URG：紧急数据包。
- ACK：确认应答数据包。
- PSH：将数据包强制压入缓冲区。
- SYN：连接请求。
- RST：连接复位或断开连接。
- FIN：表示TCP连接结束。

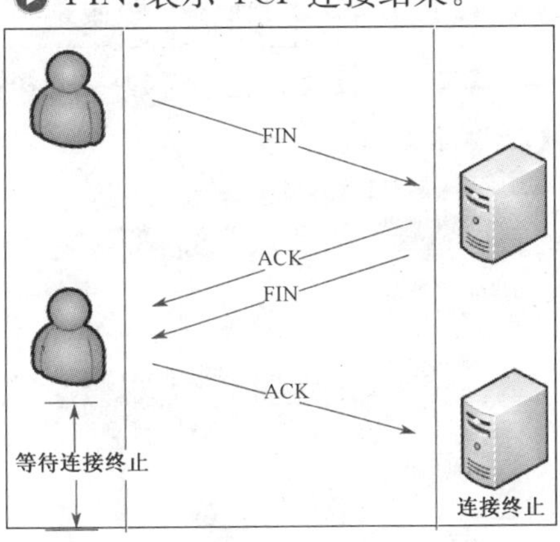

专家指点

扫描器不是一个直接的攻击网络漏洞的程序。其只能发现目标主机的某些内在弱点并对得到的数据进行分析，查找目标主机的漏洞。

2.2.2 Super Scan扫描器

Super Scan是一款功能强大的扫描软件，还包含了许多其他的网络工具，但是它只能运行于Windows平台上。

【例2-4】使用Super Scan扫描器扫描目标主机开放的端口。视频

01 双击【Super Scan扫描器】图标启动该程序。

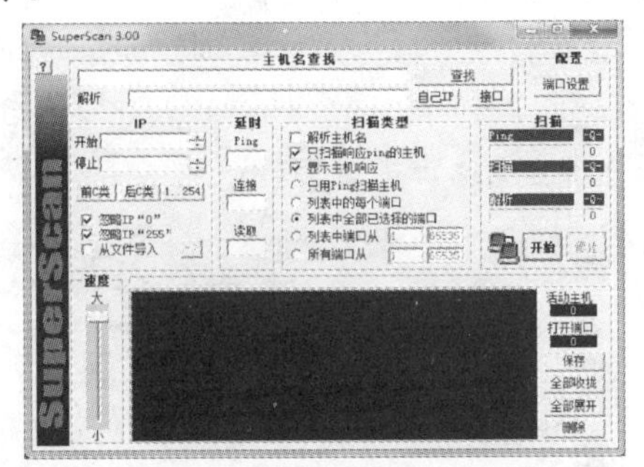

02 在Super Scan扫描器左侧文本框中输入"www.baidu.com"，单击【查找】按钮，即可找到扫描目标下的IP地址，并自动将其添加到【开始】和【停止】文本框中。

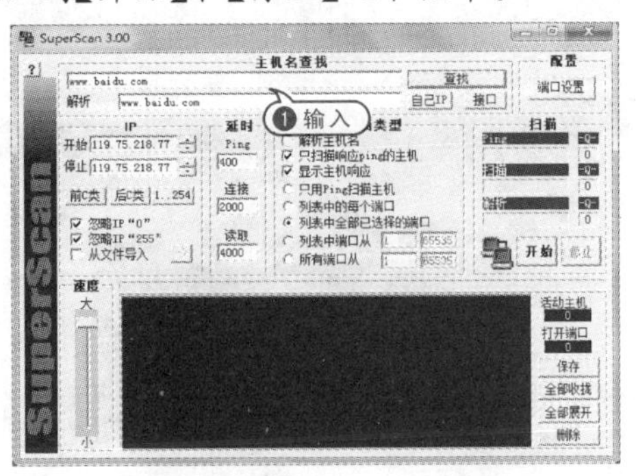

03 单击【自己 IP】按钮，即可获取本机 IP 地址。

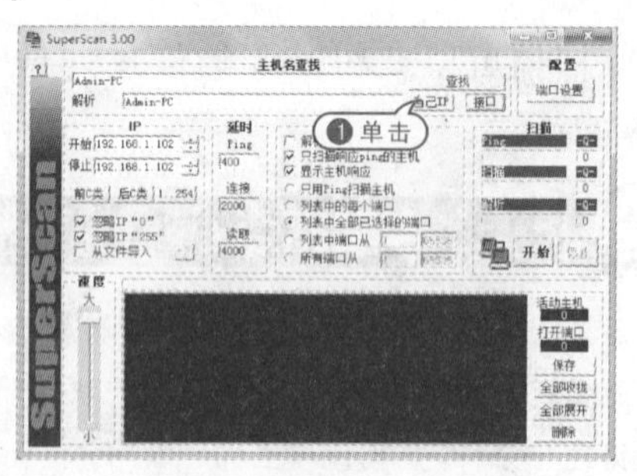

04 单击【接口】按钮，即可获取本机 IP 设置情况。

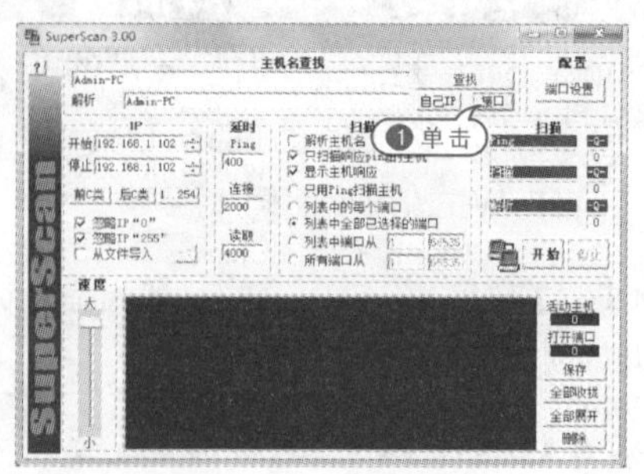

05 在【开始】文本框中，输入起始段 IP，在【停止】文本框中输入结束段 IP。例如，输入“192.168.1.1”和“192.168.1.120”，然后单击右上角的【端口设置】按钮。

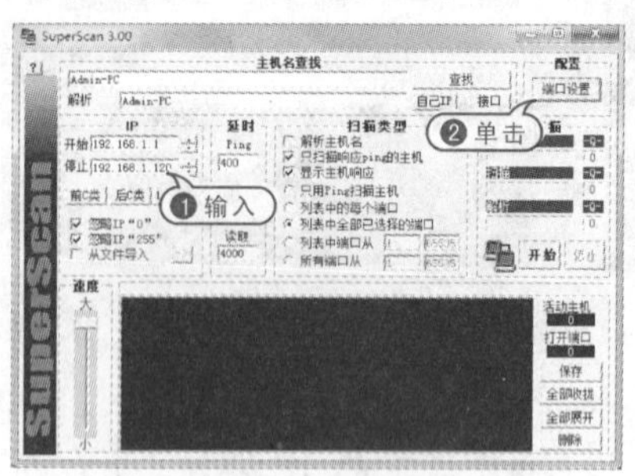

06 弹出【编辑端口列表】对话框，可以设置扫描端口。单击【载入】按钮，选择需要使用的端口列表文件。

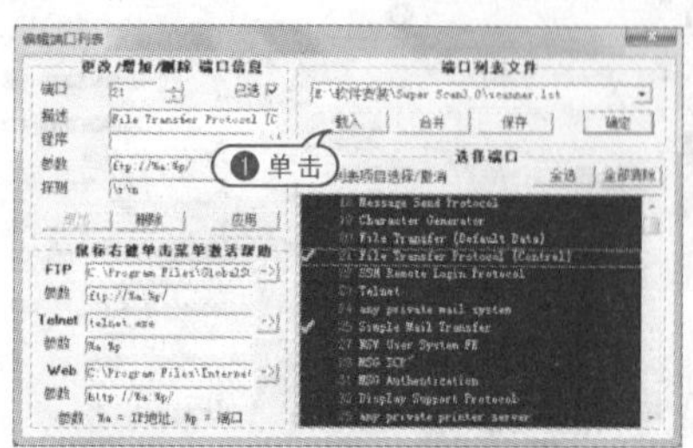

07 在【修改/增加/删除 端口信息】选项组的【描述】文本框中，输入“文件传输控制”，单击【应用】按钮即可完成对端口信息的修改。单击【确定】按钮，并设置端口文件的保存路径。

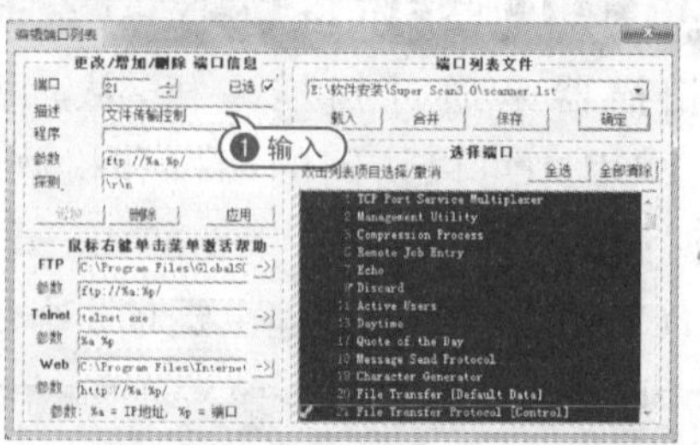

08 选中【解析主机名】复选框，选中【列表中的每个端口】单选按钮，单击【开始】按钮，系统开始对所有设置的端口进行扫描，在下方列表中查看扫描出的端口信息。

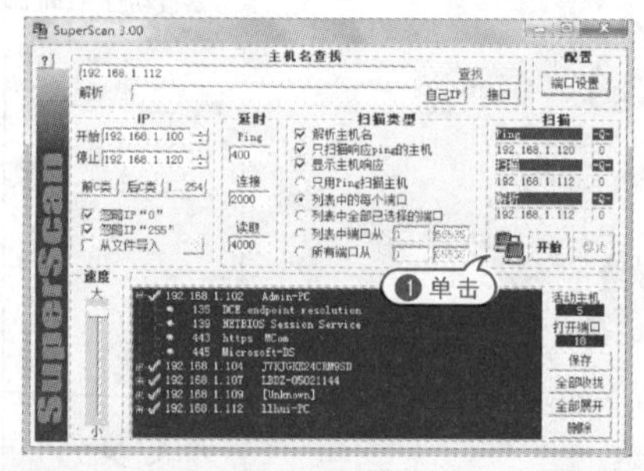

2.2.3 X-Scan 扫描器

X-Scan 采用多线程方式对指定 IP 地址段(或单机)进行安全漏洞检测，支持插件功能，提供了图形界面和命令行两种操作方式。

【例 2-5】使用 X-Scan 扫描器。视频

01 双击【X-Scan】软件启动程序，选择【设置】|【扫描参数】命令。

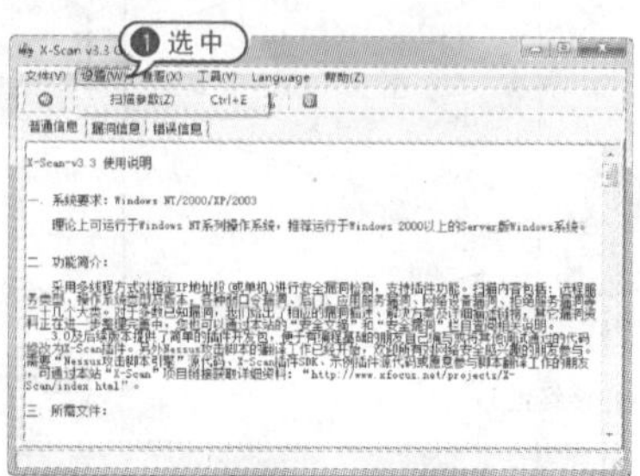

02 弹出【扫描参数】对话框，选择【检测范围】选项，在【指定 IP 范围】文本框中输入要扫描的 IP 地址段，如输入“192.168.1.100－192.168.1.120”。

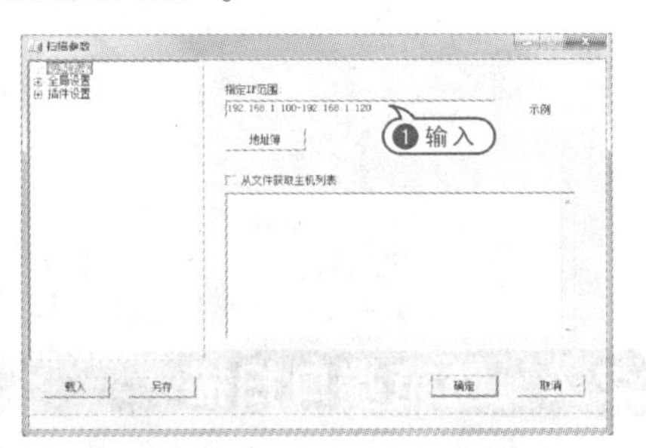

03 选择【全局设置】|【扫描模块】选项，选择需要使用的模块。

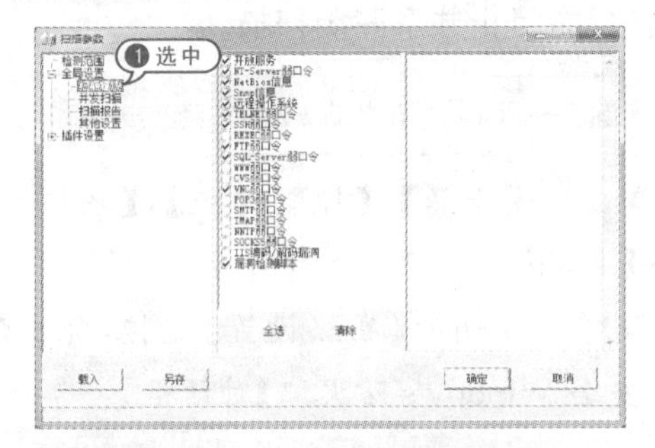

04 选择【并发扫描】选项，设置【最大并发主机数量】和【最大并发线程数量】选项。

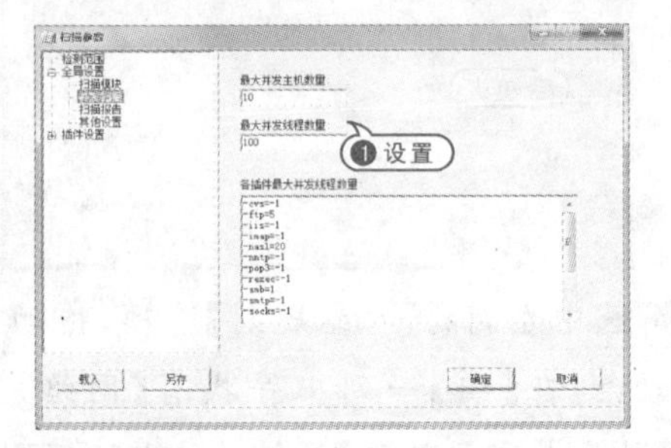

05 选择【扫描报告】选项，设置扫描报告文件类型和名称。

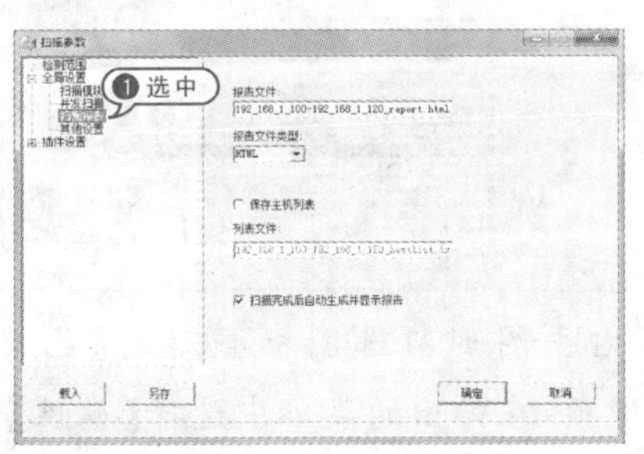

06 选择【其他设置】选项，在串口右侧对扫描无响应情况进行设置。

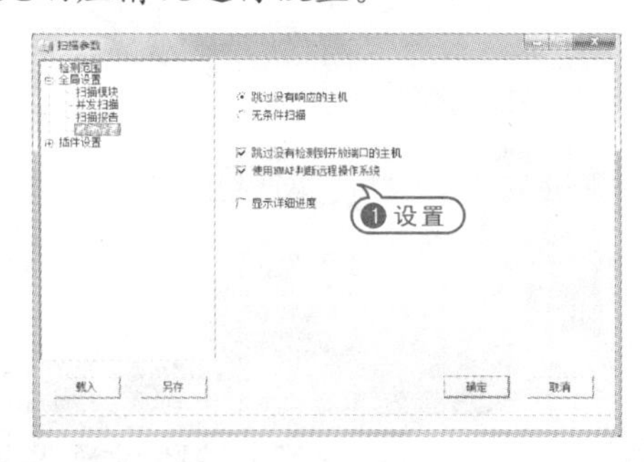

07 选择【插件设置】|【端口相关设置】选项，设置待检测端口和检测方式。

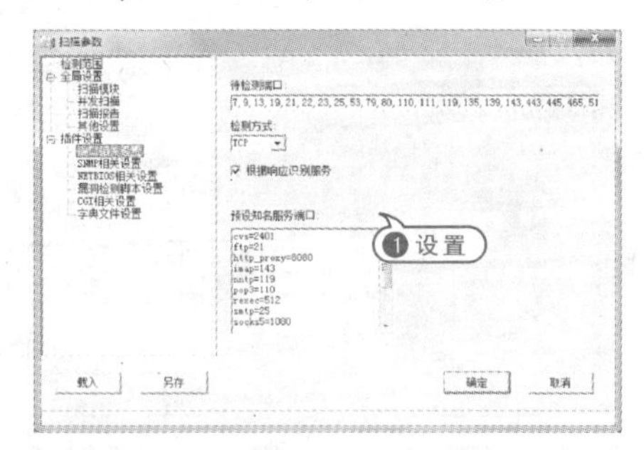

08 选择【SNMP 相关设置】选项，设置在扫描时获取简单网络管理协议的信息。

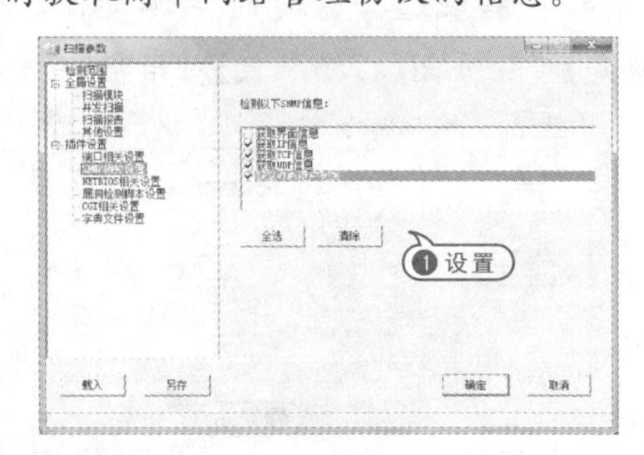

09 选择【NETBIOS 相关设置】选项，设置需要检测的 NETBIOS。

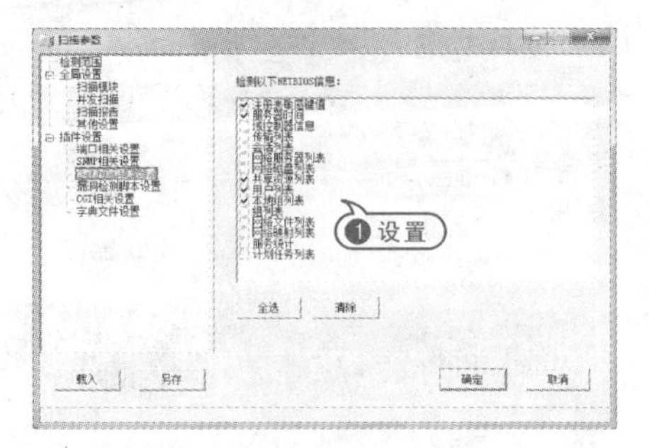

10 选择【漏洞检测脚本设置】选项，选择需

要使用的脚本，设置脚本运行超时时间和网络读取超时时间。

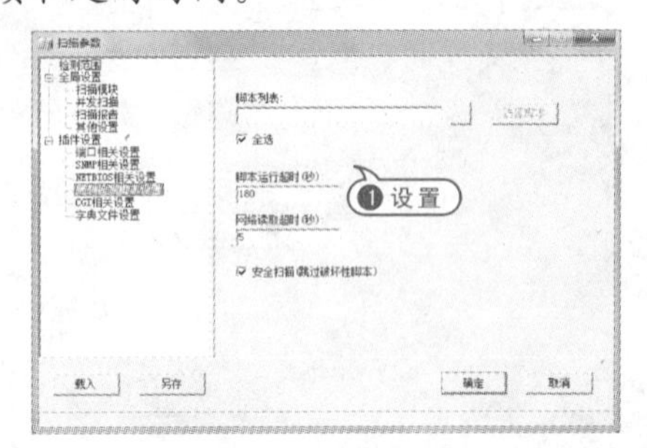

11 选择【CGI 相关设置】选项，对通用网关接口进行设置，选择扫描时需要的通用网关接口。

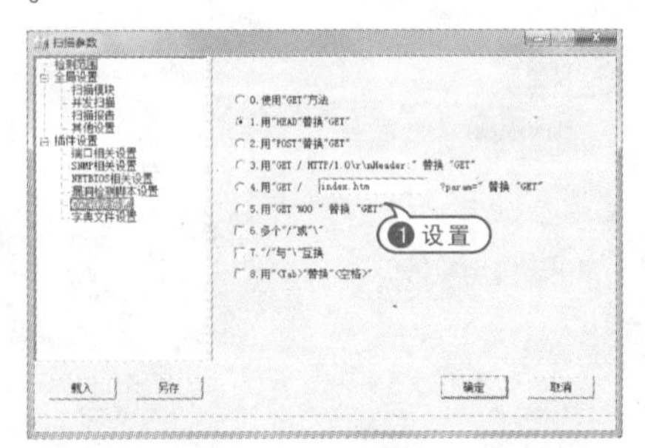

12 选择【字典文件设置】选项，在右侧字典类型列表框中选择需要的字典文件，单击【确定】按钮关闭【扫描参数】对话框。

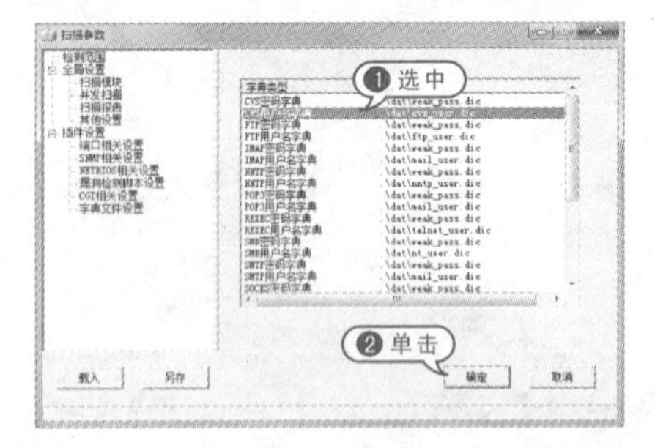

13 返回主对话框，单击【开始扫描】按钮，按设置对目标主机进行扫描。

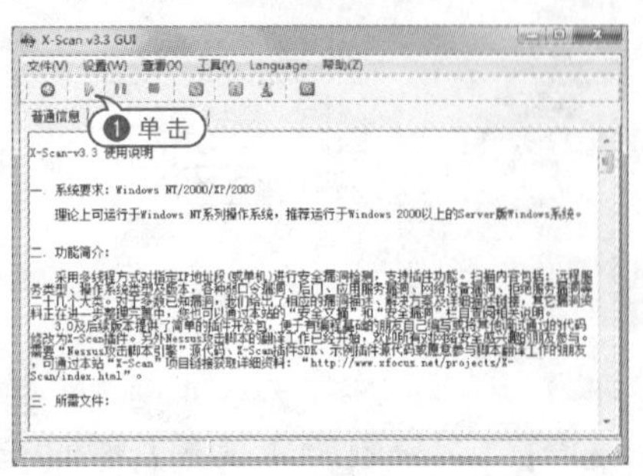

14 完成扫描后，软件会把扫描结果保存为HTML 文件并打开，即可查看相关信息。

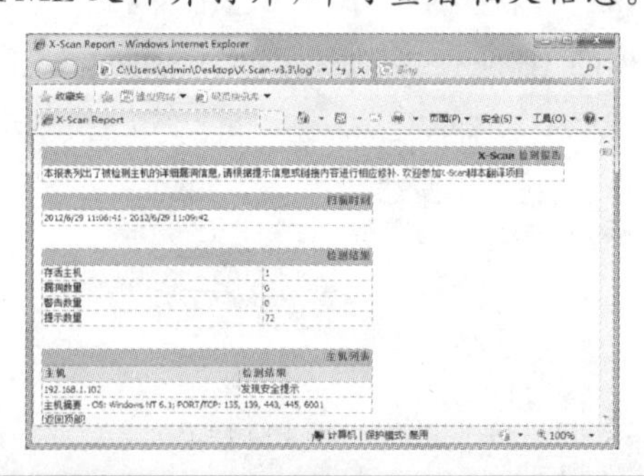

2.2.4 防范端口扫描

使用防火墙阻止网络数据包的发送，能起到比较好的效果。阻止与共享有关的数据包，能阻止共享漏洞扫描。

【例 2－6】设置防火墙。视频

01 选择【开始】|【控制面板】|【系统和安全】|【Windows 防火墙】选项。

02 单击左侧的【高级设置】链接，弹出【高级安全 Windows 防火墙】对话框。

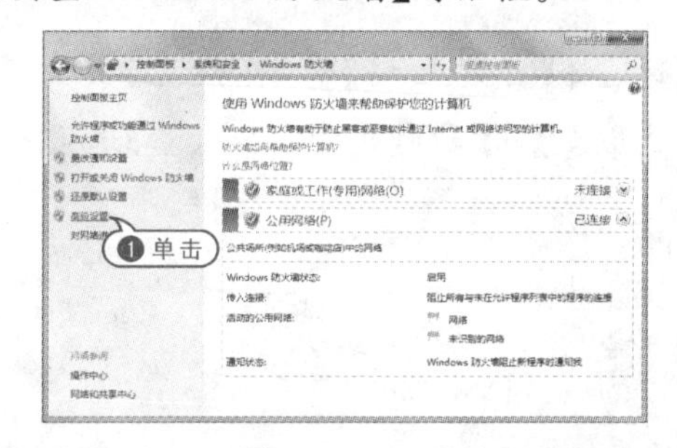

03 选中左侧的【入站规则】选项，拖动右侧滚动条，在【组】一列中寻找有【网络发现】【文件和打印机共享】注释的防火墙规则。

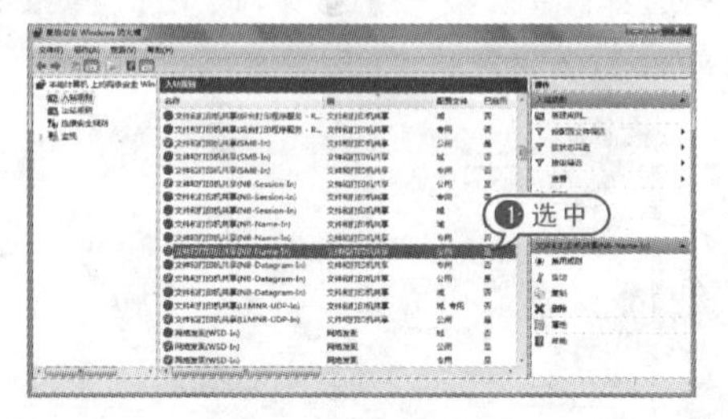

04 右击图形勾选图标亮起的【已启用规则】选项，在弹出的菜单中选择【属性】命令，

在【属性】对话框取消选中【已启用】复选框，单击【确定】按钮。

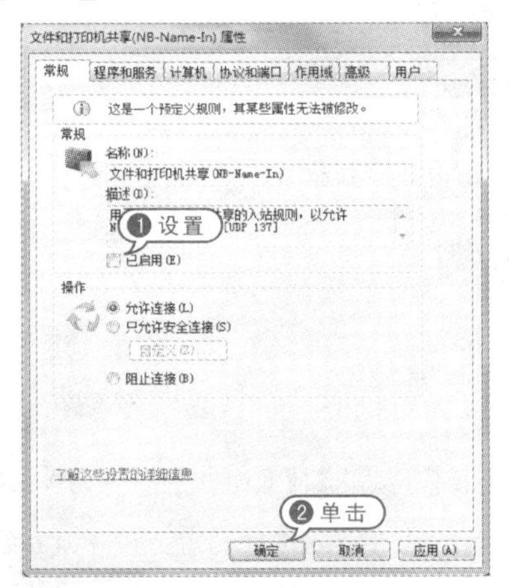

05 继续将其他关于【网络发现】【文件和打印机共享】等已启动规则设置为【未启动】命令。

名称	组	配置文件	已启用
文件和打印机共享(LLMNR-UDP-In)	文件和打印机共享	公用	是
网络发现(WSD-In)	网络发现	域	否
网络发现(WSD-In)	网络发现	公用	是
网络发现(WSD-In)	网络发现	专用	是
网络发现(WSD EventsSecure-In)	网络发现	公用	是
网络发现(WSD EventsSecure-In)	网络发现	专用	是
网络发现(WSD EventsSecure-In)	网络发现	域	否
网络发现(WSD Events-In)	网络发现	域	否
网络发现(WSD Events-In)	网络发现	公用	是
网络发现(WSD Events-In)	网络发现	专用	是
网络发现(UPnP-In)	网络发现	域	否
网络发现(UPnP-In)	网络发现	公用	是
网络发现(UPnP-In)	网络发现	专用	是
网络发现(SSDP-In)	网络发现	公用	是
网络发现(SSDP-In)	网络发现	专用	是

2.3 使用漏洞扫描工具

漏洞会影响到很多软、硬件设备，包括操作系统本身及其支撑软件、网络客户和服务器软件、网络路由器和安全防火墙等。换而言之，在这些不同的软硬件设备中都可能存在不同的安全漏洞问题。在不同种类的软、硬件设备，同种设备的不同版本之间，由不同设备构成的不同系统之间，以及同种系统在不同的设置条件下，都会存在各自不同的安全漏洞问题。

2.3.1 更新漏洞补丁

程序员在发现软件存在的问题或漏洞(俗称为BUG)可能使用户在使用时出现干扰工作或有害于安全的问题后，写出的可插入于源程序的程序，就是补丁。

【例2-7】安装更新补丁。视频

01 选择【开始】|【控制面板】|【系统和安全】|【Windows Update】选项，查看本机已安装的漏洞补丁及更新补丁。

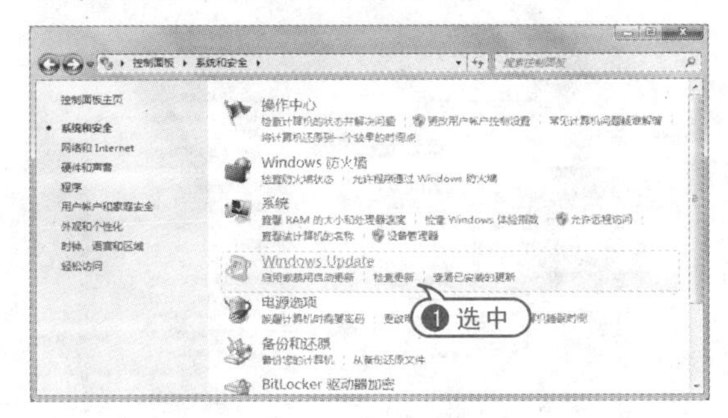

02 选择【检查更新】选项，检查微软是否发布了新的更新。

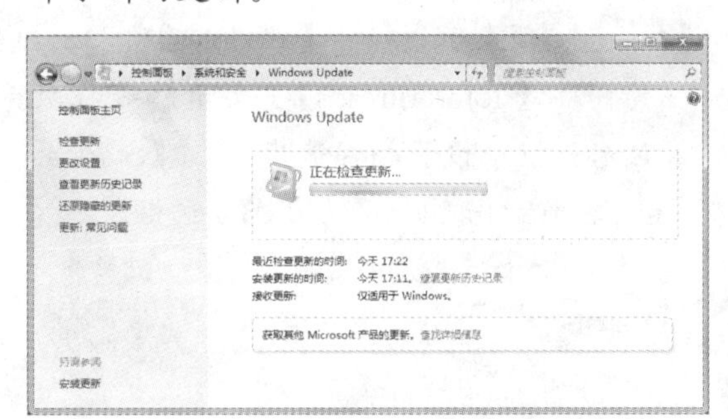

03 单击【安装更新】按钮，完成系统补丁的安装。

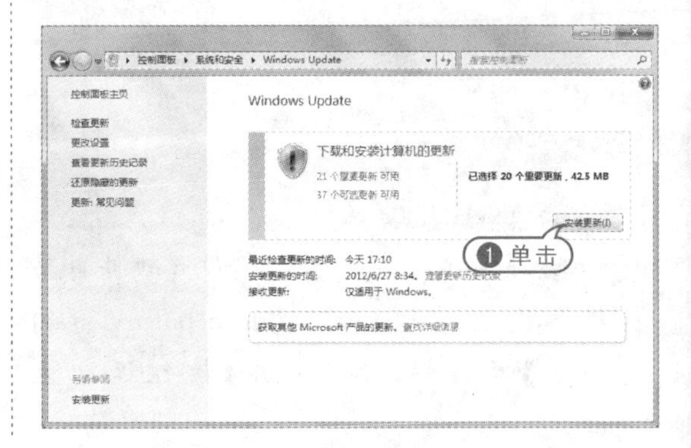

2.3.2 SSS 扫描器

SSS 扫描器是一款俄罗斯的安全扫描软件，能够扫描出电脑中存在的各种漏洞。

1. SSS 扫描器的基本设置

在使用 SSS 扫描器前，必须对其基本功能的设置有所了解。

【例 2－8】设置 SSS 扫描器。视频

01 双击【SSS 扫描器】程序启动软件，选择【Tools】|【Options】命令。

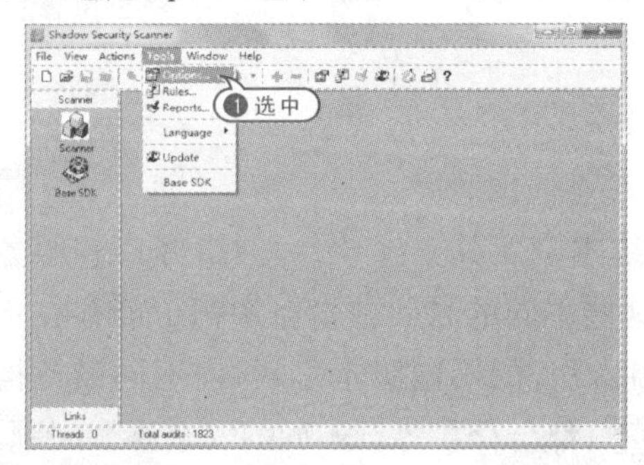

02 弹出【Security Scanner Options】对话框，【Threads】项表示线程数，【Modules】项表示扫描的模块，【Total threads】项表示总线程数。在该对话框中设置扫描速度，选中【Start automatic after IP address added】复选框。

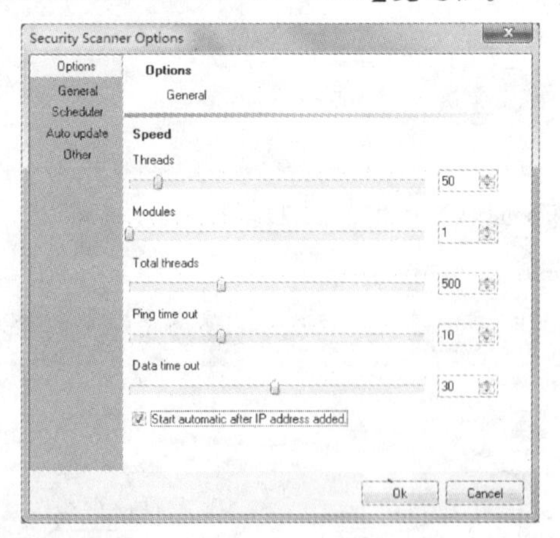

03 选择【Auto update】选项，设置软件自动升级参数，选中【Check update before start scanner】复选框，单击【Ok】按钮返回主窗口。

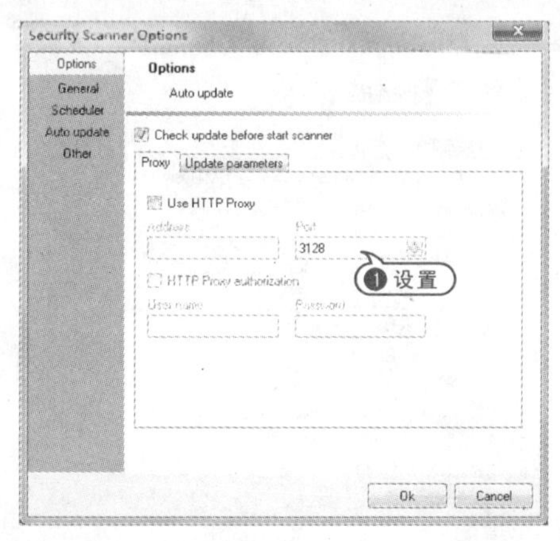

04 选择【Tools】|【Rules】选项，弹出【Security Scanner Rules】对话框，设置扫描端口，在【Rule name】下拉列表中，选择【Complete Scan】选项，并选中【Scan all ports in range】复选框。

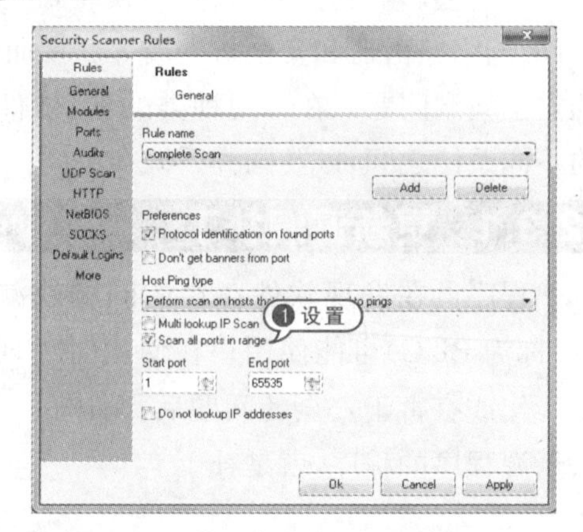

05 选择【Modules】选项，在右侧窗口选择需要的扫描模块。扫描主机时，可以全部选中，效果会更好，但是扫描时间会相应变长。

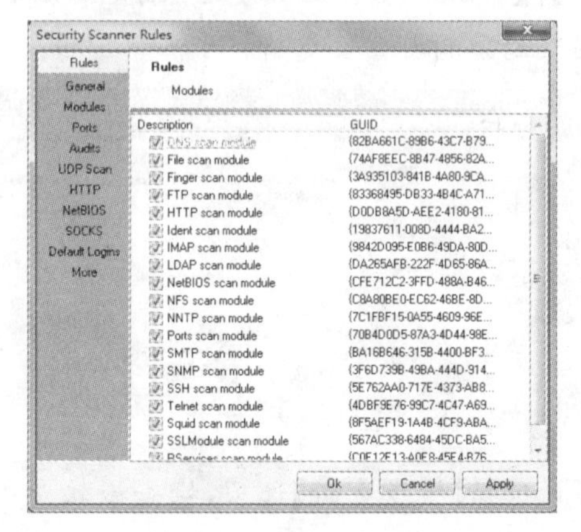

06 选择【Ports】选项，在右侧窗口添加端口，单击【Add】按钮。

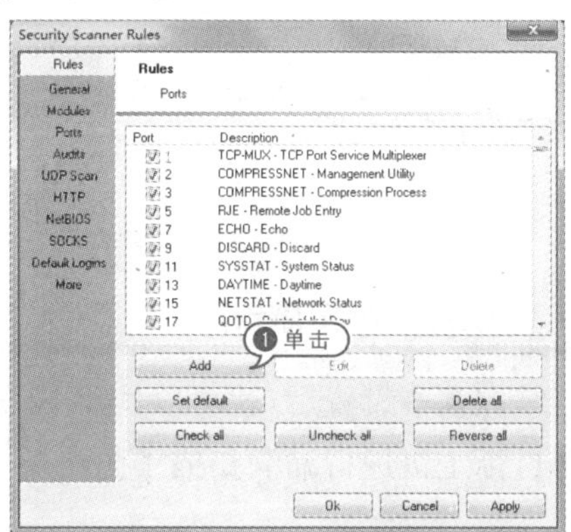

07 弹出【Add new port】对话框，在【Port】文本框中输入端口号，在下面的【Description】文本框中可以添加端口描述信息，单击【Ok】按钮，完成设置。

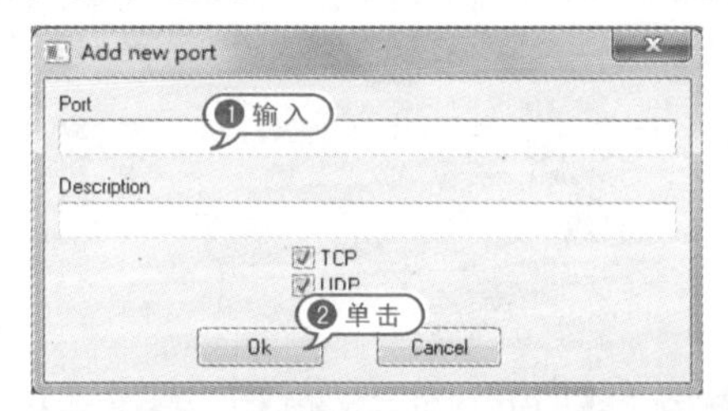

2. 设置定时扫描

SSS 扫描器可以提前设定扫描任务的时间，在设定好的时间对目标主机进行扫描。

【例 2－9】设置定时扫描。视频

01 双击【SSS 扫描器】程序启动软件，选择【Tools】|【Options】命令，选择【Scheduler】选项，选中【Calendar】选项卡。

02 在日期面板中，调整任务的日期。双击选定的日期，弹出【Scheduler tasks list】对话框。

03 单击【Add task】按钮，弹出【Add new task】对话框，选择【What to do】选项卡，在【Please，select rule for scan】下拉列表中，选择【Complete Scan】选项。

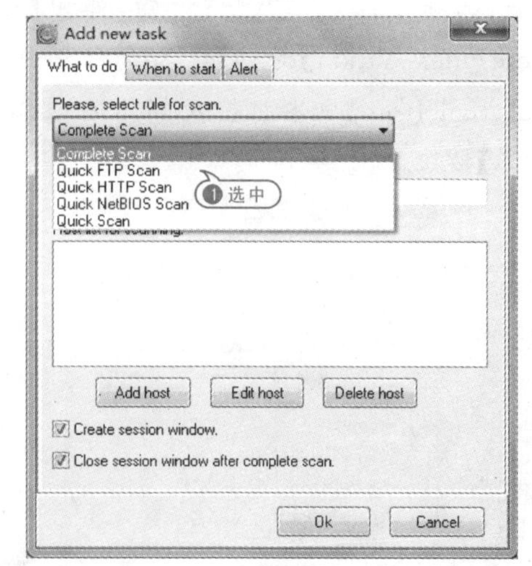

04 单击【Add host】按钮，在弹出的对话框中选择【Host】选项卡，设置单一 IP 地址进行扫描，单击【Ok】按钮。

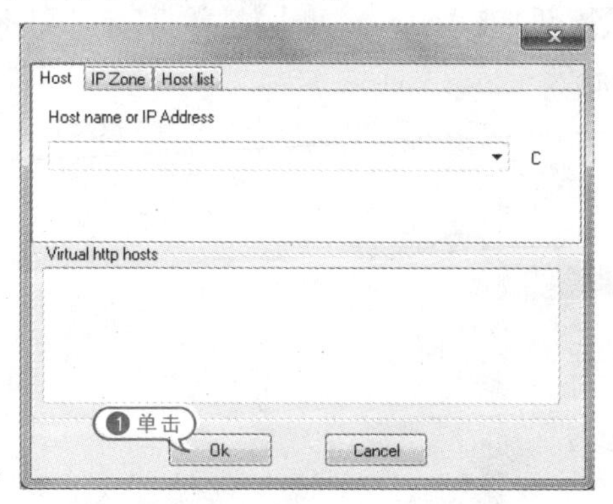

05 返回【Add new task】对话框，选择【When to start】选项卡，设置扫描任务的开

始时间，单击【Ok】按钮。

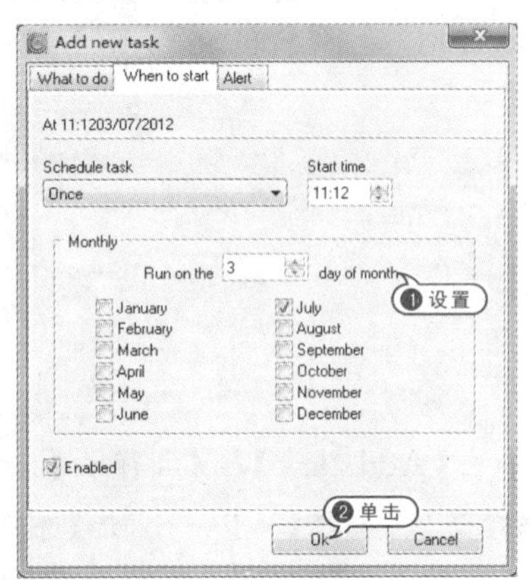

06 返回【Add new task】对话框，选择【Alert】选项卡，单击【Add】按钮，弹出【New Scheduler Action】对话框，添加扫描任务，在【Mail from】文本框输入邮箱地址，单击【Ok】按钮。

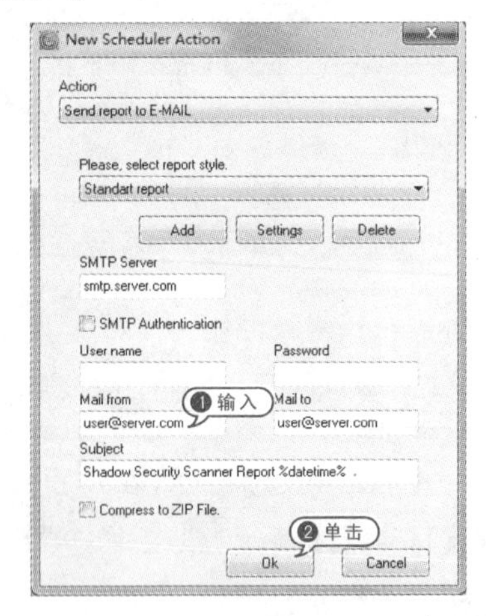

07 返回【Add new task】对话框，单击【Ok】按钮。

08 返回【Schedulcr tasks list】对话框，查看添加的扫描任务。

3. 使用 SSS 扫描器

掌握基本设置后，就可以使用 SSS 扫描器对目标主机进行漏洞扫描了。

【例 2－10】使用 SSS 扫描器。视频

01 双击【SSS 扫描器】程序启动软件，单击工具栏中的【Scanner】按钮，弹出【New session】对话框。

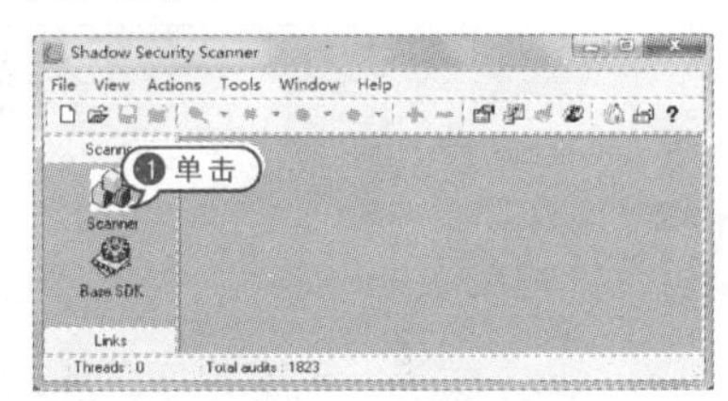

02 选择【Complete Scan】选项，单击【Next】按钮。

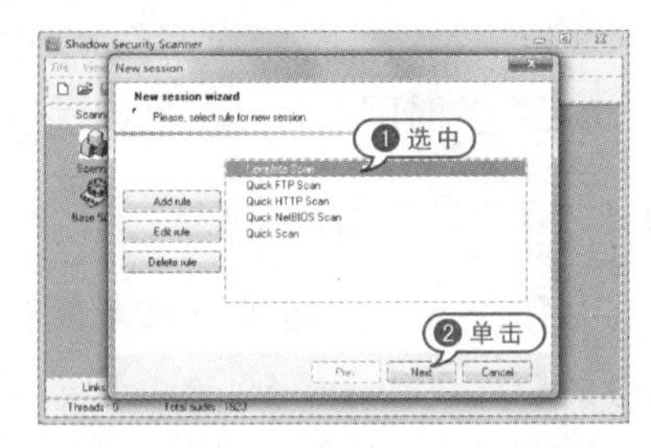

03 在【Comment】文本框中输入注释信息，单击【Next】按钮。

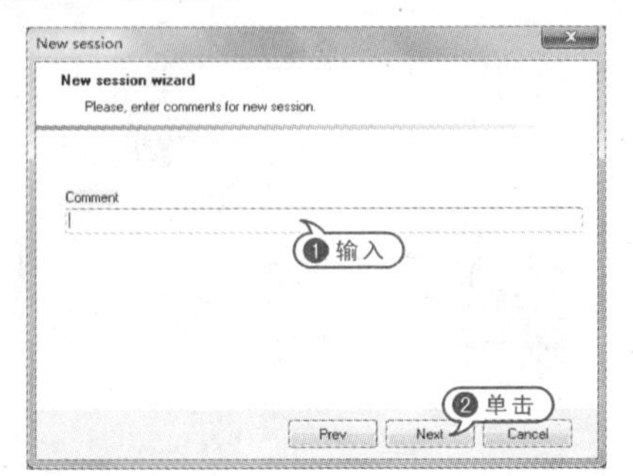

04 在弹出的【New session wizard】窗口中，单击【Add host】按钮。

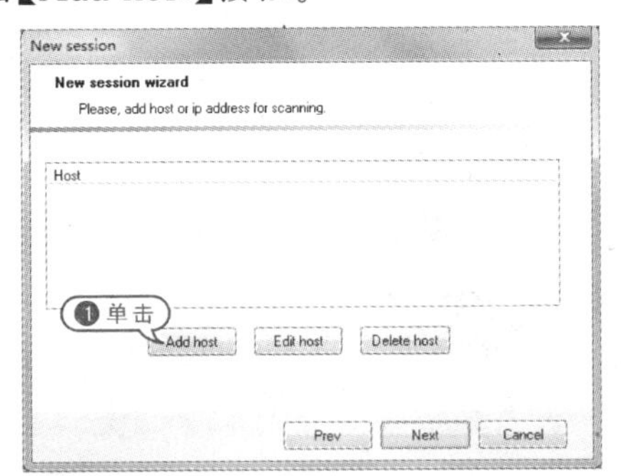

05 在弹出的【Add host】对话框中，添加需扫描的 IP 地址或地址段，单击【Ok】按钮。

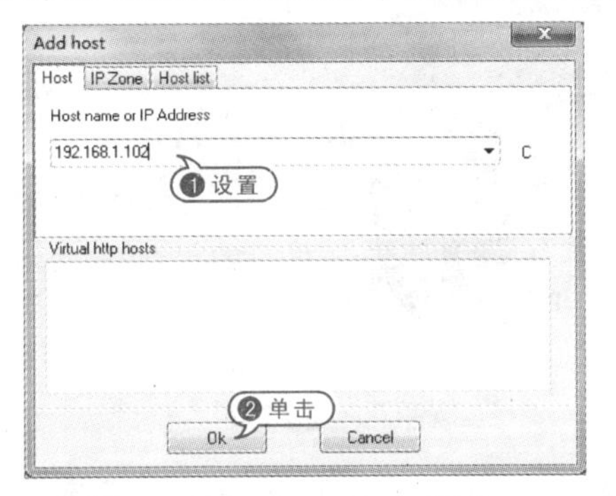

06 返回【New session wizard】窗口，可查看到新添加的扫描地址，单击【Next】按钮。

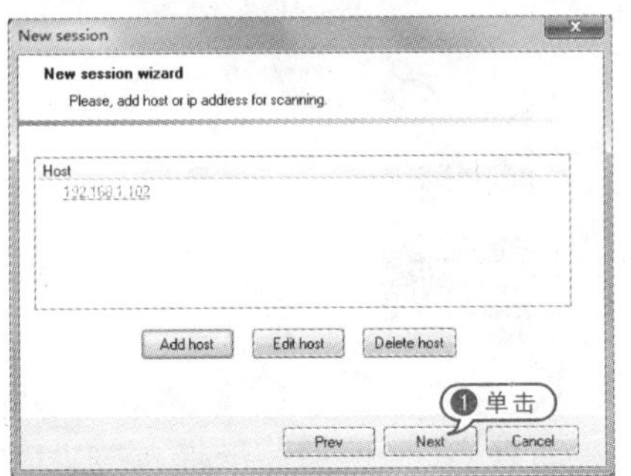

07 返回主窗口，右击扫描任务，在弹出的快捷菜单中，选择【Start scan】命令。

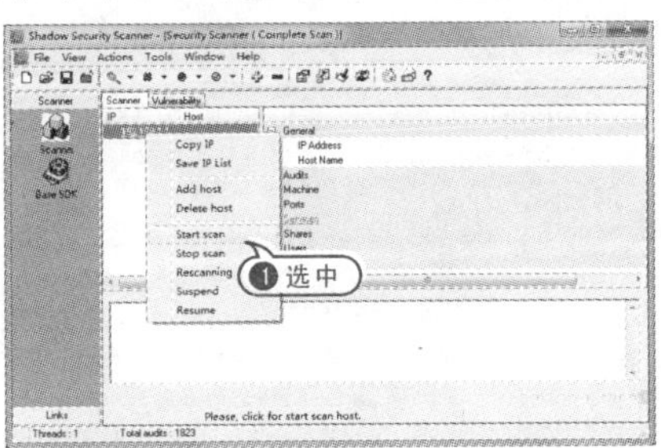

08 开始对目标主机进行扫描，扫描完成后，右侧窗格中会显示出该计算机系统信息和端口的开放情况。

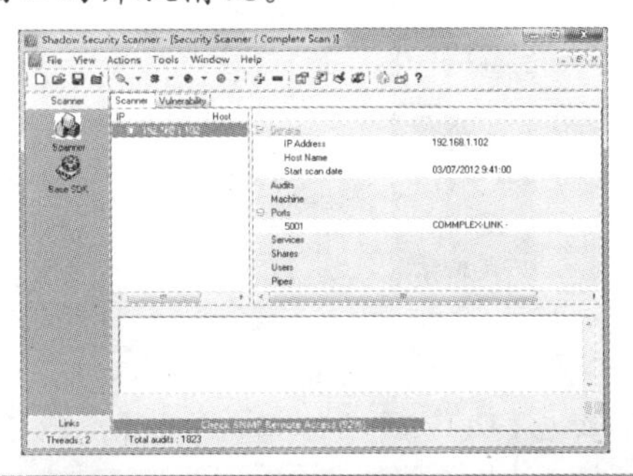

2.3.3 流光扫描器

流光扫描器是一款集成了网络扫描、MSSQL 工具和字典工具等于一体的自动化扫描软件。

【例 2－11】使用流光扫描器。视频

01 双击【流光扫描器】程序启动软件，选择【文件】|【高级扫描向导】命令。

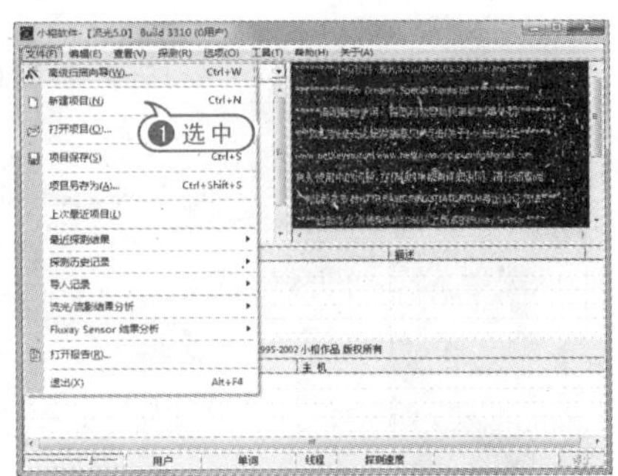

02 弹出【设置】对话框，在【起始地址】和【结束地址】文本框中输入需要扫描的 IP 地址段，在【检测项目】列表框中选择要检测的选项对应的复选框，单击【下一步】按钮。

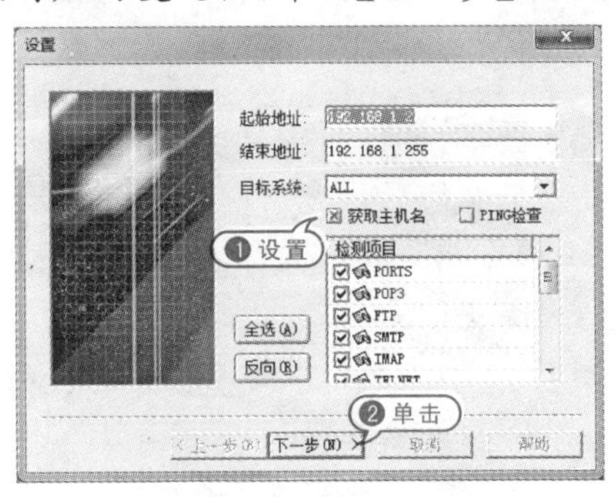

03 弹出【PORTS】对话框，选中【标准端口扫描】复选框，单击【下一步】按钮。

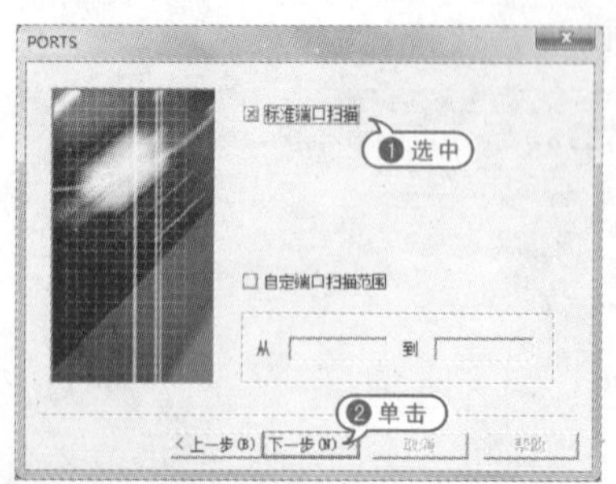

04 弹出【POP3】对话框，选中【获取 POP3 版本信息】和【尝试猜解用户】复选框，单击【下一步】按钮。

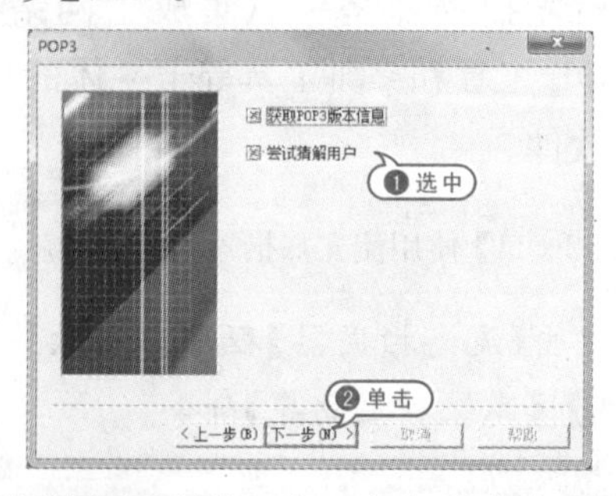

05 弹出【FTP】对话框，选中所有复选框，单击【下一步】按钮。

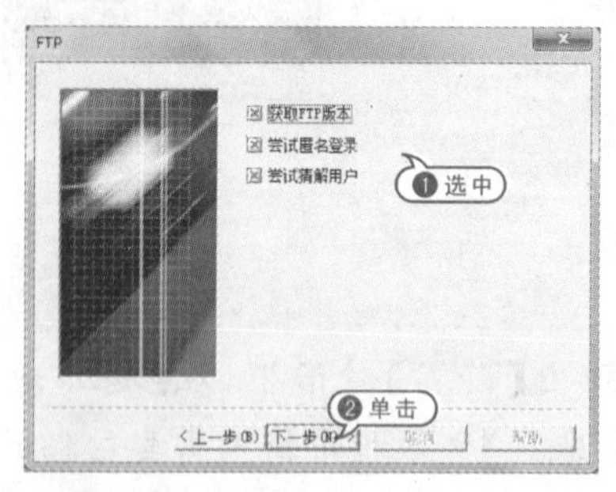

06 弹出【SMTP】对话框，选中【EXPN/VRFY 扫描】复选框，单击【下一步】按钮。

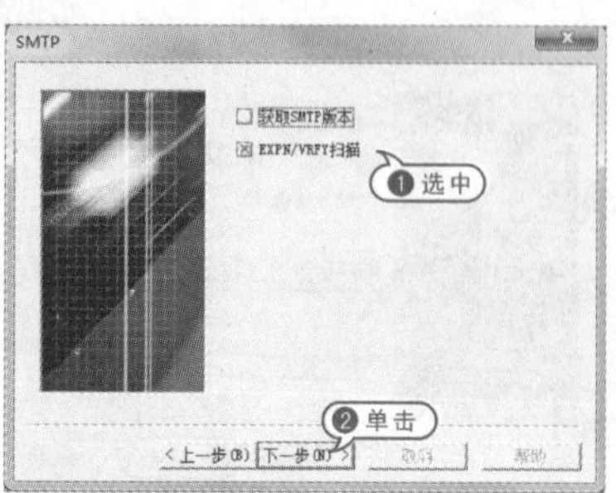

07 弹出【IMAP】对话框，选中【尝试猜解用户帐号】复选框，单击【下一步】按钮。

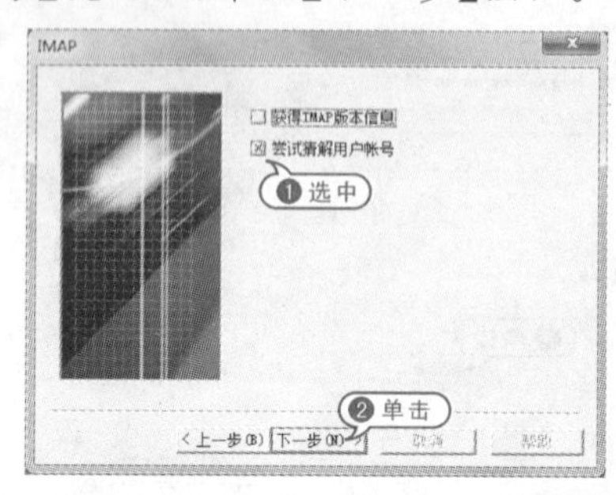

08 弹出【TELNET】对话框，选中【SunOS Login 远程溢出】复选框，单击【下一步】按钮。

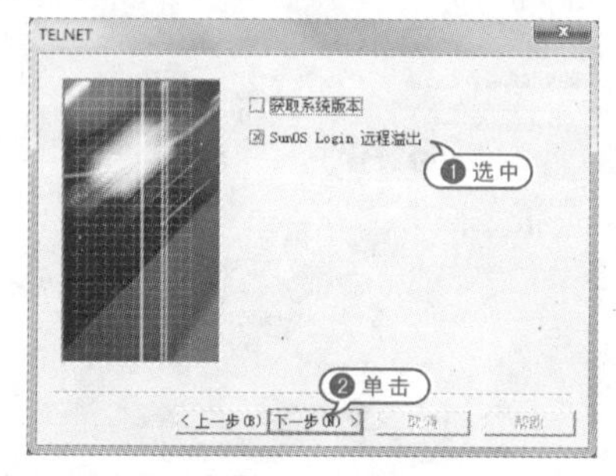

09 弹出【CGI】对话框，选中【只有 HTTP 200/502 有效】复选框，单击【下一步】按钮。

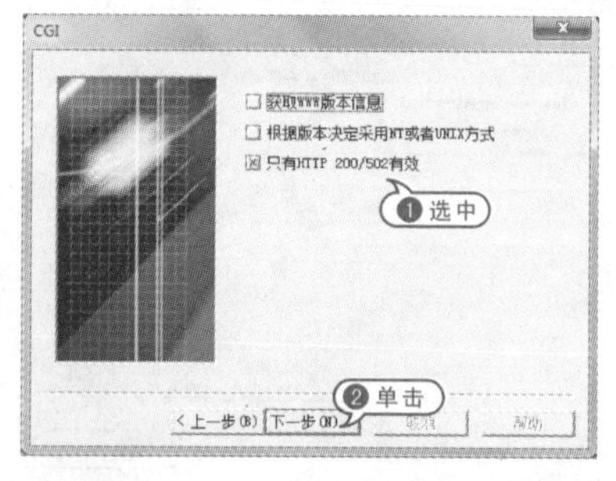

10 弹出【CGI Rules】对话框，在下拉列表中选择【All】选项，单击【下一步】按钮。

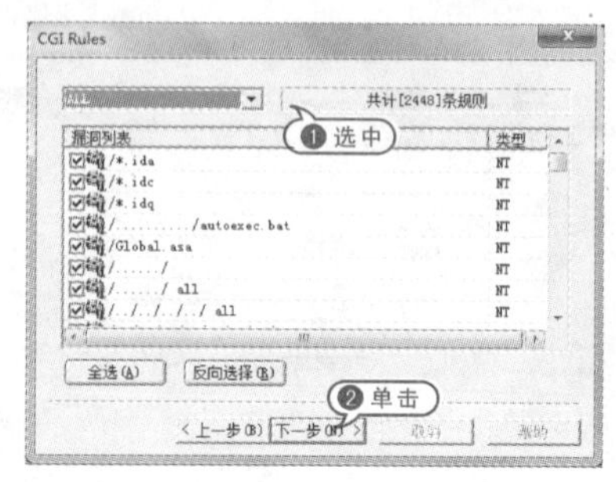

11 弹出【SQL】对话框，选中【尝试通过漏洞获取密码】和【对 SA 密码进行猜解】复选框，单击【下一步】按钮。

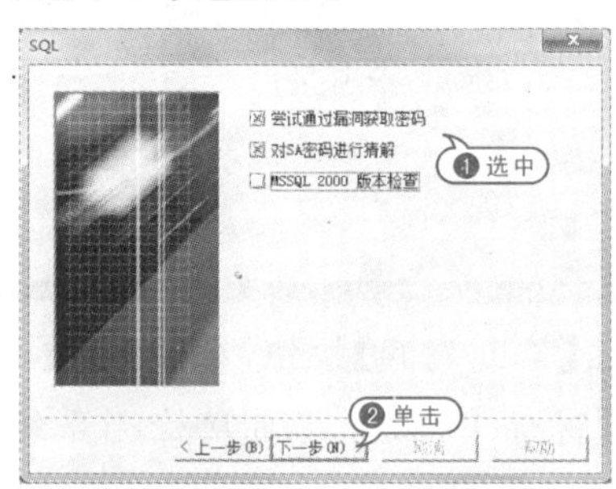

12 弹出【IPC】对话框，选中所有复选框，单击【下一步】按钮。

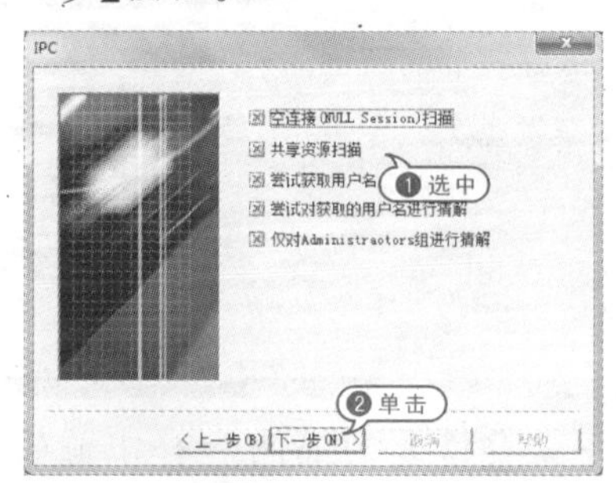

13 弹出【IIS】对话框，选中所有复选框，单击【下一步】按钮。

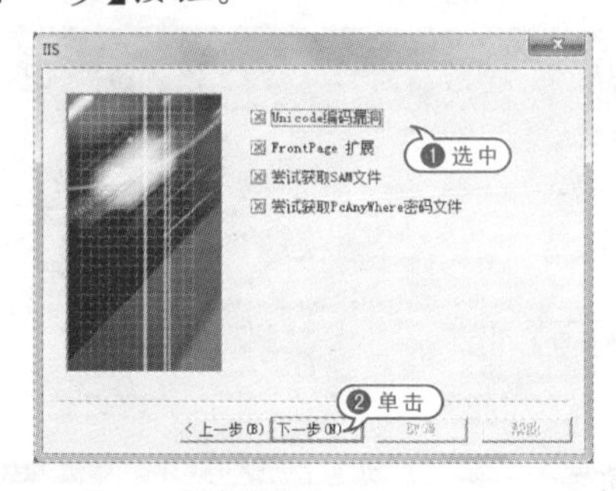

14 弹出【FINGER】对话框，取消所有复选框的选中状态，单击【下一步】按钮。

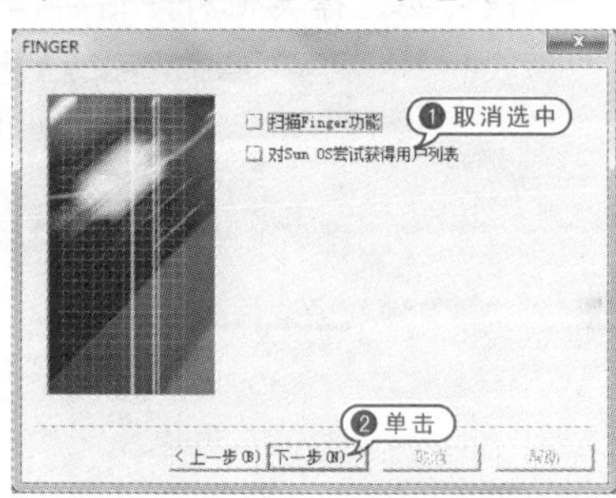

15 弹出【RPC】对话框，选中【扫描 RPC 服务】复选框，单击【下一步】按钮。

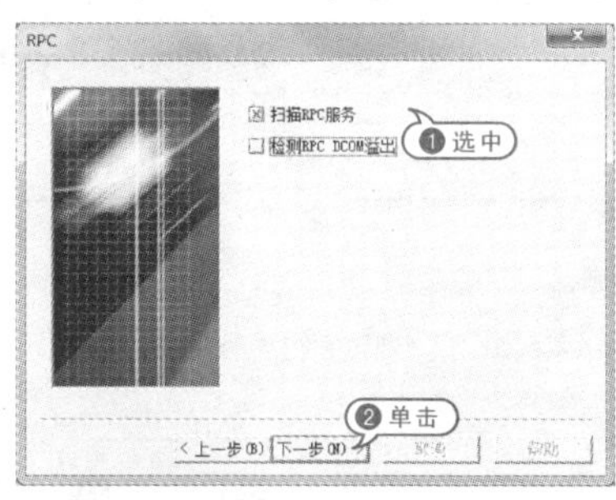

16 弹出【MISC】对话框，取消选中所有复选框，单击【下一步】按钮。

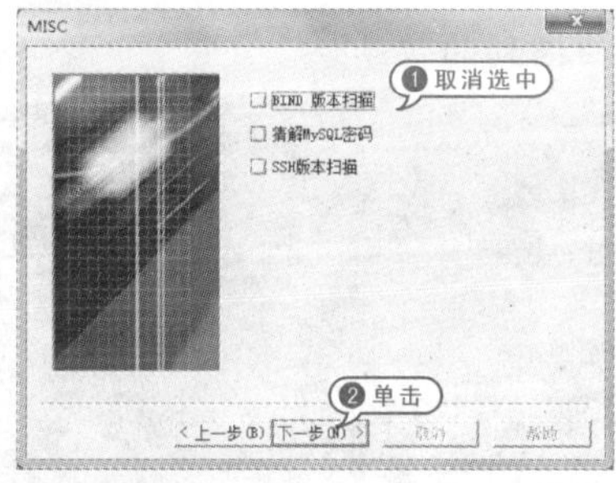

17 弹出【PLUGINS】对话框，在下拉列表中选中【Windows NT/2000】选项，单击【下一步】选项。

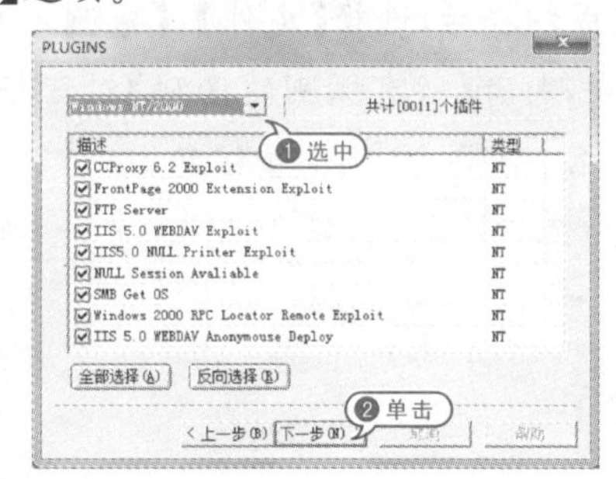

18 弹出【选项】对话框，设置字典和扫描报告的保存位置及并发线程数，单击【完成】按钮。

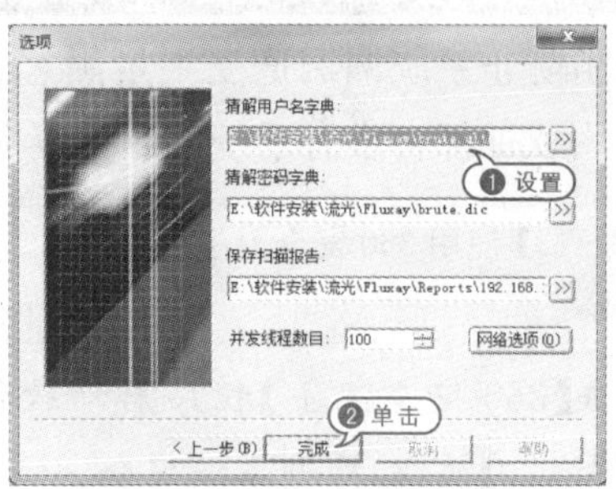

19 完成设置后，自动打开【选择流光主机】对话框，单击【开始】按钮，开始扫描。

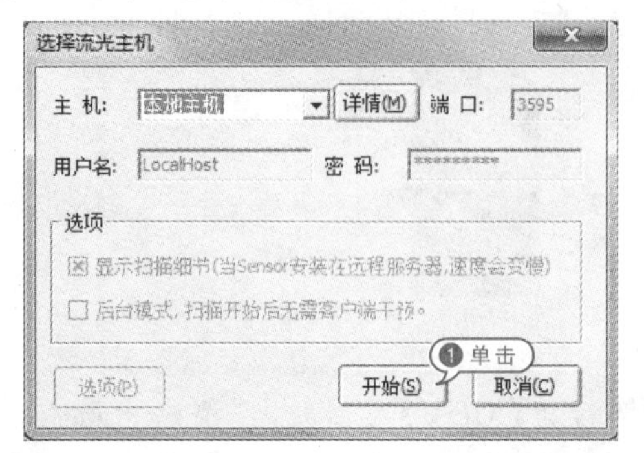

20 扫描过程中会弹出【探测结果】对话框，显示所扫描到的信息。

21 完成扫描后，选择【文件】|【探测历史记录】命令，打开【所有探测的密码】对话框，查看用户名、密码、IP地址等信息。

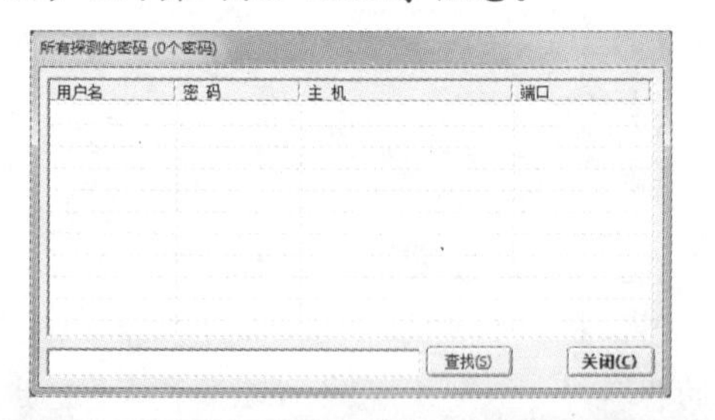

2.3.4 防范漏洞扫描

为了防止系统漏洞遭受大量黑客攻击，很多常用软件都自带有系统漏洞修复功能。

【例2-12】使用360安全卫士修复漏洞。
视频

01 双击【360安全卫士】程序启动软件，单击【立即体检】按钮，检测系统安全。

02 单击【修复漏洞】按钮，在弹出的【360漏洞修复】窗口中，软件将自动检测系统存在的漏洞和升级补丁程序。

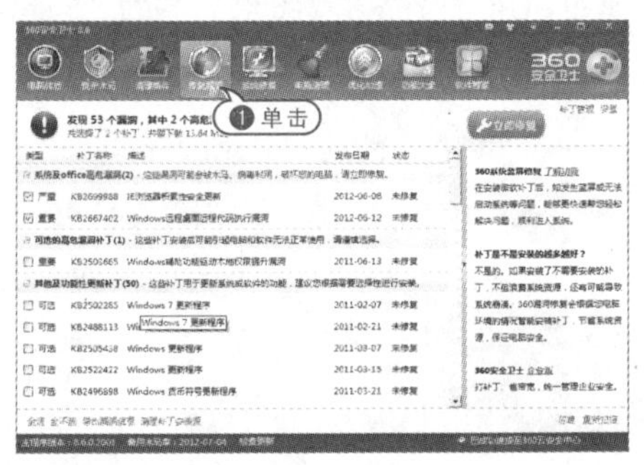

03 选中需要修复的漏洞和补丁前的复选框，单击【立即修复】按钮，开始下载漏洞补丁程序并进行修复。

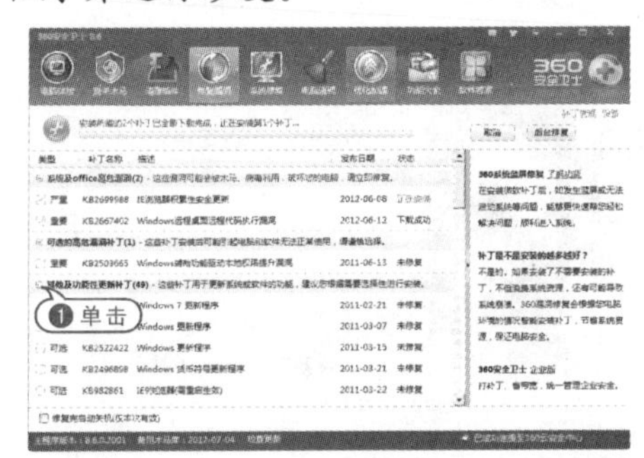

04 系统补丁程序安装完毕后，将弹出提示信息，用户可根据需要选择其他补丁进行修复。

2.4 使用嗅探工具

嗅探器是一种监视网络数据运行的软件设备，协议分析器既能用于合法网络管理也能用于窃取网络信息。网络运作和维护都可以采用协议分析器，如监视网络流量、分析数据包、监视网络资源利用、执行网络安全操作规则、鉴定分析网络数据以及诊断并修复网络问题等。

2.4.1 设置 Iris 网络嗅探工具

Iris 嗅探器（Iris Network Traffic Analyzer）是一款网络通信分析工具。它可以捕获和查看进出网络的数据包，进行分析和解码；还可以探测本机端口和网络设备使用情况，从而管理网络通信。在使用 IRIS 嗅探器之前，首先要了解该程序基本设置，才能熟练操作。

【例 2-13】设置 Iris 网络嗅探器。视频

01 双击【Iris 嗅探器】程序启动软件，第一次启动软件会弹出【设置】对话框，在【适配器】选项中，选择所需捕获数据的网卡。

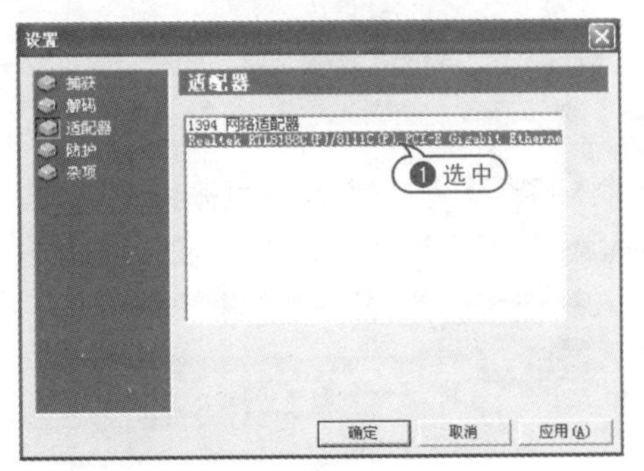

02 单击左侧的【捕获】选项，设置捕获动作、所需载入的过滤器等。

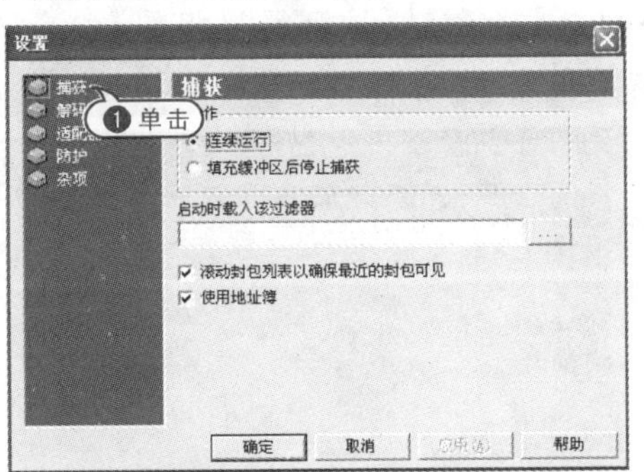

03 单击左侧的【解码】选项，设置【DNS 反向查找】、【HTTP 查看器选项】等。

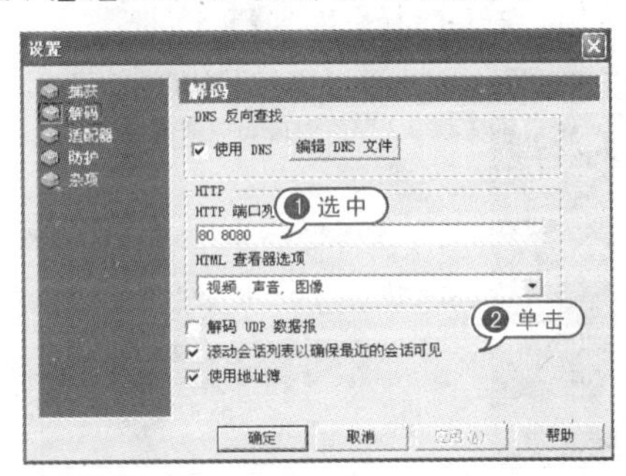

04 单击左侧的【防护】选项，设置在捕获数据时的防护措施等。

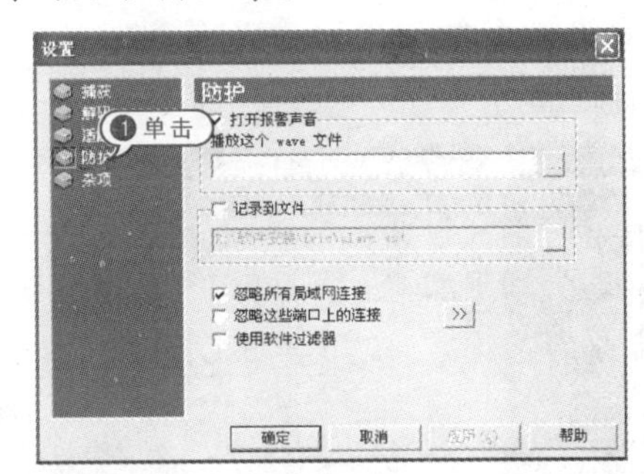

05 单击左侧的【杂项】选项，设置内存和磁盘空间等。设置完毕，单击【确定】按钮，返回主窗口。

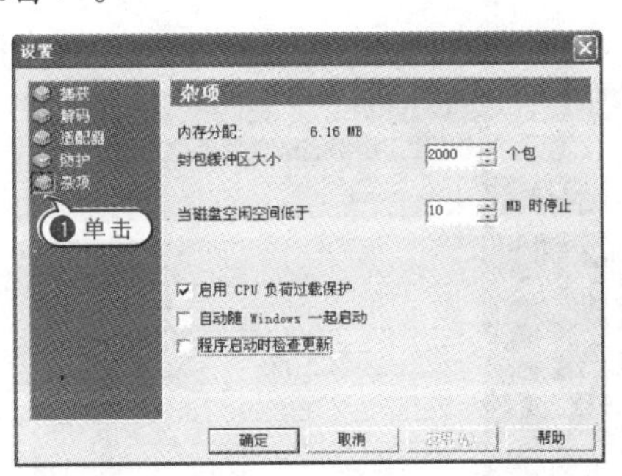

06 选择【过滤器】|【编辑过滤器】命令，打开【编辑过滤器设置】对话框。

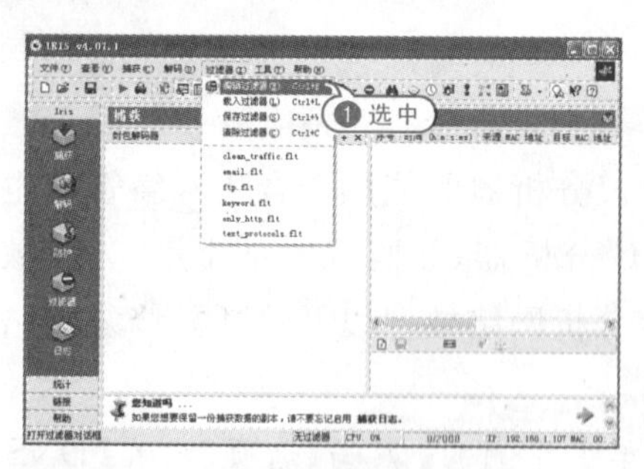

07 单击左侧的【硬件过滤器】选项，设置硬件过滤器，默认选择【混杂】复选框。

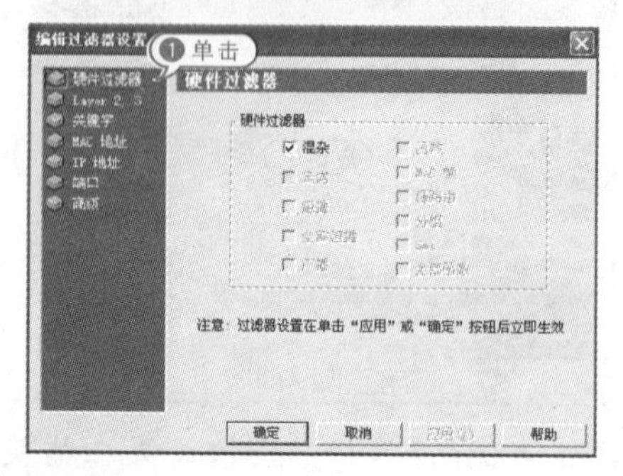

08 单击左侧的【Layer 2，3】选项，设置如何对网络体系结构中的第 2 层和第 3 层数据进行过滤。

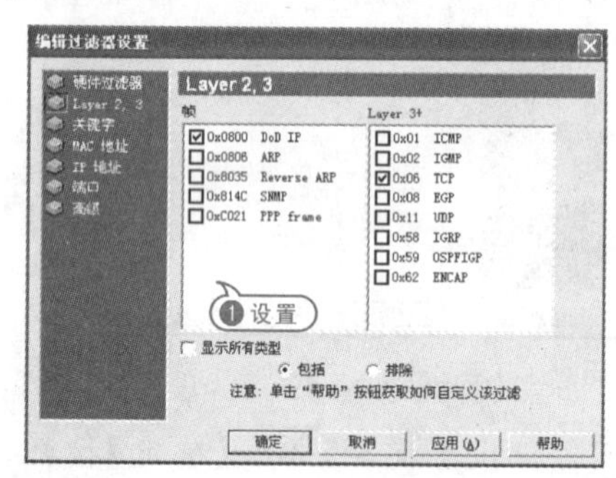

09 单击左侧的【MAC 地址】选项，设置 MAC 地址列表。

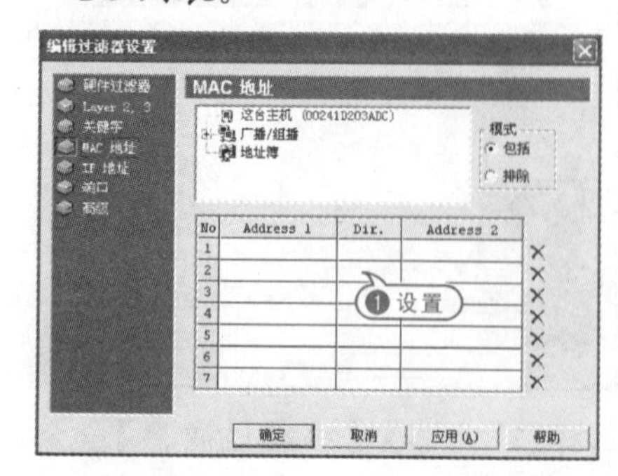

10 单击左侧的【IP 地址】选项，设置 IP 地址列表。单击【确定】按钮，完成设置，返回主窗口。

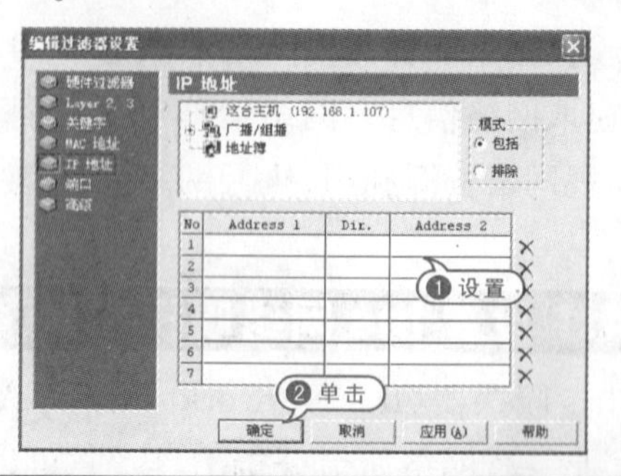

2.4.2 使用 Iris 嗅探器

在设置完 Iris 嗅探器后，就会发现该软件的优秀之处了。

【例 2-14】使用 Iris 网络嗅探器。视频

01 选择【捕获】|【开始】命令，程序开始捕获通过网络适配器传输的数据。

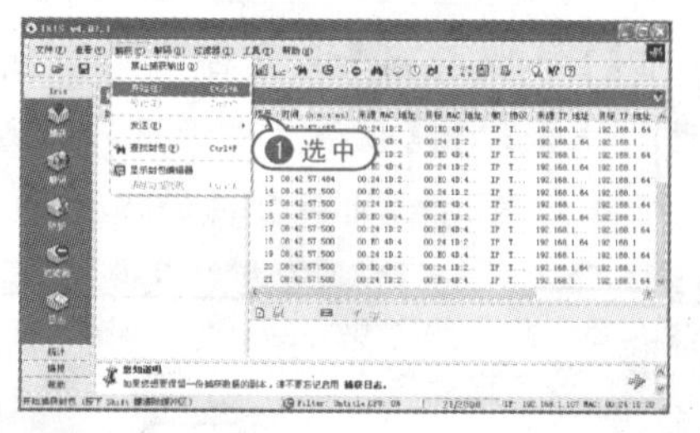

02 在【捕获】窗口中显示出捕获的封包列表，选择任意一个封包，即可查看相关信息。

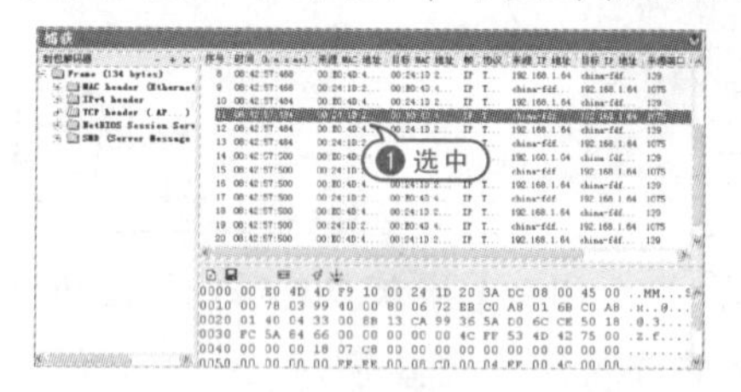

03 选择【查看】|【显示解码视图】命令，打开解码视图，查看所有封包的解码信息。

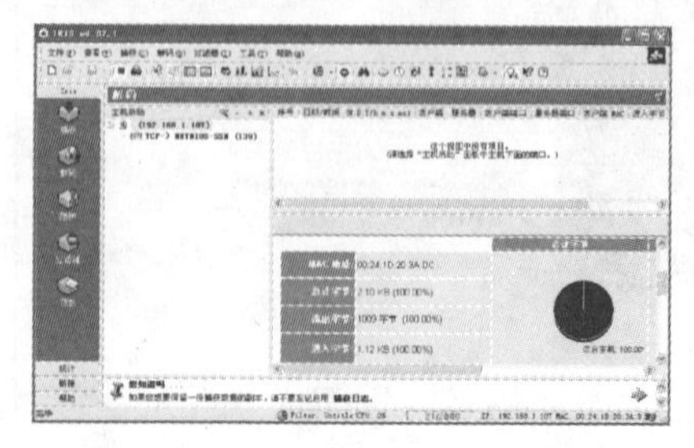

04 选择【工具】|【计划安排】命令，打开【计划安排】对话框。

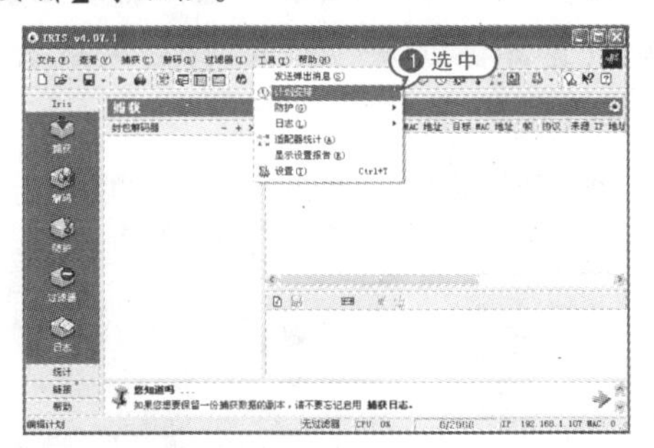

05 单击【新建】按钮，新建一个任务对话框，在右侧窗格中单击对应方块使其变为白色，设置不需要捕获的时间段。

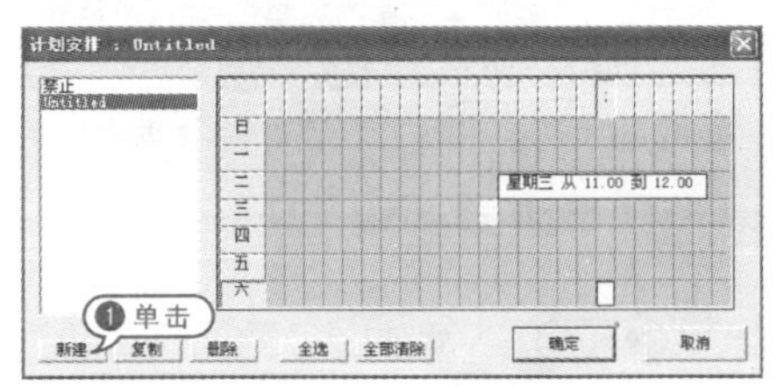

06 单击【确定】按钮，即可开始扫描。

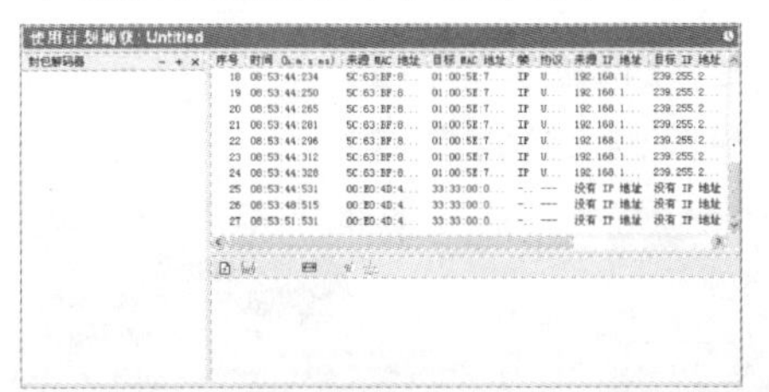

2.4.3 使用影音神探嗅探器

影音神探软件不仅能找出隐藏在网页中的媒体文件的网络地址，能让电影电视软件上的流媒体地址无处遁形，更值得一提的是该软件还能找出众多资源文件的网络地址，而且操作方法也非常简单。

【例 2-15】使用影音神探嗅探器。视频

01 双击【影音神探】软件启动程序，首次启动会弹出【程序将会测试所有网络适配器】提示框，单击【OK】按钮。

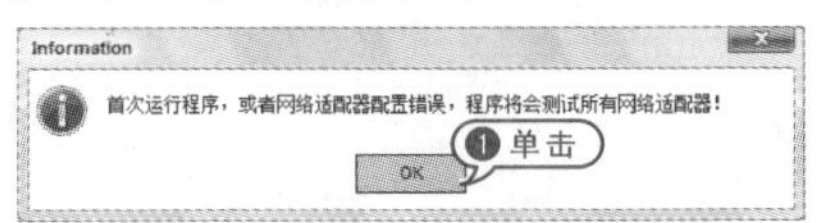

02 在弹出的【设置】对话框中，自动测试网络适配器是否可用。

03 若本机网络适配器测试成功，则弹出【当前网络适配器可用】提示框，单击【OK】按钮。

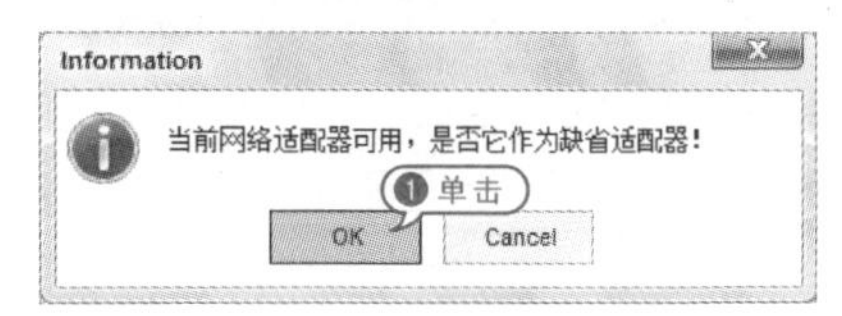

04 返回【设置】对话框，在【状态】列表中显示为【可用】的网络适配器前复选框已被选中，单击【确定】按钮，完成网络适配器设置。

05 在弹出的【网络嗅探器】对话框中，选择【嗅探】|【开始嗅探】命令，即可进行嗅探，嗅探信息将会显示在下方列表中。

06 选中【文件类型】列表下需要下载的文件，选择【列表】|【使用网际快车下载】命令，即可打开【新建任务】对话框，设置下载文件。

07 在【网络嗅探器】主窗口中，选择【设置】|【综合设置】命令。

08 弹出【设置】对话框，选择【常规设置】选项卡，选中相应的复选框，设置程序启动和列表文件类型等。

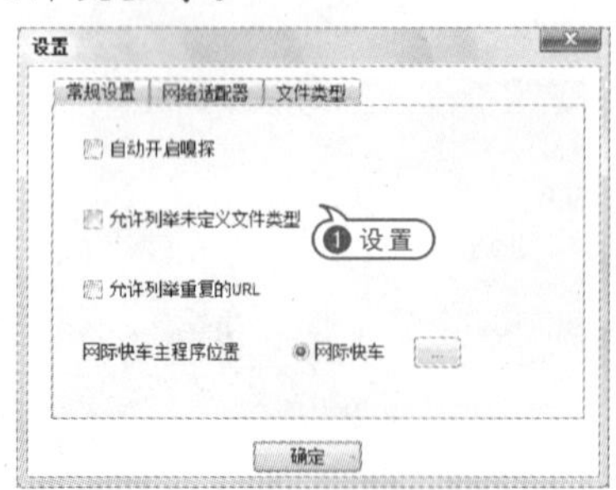

09 选择【文件类型】选项卡，选中相应的复选框，设置需要下载的文件类型，单击【确定】按钮，完成设置。

10 返回【网络嗅探器】窗格，选择【嗅探】|【过滤设置】命令，弹出【数据包过滤设置】对话框，设置需要过滤的指定网站，完成后单击【确定】按钮。

11 返回【网络嗅探器】对话框，选中需要增加备注的数据，选择【列表】|【增加备注】命令，弹出【编辑备注】对话框，在文本框中输入内容，单击【OK】按钮。

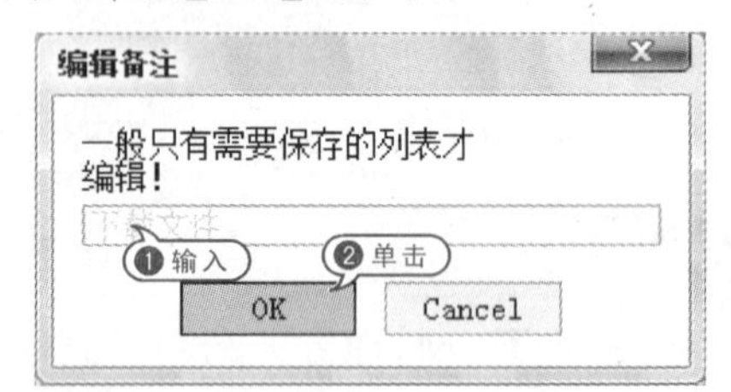

12 返回【网络嗅探器】对话框，即可查看到数据增加备注的内容。

13 在【网络嗅探器】主窗口中，右击【数据包】列表，在弹出的菜单中选择【分类查看】|【图片文件】命令，将只显示嗅探到的图片文件。

14 在【网络嗅探器】对话框中,右击【数据包】列表,在弹出的菜单中选择【分类查看】|【文本文件】命令,将只显示嗅探到的文本文件。

15 在【网络嗅探器】对话框中,右击【数据包】列表,在弹出的菜单中选择【查看数据包】命令,弹出【数据包相关信息】对话框,查看数据包详细信息。

16 在【网络嗅探器】对话框中,选择【列表】|【保存列表】命令,弹出【Save file】对话框,设置保存路径,单击【Save】按钮。

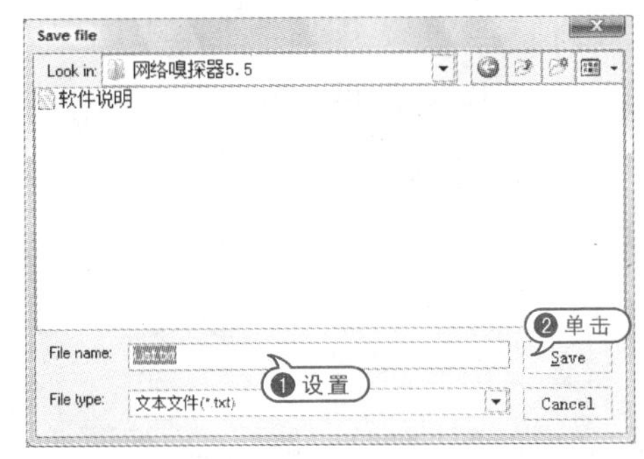

17 在弹出的【选择文件保存方式】提示框中,单击【Yes】按钮。

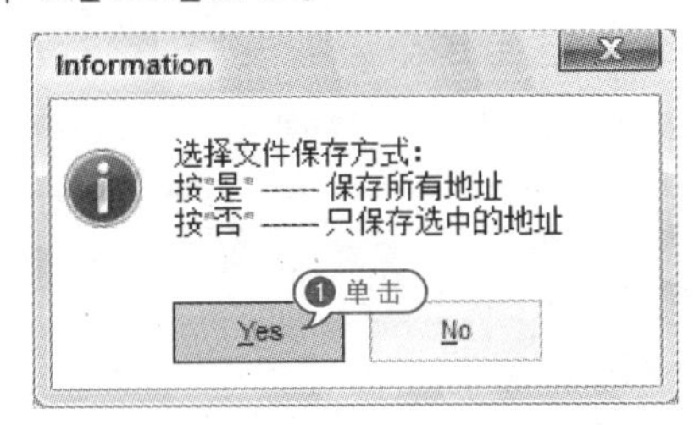

18 弹出【保存完毕】提示框,单击【OK】按钮。

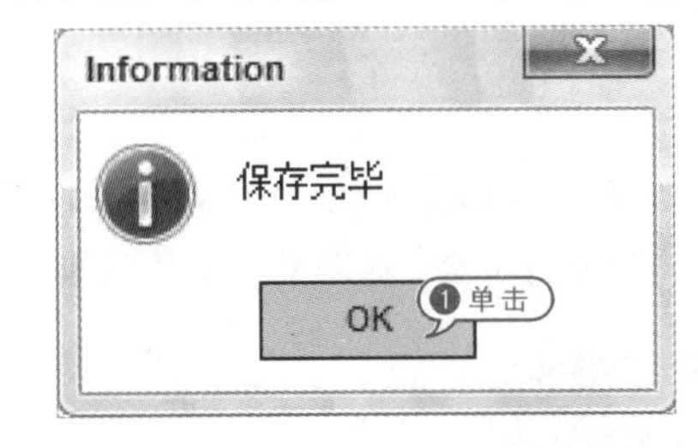

2.5 实战演练

本章实战演练部分将介绍 SmartSniff 嗅探器的使用方法。该嗅探器可以让用户获取自己的网络适配器的 TCP/IP 数据包,并且可以按顺序查看客户端与服务器(Server 网络资源)之间会话的数据。

【例 2-16】使用 SmartSniff 嗅探器。视频

01 双击【SmartSniff】软件启动程序,弹出【SmartSniff】主窗口。

02 选择【文件】|【开始抓包】命令,开始捕获当前主机与网络服务器直接传输的数据包。

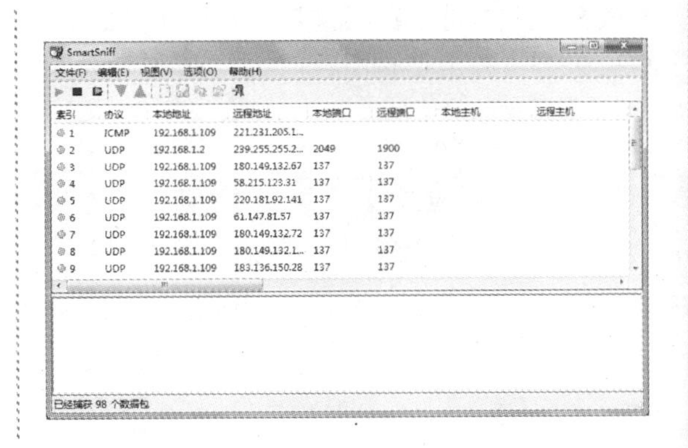

03 单击【文件】|【停止抓包】命令，停止捕获数据，在列表中选择任意一个 UDP 协议类型数据包，即可显示数据信息。

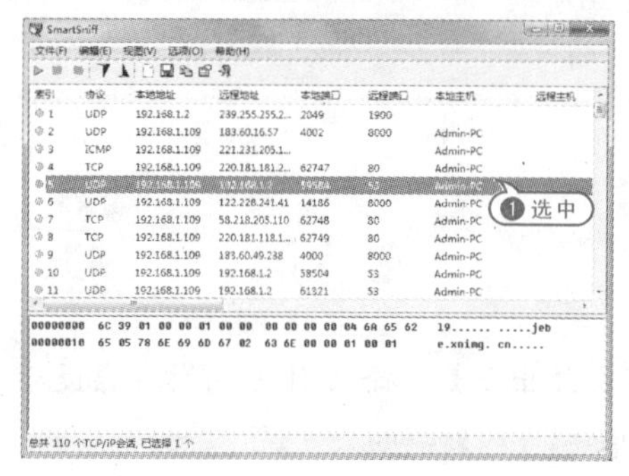

04 在列表中选择任意一个 TCP 协议类型数据包，即可查看其数据信息。

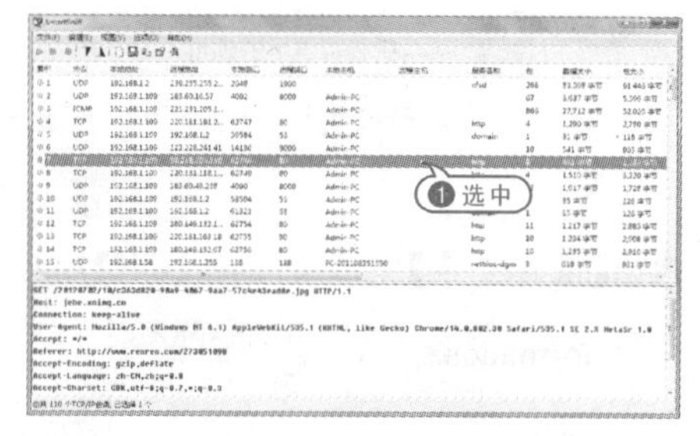

05 在列表中选择任意一个数据包，单击【文件】|【属性】命令，在弹出的【属性】对话框中即可查看属性信息。

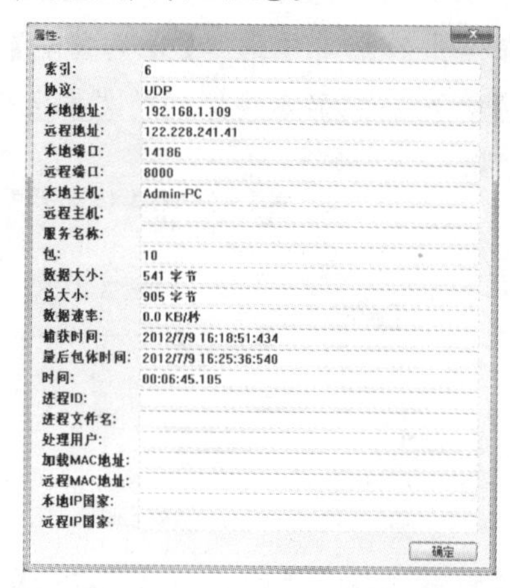

06 在列表中选中任意一个数据包，单击【视图】|【网页报告-TCP/IP 数据流】命令，即可以网页形式查看信息包数据流报告。

2.6 专家答疑

一问一答

问：如何在 Windows 7 操作系统下以管理员权限运行 cmd？

答：在【开始】|【搜索】文本框中输入“cmd”，在【程序】栏出现“cmd.exe”文件。右击该文件，在弹出的快捷菜单中选择【以管理员身份运行】命令。弹出【是否允许程序对计算机进行修改】提示框，选择【是】选项。在弹出的【cmd】窗口左上角将显示【管理员】字符。当【cmd】窗口以管理员权限运行时，在该窗口中执行的其他程序也会以管理员权限运行。

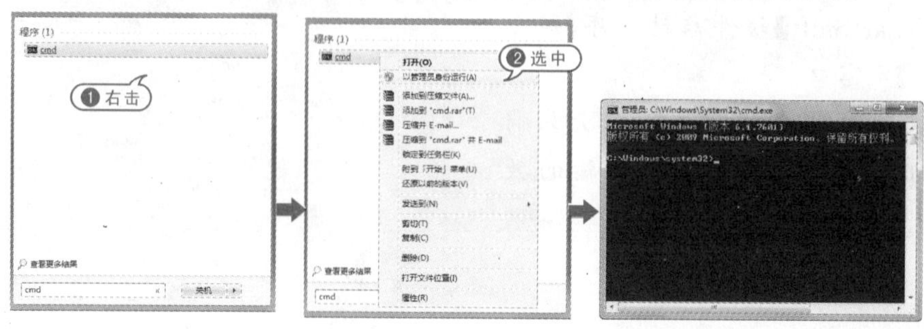

第3章

常见密码攻防技术

密码是一种用来混淆的技术，将可识别的信息转变成无法识别的信息。为了保护电脑中的重要信息，都会为电脑及文件设置密码，如为系统加密、文件加密使用加密软件等。但是黑客则会利用一些手段破解密码，从而获取信息。

参见随书光盘

例 3-1　设置系统启动密码
例 3-2　设置屏幕保护密码
例 3-3　对 Word 文档使用修改加密
例 3-4　使用 Word 常规选项加密
例 3-5　使用工具解密 Word 文档
例 3-6　为 Excel 工作簿加密
例 3-7　解密 Excel 工作簿
例 3-8　为压缩文包件加密
例 3-9　解密压缩包文件
例 3-10　设置文件夹属性
例 3-11　加密文件夹
例 3-12　使用 Windows 加密大师
例 3-13　使用文件夹加密精灵
例 3-14　使用图片保护狗工具
例 3-15　使用 Word 文档加密器
其他视频文件参见配套光盘

3.1 加密操作系统

黑客可以轻而易举地闯进没有加密的操作系统中，查看电脑中的文件信息。所以，为系统加密是最基本的预防黑客入侵的操作。

3.1.1 设置系统启动密码

在 Windows 7 操作系统中，为自己账户添加系统启动密码，使不知道密码者不能登录系统。

【例 3－1】设置 Windows 7 操作系统中的启动密码。视频

01 选择【开始】|【控制面板】选项，选择【系统和安全】选项。

02 弹出【系统和安全】对话框，选择左侧的【用户帐户和家庭安全】选项。

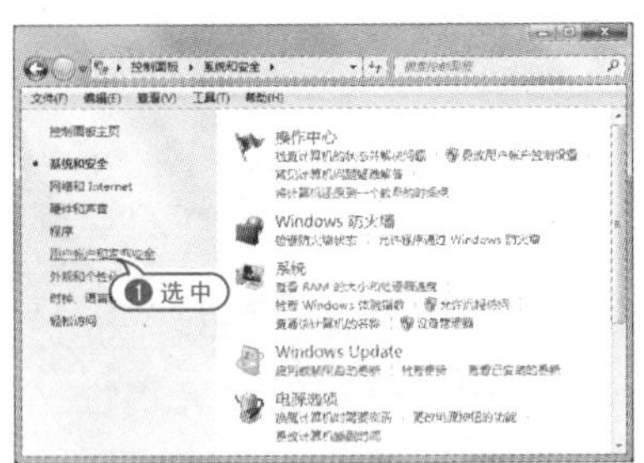

03 弹出【用户帐户和家庭安全】对话框，选择右侧的【用户帐户】|【更改 Windows 密码】选项。

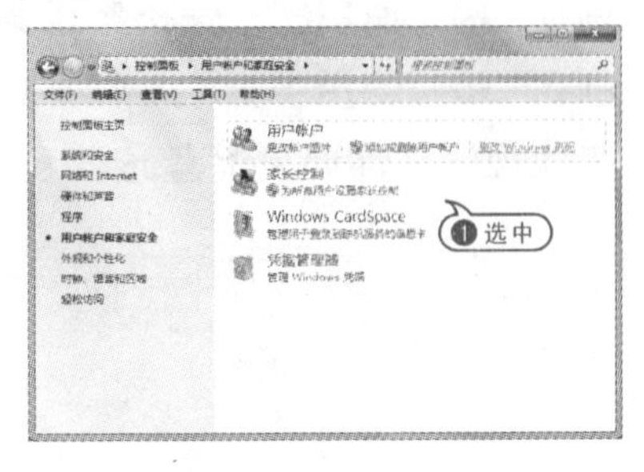

04 弹出【更改用户帐户】对话框，选择右侧的【为您的帐户创建密码】选项。

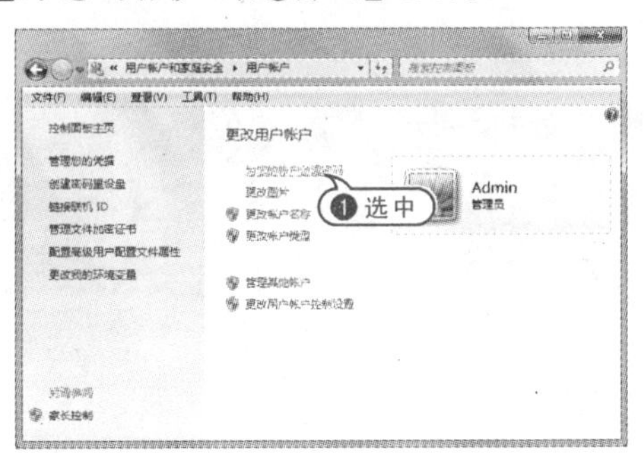

05 弹出【为您的帐户创建密码】对话框，输入密码和密码提示后，单击【创建密码】按钮，完成系统启动密码设置。

3.1.2 设置屏幕保护密码

当用户短暂离开计算机时，可以启用屏幕保护功能，防止他人使用电脑。

【例 3－2】设置屏幕保护密码。视频

01 右击桌面的空白处，在弹出的菜单中选择【个性化】命令。

02 弹出【更改计算机上的视觉效果和声音】对话框，选择右下方的【屏幕保护程序】选项。

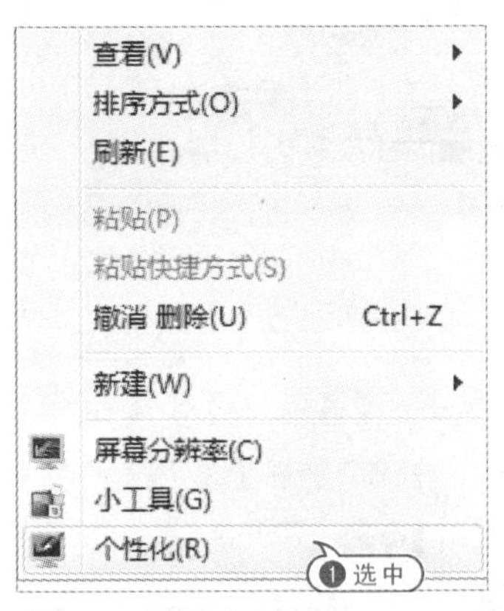

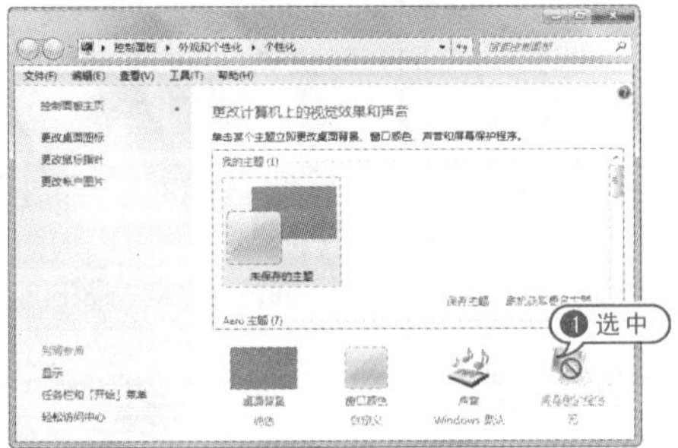

03 弹出【屏幕保护程序设置】对话框，在【屏幕保护程序】下拉列表中，选择【彩带】选项，单击下方的【更改电源设置】链接。

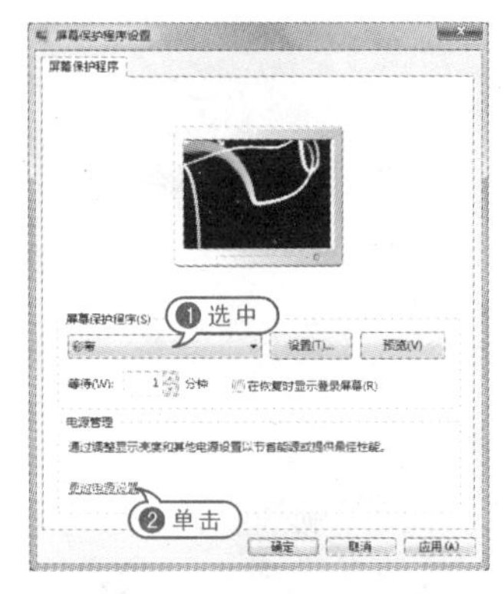

04 弹出【定义电源按钮并启用密码保护】对话框，选中【需要密码】单选按钮，单击【保存修改】按钮，完成设置。

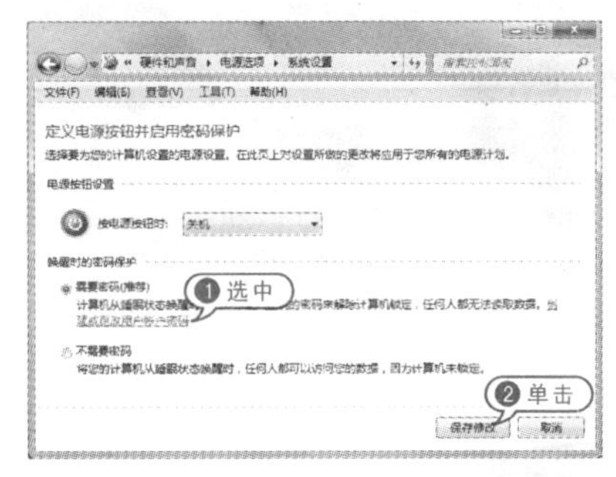

3.2 文件的加密与解密

日常办公中离不开各式各样的软件，如 Microsoft Office 系列、压缩包等，里面保存着大量重要文件资料。因为涉及文件的安全问题，所以为这些文件加密是非常重要的。如 Word 文件、Excel 文件等，用户可为其设置密码进行保护，防止被随意查看。

3.2.1 Word 文档的加密与解密

Microsoft Word 2010 不仅可以设置打开 Word 文档密码，还可以设置修改 Word 文档密码，具有双重保护作用。

1. 添加文档修改密码

Microsoft Word 2010 相比之前的版本，增加了强制保护功能，保护用户文档不被修改。

【例 3-3】对 Word 文档使用修改加密。
视频

01 双击【Microsoft Word】软件启动程序，选择【审阅】|【限制编辑】选项。

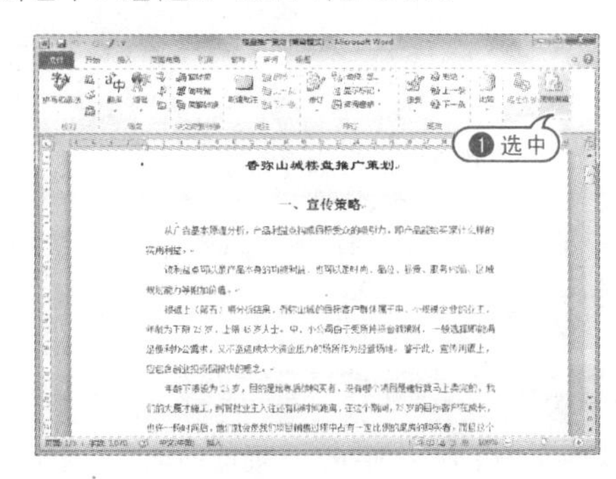

02 在右侧弹出的【限制格式和编辑】栏目中，选中【仅允许在文档中进行此类型的编辑】复选框，在【例外项】选项中，选中【每个人】复选框，单击【是，启动强制保护】按钮。

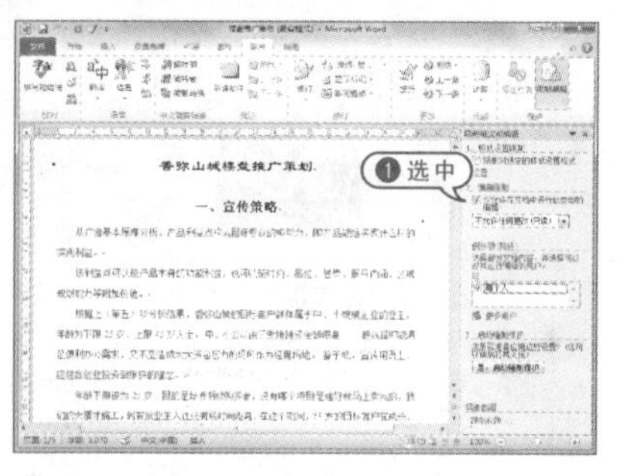

03 弹出【启动强制保护】对话框，选中【密码】单选按钮，在文本框中输入密码，单击【确定】按钮，即可对该 Word 文档进行保护，此时文档处于无法编辑的保护状态。

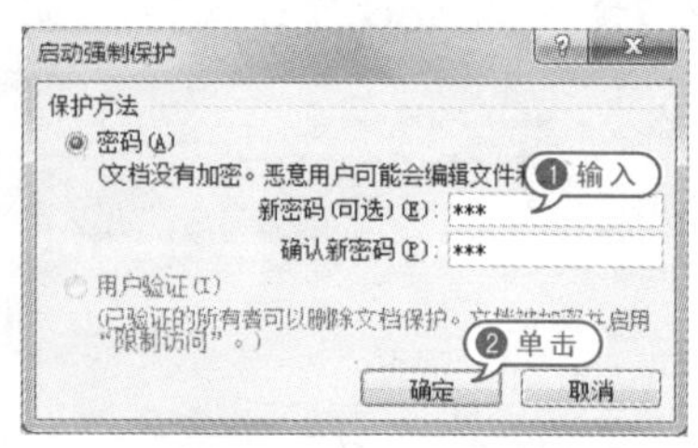

04 单击下方的【停止保护】按钮。弹出【取消保护文档】对话框，输入密码，单击【确定】按钮，即可对该文档进行编辑。

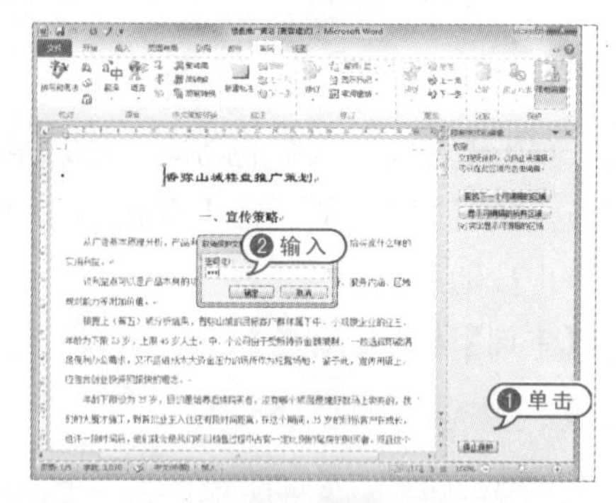

2. 添加文档打开密码

在 Word 中，用户可以在【常规选项】中设置打开文档的密码，保护文档信息安全，防止文件被查看。

【例 3-4】使用 Word 常规选项加密。视频

01 双击【Microsoft Word】软件启动程序，选择【文件】|【另存为】选项。

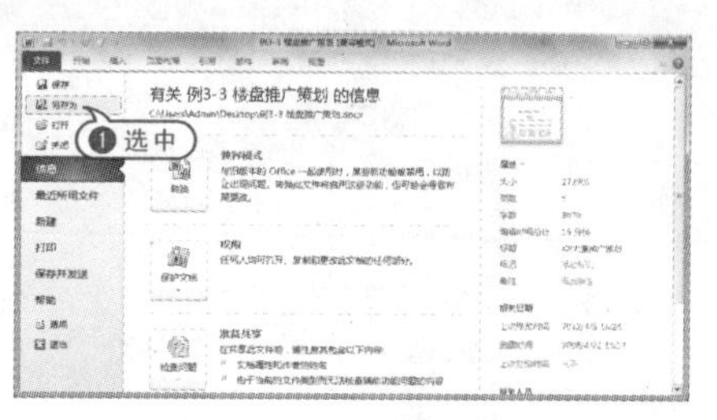

02 在弹出的【另存为】对话框中，设置保存路径与文件名，单击【工具】扩展按钮，选择【常规选项】命令。

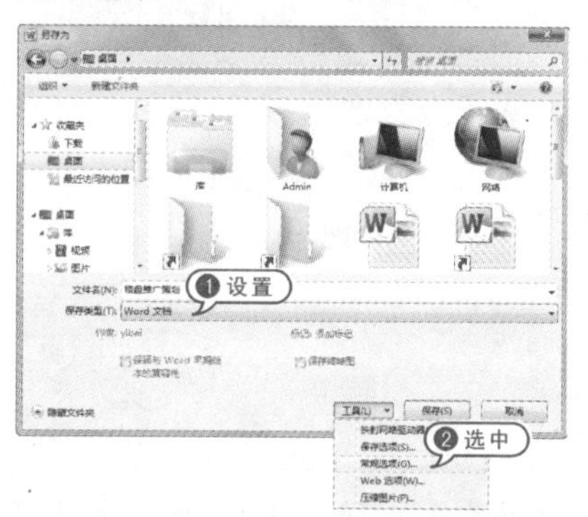

03 弹出【常规选项】对话框，在【打开文件时的密码】和【修改文件时的密码】文本框中输入相应的密码后，单击【确定】按钮。

04 弹出【确认密码】对话框，在【请再次键入打开文件时的密码】文本框中，输入密码，单击【确定】按钮。

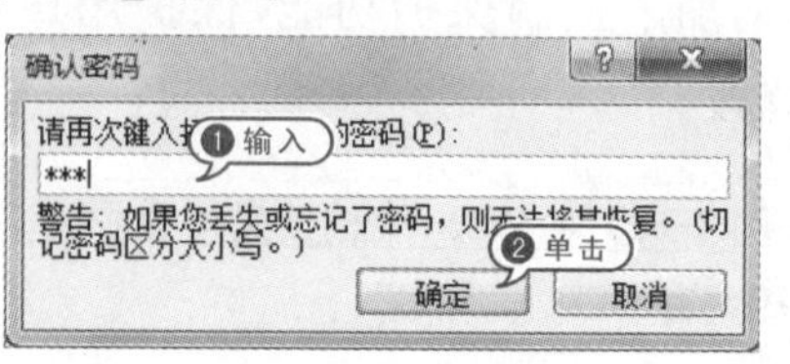

05 弹出【确认密码】对话框，在【请再次键

入修改文件时的密码】文本框中，输入密码，单击【确定】按钮。完成密码设置。

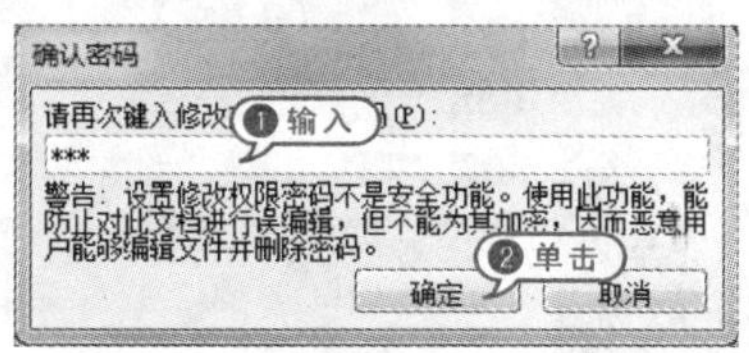

3. 解密 Word 文档

若忘记了 Word 文档的密码，可以通过 Office Password Recovery 工具破解。

【例 3-5】使用工具解密 Word 文档。视频

01 双击【Advanced Office Password Recovery】软件启动程序（简称为“AOPR”），弹出【AOPR】对话框，单击【打开文件】按钮。

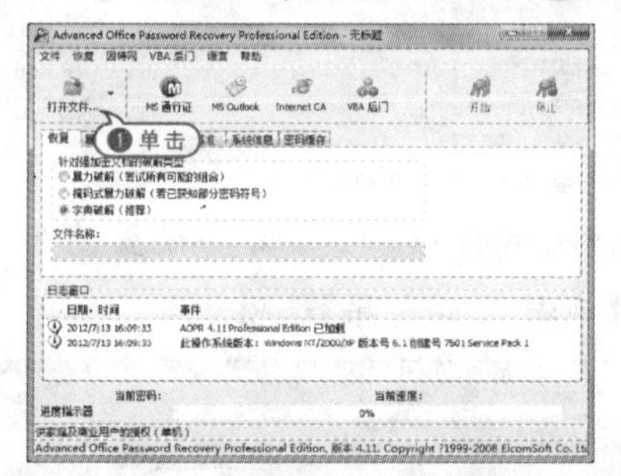

02 弹出【打开文件】对话框，选择需要解密的 Word 文档，单击【打开】按钮。

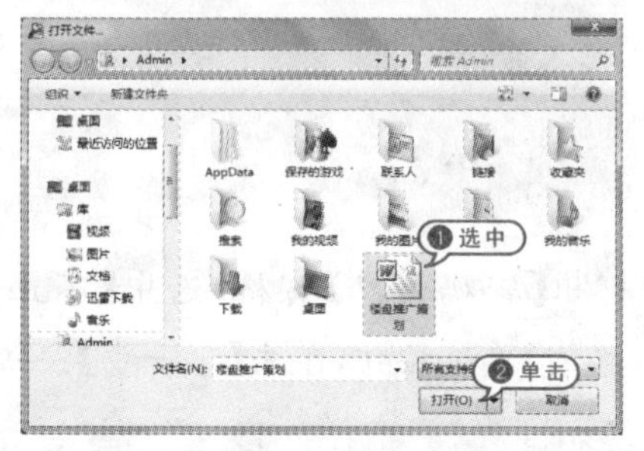

03 弹出【预备破解】对话框，开始破解密码。

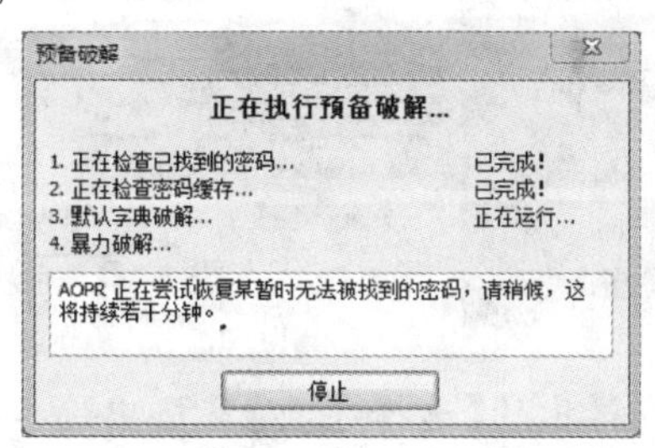

04 等待若干分钟后，弹出【Word 密码已被恢复】对话框，即可查看解密出的密码。

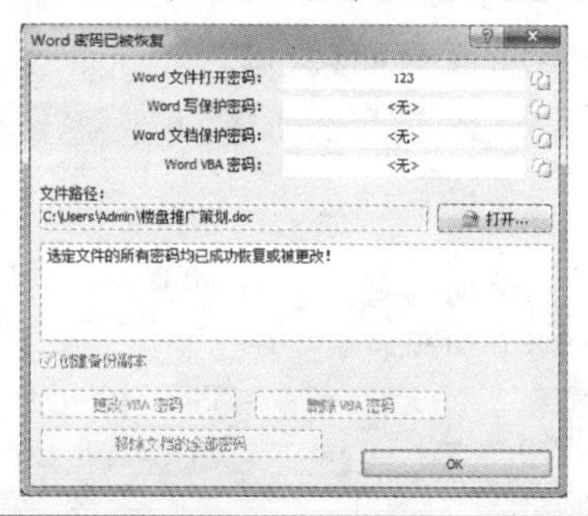

3.2.2 Excel 文档的加密与解密

用户可以通过【常规选项】为 Excel 工作簿加密，也可以通过软件解密，提高文件的安全性。

1. 加密 Excel 工作簿

Office 文档的普通加密方式都一样，都是对打开文档和修改文档同时进行加密。

【例 3-6】使用 Excel 中程序为 Excel 工作簿加密。视频

01 双击【Microsoft Excel】软件启动程序，选择【文件】|【另存为】选项。

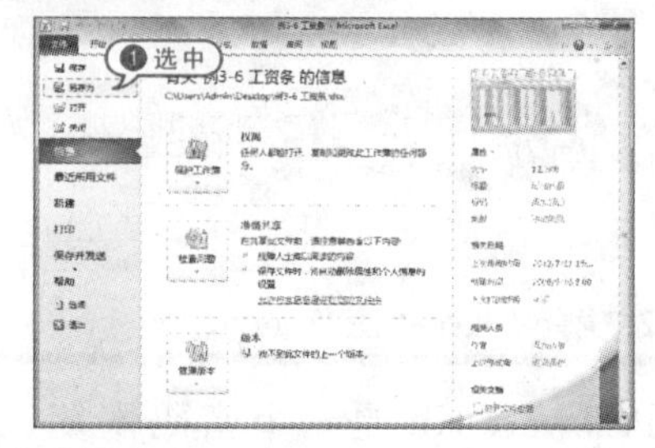

02 弹出【另存为】对话框，设置保存路径与文件名，单击【工具】下拉列表，选择【常规选项】命令。

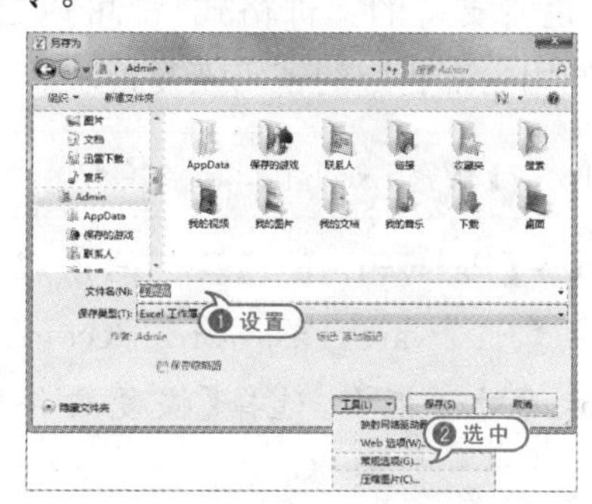

03 弹出【常规选项】对话框，在【打开权限密码】和【修改权限密码】文本框中输入相应密码后，单击【确定】按钮。

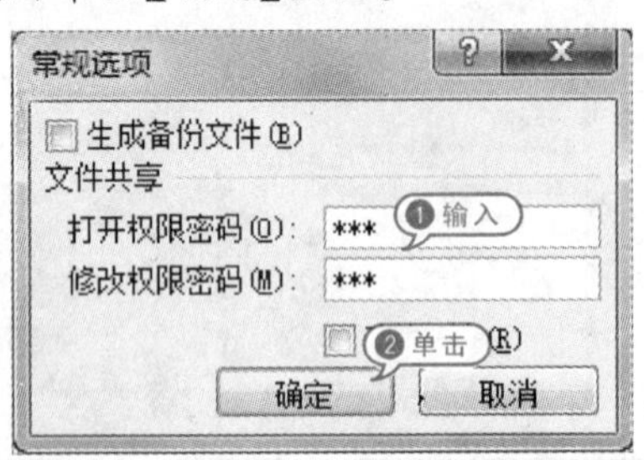

04 弹出【确认密码】对话框，在【重新输入密码】文本框中，输入密码，单击【确定】按钮。

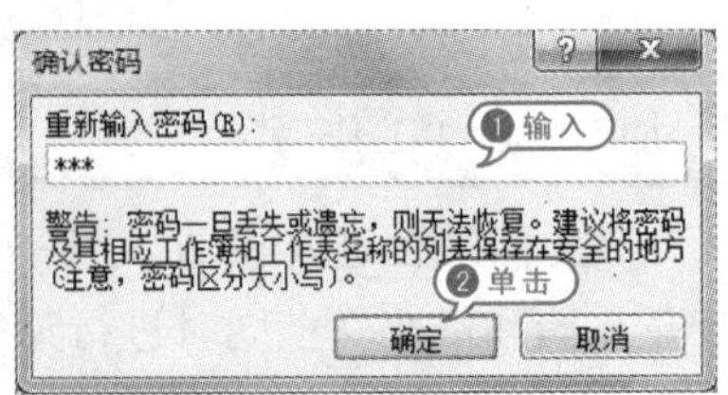

05 弹出【确认密码】对话框，在【重新输入修改权限密码】文本框中，输入密码，单击【确定】按钮。完成密码设置。

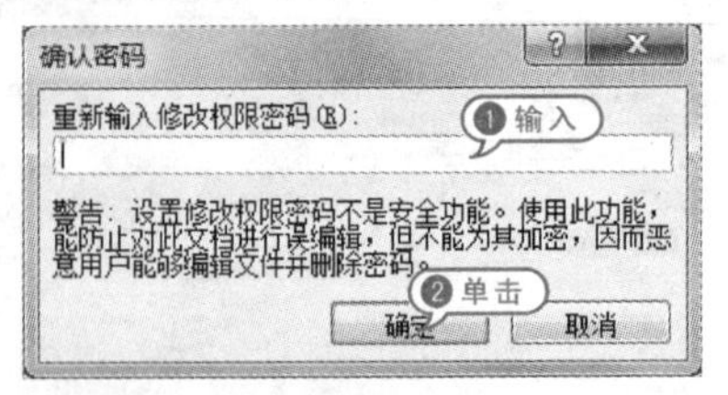

2. 解密 Excel 工作簿

Passware Kit 是一个密码恢复工具合集，将所有的密码恢复模块全部集成到一个主程序中。恢复文件密码时，只需启动主程序，凡是所支持的文件格式，都可以自动识别并调用内部相应的密码恢复模块。

【例 3－7】解密 Excel 工作簿。视频

01 双击【Passware Kit】软件启动程序，在弹出的【Passware Password Recovery Kit Forensic】对话框中，选择【恢复文件密码】命令。

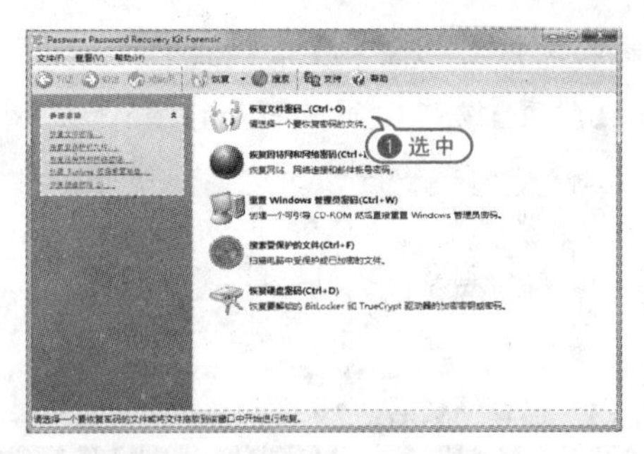

02 弹出【打开】对话框，选择【财务信息系统绘图】工作簿，单击【打开】按钮。

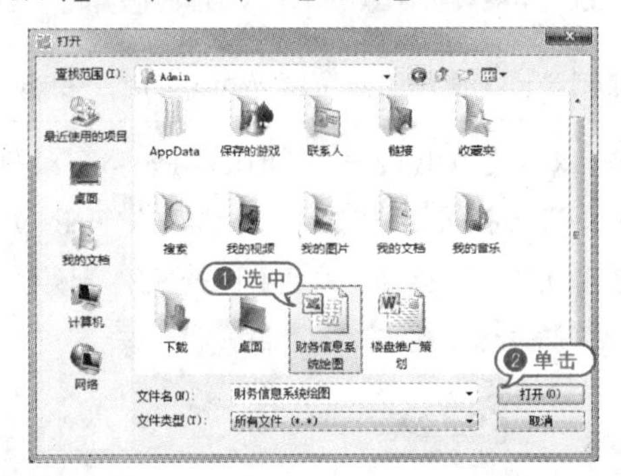

03 初次运行该软件，需要设置基本参数。选择【运行破解向导】选项。

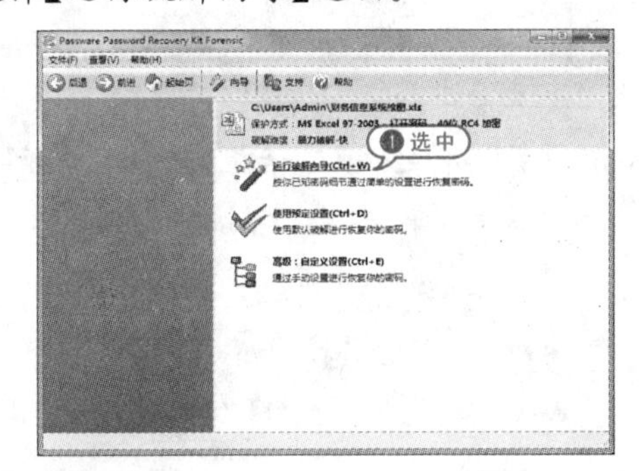

04 弹出【密码信息】窗格，选中【不止一个字典单词】单选按钮，单击【下一步】按钮。

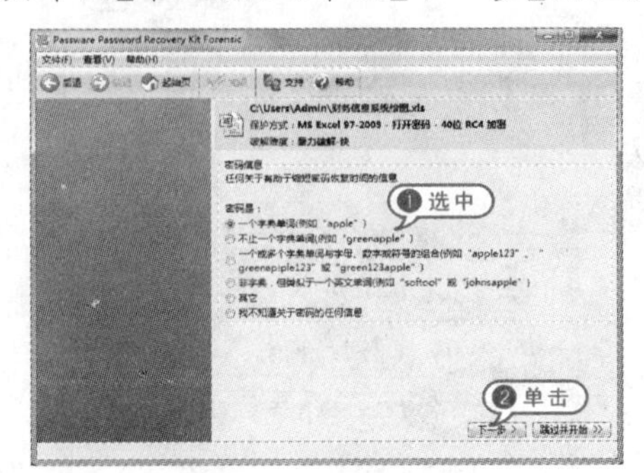

05 在弹出的【选择字典】窗格中选择【Ara-

bic】单选按钮，单击【下一步】按钮。

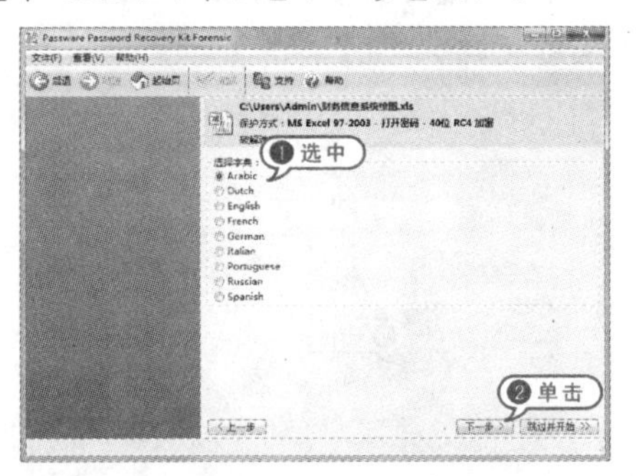

06 弹出【字典破解设置】对话框，设置密码长度，单击【完成】按钮。

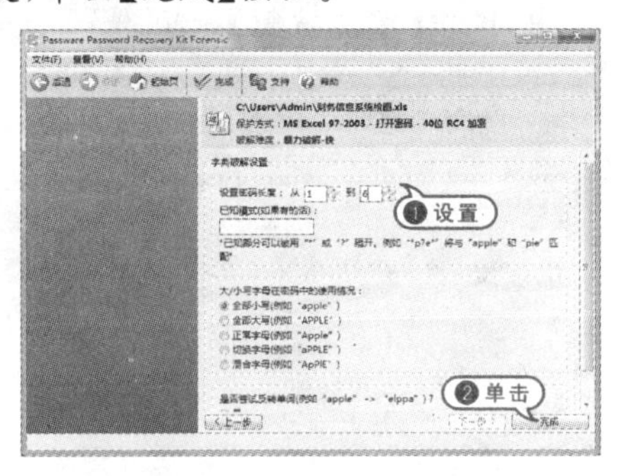

07 弹出【破解进度】对话框，即可查看破解进度。

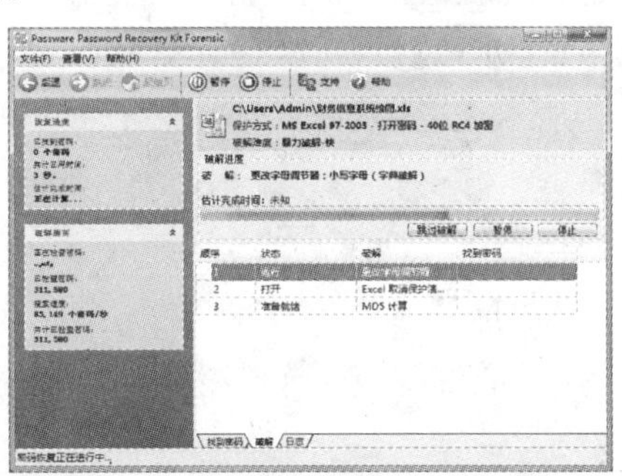

08 解密完成后，即可显示密码信息。

3.2.3 压缩文件的加密与解密

压缩文件可以减小文件中的比特和字节总数，使文件能够通过较慢的互联网连接实现更快传输，此外还可以减少文件的磁盘占用空间。压缩文件的安全也很重要，为压缩文件加密，从而确保文件的安全。

1. 加密压缩包文件

压缩包是计算机压缩文件、文件夹的载体。其安全也很重要，为压缩文件加密，从而确保文件的安全。

【例 3－8】为压缩包文件加密。视频

01 双击【初三化学练习题】压缩包，在打开的压缩包窗口中，选择【初三化学练习题】文件夹，单击【添加】按钮。

02 弹出【请选择要添加的文件】对话框，选择【初三化学练习题】文件夹，单击【确定】按钮。

03 弹出【压缩文件名和参数】对话框，选择【高级】选项卡，然后单击【设置密码】按钮。

04 在弹出的【输入密码】对话框中，设置密码，单击【确定】按钮。

05 返回【压缩文件名和参数】对话框，单击【确定】按钮。完成密码设置。

06 再次运行此压缩包文件时，弹出【输入密码】对话框，需要输入密码才可打开。

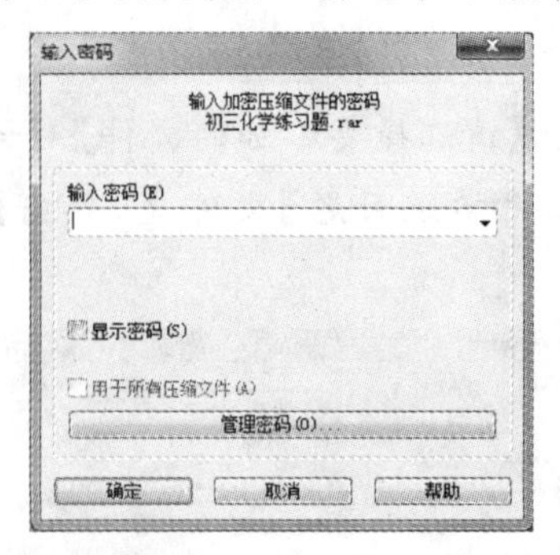

2. 解密压缩包文件

Advanced RAR Password Recovery 可以快速找回压缩包文件的密码。可预估算出密码所需要的时间；可中断计算与恢复继续前次的计算。

【例 3-9】解密压缩包文件。视频

01 双击【Advanced RAR Password Recovery】软件启动程序，单击【打开】按钮。

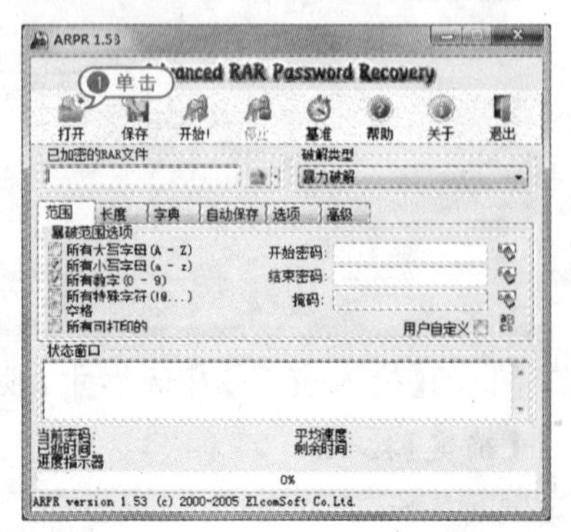

02 在弹出的【打开】对话框中，选中需要解密的压缩文件，单击【打开】按钮。

03 返回 ARPR 操作界面，在【破解类型】下拉列表中，选中【字典破解】选项。

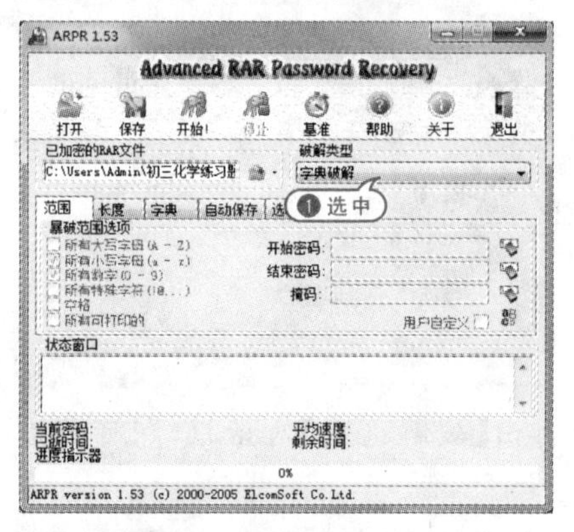

04 单击【开始】按钮，软件开始破解密码。

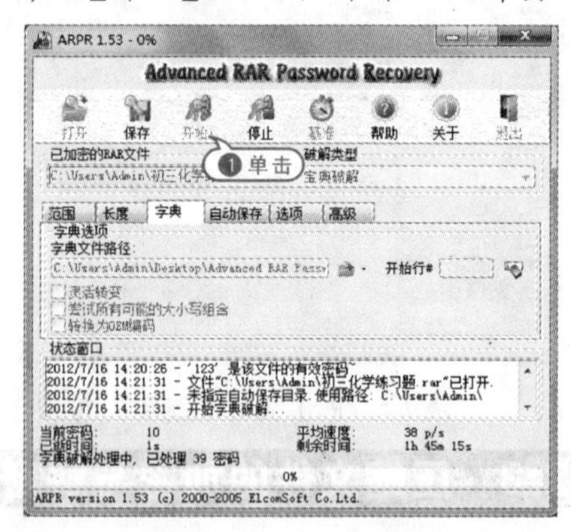

05 弹出【密码已成功恢复】对话框，在其中查看密码信息。密码越简单，破解速度则越快。

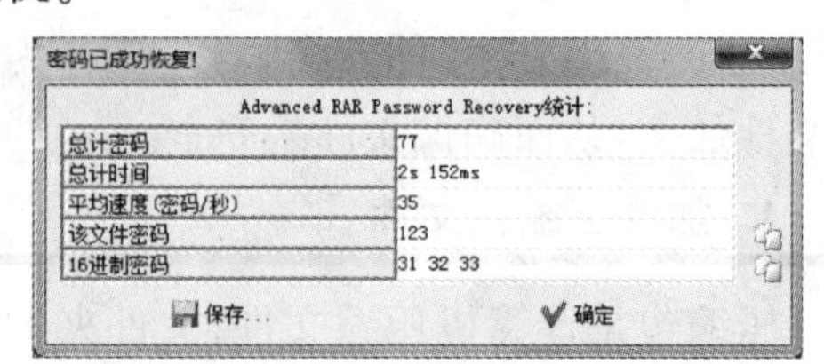
密码已成功恢复!

Advanced RAR Password Recovery统计:

总计密码	77
总计时间	2s 152ms
平均速度(密码/秒)	35
该文件密码	123
16进制密码	31 32 33

保存... 确定

3.2.4 文件夹的加密

计算机中的文件可以储存在文件夹中，如果多个文件都需要加密，逐一加密会很繁琐。因此，为文件夹加密是一个比较方便的方法。

1. 保护文件夹

在一些企业中，多人使用一台计算机的情况是常见的，除了可以为文件加密，还可以对文件夹进行加密，避免别人访问自己创建的内容。

【例 3－10】通过设置文件夹属性来增强文件夹的安全性。视频

01 双击【计算机】图标，在弹出的【计算机】窗口中，选中【Admin】文件夹。

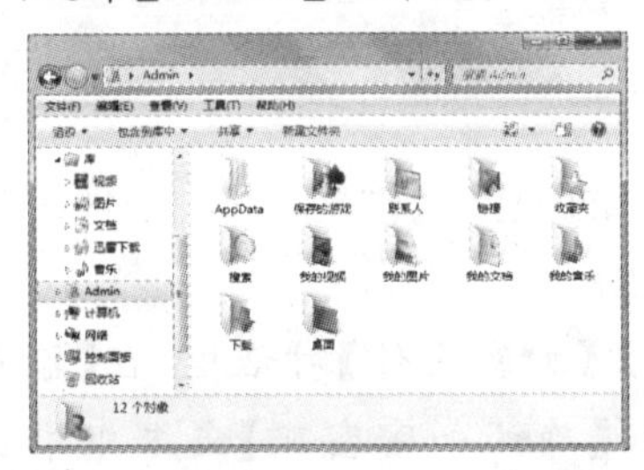

02 弹出【Admin】文件夹，右击【我的图片】文件夹，在弹出的快捷菜单中，选择【属性】命令。

03 在弹出的【我的图片 属性】对话框中，单击【高级】按钮。

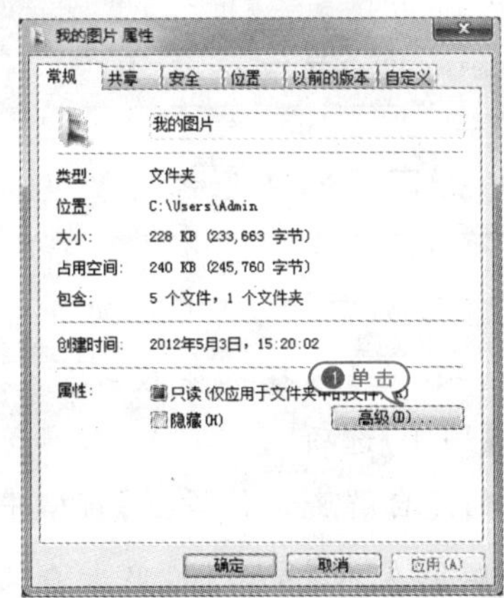

04 弹出【高级属性】对话框，选中【加密内容以便保护数据】复选框，单击【确定】按钮。

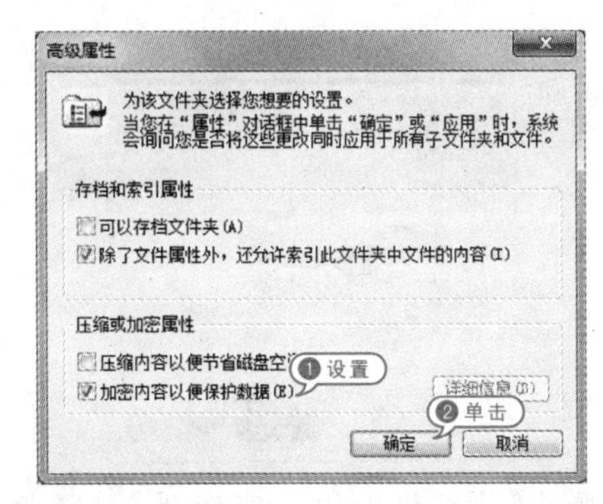

05 返回【我的图片 属性】对话框，单击【应用】按钮。

06 弹出【确认属性更改】对话框，选中【仅将更改应用于此文件夹】单选按钮，单击【确定】按钮，完成设置。

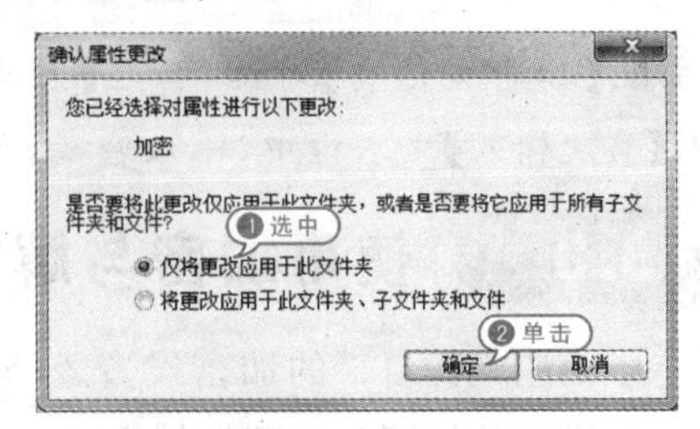

2. 加密文件夹

文件夹加密超级大师是强大易用的文件夹加密软件，文件夹加密和文件加密时有最快的加密速度，加密的文件和加密的文件夹有最高的加密强度。

【例 3－11】加密文件夹。视频

01 双击【文件夹加密超级大师】软件启动程序，单击【文件夹加密】按钮。

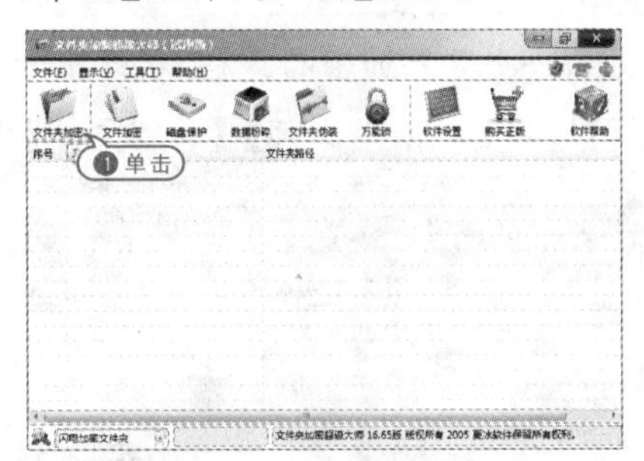

02 弹出【浏览文件夹】对话框，选择需要加密的文件夹，单击【确定】按钮。

03 弹出【请牢记您的加密密码】对话框，单击【我知道了】按钮。

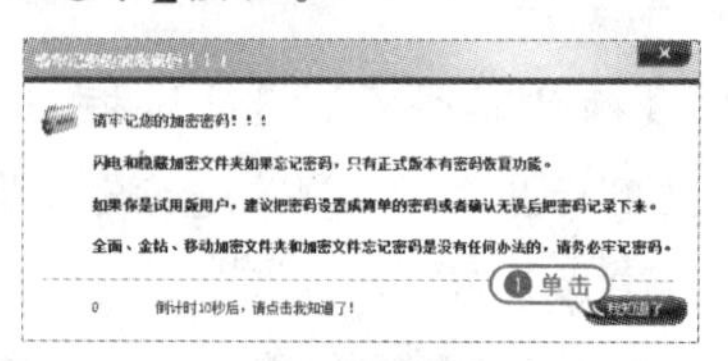

04 弹出【加密文件夹】对话框，在【加密密码】和【再次输入】文本框中，输入密码，单击【加密】按钮，完成文件夹加密操作。

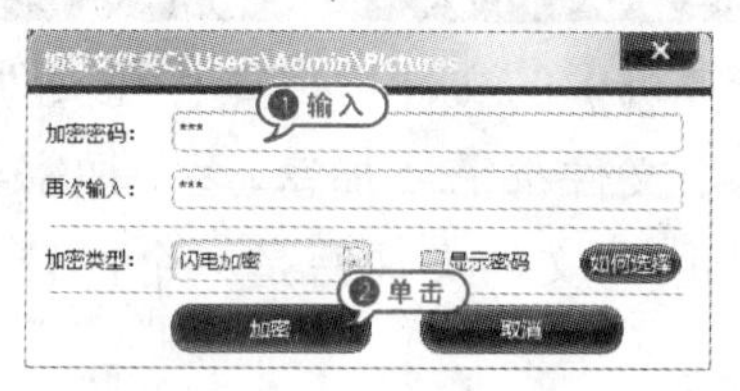

05 返回文件夹加密超级大师操作界面，双击已加密文件，弹出【请输入密码】对话框，输入密码后，单击【打开】或【解密】按钮。

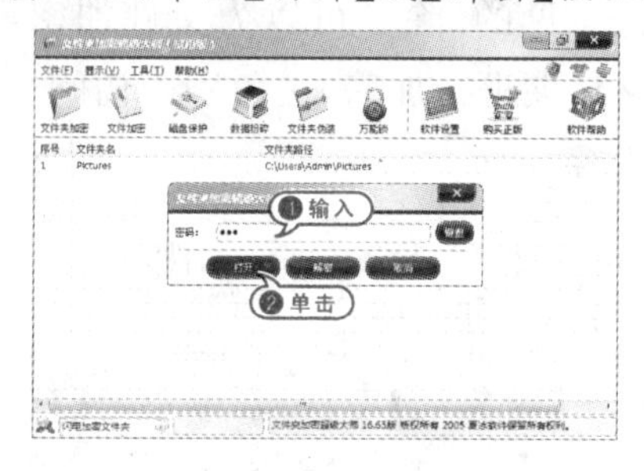

3.3 使用加密与解密软件

除了使用文件自带的加密设置外，还可以使用专业的加密软件对文本、文件等进行加密。本章讲述的加密与解密软件主要是对文件等进行加密。

3.3.1 Windows 加密大师

Windows 加密大师提供 10 多种国际公认的安全加密算法供用户选择，而且该软件会自动根据用户输入的密钥长度来调整加密算法的强度，从 56 位～512 位不等。使用它可增加解密的难度。

【例 3－12】使用 Windows 加密大师工具。
视频

01 右击一个需要加密的文档，在弹出的菜单中选择【Windows 加密大师】|【加密文件】命令。

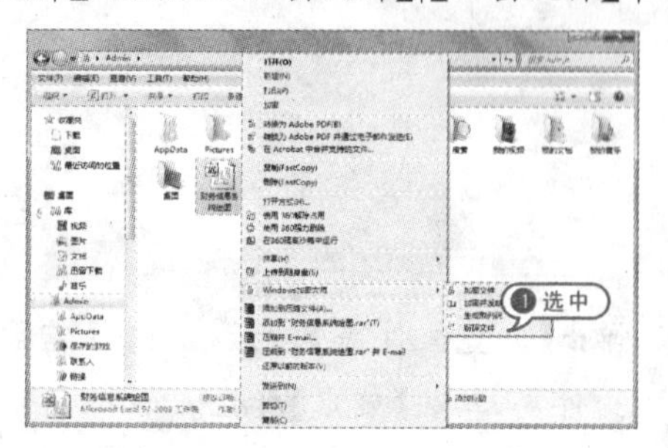

02 弹出【加密文件】对话框，在【输入加密密码】和【确认加密密码】文本框中输入密码，单击【高级】按钮。

03 在【选择加密算法】下拉列表中，选择【AES】选项，在【选择加密模式】下拉列表中，选择【ECB】选项。

04 在【创建自解密文件设置】窗格中，选中【创建自解密文件】复选框，单击右侧的 ... 按钮。

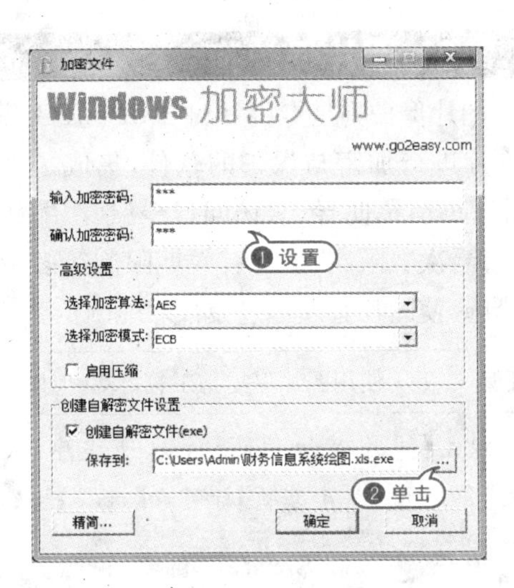

05 弹出【浏览文件夹】对话框，设置保存路径，单击【确定】按钮。

06 返回【加密文件】对话框，单击【确定】按钮。

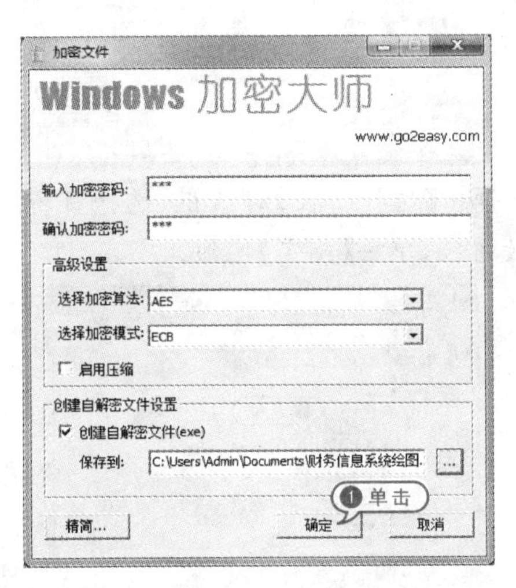

07 Windows 加密大师开始对文件进行加密，并显示加密进度。

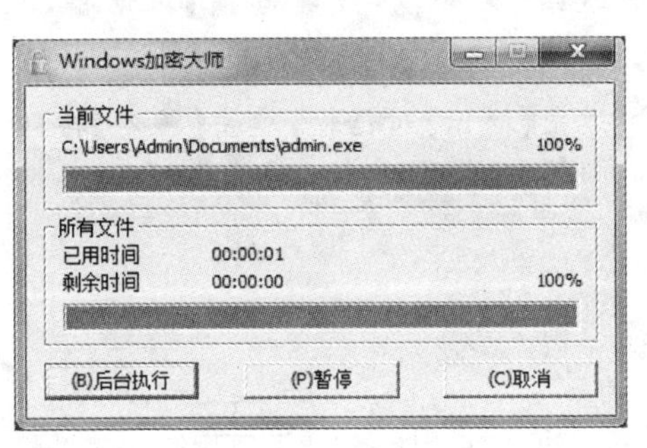

3.3.2 文件夹加密精灵

文件夹加密精灵是一款使用方便、安全可靠的文件夹加密利器，拥有快速加密和解密等功能。

【例 3－13】使用文件夹加密精灵。视频

01 双击【文件夹加密精灵】软件启动程序，单击【浏览】按钮。

02 在弹出的【浏览文件夹】对话框中，选择需要加密的文件夹，单击【确定】按钮。

03 返回【文件夹加密精灵】对话框，单击【加密】按钮。

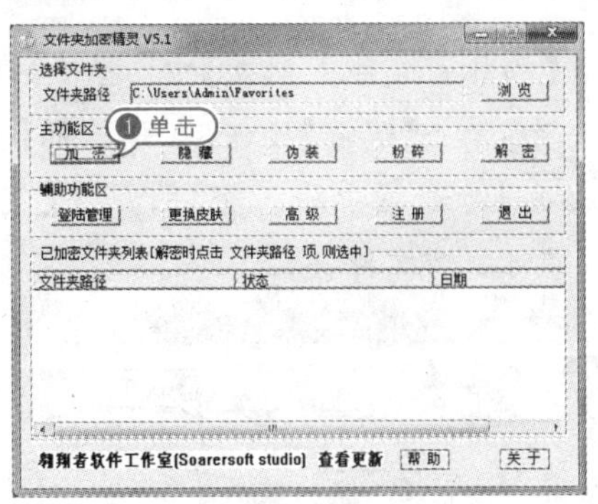

04 弹出【设置操作信息】对话框，在【输入

密码】和【确认密码】文本框中，输入密码，选中【快速加密】复选框，单击【提交】按钮。

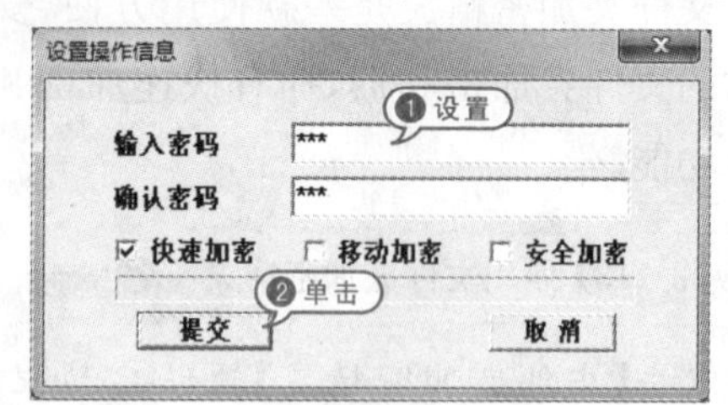

05 返回【文件夹加密精灵】对话框，即可在【已加密文件夹列表】中查看到刚加密的文件夹。

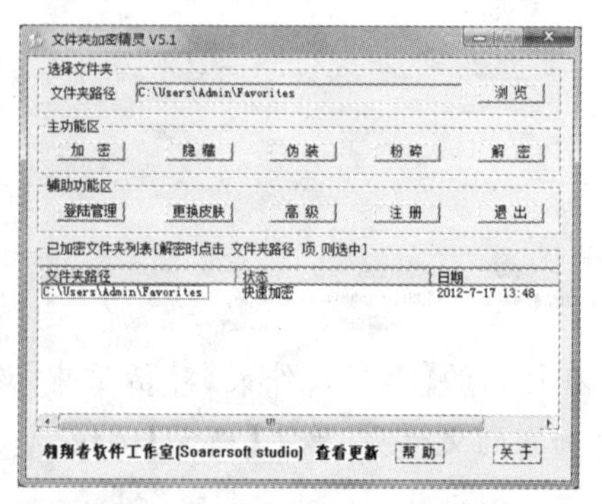

06 选中刚加密的文件夹，单击【隐藏】按钮，该文件夹所在路径中将不再显示此文件夹。

07 在【已加密文件夹列表】中，选中要解密的文件夹，单击【解密】按钮，在弹出的【设置操作信息】对话框中输入密码，单击【提交】按钮，即可解密文件夹。

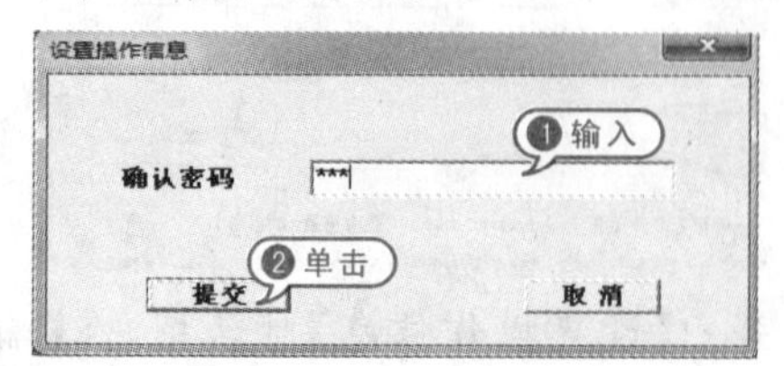

3.3.3 图片保护狗

图片保护狗是专门针对 BMP、JPG 等格式图片进行加密与保护的软件，集成了文件加密、防拷屏、防导出、访问口令、视图缩放限制、查看次数限制、图片有效期限制等多种保护措施，使图片必须经过授权才能阅览。

【例 3－14】使用图片保护狗工具。视频

01 双击【图片保护狗】软件启动程序，依次单击【第一步：设置选项】标签和【选择】按钮。

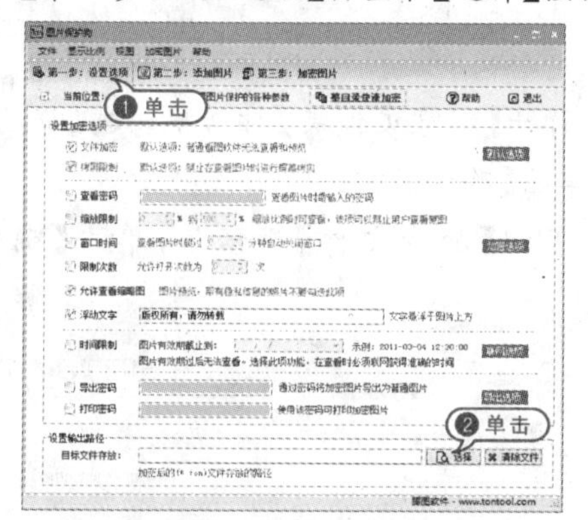

02 弹出【选择路径】对话框，选择目标文件存放路径，单击【确定】按钮。

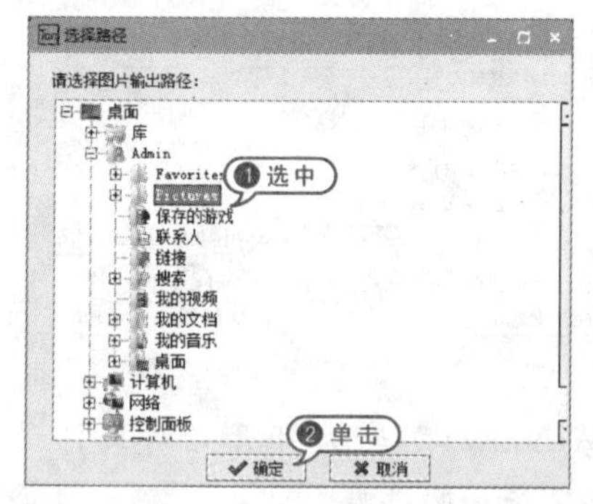

03 返回【第一步：设置选项】对话框，单击【第二步：添加图片】标签，打开该选项卡。

04 弹出【提示】对话框，单击【确定】按钮。

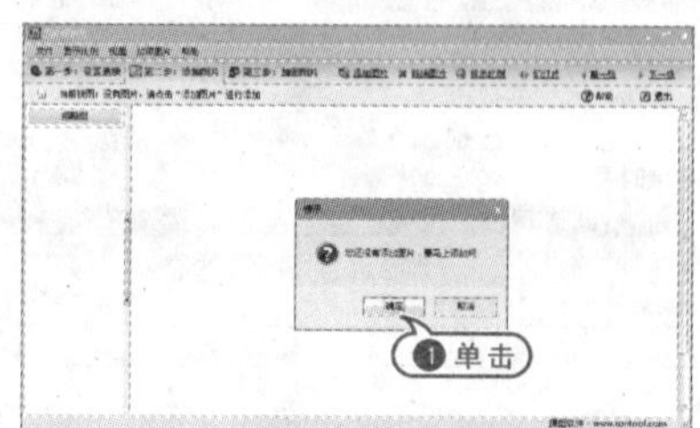

05 弹出【打开】对话框，选择需要加密的图片，单击【打开】按钮。

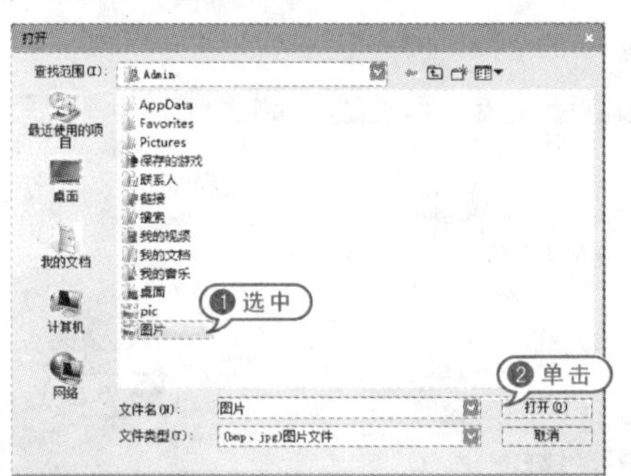

06 返回【第二步：添加图片】对话框，查看选择的图片。单击【第三步：加密图片】标签，打开该选项卡，单击【开始加密图片】按钮。

07 加密完成后，弹出【提示】对话框，单击【确定】按钮。

08 在目标目录下，使用【腾图阅读器】程序打开图片。

3.3.4 Word 文档加密器

Word 文档加密器可以精确控制打印、精确控制阅读器、精确控制复制、精确控制复制字数、多文件共享一个授权，应用于各种文本文件分发的保护，如源代码、电子书、资料等。

【例 3－15】使用 Word 文档加密器工具加密 Word 文档。视频

01 双击【Word 文档加密器】程序启动软件，单击【选择 & 添加文档】按钮。

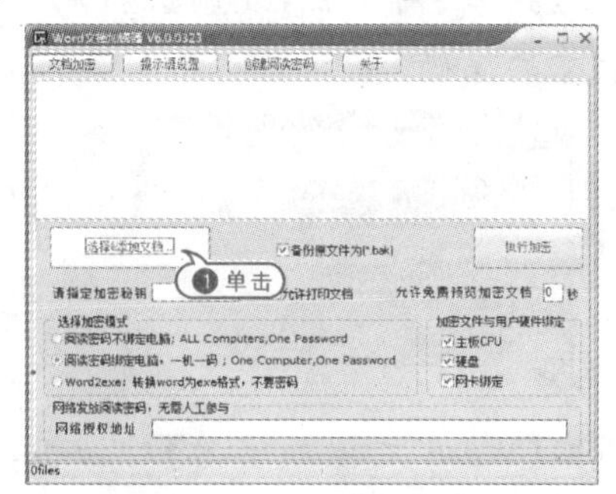

02 弹出【打开】对话框，选择需要加密的 Word 文档，单击【打开】按钮。

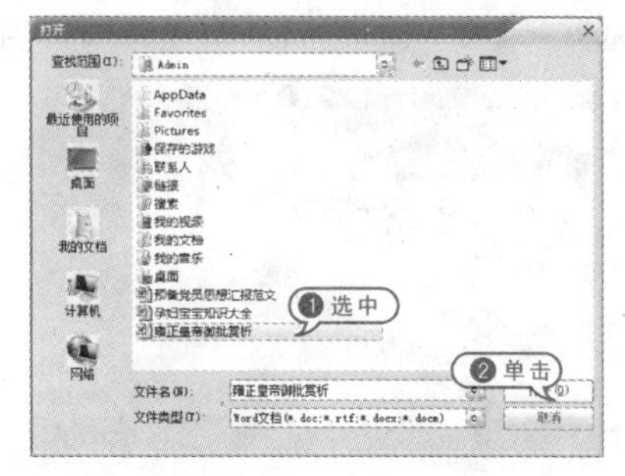

03 返回【Word 文档加密器】对话框，在【请指定加密秘钥】文本框中，输入密码，选择【阅读密码不绑定电脑】单选按钮。

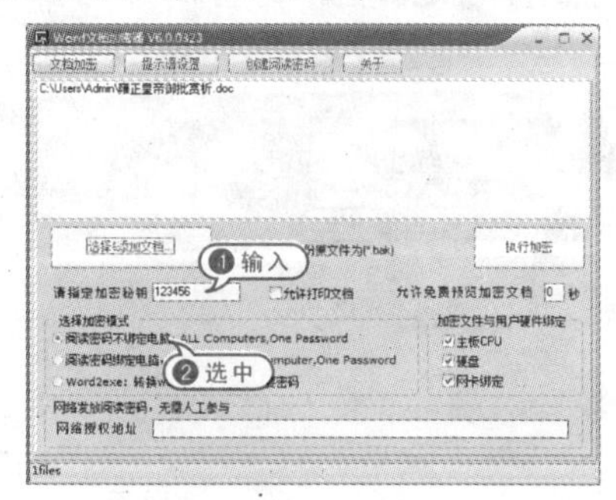

04 单击【执行加密】按钮，弹出【加载完成】提示框，单击OK按钮。

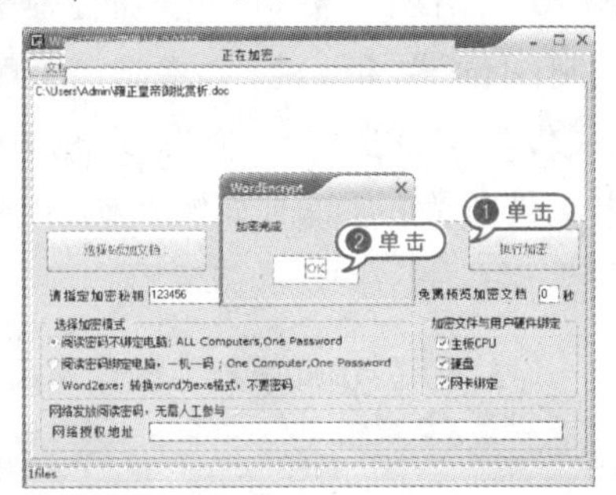

05 打开文件所在路径，双击加密后的文档，弹出【授权】对话框，复制【您的机器码】文本框中的编码。

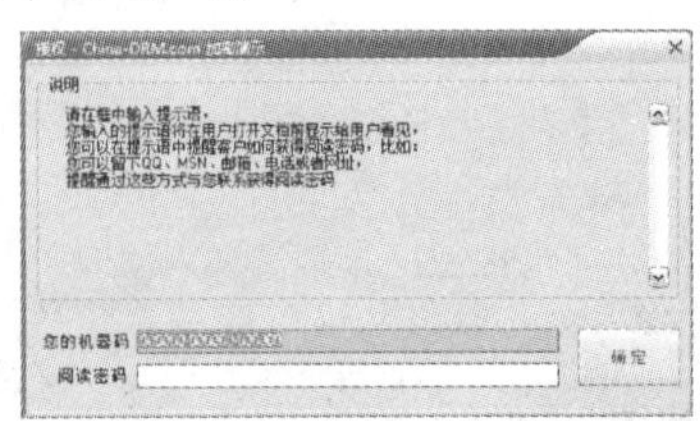

06 返回【Word文档加密器】对话框，打开【创建阅读密码】选项卡，在【请输入加密时使用的秘钥】文本框中，输入密码，在【请输入用户的机器码】文本框中，粘贴刚才复制的编码。

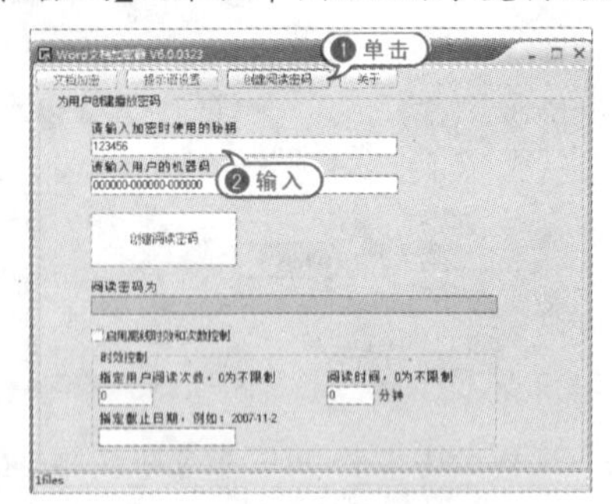

07 单击【创建阅读密码】按钮，复制下方【阅读密码为】文本框中的密码。

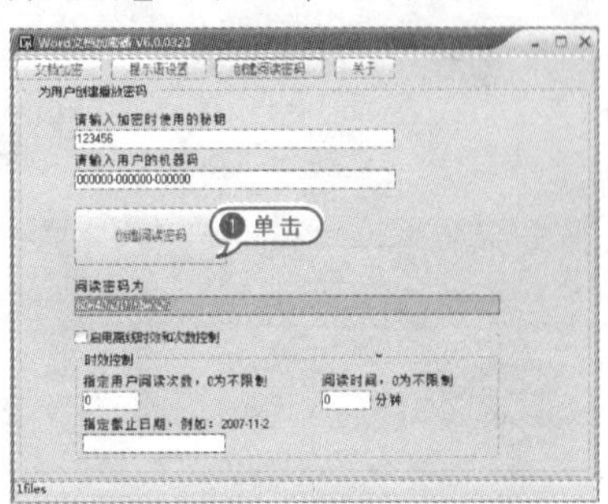

08 返回【授权】对话框，在【阅读密码】文本框中粘贴刚才复制的密码，单击【确定】按钮。

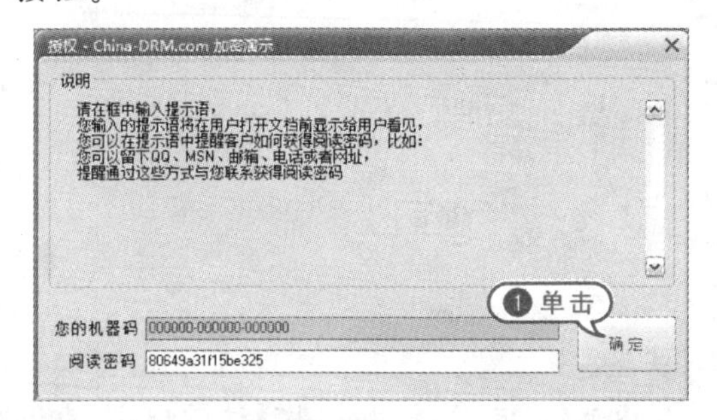

09 此时即可打开此Word文档，阅读其中内容。

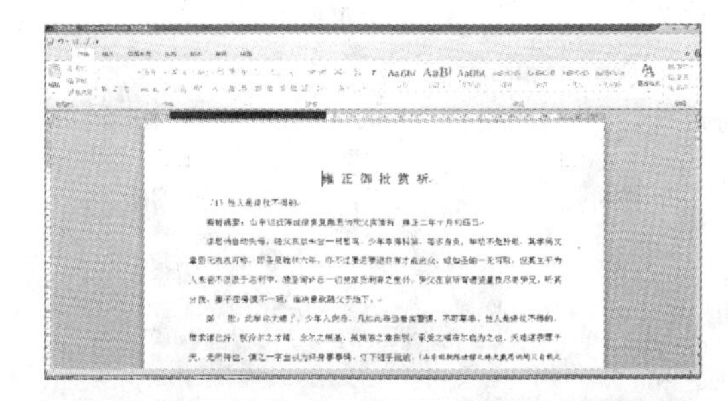

3.3.5 天盾加密软件

天盾加密软件拥有独特的加密算法，瞬间加密百兆的文件夹。该软件设计极为人性化，操作简单，用户很快就可以学会使用该软件。

1. 使用隐藏加密功能

很多加密软件在加密后都会在原目录产生一个加密文件，而且会有一个锁。这等于通知别人该计算机上藏有私密文件。使用天盾加密软件的隐藏加密功能加密后，不会在原目录产生任何加密文件，并且被加密的文件夹会在电脑中隐藏起来，不留痕迹。

【例3-16】使用天盾加密的隐藏加密功能。

视频

01 双击【天盾加密软件】软件启动程序，弹出【天盾加密软件登录】对话框，输入密码，默认密码为“123”，单击【确认】按钮。

02 弹出【天盾加密软件】对话框，选择左侧的【隐藏加密】选项，打开该选项卡，单击下方的【加入】按钮，选择【加入文件】命令。

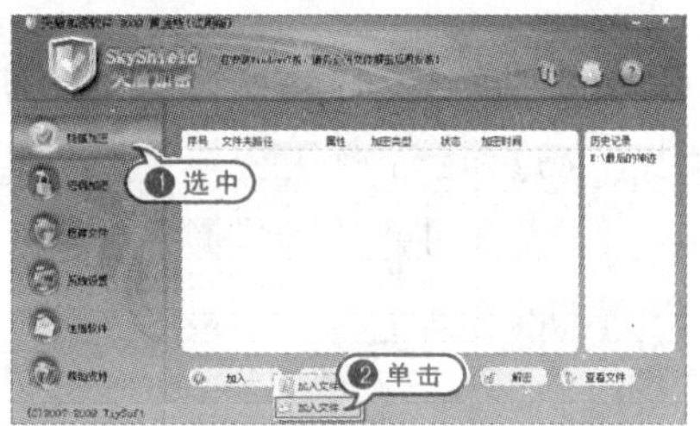

03 弹出【请输入欲打开的文件】对话框，选择需要加密的文件，单击【打开】按钮。

04 返回【天盾加密软件】对话框，在列表中右击该文件，弹出快捷菜单，选择【闪电加密】命令。

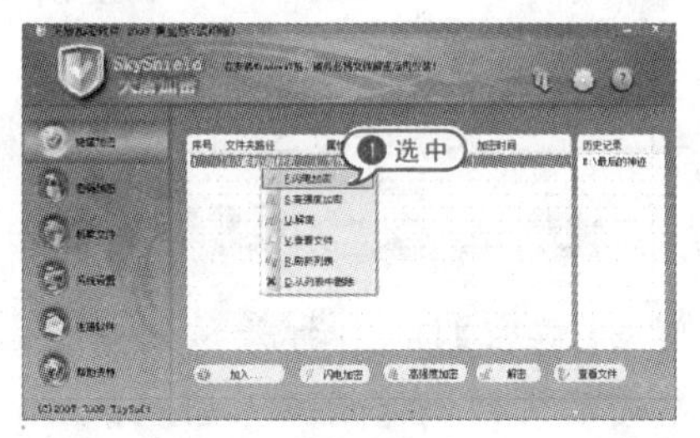

05 完成加密设置后，返回加密文件所在路径，发现该文件已经被隐藏了。

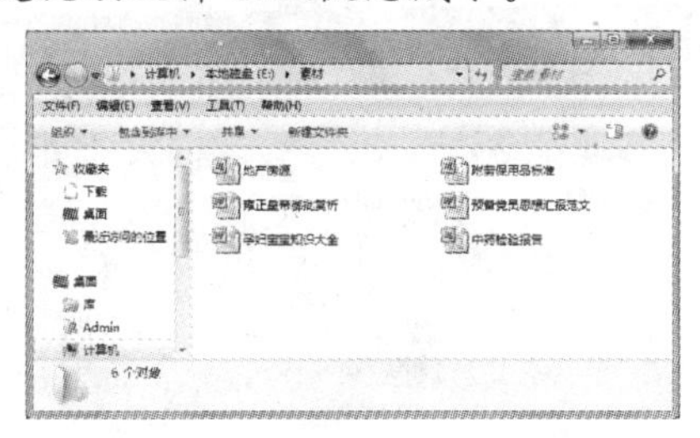

2. 使用密码加密功能

密码加密功能可以加密任意文件，加密后的文件在打开时需要输入密码，即使被别人复制，在不知道密码的情况下也不能使用。用户还可以使用此功能转移文件，方便在未安装本软件的机器上使用加密文件。

【例 3 - 17】使用天盾加密软件的密码加密功能。视频

01 在【天盾加密软件】对话框中，选择左侧的【密码加密】选项，打开该选项卡，单击下方的【加入】按钮，选择【加入文件】命令。

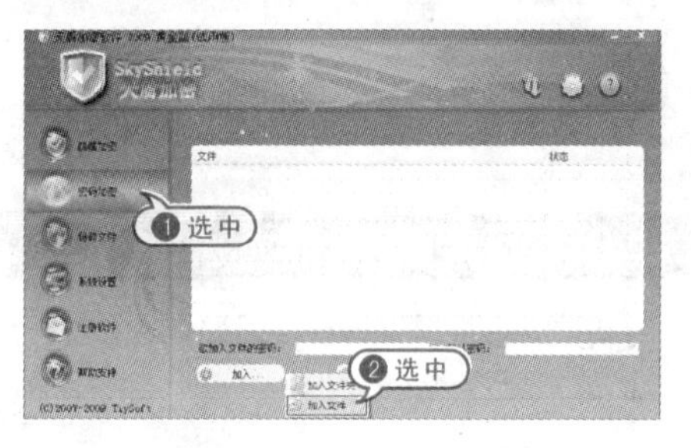

02 弹出【请输入欲打开的文件】对话框，选择需要加密的文件，单击【打开】按钮。

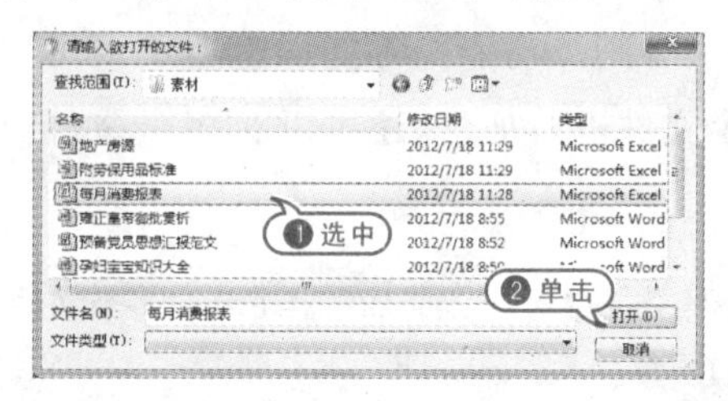

03 返回【天盾加密软件】对话框，在【欲加入文件的密码】和【确认密码】文本框中输入密码，单击【添加密码】按钮。

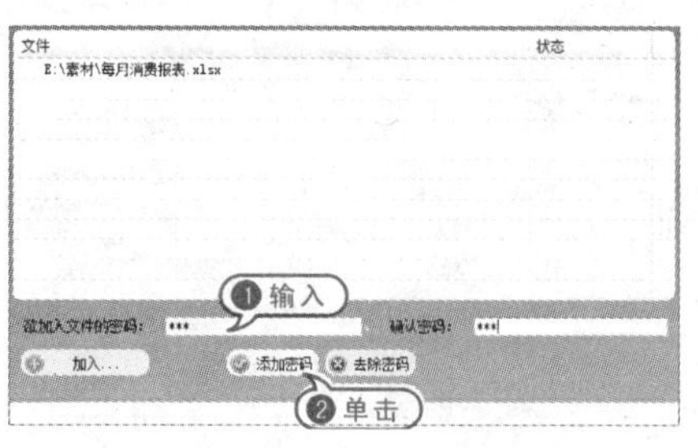

04 完成加密设置，在列表中，文件显示为【已加密】状态。

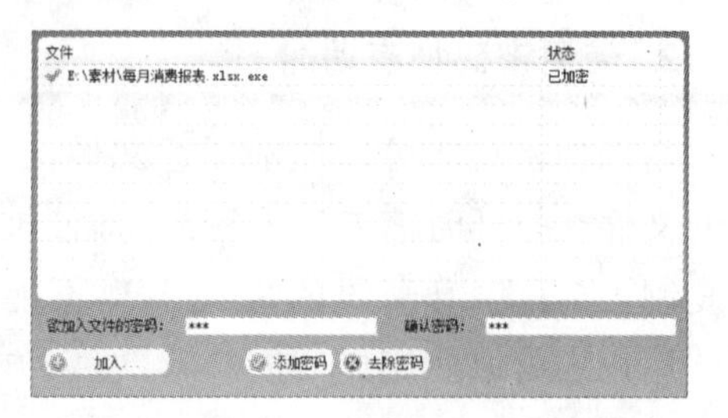

05 返回加密文件所在路径，发现该文件已经变为加密状态。

3.3.6 万能加密器

万能加密器(Easycode Boy Plus!)是小巧高速的加密软件，加密文件大小不限、文件类型不限；采用高速算法，加密速度快，安全性能高；拥有加密、解密、编译 EXE、文件嵌入、分割等功能。万能加密器不仅可以对单个文件进行加密，还可以对多个文件进行加密。

【例 3-18】使用万能加密器工具对多个文件进行批量加密。视频

01 双击【Easycode Boy Plus!】软件启动程序，单击【批量添加文件】按钮。

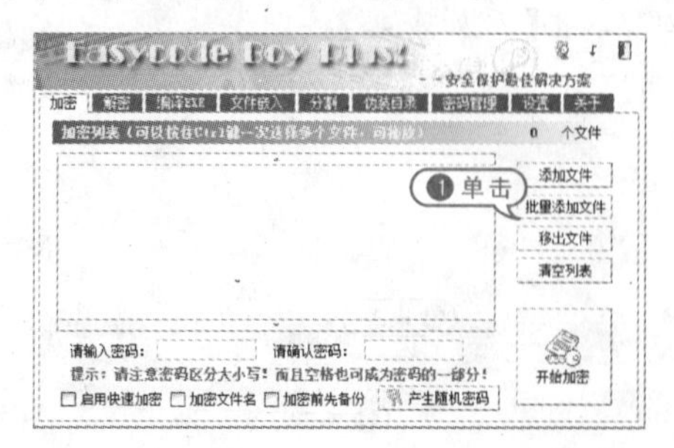

02 弹出【浏览文件夹】对话框，选择需要加密的文件所在的文件夹，单击【确定】按钮。

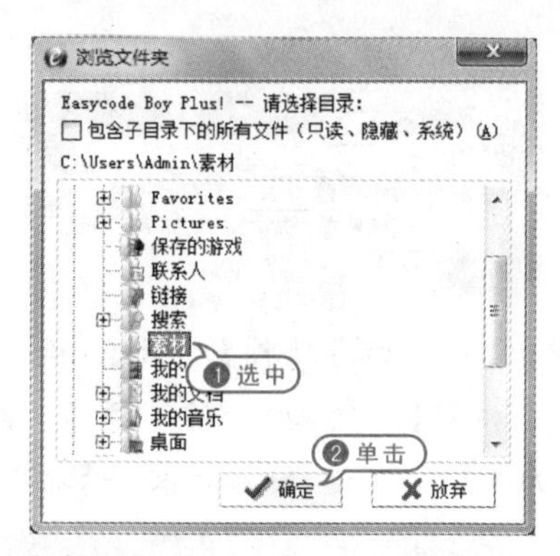

03 返回【Easycode Boy Plus!】对话框，在【请输入密码】和【请确认密码】文本框中输入密码，选中【启用快速加密】复选框。

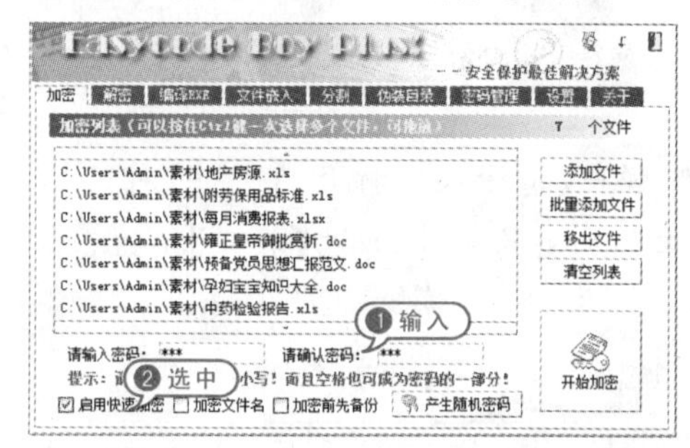

04 单击【开始加密】按钮，完成加密设置后弹出提示框，提示牢记密码，以便恢复，单击【关闭】按钮。

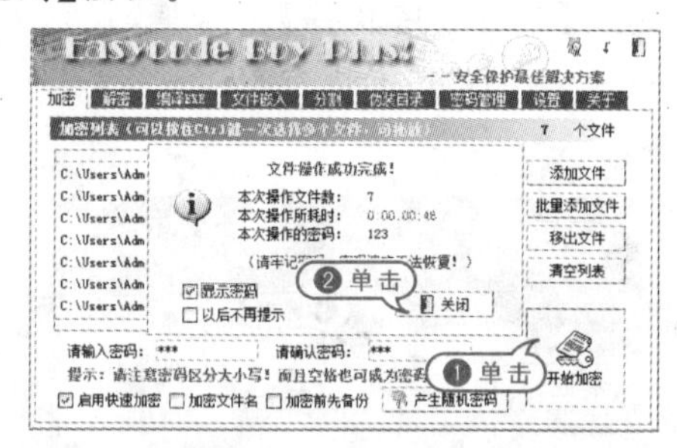

05 单击【解密】标签，打开该选项卡，添加需要解密的文件，在【请输入密码】文本框中输入密码。

06 单击【开始解密】按钮，完成解密设置后弹出提示框，提示牢记密码，以便恢复，单击【关闭】按钮。

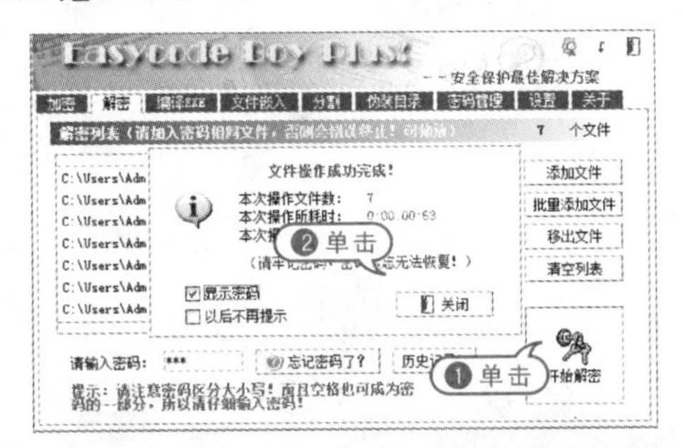

3.3.7 终极程序加密器

终极程序加密器是操作简便的应用程序加密软件。加密过的应用程序在任何机器上运行前都需要输入正确的密码。

【例3－19】使用终极程序加密器。视频

01 双击【终极程序加密器】软件启动程序，选中【加密之前将原程序备份为同名的 *.TMP】复选框，单击打开按钮。

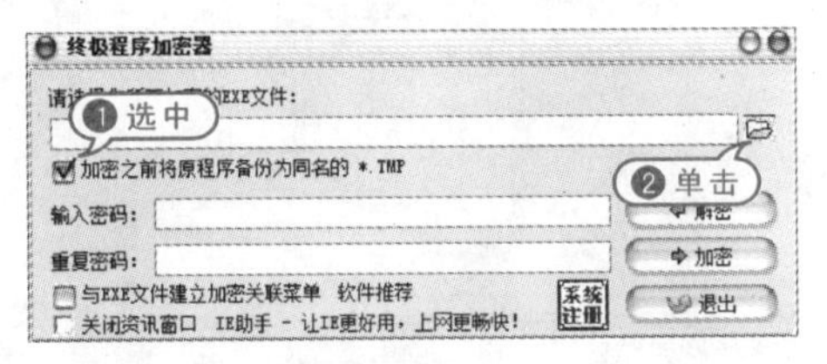

02 在弹出的【打开】对话框中，选择需要加密的程序，单击【打开】按钮。

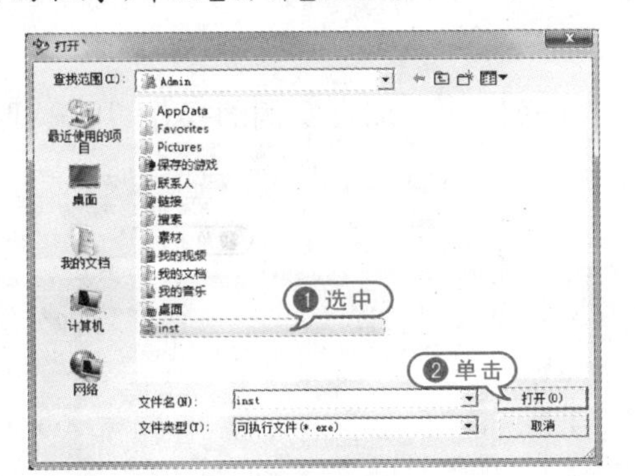

03 返回【终极程序加密器】对话框，在【输入密码】和【重复密码】文本框中输入密码。

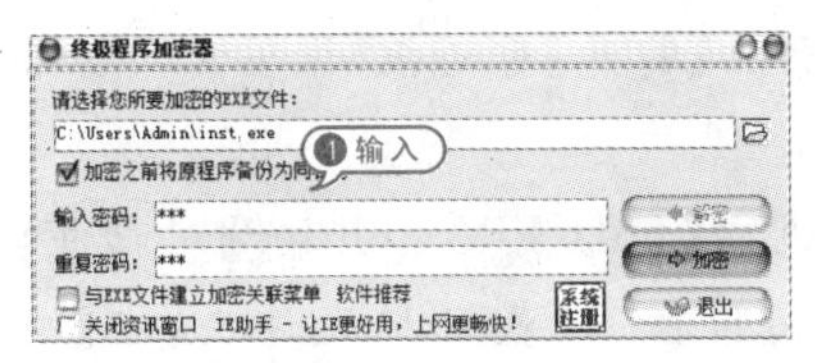

04 单击【加密】按钮，对程序进行加密，加密结束后弹出提示框，单击【确定】按钮，完成加密操作。

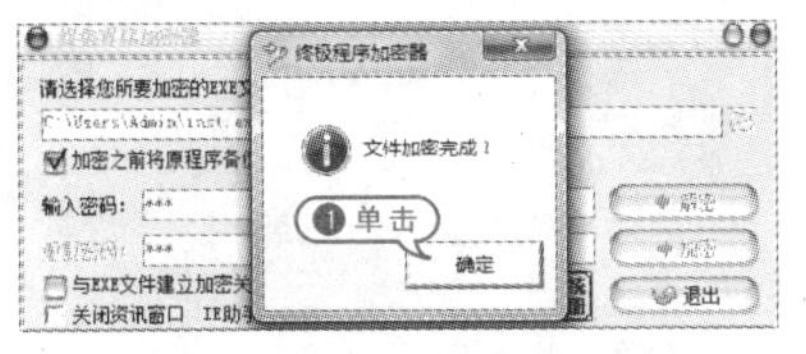

05 选择已加密程序，在【输入密码】和【重复密码】文本框中输入密码。

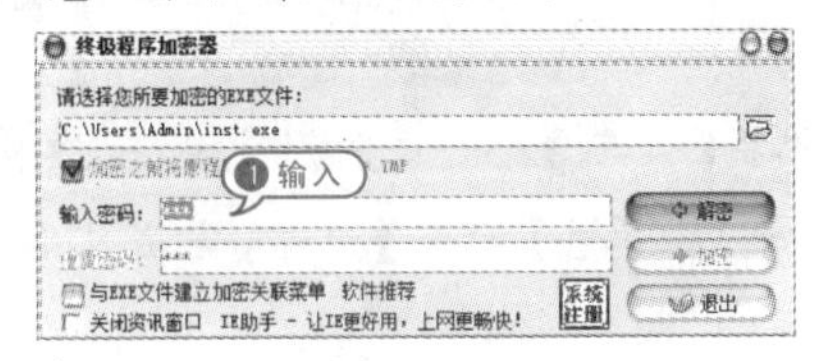

06 单击【解密】按钮，对程序进行解密，解密完成后弹出提示框，单击【确定】按钮，完成解密操作。

3.3.8 文件分割加密

Fast File Splitter(FFS)是文件分割工具，能将大文件分割为能存入磁盘或进行邮件发送的小文件，适合单独个人计算机用户及相关机构使用。

【例3－20】使用 Fast File Splitter。视频

01 双击【Fast File Splitter】软件启动程序，单击【浏览】按钮。

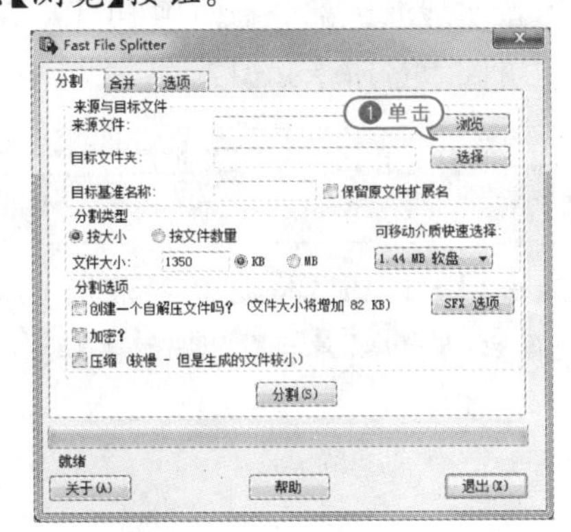

02 弹出【打开】对话框，设置需要分割加密的文件。

03 返回【Fast File Splitter】对话框，单击【选择】按钮，设置目标文件夹，在【文件大小】文本框中设置文件大小，选择【加密】复选框，并输入密码。

04 单击【分割】按钮，分割完成后弹出【成功】提示框，单击【确定】按钮，完成文件加密分割操作。

05 打开【合并】选项卡，单击【来源文件】和【目标文件夹】文本框后的按钮，设置文件路径，单击【合并】按钮。

06 在弹出的【输入加密的密码】文本框中输入密码，单击【确定】按钮。

07 弹出【成功】提示框，单击【确定】按钮，完成文件合并操作。

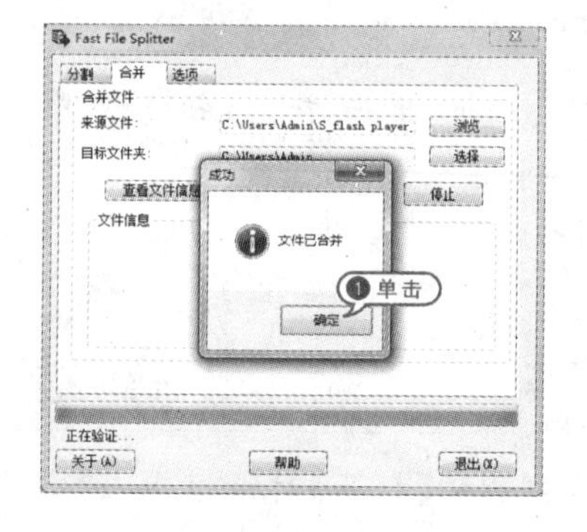

3.4 实战演练

本章实战演练部分为使用PPTX高级扩展打包加密器这个综合实例的操作，用户可通过练习巩固本章所学知识。

【例3-21】使用PPT/PPTX扩展打包加密器。
视频

01 双击【PPT/PPTX高级扩展打包加密器】软件启动程序，单击【选择文档】按钮。

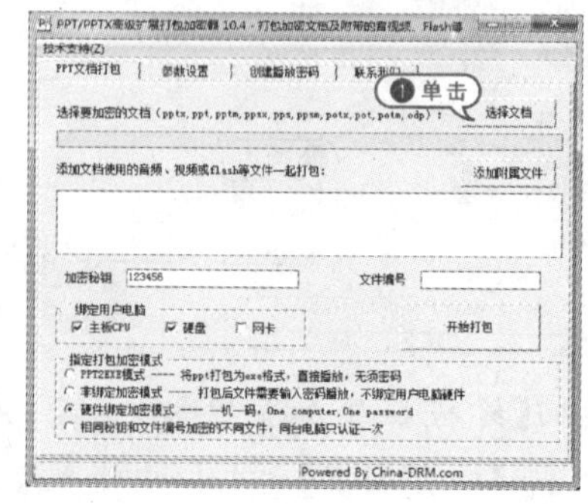

02 弹出【打开】对话框，选择需要加密的PPT文档，单击【打开】按钮。

03 返回【PPT/PPTX高级扩展打包加密器】对话框，在【加密秘钥】文本框中输入密码，选择【非绑定加密模式】单选按钮。

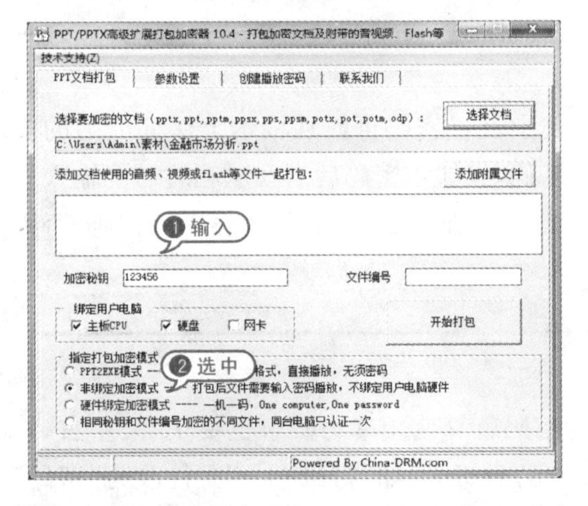

04 单击【开始打包】按钮，打包完成后弹出【加密完成】提示框，单击OK按钮。

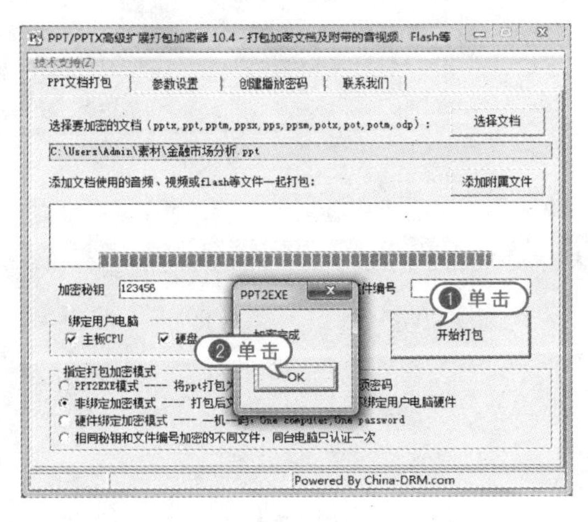

05 打开文件所在路径，双击加密后的文档，弹出【说明】对话框，复制【您的机器码】文本框中的编码。

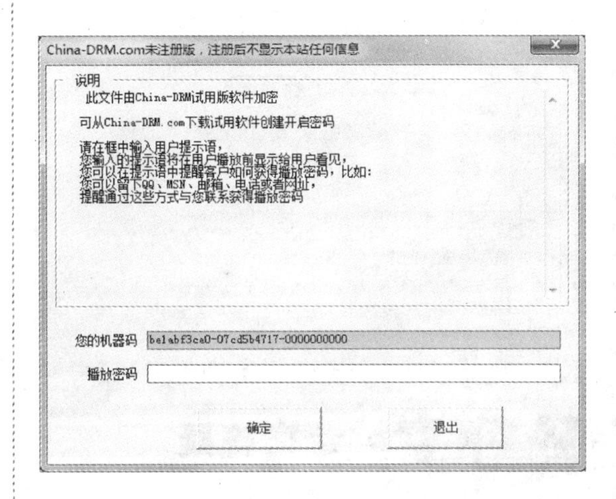

06 返回【PPT/PPTX高级扩展打包加密器】对话框，单击【创建播放密码】标签，打开该选项卡，在【请输入加密时使用的加密秘钥】文本框中输入密码，在【请输入用户的机器码】文本框中粘贴刚复制的编码。

PPT/PPTX高级扩展打包加密器 10.4 - 打包加密文档及附带的音视频、Flash等
技术支持(Z)
PPT文档打包 | 参数设置 | 创建播放密码 | 联系我们
为用户创建PPT播放密码
请输入加密时使用的加密秘钥 试用版无法修改密钥
123456
请输入用户的机器码
belabf3ce0-07cd5b4717-0000000000
❶输入
创建PPT播放密码
播放密码为：
启用离线时效和次数控制
时效控制
指定用户阅读次数，0为不限制 0
阅读时间，0为不限制 0 分钟
指定截止日期，例如：2007-11-2
Powered By China-DRM.com

07 单击【创建PPT播放密码】按钮，复制下方【播放密码为】文本框中的密码。

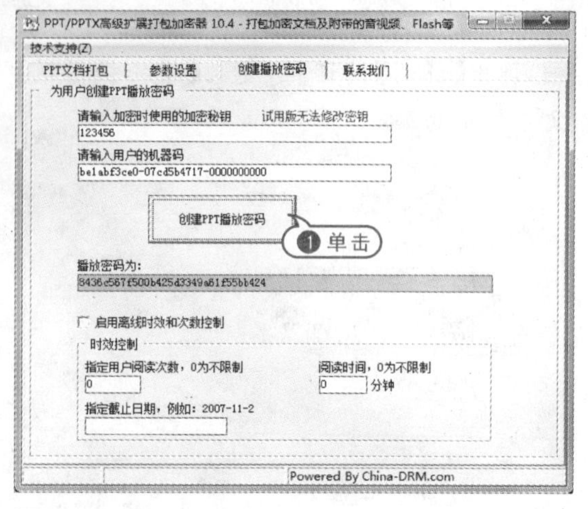

08 返回【说明】对话框，在【播放密码】文本框中粘贴刚才复制的密码，单击【确定】按钮即可打开此 PPT 文档。

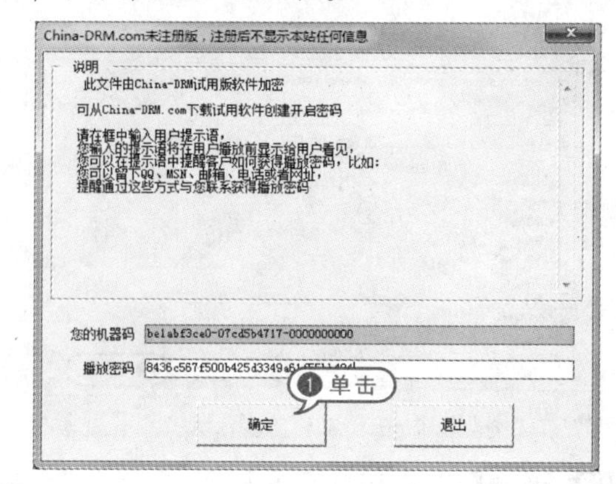

3.5 专家答疑

一问一答

问：在 BIOS 中设置密码有什么作用？

答：BIOS 是基本输入/输出系统的简称，在其中设置密码可以从根本上保证电脑的安全。在 BIOS 中可以设置两种密码。一种是系统密码，设置该密码后启动电脑时需要输入该密码，否则不可以启动。一种是用户密码，设置该密码后进入 BIOS 时需要输入该密码，否则不可以执行命令。

一问一答

问：如何提高文件密码的安全性？

答：8 位以上的数字、字母和符号组合而成的密码就算使用暴力破解也要 10 天左右；使用生僻的符号也可以加强安全性；也可以更改文件的后缀名，如“密码. doc”文件改为“密码. swc”。

第4章

系统漏洞攻防技术

Windows 是目前应用最广泛的操作系统，但并非完美。系统本身就有很多漏洞，这也是黑客进行攻击的主要途径。即使网络安全防御技术在不断进步，系统漏洞还是存在着很大的危险性。

参见随书光盘

例 4-1　查找系统漏洞
例 4-2　CMD 加密设置
例 4-3　入侵注册表
例 4-4　禁止访问注册表
例 4-5　禁止编辑注册表
例 4-6　禁用 Remote Registry 服务
例 4-7　禁止更改系统登录密码
例 4-8　使用注册表医生工具
例 4-9　设置密码策略
例 4-10　设置账户锁定组策略
例 4-11　禁止应用程序的使用
例 4-12　隐藏控制面板中的图标
例 4-13　设置用户权限级别
例 4-14　禁用指定 Windows 程序
例 4-15　禁止在登录前关机
其他视频文件参见配套光盘

4.1 认识系统漏洞

系统漏洞是指应用软件或操作系统软件在逻辑设计上的缺陷或错误，这些缺陷或错误可以被不法者利用，通过网络植入木马、病毒等方式来攻击或控制整台计算机，窃取计算机中的重要资料和信息，甚至破坏系统。在不同种类的软、硬件设备，同种设备的不同版本之间，由不同设备构成的不同系统之间，以及同种系统在不同的设置条件下，都会存在各自不同的安全漏洞问题。

4.1.1 Windows 系统安全漏洞

保护系统安全最好的方法是在 Windows 系统上打上最新补丁，而不要完全依赖杀毒软件。目前微软系列中，危害计算机安全的漏洞主要有 7 个。

- LSASS 相关漏洞，是本地安全系统服务中的缓冲区溢出漏洞。之前"震荡波"病毒正是利用此漏洞造成互联网严重堵塞。
- RPC 接口相关漏洞，首先会在互联网上发送攻击包，造成企业局域网瘫痪、计算机系统崩溃等情况。"冲击波"病毒正是利用了此漏洞进行破坏，造成了全球上千万台计算机瘫痪，无数企业受到损失。
- IE 浏览器漏洞，能够使用户的信息泄露，如用户在互联网通过网页填写的资料，黑客利用此漏洞很容易窃取用户个人隐私。
- URL 处理漏洞，此漏洞给恶意网页留下了后门，用户在浏览某些图片网站后，浏览器主页有可能被改或者是造成无法访问注册表等情况。
- URL 规范漏洞，一些通过即时通信工具传播的病毒，如 QQ 聊天栏内出现陌生人发的一条链接，单击后会很容易中木马病毒。
- FTP 溢出系列漏洞，主要针对企业服务器进行破坏。两年前很多国内信息安全防范不到位的网站被黑，目前黑客攻击无处不在，企业一定要打好补丁。
- GDI+漏洞，可以使电子图片成为病毒。用户点击网页上的图片或通过邮件发来的图片时都有可能感染各种病毒。

4.1.2 查找系统中的漏洞

一些编程人员，获得溢出漏洞利用的代码后，可以开发相关病毒。在漏洞公开后，网上很容易找到相关利用工具。

【例 4-1】查找系统漏洞。视频

01 选择【开始】|【控制面板】选项，弹出【控制面板】对话框，选择【程序】选项。

02 弹出【程序】对话框，选择【查看已安装的更新】选项。

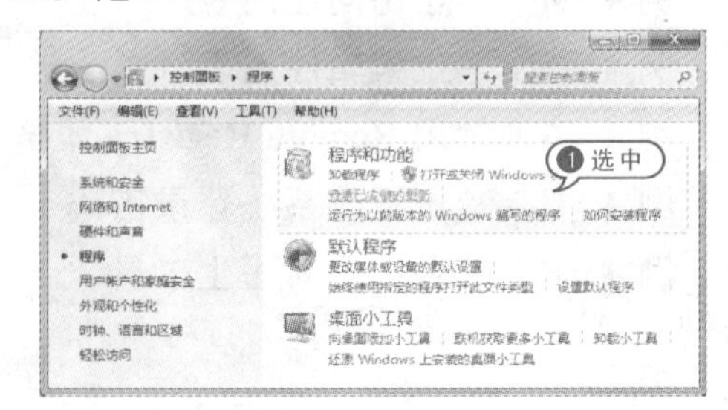

03 弹出【已安装更新】对话框，查看本机安装过的安全补丁编号。

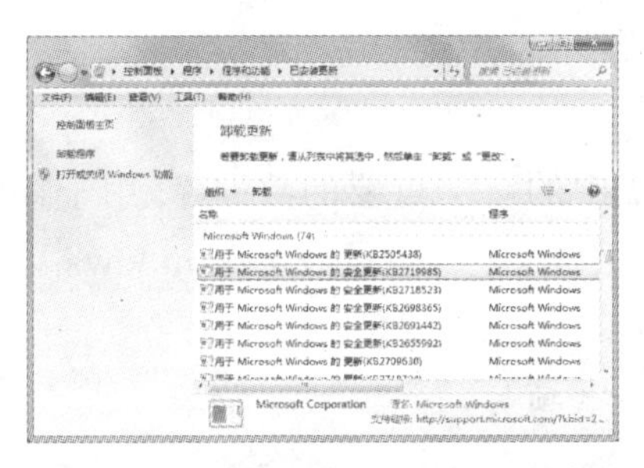

04 双击【浏览器】软件启动程序，在【地址】栏中输入“www. google. com”，按回车键，弹出网页。在【搜索条件】文本框中，输入“补丁编号 www. microsoft. com”，单击右侧的 按钮。

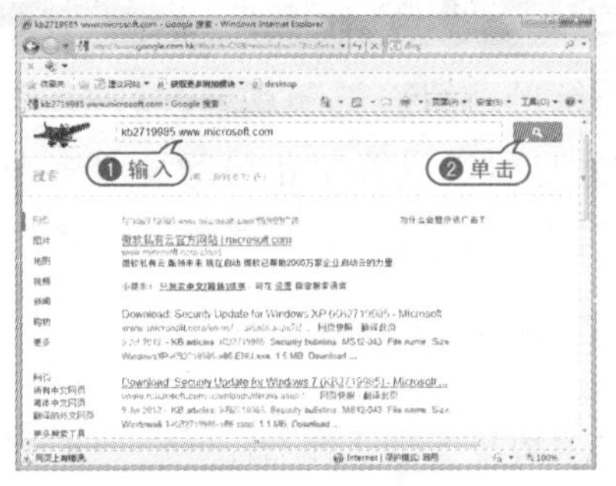

05 打开关于补丁的介绍页面，在【Security bulletins】栏中找到该补丁所修补的漏洞公告编号。

06 返回浏览器搜索网站，在【搜索条件】文本框中，输入“公告编号 利用工具”，单击右侧的 按钮，查找相关信息。

07 由于 MS12－043 漏洞太新了，还未出现公开的利用工具。这里搜索的漏洞公告编号为 MS06－027。

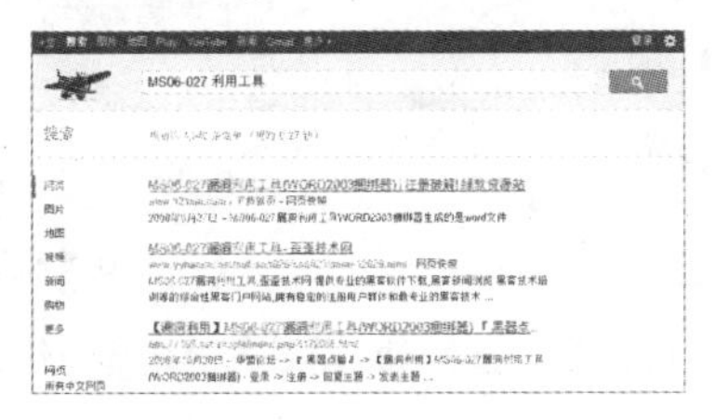

4.1.3 防范溢出型漏洞攻击

修补系统漏洞主要依靠系统或软件提供的补丁，也可以对“cmd. exe”进行加密，防止溢出型漏洞遭受黑客利用。

【例 4－2】CMD 加密设置。视频

01 右击【CMD 加密】程序，在弹出的快捷菜单中，选择【以管理员身份运行】命令。

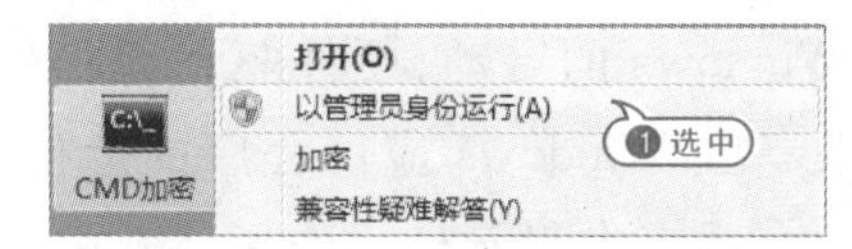

02 弹出【CMD 密码设置】对话框，输入“123456”，按【回车】键。

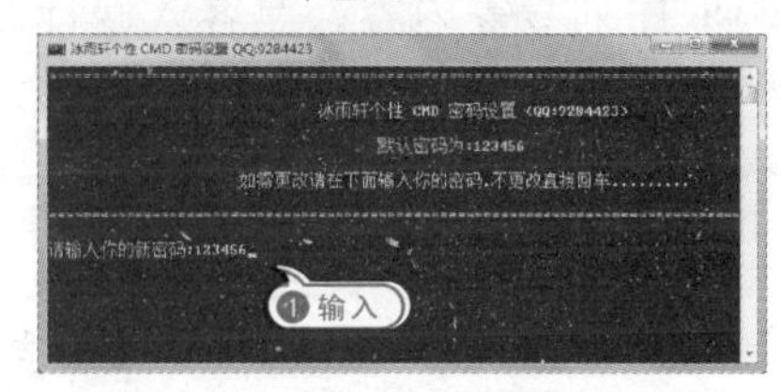

03 密码设置完成，按任意键退出【CMD 密码设置】程序。

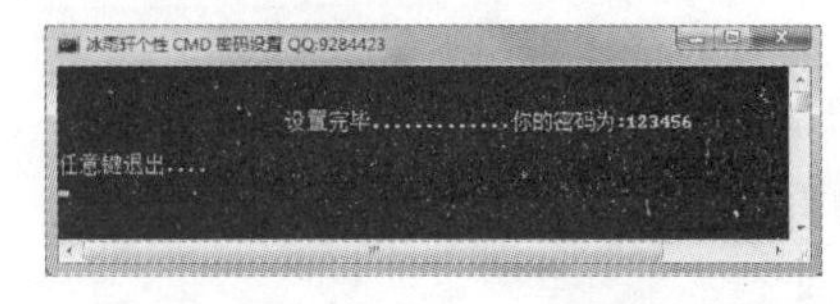

04 按 Win＋R 组合键，弹出【运行】对话框，在【打开】文本框中，输入“cmd”，单击【确认】按钮。

05 此时需要输入设置的密码，完成后按【回车】键。

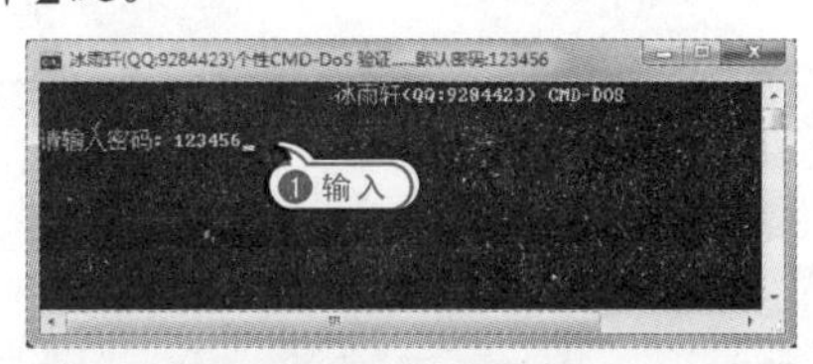

06 密码验证成功后，正常运行 CMD 命令。

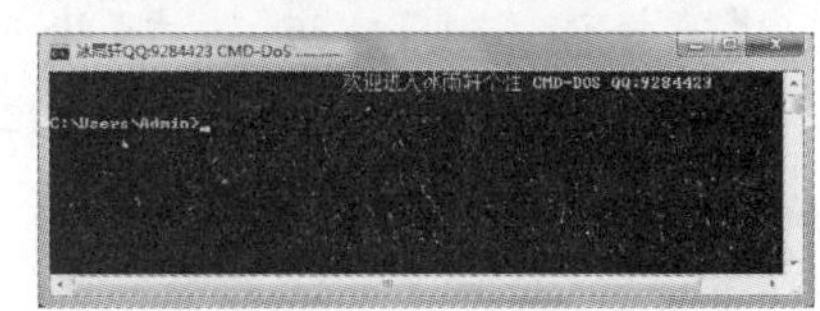

4.2 注册表的入侵和防御

注册表(Registry)是 Microsoft Windows 操作系统中的一个重要的数据库,用于存储系统和应用程序的设置信息。从 Microsoft Windows 95 开始,注册表就成为 Windows 用户经常接触的内容,并在其后的操作系统中沿用至今。

4.2.1 入侵注册表

注册表是 Windows 操作系统中的一个核心数据库,其中存放着各种参数,直接控制着 Windows 的启动、硬件驱动程序的装载以及一些 Windows 应用程序的运行,从而在整个系统中起着核心作用。其中也保存了安装信息、安装软件的用户、软件版本号和日期、序列号等内容。黑客入侵计算机时首先会攻击注册表的漏洞。

【例 4-3】入侵注册表。视频

01 按 Win+R 组合键,弹出【运行】对话框,在【打开】文本框中输入"regedit"命令,单击【确认】按钮。

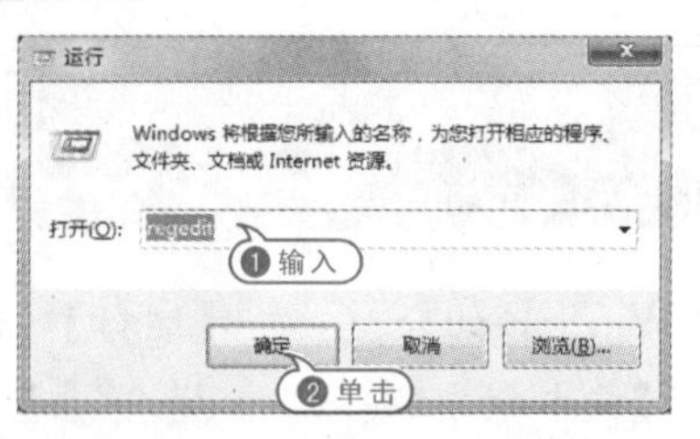

02 弹出【注册表编辑器】对话框,选择【文件】|【连接网络注册表】命令。

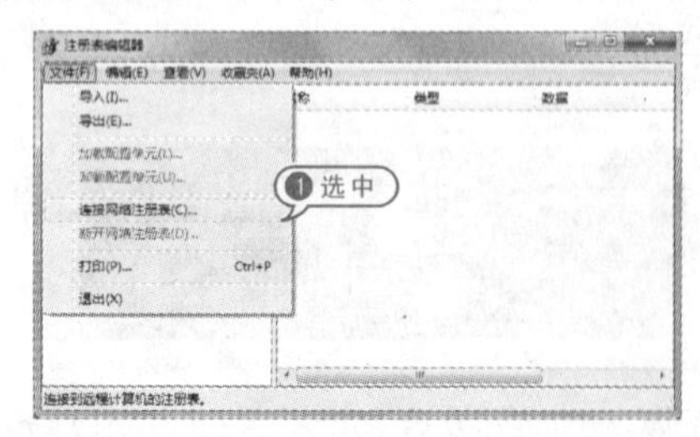

03 弹出【选择计算机】对话框,在【输入要选择的对象名称】文本框中,输入远程主机的 IP 地址,单击【确定】按钮。

04 若连接成功,注册表内会显示远程主机的注册表项目。

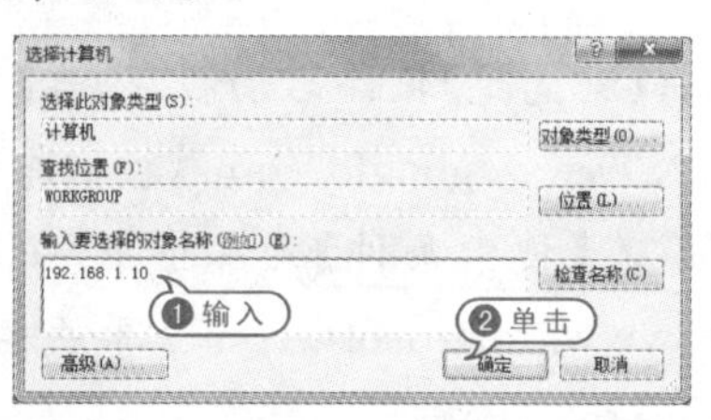

4.2.2 禁止访问注册表

系统的注册表被随意更改后,会造成信息被窃取,可以设置禁止访问注册表来进行预防。

【例 4-4】禁止访问注册表。视频

01 按 Win+R 组合键,弹出【运行】对话框,在【打开】文本框中输入命令"gpedit. msc",单击【确认】按钮。

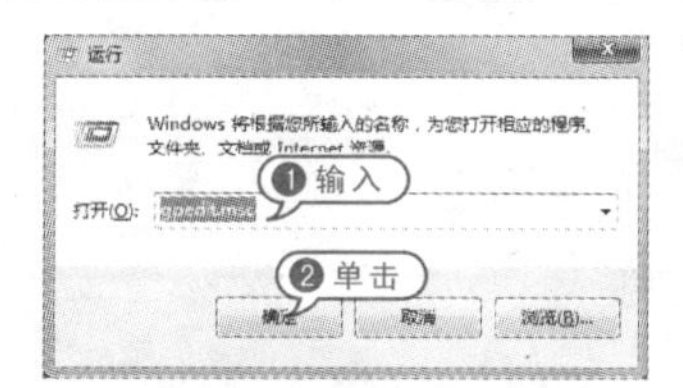

02 弹出【本地组策略编辑器】对话框,在左侧窗格展开【本地计算机策略】|【用户配置】|【管理模板】|【系统】选项,在右侧双击【阻止访问注册表编辑工具】选项。

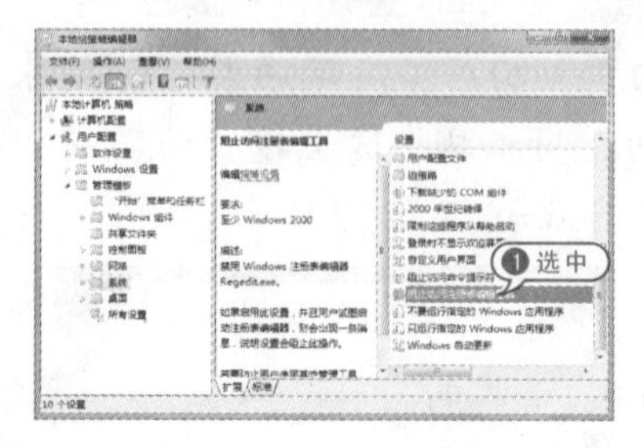

03 弹出【阻止访问注册表编辑工具】对话框,选中【已启用】单选按钮,单击【确定】按钮。

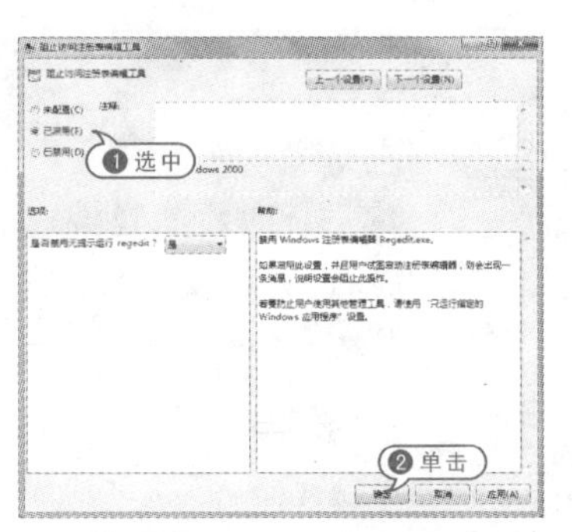

04 再打开【注册表编辑器】对话框时，会弹出【注册表编辑器】提示框，提示注册表编辑已被禁用。

4.2.3 禁止编辑注册表

对注册表的错误修改可能导致系统崩溃，所以尽量不要随意修改注册表。在操作系统中可以设置禁止编辑注册表。

【例 4－5】禁止编辑注册表。视频

01 按 Win＋R 组合键，弹出【运行】对话框，在【打开】文本框中，输入命令“regedit”，单击【确认】按钮。

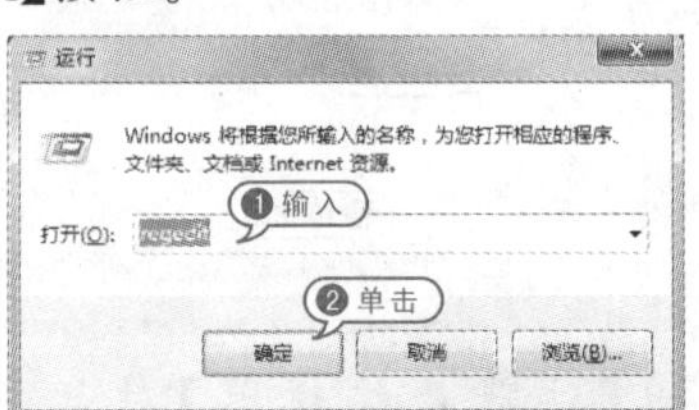

02 弹出【注册表编辑器】对话框，展开【HKEY_CURRENT_USER】|【Software】|【Microsoft】|【Windows】|【CurrentVersion】|【Policies】选项。

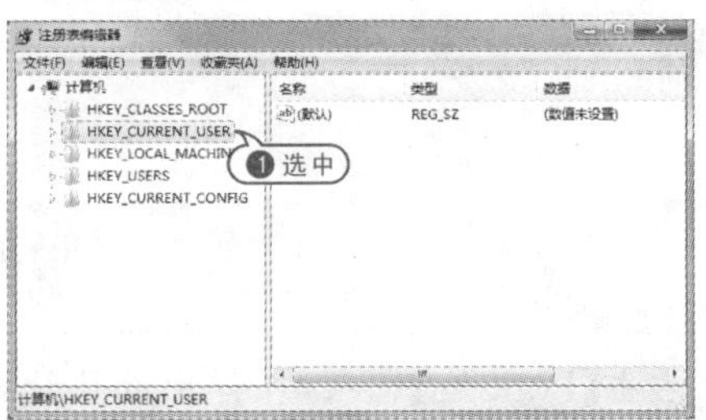

03 右击【Policies】选项，在弹出的快捷菜单中，选择【新建】|【项】命令，创建一个名为“System”的项。

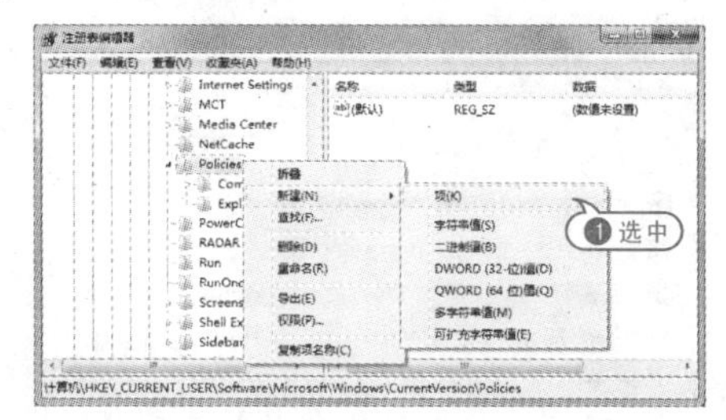

04 右击【System】选项，在弹出的快捷菜单中，选择【新建】|【DWORD(32－位)值】命令，在右侧窗格中创建一个名为“Disable RegistryTools”的值。

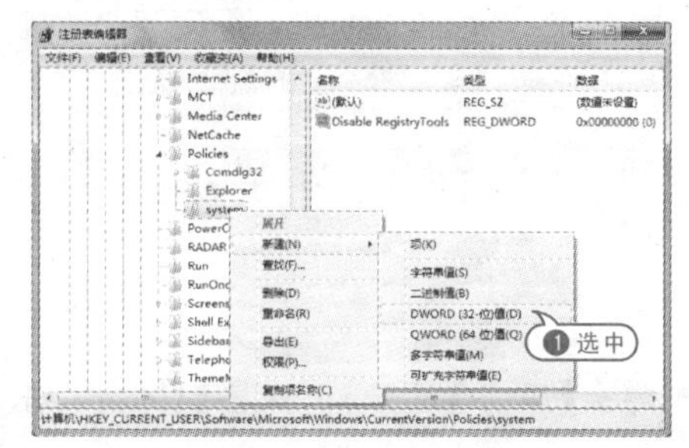

05 双击【Disable RegistryTools】值，弹出【编辑 DWORD(32 位)值】对话框，在【数值数据】文本框中输入数值“1”，单击【确定】按钮完成设置。

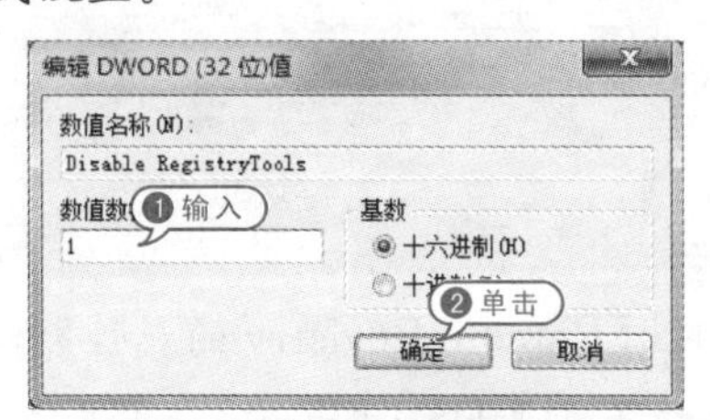

06 重启计算机，即可完成禁止编辑注册表的设置。

4.2.4 禁用 Remote Registry

Remote Registry 服务可以使远程用户修改此计算机上的注册表设置。

【例 4－6】禁用本地计算机中的 Remote Registry 服务。视频

01 选中【开始】|【控制面板】选项，在弹出的【控制面板】对话框中，选择【管理工具】选项。

02 弹出【管理工具】对话框，双击【服务】图标。

03 弹出【服务】对话框，双击【Remote Registry】选项。

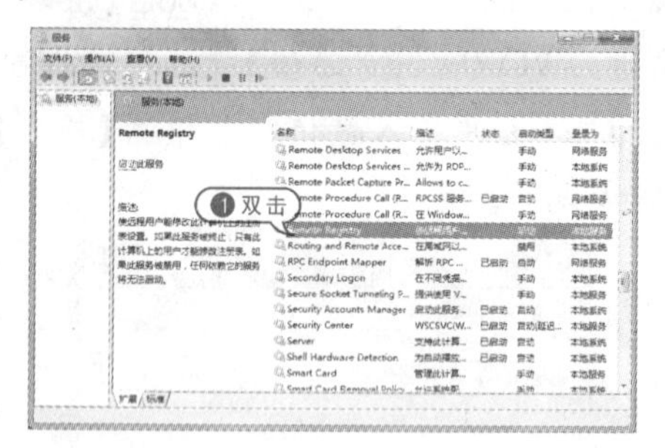

04 弹出【Remote Registry 的属性】对话框，在【启动类型】下拉列表中，选择【禁用】选项，单击【停止】按钮，然后单击【确定】按钮，即可停止此服务。

注意事项

如果 Remote Registry 服务被终止，只有此计算机上的用户才能修改注册表。如果 Remote Registry 服务被禁用，任何依赖它的服务将无法启动。

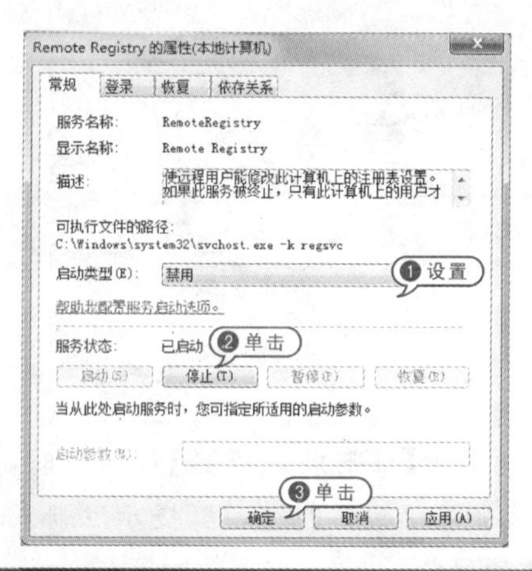

4.2.5 禁止更改系统登录密码

当他人获取系统登录密码后，会通过更改登录密码使原用户无法登录操作系统。用户可以在注册表中禁止更改系统登录密码，进行安全防范。

【例 4－7】在注册表编辑器中设置禁止更改系统登录密码。视频

01 按 Win＋R 组合键，弹出【运行】对话框，在【打开】文本框中，输入命令“regedit”，单击【确定】按钮。

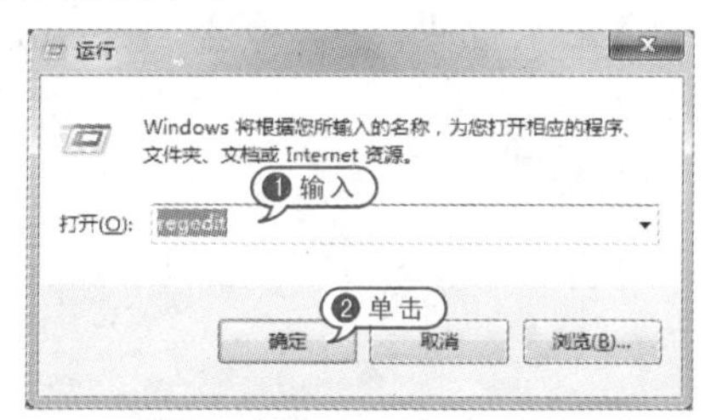

02 弹出【注册表编辑器】对话框，展开【HKEY_CURRENT_USER】|【Software】|【Microsoft】|【Windows】|【CurrentVersion】|【Policies】选项。

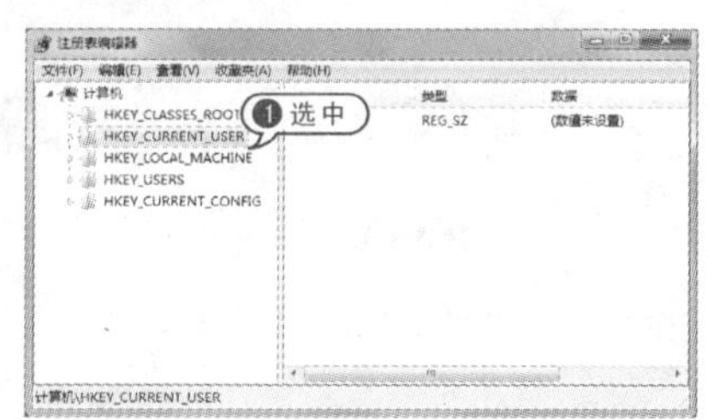

03 右击【Policies】选项，在弹出的快捷菜单

中，选择【新建】|【项】命令，创建一个名为"System"的项。

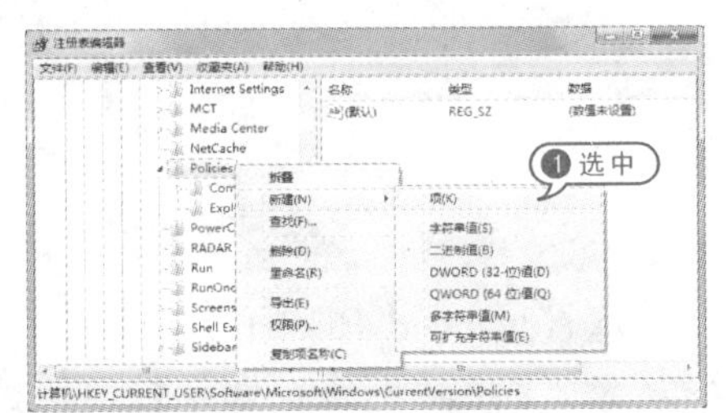

04 右击【System】选项，在弹出的快捷菜单中，选择【新建】|【DWORD(32－位)值】命令，在右侧窗格创建一个名为"Disabled Change Password"的值。

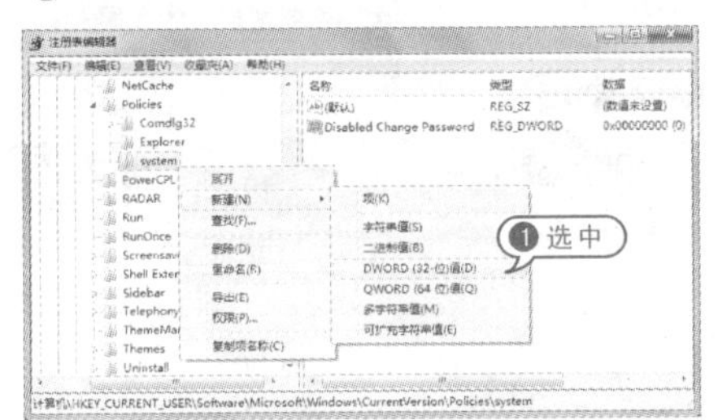

05 双击【Disabled Change Password】值，弹出【编辑 DWORD(32 位)值】对话框，在【数值数据】文本框中输入数值"1"，单击【确定】按钮完成设置。

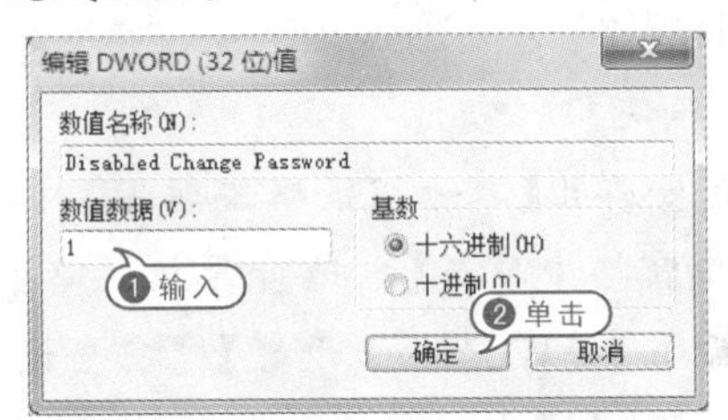

06 重启计算机，即可完成禁止更改系统登录密码的设置。

4.2.6 优化注册表

注册表医生(Advanced Registry Doctor Pro)是一款可以快速高效地清理优化注册表，发现系统严重问题的早期迹象，修复经常性的错误或损坏的链接，移除一些致命的注册表信息，进而提升系统运行效率的系统优化工具。

【例 4－8】使用注册表医生工具 Advanced Registry Doctor Pro 清理注册表。视频

01 双击 Advanced Registry Doctor Pro 软件启动程序，单击【立即扫描】按钮。

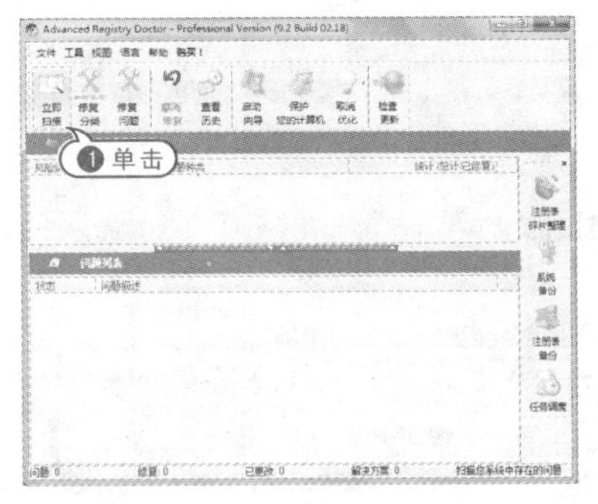

02 弹出【ARD:立即扫描】对话框，选中【快速扫描】单选按钮，单击【下一步】按钮。

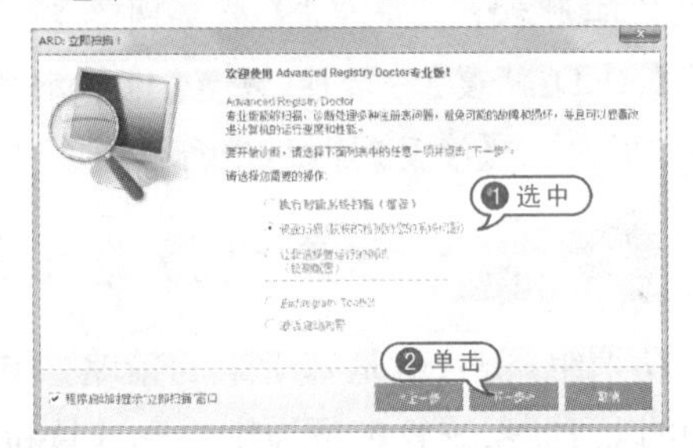

03 程序开始扫描系统，扫描完成后，单击【下一步】按钮。

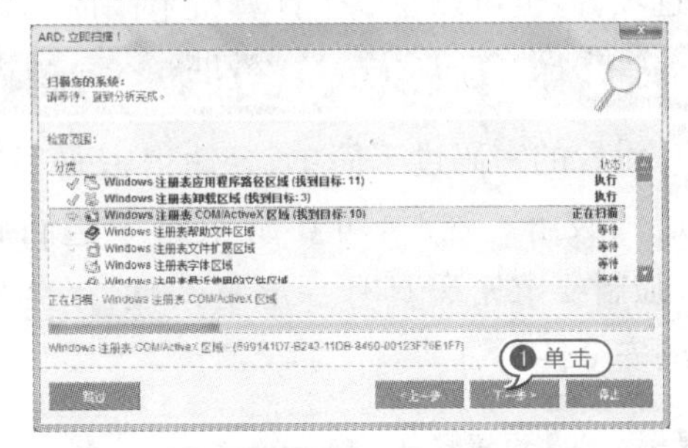

04 在【问题列表】中，显示扫描出的注册表问题，单击【完成】按钮。

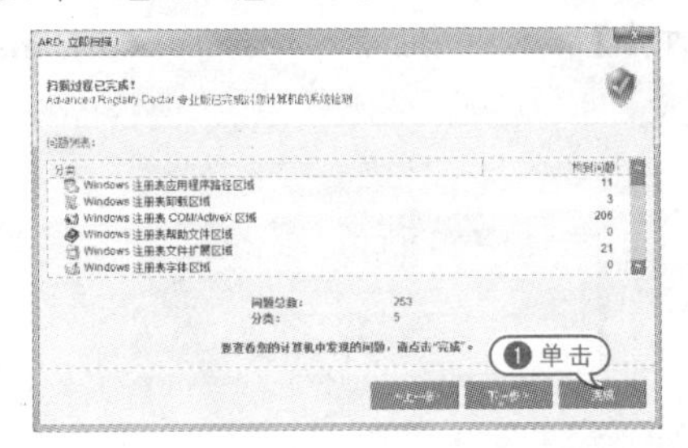

05 返回【Advanced Registry Doctor Pro】对话框，在【分类列表】中选中需要修复的注册表问题，单击【修复问题】按钮，进行修复。

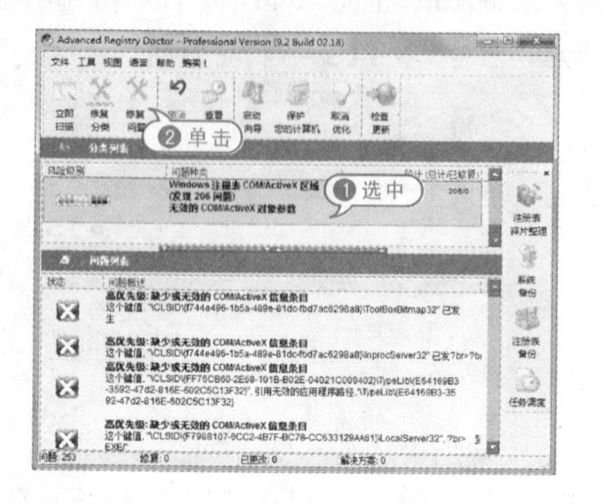

06 用户也可以在【问题列表】中选中需要修复的注册表问题，单击【修复问题】按钮，弹出【ARD：修复】对话框，设置【选择解决方案】选项，单击【修复】按钮，进行修复。

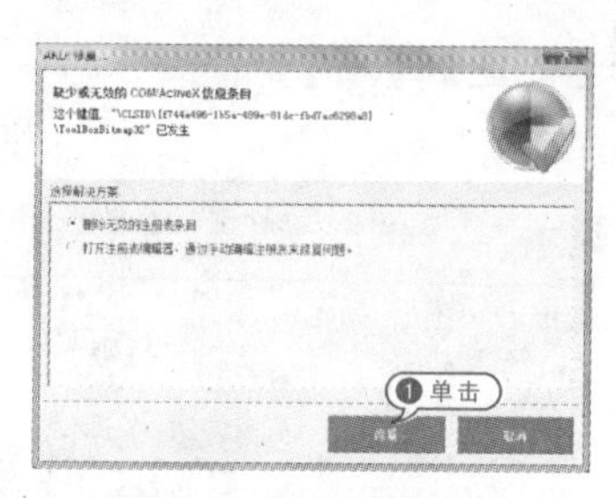

07 返回【Advanced Registry Doctor Pro】对话框，单击【注册表碎片整理】按钮，弹出【欢迎使用注册表整理】对话框，选择需要整理的注册表配置单元后，单击【执行】按钮，进行注册表文件物理整理。

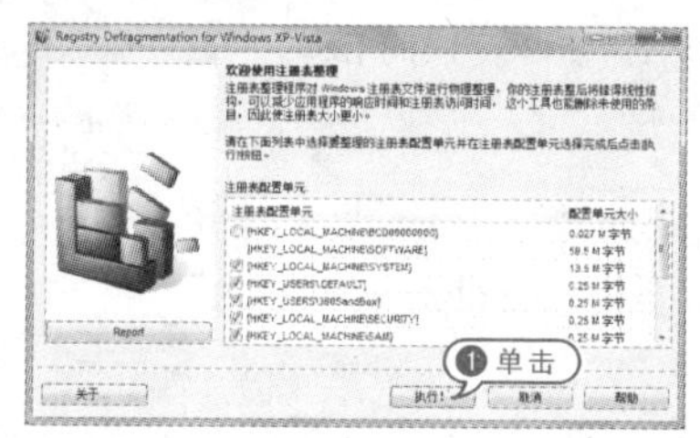

4.3 设置组策略编辑器

所谓组策略，就是基于组的策略。它是以 Windows 中的一个 MMC 管理单元的形式存在，可以帮助系统管理员为用户和计算机定义并控制程序、网络资源及操作系统行为的主要工具。譬如，可以为特定用户或用户组定制可用的程序、桌面上的内容，以及【开始】菜单中的选项等，也可以在整个计算机范围内创建特殊的桌面配置。

4.3.1 增强密码安全性

设置的密码过于简单，会使得密码很容易遭到破解。这时，可在组策略中进行设置，强制要求密码具有一定复杂性，增强密码的安全性。

【例 4－9】设置密码策略。视频

01 按 Win＋R 组合键，弹出【运行】对话框，在【打开】文本框中，输入命令“gpedit. msc”，单击【确定】按钮。

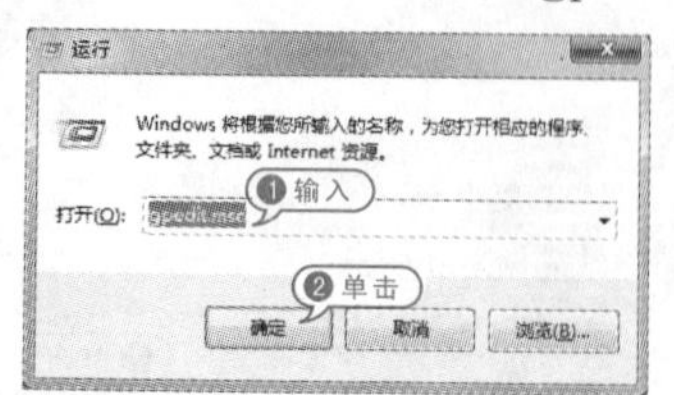

02 弹出【本地组策略编辑器】对话框，在左侧窗格中展开【本地计算机策略】|【计算机配置】|【Windows 设置】|【安全设置】|【帐户策略】|【密码策略】选项，在右侧双击【密码必须符合复杂性要求】选项。

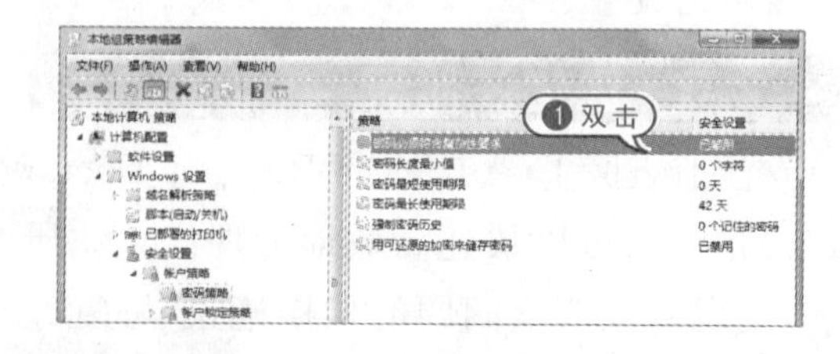

03 弹出【密码必须符合复杂性要求　属性】对话框，选中【已启用】单选按钮，单击【确定】按钮。

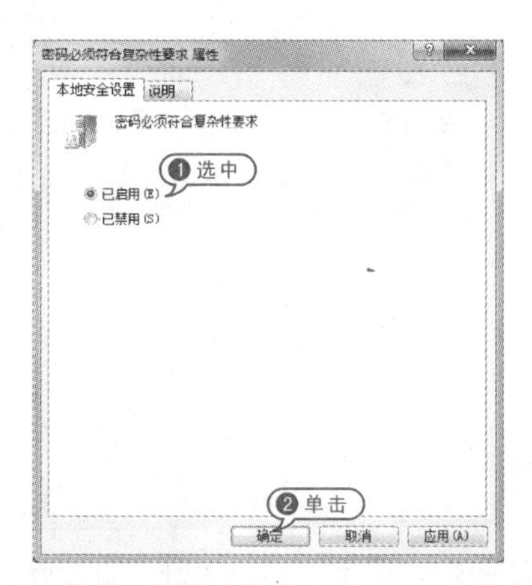

04 返回【密码策略】对话框，双击【密码长度最小值】选项，弹出【密码长度最小值 属性】对话框，在【密码必须至少是】数值框中输入密码长度，单击【确定】按钮。

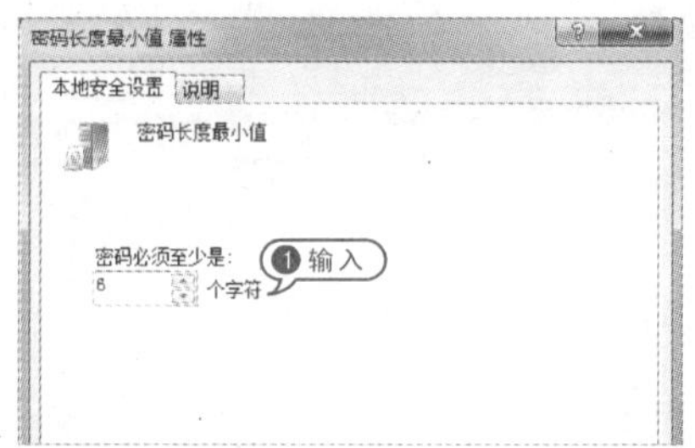

05 返回【密码策略】对话框，双击【密码最短使用期限】选项，弹出【密码最短使用期限 属性】对话框，在【在以下天数后可以更改密码】数值框中输入天数，单击【确定】按钮。

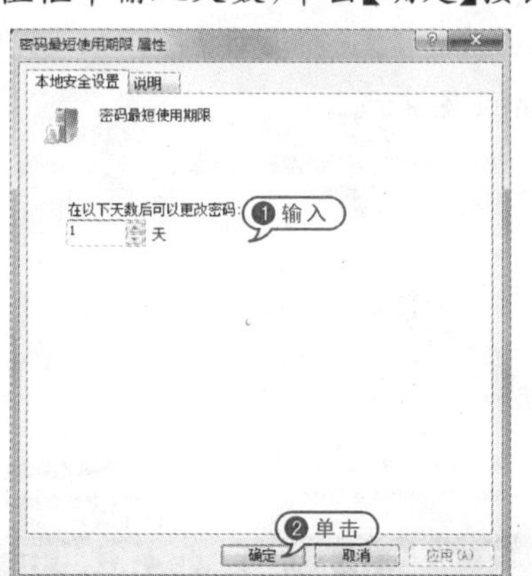

06 返回【密码策略】对话框，双击【密码最长使用期限】选项，弹出【密码最长使用期限 属性】对话框，在【密码过期时间】数值框中输入天数，单击【确定】按钮。

07 返回【密码策略】对话框，双击【强制密码历史】选项，弹出【强制密码历史 属性】对话框，在【保留密码历史】数值框中输入保留的个数，单击【确定】按钮。

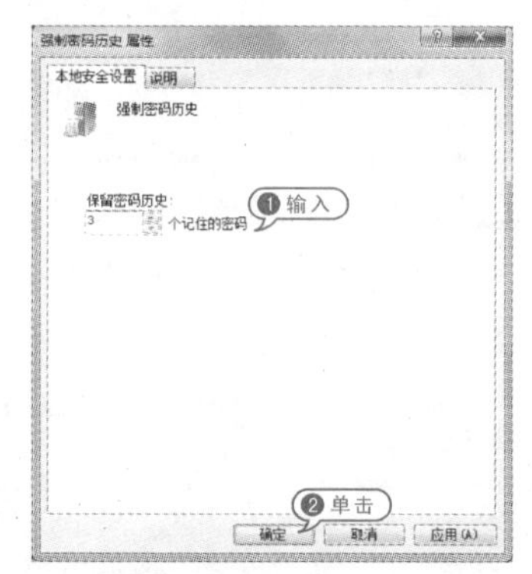

08 返回【密码策略】对话框，密码策略设置完成。

4.3.2 设置账户锁定组策略

账户锁定是指在账户受到密码猜解而连续登录时，为保护该账户的安全使其在一定的次数内登录无效后自动锁定，从而挫败连续的猜解尝试。

【例 4－10】在本地组策略编辑器中设置账户锁定组策略。视频

01 按 Win+R 组合键，弹出【运行】对话框，在【打开】文本框中，输入命令“gpedit. msc”，单击【确定】按钮。

02 弹出【本地组策略编辑器】对话框，在左侧窗格展开【本地计算机策略】|【计算机配置】|【Windows 设置】|【安全设置】|【帐户策略】|【帐户锁定策略】选项，在右侧双击【帐户锁定阈值】选项。

03 弹出【帐户锁定阈值 属性】对话框，在【帐户不锁定】数值框中，输入次数，单击【确定】按钮。

04 弹出【建议的数值改动】对话框，单击【确定】按钮。

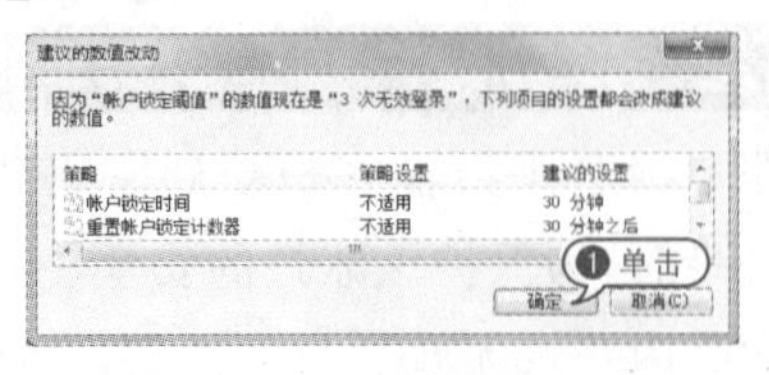

05 返回【帐户锁定策略】对话框，双击【帐户锁定时间】选项，弹出【帐户锁定时间 属性】对话框，在【帐户锁定时间】数值框中输入时间，单击【确定】按钮。

06 返回【帐户锁定策略】对话框，双击【重置帐户锁定计数器】选项，弹出【重置帐户锁定计数器 属性】对话框，在【在此后复位帐户锁定计数器】数值框中输入时间，单击【确定】按钮。

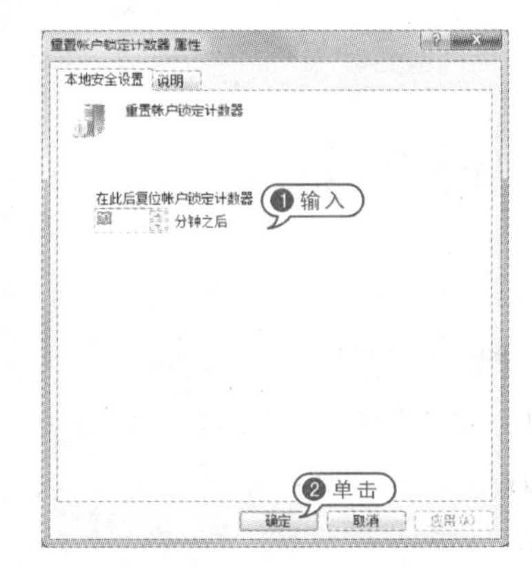

07 返回【帐户锁定策略】对话框，账户锁定组策略设置完成。

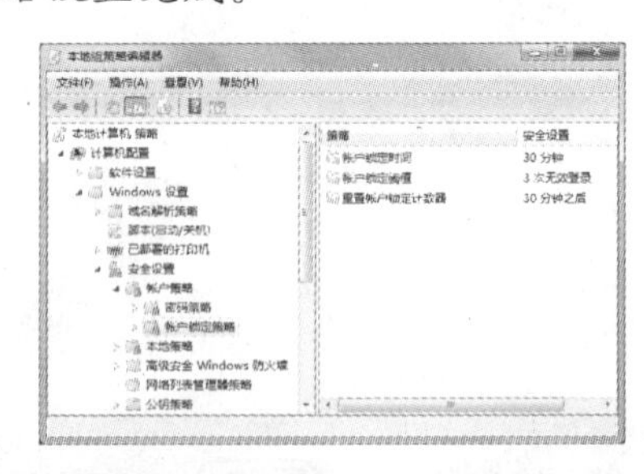

4.3.3 禁止应用程序的使用

为了防止他人使用自己计算机的某些应用程序，用户可以在系统中为其设置禁用。

【例 4-11】禁止应用程序的使用。视频

01 按 Win+R 组合键，弹出【运行】对话框，在【打开】文本框中，输入命令“gpedit. msc”，单击【确定】按钮。

02 弹出【本地组策略编辑器】对话框，在左侧窗格展开【本地计算机策略】|【计算机配置】|【Windows 设置】|【安全设置】|【软件限制策略】选项，选择【操作】|【创建软件限制策略】命令。

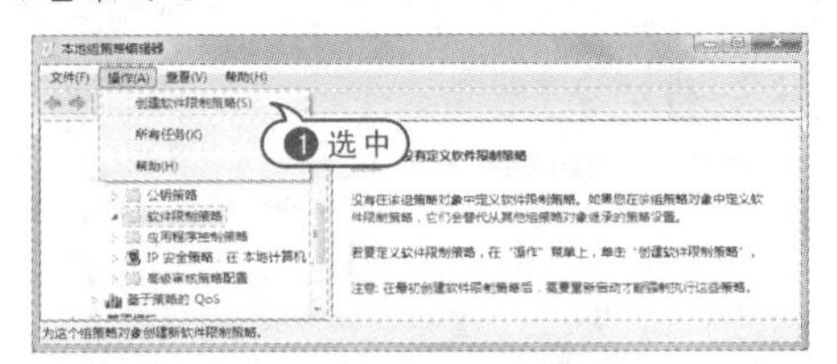

03 在右侧窗格右击【强制】选项，在弹出的菜单中选择【属性】命令。

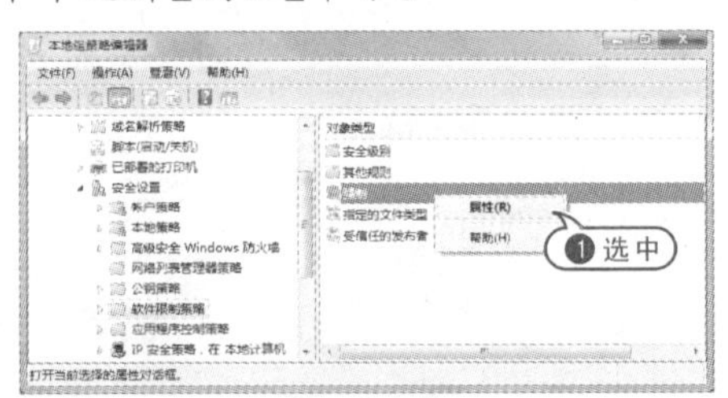

04 弹出【强制 属性】对话框，选中【除本地管理员以外的所有用户】单选按钮，单击【确定】按钮。

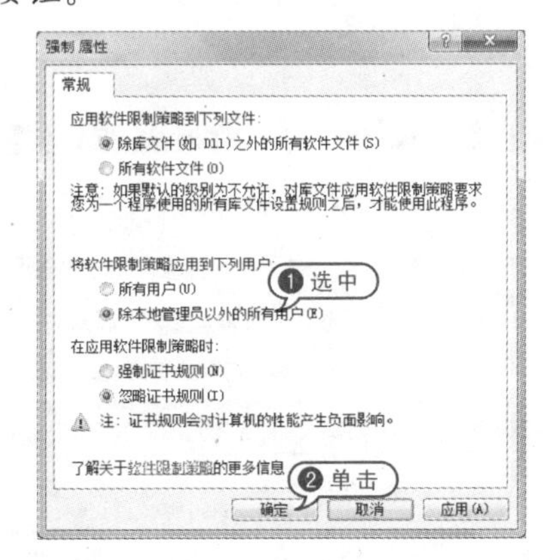

05 返回【软件限制策略】对话框，双击【指定的文件类型】选项，弹出【指定的文件类型属性】对话框，在【文件扩展名】文本框中输入添加的扩展名，单击【添加】按钮，单击【确定】按钮。

06 在【指定的文件类型】列表框中，选择一个文件扩展名，单击【删除】按钮。

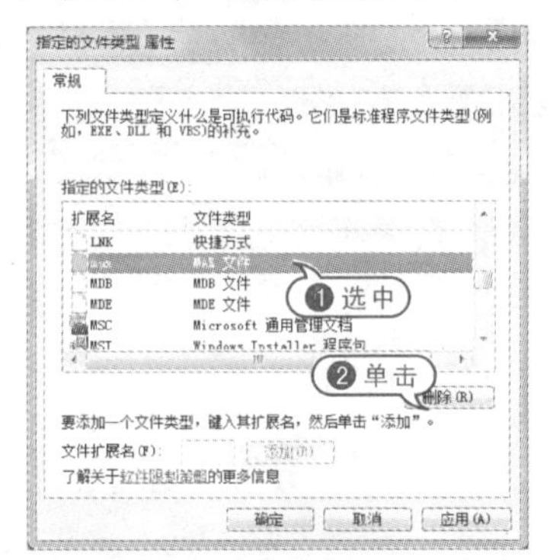

07 弹出【软件限制策略】提示框，单击【是】按钮，即可删除。

4.3.4 禁止安装和卸载程序

为了防止其他用户查看、卸载、更改或修复当前安装在计算机上的程序，可以在本地组策略编辑器中进行设置，隐藏控制面板中的【程序和功能】页。

【例 4-12】隐藏控制面板中的图标。视频

01 按 Win+R 组合键，弹出【运行】对话框，在【打开】文本框中输入命令“gpedit. msc”，单击【确定】按钮。

02 弹出【本地组策略编辑器】对话框，在左侧窗格展开【本地计算机策略】|【用户配置】|【管理模板】|【控制面板】|【程序】选项，在右侧双击【隐藏“程序和功能”页】选项。

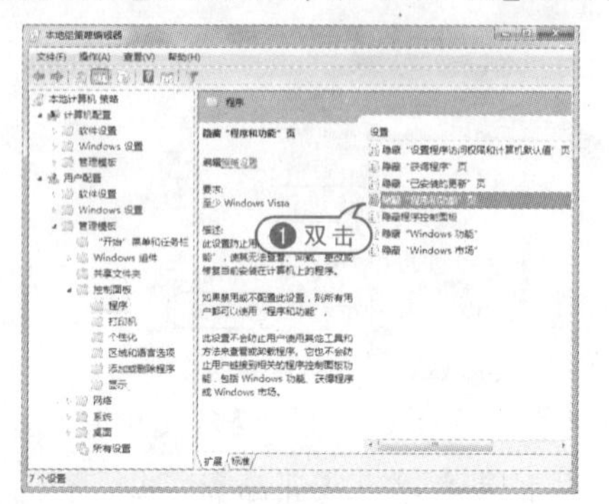

03 弹出【隐藏“程序和功能”页】对话框，选中【已启用】单选按钮，单击【确定】按钮，完成隐藏设置。

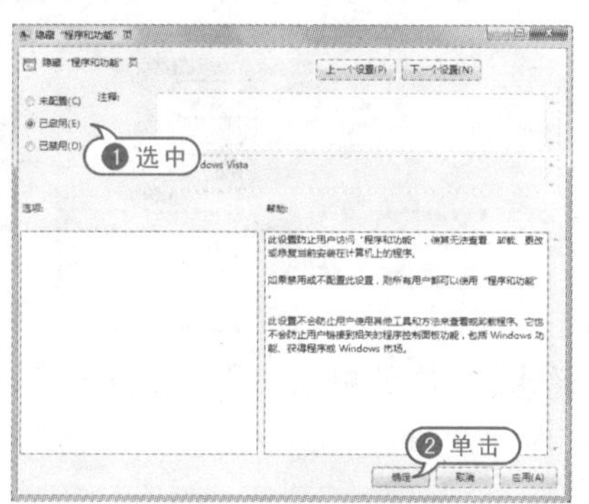

04 打开【开始】|【控制面板】|【程序】|【程序和功能】对话框，此时所有程序都已经被设置为隐藏。

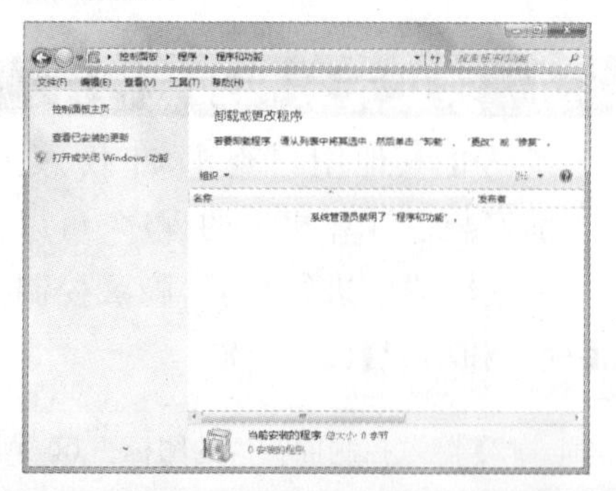

4.3.5 设置用户权限级别

当与其他用户共用同一台计算机时，为了保护自己文件的安全性，可以对每个用户设置不同的权限级别。

【例 4－13】设置用户权限级别。视频

01 按 Win+R 组合键，弹出【运行】对话框，在【打开】文本框中输入命令“gpedit. msc”，单击【确定】按钮。

02 弹出【本地组策略编辑器】对话框，在左侧窗格展开【本地计算机策略】|【计算机配置】|【Windows 设置】|【安全设置】|【本地策略】|【用户权限分配】选项，在右侧窗格双击【创建全局对象】选项。

03 弹出【创建全局对象 属性】对话框，单击【添加用户或组】按钮。

04 弹出【选择用户或组】对话框，在【输入对象名称来选择】文本框中输入对象名称。

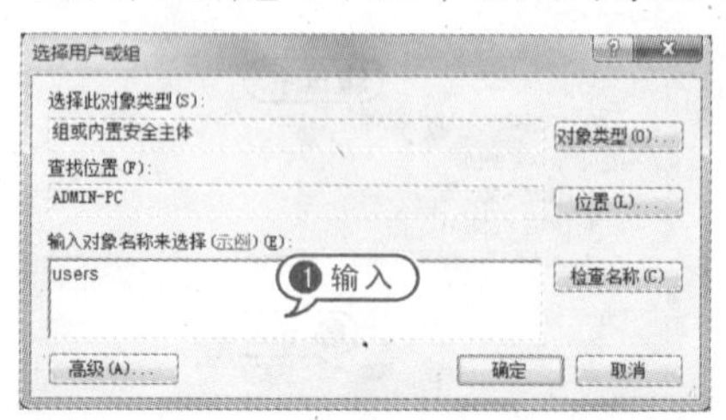

05 单击【检查名称】按钮，检查该名称是否存在。若不知道需要添加的用户或组名称，可以单击【高级】按钮。

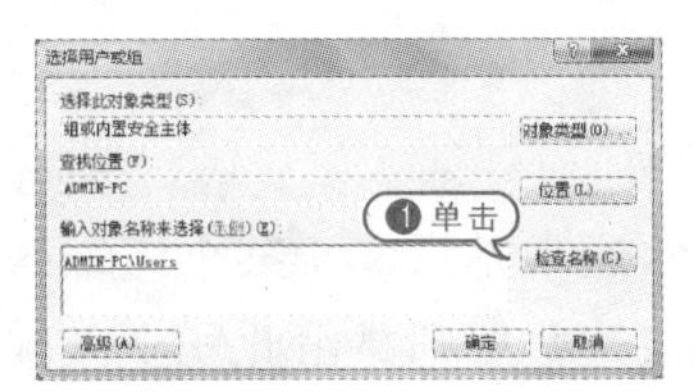

06 展开高级选项窗格，单击【立即查找】按钮，系统将自动查找出当前用户或组，并在【搜索结果】列表中显示，选中要添加的对象，单击【确定】按钮。

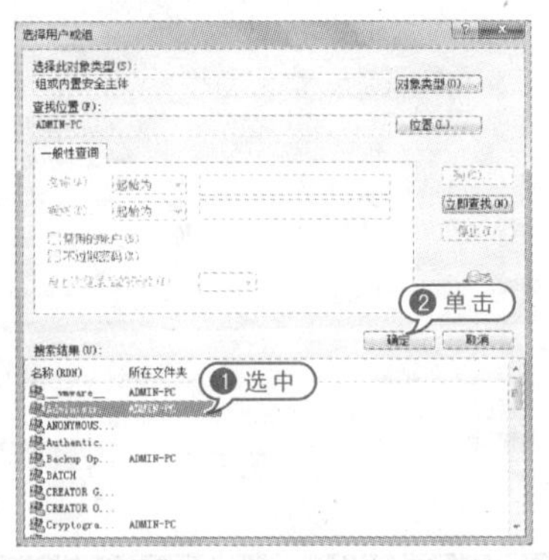

07 选中的用户或组已添加到【输入对象名称来选择】文本框中，单击【确定】按钮。

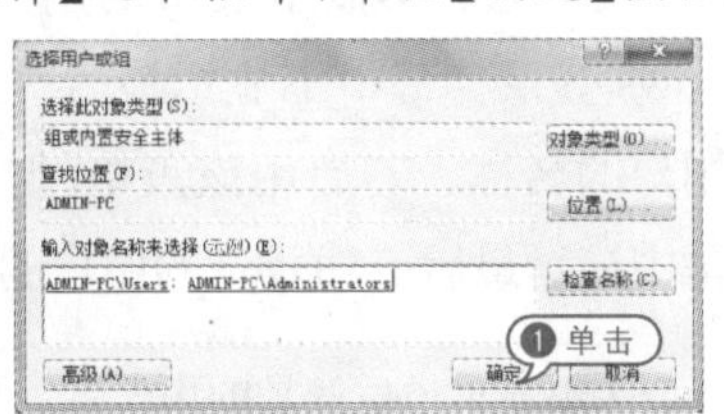

08 返回【创建全局对象 属性】对话框，相应的用户名称已经添加到了列表中，此时该用户拥有全局权限，单击【确定】按钮。

4.3.6 禁用 Windows 程序

使用组策略编辑器也可以设置用户无法运行指定的 Windows 应用程序。

【例 4－14】禁用指定 Windows 程序。视频

01 按 Win＋R 组合键，弹出【运行】对话框，在【打开】文本框中输入命令“gpedit. msc”，单击【确定】按钮。

02 弹出【本地组策略编辑器】对话框，在左侧窗格展开【本地计算机策略】|【用户配置】|【管理模板】|【系统】选项，在右侧窗格双击【不要运行指定的 Windows 应用程序】选项。

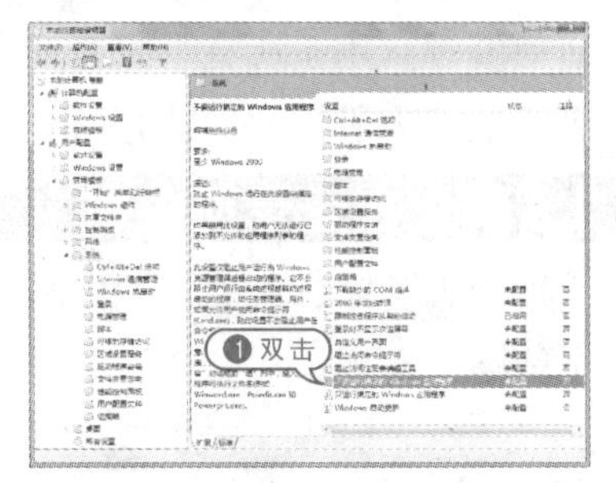

03 弹出【不要运行指定的 Windows 应用程序】对话框，选中【已启用】单选按钮，单击下方的【显示】按钮。

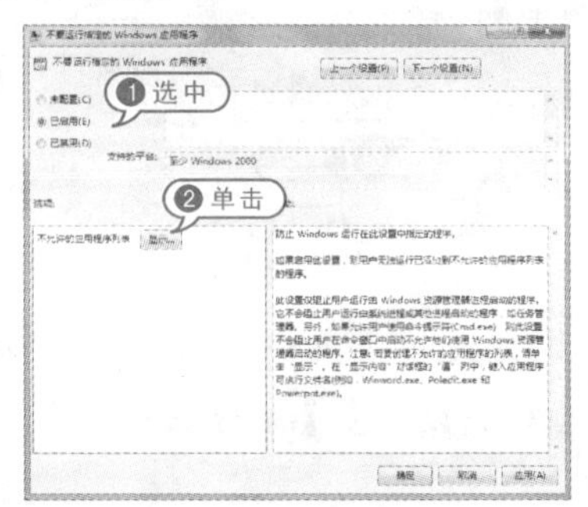

04 在弹出的【显示内容】对话框中，添加需要禁止运行的 Windows 应用程序，输入“Powerpnt. exe”，单击【确定】按钮。

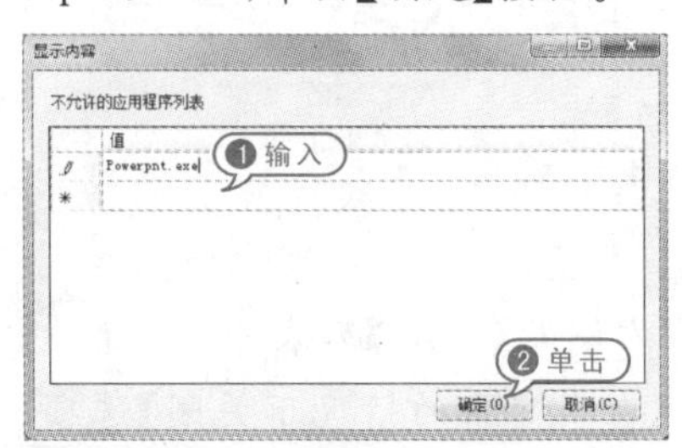

05 返回【不要运行指定的 Windows 应用程序】对话框，单击【确定】按钮。此时双击 Powerpnt 软件启动程序，弹出【限制】提示框，提示软件已被禁止运行。

4.4 设置本地安全策略

本地安全策略是指在某个安全区域内(一个安全区域,通常是指属于某个组织的一系列处理和通信资源),用于所有与安全活动相关的一套规则。这些规则是由此安全区域中所设立的一个安全权力机构建立的,并由安全控制机构来描述、实施或实现的。

4.4.1 禁止在登录前关机

防止被他人关闭计算机,可以通过设置本地安全策略来实现。

【例 4-15】禁止在登录前关机。视频

01 按 Win+R 组合键,弹出【运行】对话框,在【打开】文本框中输入命令"secpol. msc",单击【确定】按钮。

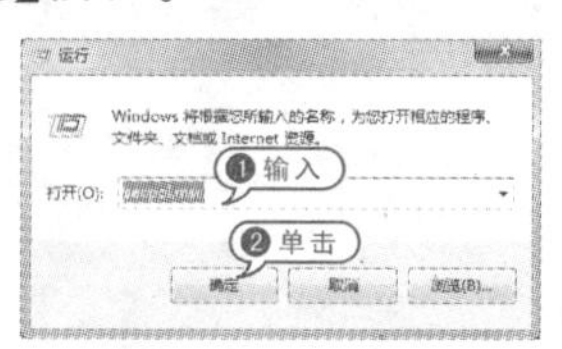

02 弹出【本地安全策略】对话框,在左侧窗格展开【安全设置】|【本地策略】|【安全选项】选项。

03 在右侧的【策略】列表中右击【关机:允许系统在未登录的情况下关闭】选项,在弹出的菜单中,选择【属性】命令。

04 弹出【关机:允许系统在未登录的情况下关闭 属性】对话框,选中【已禁用】单选按钮,单击【确定】按钮。

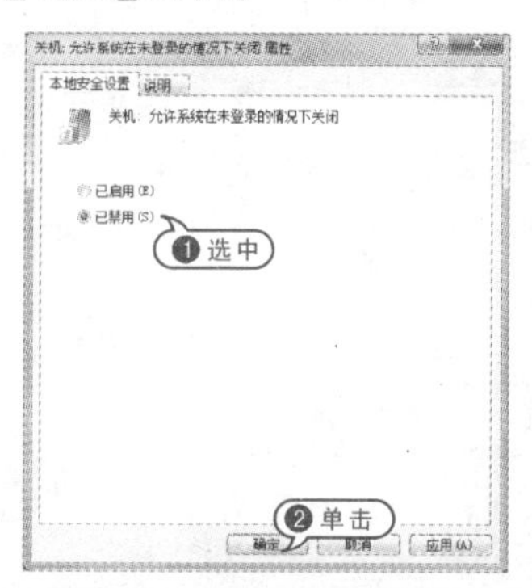

4.4.2 不显示最后的用户名

"交互式登录:不显示最后的用户名"指在 Windows 登录屏幕中不显示最后登录到计算机的用户的名称。若启用该策略,则不会在登录屏幕中显示最后成功登录的用户的名称。

【例 4-16】不显示最后登录的用户名。视频

01 按 Win+R 组合键,弹出【运行】对话框,在【打开】文本框中输入命令"secpol. msc",单击【确定】按钮。

02 弹出【本地安全策略】对话框,在左侧窗格展开【安全设置】|【本地策略】|【安全选项】选项。

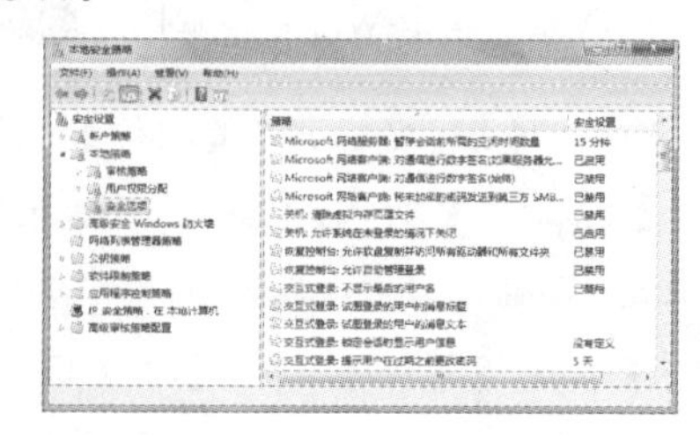

03 在【策略】列表中右击【交互式登录:不

显示最后的用户名】选项，在弹出的快捷菜单中，选择【属性】命令。

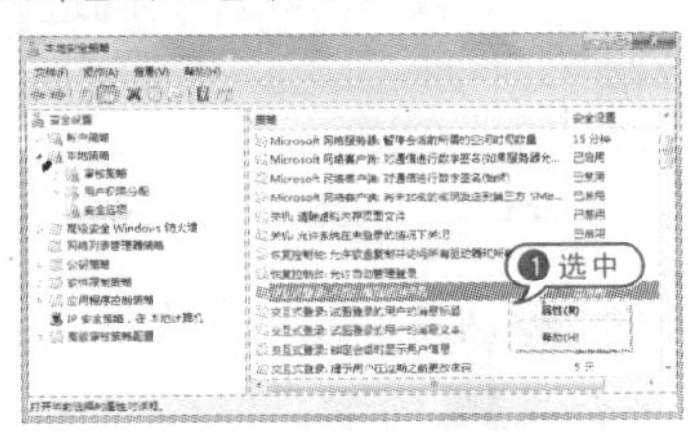

04 在弹出的【交互式登录：不显示最后的用户名 属性】对话框，选中【已禁用】单选按钮，单击【确定】按钮。

4.5 利用漏洞工具

预防漏洞利用是网络安全中最令人重视的技术。从网络安全概念出现以来，漏洞攻击就普遍存在，即使是网络安全防范技术日益进步到如今，漏洞攻击依然拥有很强的危险性。

4.5.1 使用 WINNTAutoAttack

WINNTAutoAttack 是一款比较早的黑客工具，能在图形界面下以相当简单的方法对计算机进行入侵。

【例 4－17】使用 WINNTAutoAttack。视频

01 双击 WINNTAutoAttack 软件启动程序，在【起始 IP】和【结束 IP】文本框中输入 IP 地址范围，选中【忽略 0 和 255 的主机】复选框。

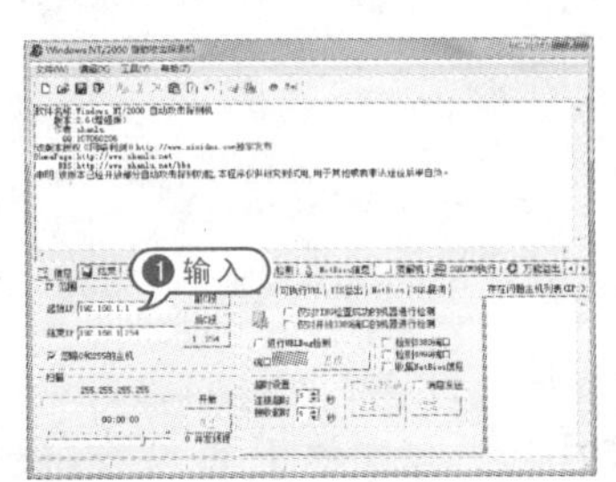

02 在【设置】选项卡中，选中【仅对 PING 检查成功的机器进行检测】复选框，选中【检测 3389 端口】和【检测 4899 端口】复选框。

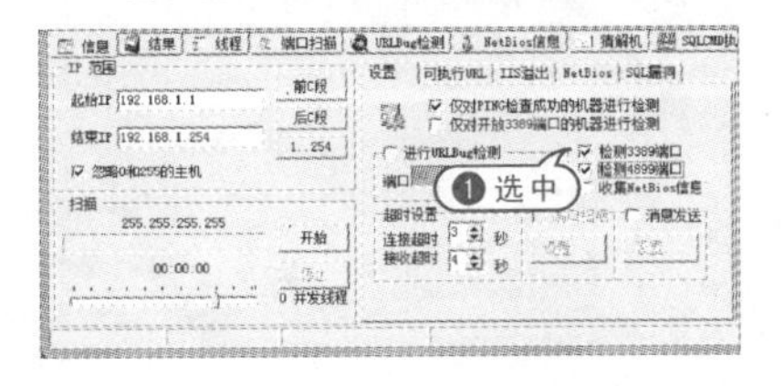

03 单击【开始】按钮，开始扫描。可以单击【停止】按钮以中断扫描。

04 扫描结束后，在右侧的【存在问题主机列表】窗格中查看扫描信息。

05 打开【结果】选项卡，查看详细扫描结果。

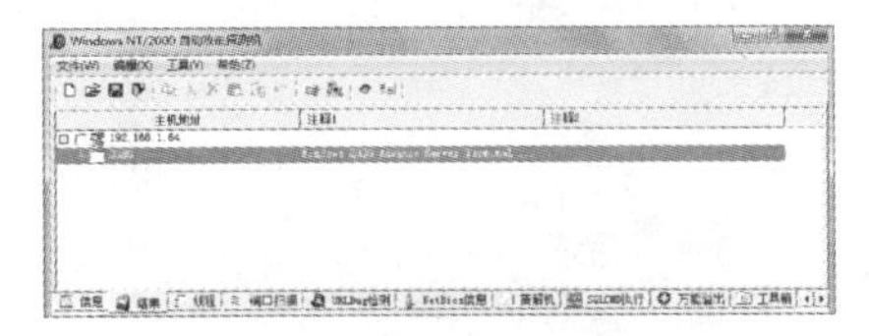

4.5.2 使用啊D网络工具包

啊D网络工具包是一款网络测试工具，集合了共享资源查找、肉鸡查找、远程服务查看、查看隐藏共享等功能。

1. 指定端口多主机扫描

指定一个IP段，选择常见端口，对多台主机进行扫描。

【例4－18】使用啊D网络工具包指定端口多主机扫描。视频

01 双击【啊D网络工具包】软件启动程序，在【IP】下拉列表中，选择需要扫描的IP地址段。

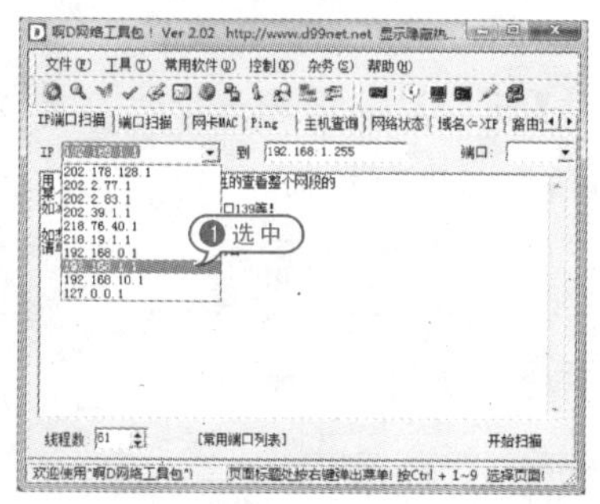

02 在【端口】下拉列表中，选择端口。单击【开始扫描】按钮。

03 扫描完毕后，在【常用端口列表】中，查看扫描到的IP。

2. 查找共享主机

指定一个IP段，对多台主机进行扫描，查找共享的主机。

【例4－19】查找共享主机。视频

01 双击【啊D网络工具包】软件启动程序，选择【共享查找】选项卡。

02 在【IP】下拉列表中，选择需要扫描的IP地址段，单击【开始查找】按钮。

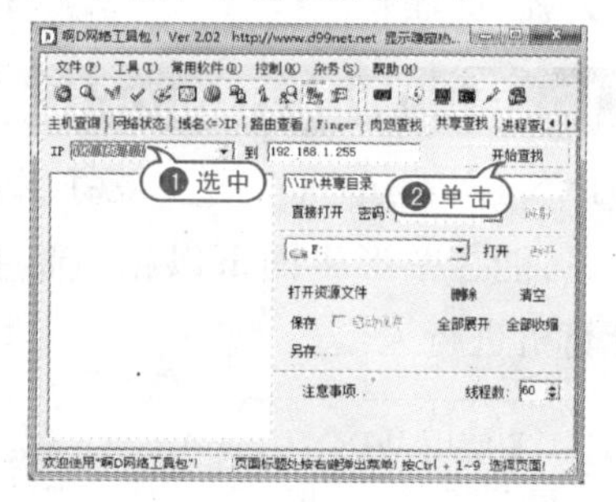

03 查找共享资源完毕，在左侧窗格显示共享主机IP地址。

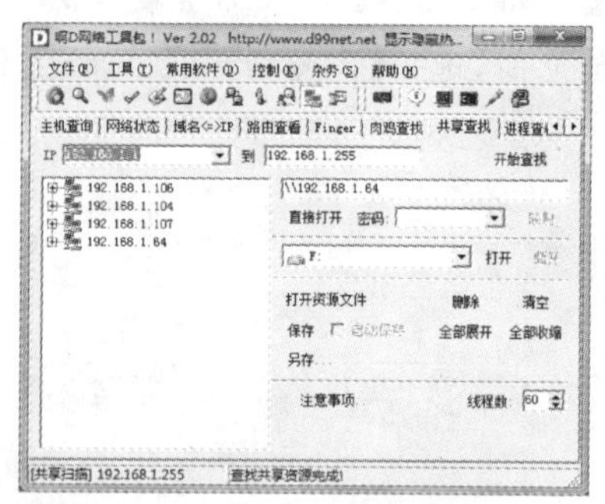

04 双击IP地址目录下的文件，弹出提示框，单击【确定】按钮，即可访问目标主机共享文档。

4.5.3 RPC 漏洞攻防

RPC(Remote Procedure Call,即远程过程调用)是操作系统的一种消息传递功能。微软的描述为:“一种能允许分布式应用程序调用网络上不同计算机的可用服务的消息传递实用程序。在计算机的远程管理期间使用。”

1. 攻击 RPC 服务远程漏洞

使用 X-Scan 的 DcomRpc 接口攻击 RPC 服务远程漏洞。

【例 4-20】使用 X-Scan 工具攻击 RPC 远程服务漏洞。视频

01 双击【X-Scan】软件启动程序,选择【设置】|【扫描参数】命令。

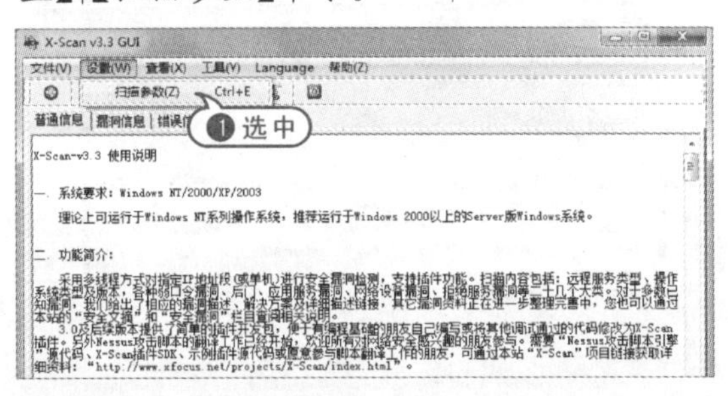

02 弹出【扫描参数】对话框,在左侧窗格展开【全局设置】|【扫描模块】选项,在中间窗格选中【DcomRpc 溢出漏洞】复选框,单击【确定】按钮。

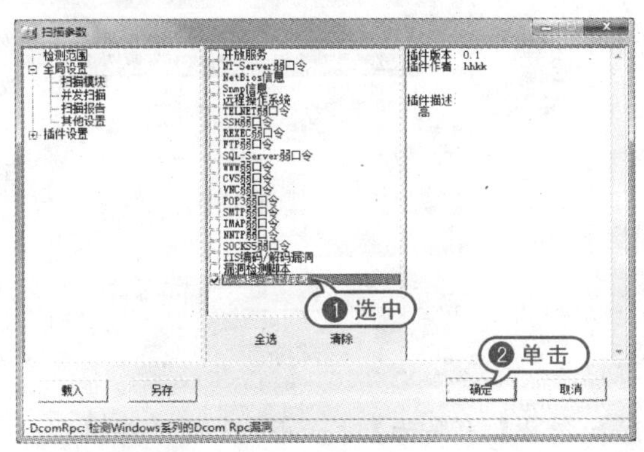

03 返回【X-Scan】对话框,单击 ▶ 按钮,进行扫描。

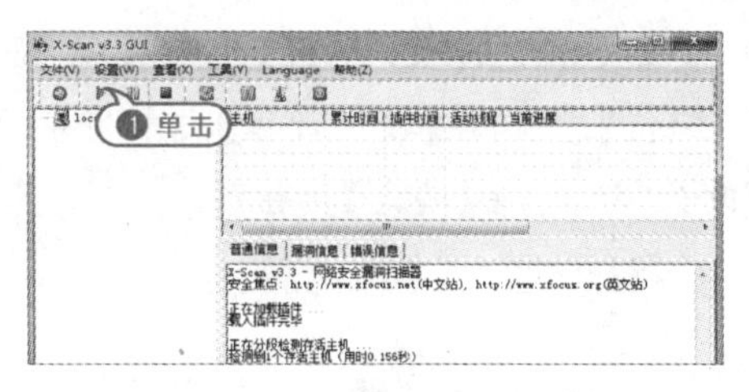

04 完成 DcomRpc 漏洞扫描后,X-Scan 扫描工具会弹出提示信息。

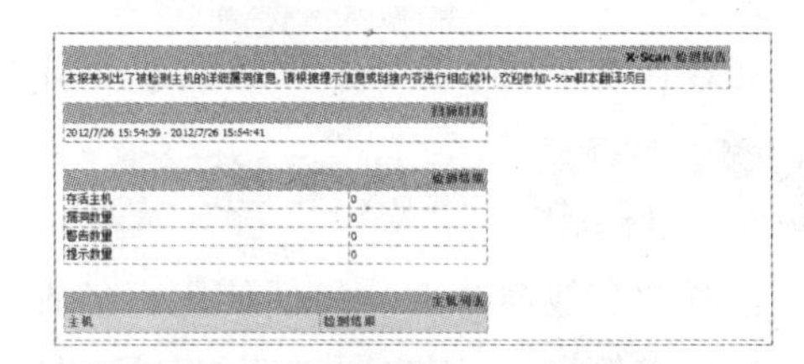

2. 防御 RPC 服务远程漏洞

RPC 漏洞对系统安全威胁极大,一旦发现必须及时进行修复。

【例 4-21】通过设置注册表编辑器防范 RPC 服务漏洞。视频

01 按 Win+R 组合键,弹出【运行】对话框,在【打开】文本框中输入命令“regedit”,单击【确定】按钮。

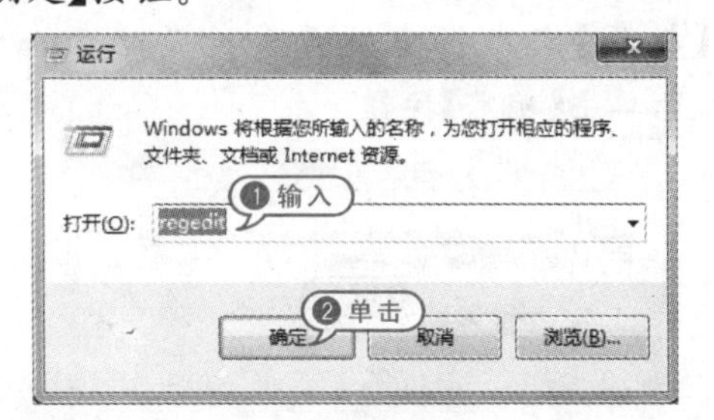

02 弹出【注册表编辑器】对话框,展开【HKEY_LOCAL_MACHINE】|【SYSTEM】|【CurrentControlSet】|【Services】|【RpcSs】选项。

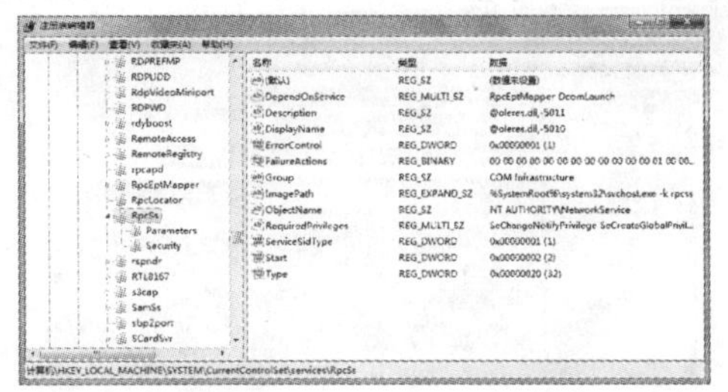

03 双击 Start 选项，弹出【编辑 DWORD (32 位)值】选项，在【数值数据】文本框中，将“2”改为“4”，单击【确定】按钮。

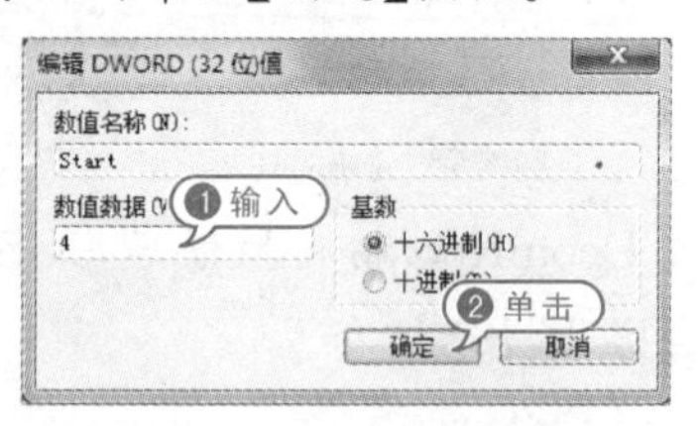

04 重启计算机后，选择【开始】|【控制面板】|【管理工具】|【服务】选项，在【服务】对话框中，查看 Remote Procedure Call(RPC)选项，发现已变为【禁用】。

4.6 实战演练

本章的实战演练部分包括使用事件查看器、清除开机自动弹出网页、备份与恢复注册表三个综合实例操作，用户通过练习从而巩固本章所学知识。

4.6.1 使用事件查看器

利用 Windows 内置的事件查看器可以完成许多工作，如审核系统事件和存放系统、安全及应用程序日志等，加上适当的网络资源，就可以解决大部分的系统问题。

【例 4-22】使用事件查看器。视频

01 按 Win+R 组合键，弹出【运行】对话框，在【打开】文本框中输入命令“eventvwr.msc”，单击【确定】按钮。

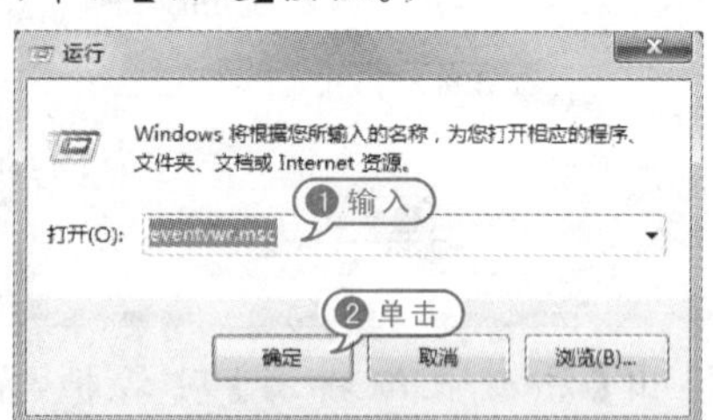

02 弹出【事件查看器】对话框，在左侧窗格展开【事件查看器(本地)】|【Windows 日志】|【应用程序】选项。

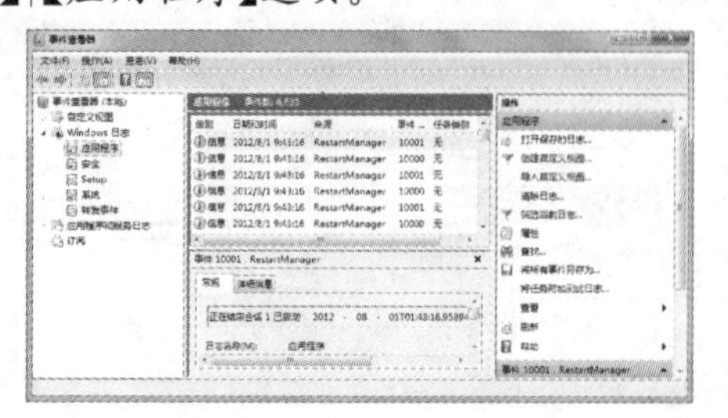

03 双击需要查看的日志信息，即可打开对应的【事件属性】对话框。

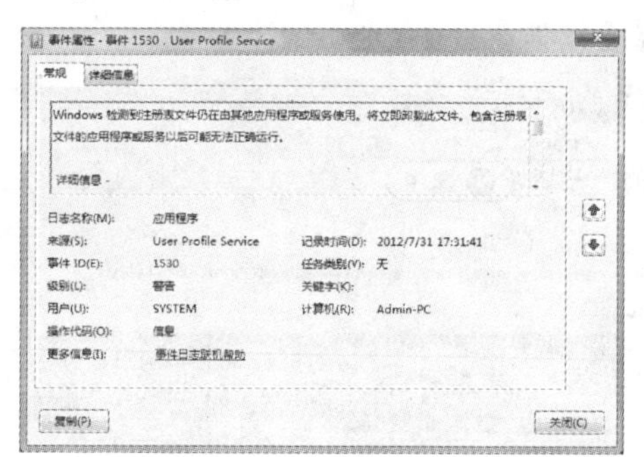

04 返回【事件查看器】对话框，在左侧窗格右击【应用程序】选项，在弹出的菜单中选择【将所有事件另存为】命令。

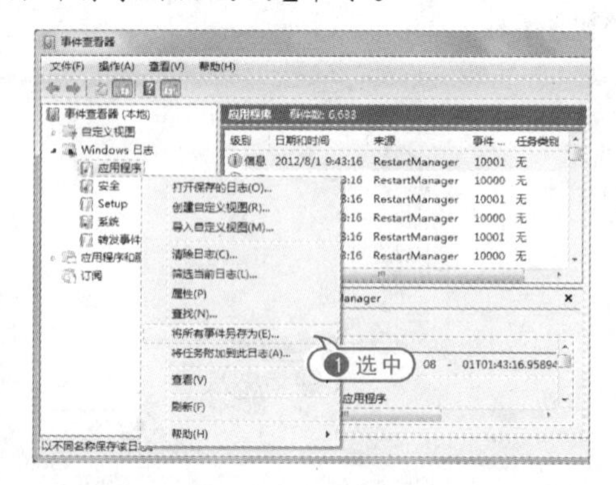

05 弹出【另存为】对话框，设置保存路径，在【文件名】文本框中输入文件名，单击【保存】按钮。

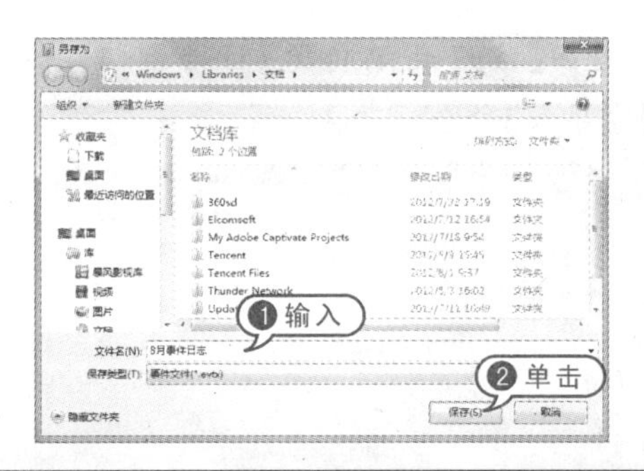

4.6.2 清除开机自动弹出网页

由于木马、病毒对系统的破坏，在使用电脑时，系统常常会自动弹出一些网页，可以通过修改注册表来解决。

【例 4－23】清除开机自动弹出网页。视频

01 按 Win＋R 组合键，弹出【运行】对话框，在【打开】文本框中输入命令“regedit”，单击【确定】按钮。

02 弹出【注册表编辑器】对话框，展开【HKEY_CURRENT_USER】|【Software】|【Microsoft】|【Windows】|【CurrentVersion】|【Run】选项。在右侧窗格查看弹出网页的网址为键值的键值项，如果有则右击该项，在弹出的菜单中，选择【删除】命令。

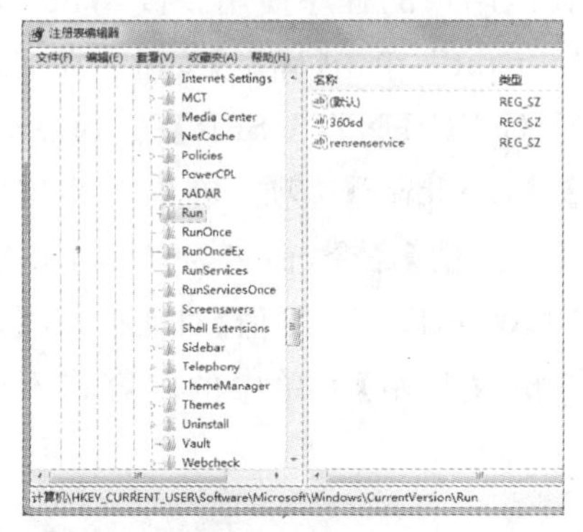

03 展开【HKEY_CURRENT_USER】|【Software】|【Microsoft】|【Windows】|【CurrentVersion】|【Runonce】选项。在右侧窗格查看弹出网页的网址为键值的键值项，如果有则右击该项，在弹出的菜单中，选择【删除】命令。

04 按 Win＋R 组合键，弹出【运行】对话框，在【打开】文本框中输入命令“msconfig”，单击【确定】按钮。

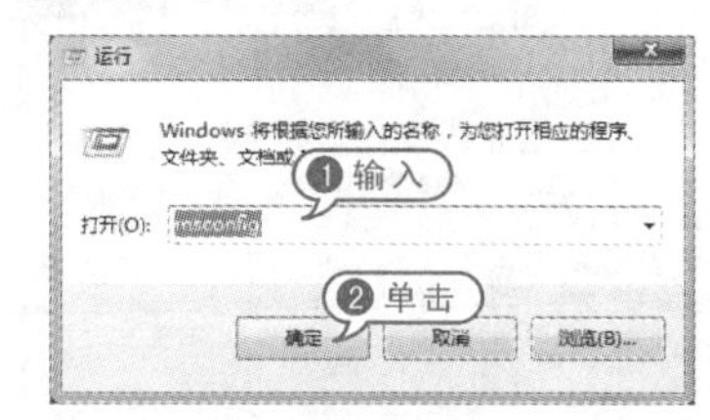

05 弹出【系统配置】对话框，打开【启动】选项卡，查找到可疑启动项，取消选中对应的复选框，单击【确定】按钮。重启计算机，完成清除开机自动弹出网页操作。

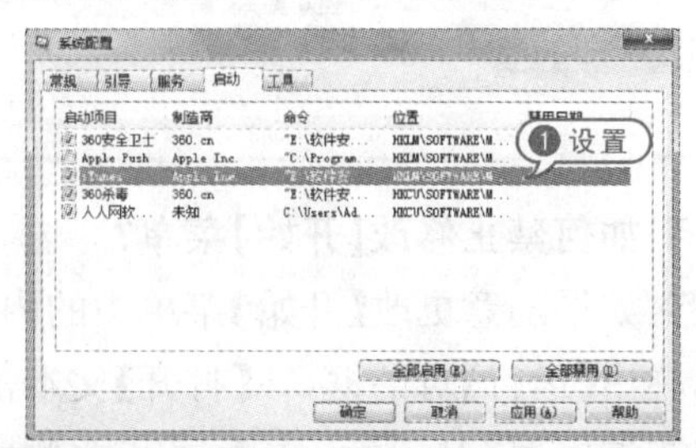

4.6.3 备份与恢复注册表

注册表编辑器是操作系统自带的一款注册表工具，通过该工具就能对注册表进行各种修改。当然，备份与恢复注册表自然是本能了。

【例 4－24】备份与恢复注册表。视频

01 按 Win＋R 组合键，弹出【运行】对话框，在【打开】文本框中，输入命令“regedit”，单击【确认】按钮。

02 弹出【注册表编辑器】对话框，在左侧窗格右击需要导出的根键或子键，在弹出的快

捷菜单中选择【导出】命令。

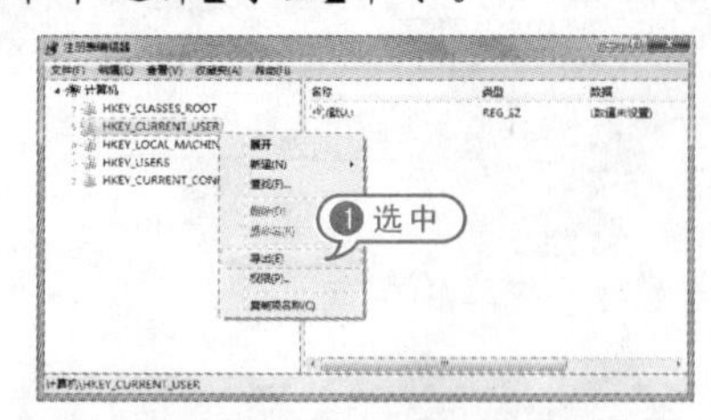

03 弹出【导出注册表文件】对话框，设置保存路径，在【文件名】文本框中，输入文件名，单击【保存】按钮。完成保存。

04 返回【注册表编辑器】对话框，选择【文件】|【导入】命令。

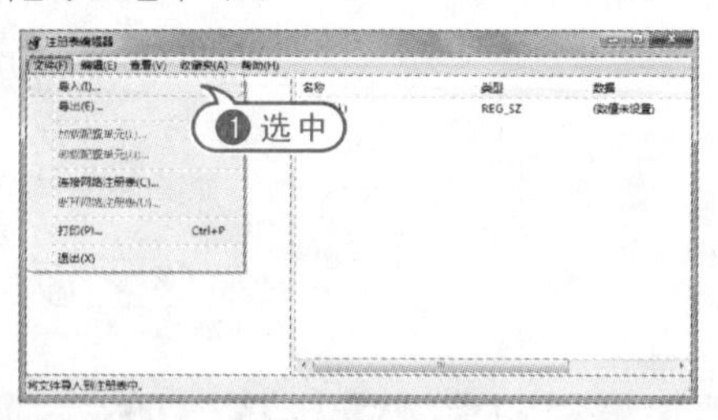

05 弹出【导入注册表文件】对话框，选择需要导入的注册表文件，单击【打开】按钮。

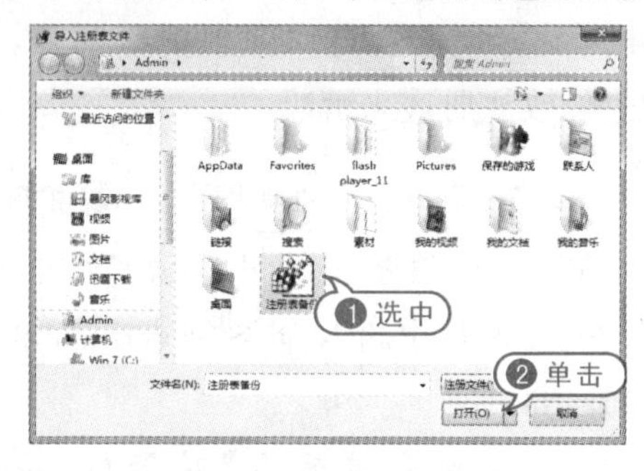

4.7 专家答疑

问：如何禁止修改【开始】菜单？

答：如果随意更改【开始】菜单中的内容，会影响到其他用户的程序使用。按 Win+R 组合键，弹出【运行】对话框，在【打开】文本框中输入命令“regedit”，单击【确定】按钮。在弹出的【注册表编辑器】对话框，依次展开左侧窗格的【HKEY_CURRENT_USER】|【Software】|【Microsoft】|【Windows】|【CurrentVersion】|【Policies】|【Explorer】选项。在右侧窗格空白处右击，在弹出的快捷菜单中选择【新建】|【DWORD(32-位)值】命令，命名为“NoChangeStartMenu”，双击【NoChangeStartMenu】选项，弹出【编辑 DWORD(32 位)值】对话框，在【数值数据】文本框中，输入“1”，单击【确定】按钮。重启计算机，【开始】菜单中的内容将不能被修改。

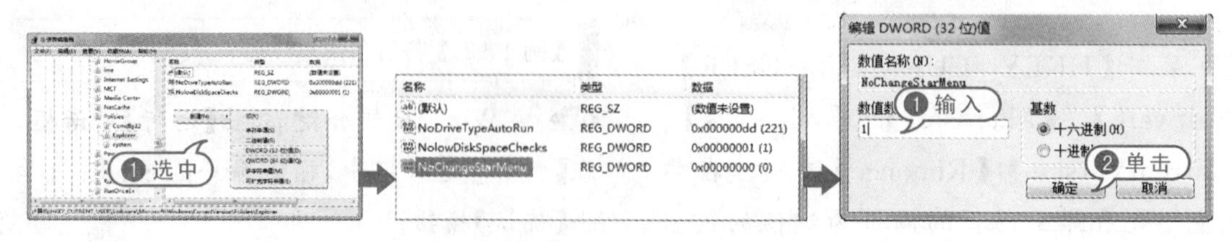

第5章 常见木马攻防技术

木马(Trojan)源于古希腊传说,是目前比较流行的病毒文件。木马是通过将自身伪装吸引用户下载执行,为施种木马者打开被种者计算机的门户,使施种者可以任意毁坏、窃取被种者的文件,甚至远程操控被种者的计算机。

参见随书光盘

例 5-1 使用 EXE 捆绑机
例 5-2 使用网页木马生成器
例 5-3 使用木马清除专家
例 5-4 使用木马克星
例 5-5 使用木马清道夫
例 5-6 使用反间谍专家
例 5-7 使用 Windows 清理助手
例 5-8 使用 AD-aware 广告杀手
例 5-9 使用 VBS 病毒制造机
例 5-10 为木马加“花指令”

5.1 认识木马

木马是一种基于远程控制的黑客工具，主要用于窃取用户的密码资料、破坏系统等。由于木马技术具有隐蔽性、自发性和非授权性特点，已经成为了黑客的常用攻击方法。

5.1.1 木马的概念和种类

木马与计算机网络中常常要用到的远程控制软件有些相似，但由于远程控制软件是“善意”的控制，因此通常不具有隐蔽性；木马则完全相反，木马要达到的是“偷窃”性的远程控制，如果没有很强的隐蔽性的话，那就是“毫无价值”的。

木马大多不是单一功能的，通常集合了许多功能，主要有以下几种类型。

- 网络游戏木马：随着网络在线游戏的普及和升温，形成了规模庞大的网游玩家群体。网络游戏中的金钱、装备等虚拟财富与现实财富之间的界限越来越模糊。与此同时，以盗取网游账号密码为目的的木马病毒也随之发展泛滥起来。
- 网银木马：是针对网上交易系统编写的木马病毒，其目的是盗取用户的卡号、密码，甚至安全证书。此类木马种类数量虽然比不上网游木马，但它的危害更加直接，受害用户的损失更加惨重。
- 即时通信软件木马：常见的即时通信类木马一般分为发送消息型、盗号型、传播自身型。
- 网页点击类木马：网页点击类木马会恶意模拟用户点击广告等动作，在短时间内可以产生数以万计的点击量。病毒作者的编写目的一般是为了赚取高额的广告推广费用。此类病毒的技术简单，一般只是向服务器发送 HTTP GET 请求。
- 下载类木马：这种木马程序的体积一般很小，其功能是从网络上下载其他病毒程序或安装广告软件。由于体积很小，下载类木马更容易传播，传播速度也更快。通常功能强大、体积也很大的后门类病毒，如“灰鸽子”、“黑洞”等，传播时都单独编写一个小巧的下载型木马，用户中毒后会把后门主程序下载到本机运行。
- 代理类木马：用户感染代理类木马后，会在本机开启 HTTP、SOCKS 等代理服务功能。黑客把受感染计算机作为跳板，以被感染用户的身份进行黑客活动，达到隐藏自己的目的。

5.1.2 木马的特点

木马的影响比早期的计算机病毒更强，更能够直接达到使用者的目的。这导致许多别有用心的程序开发者大量地编写这类带有偷窃和监视别人计算机功能的侵入性程序。目前，流行的木马病毒有以下特点。

- 隐蔽性：木马的隐蔽性是首要特征。和其他病毒一样，木马程序必须隐蔽在用户系统中，隐匿运行而不被发现。
- 潜伏性：木马能够和已经捆绑的程序一起等待该程序被运行才启动该木马，从而无声无息地打开端口等待外部连接。
- 自动运行：当用户系统启动时即可自动运行。木马程序潜入用户计算机的启动配置文件，运行并加装到系统自启动程序序列中。
- 欺骗性：木马程序若想达到长时间隐蔽的目的，就必须借助系统中已有的文件，以防被发现。
- 自动恢复：如今的木马程序的功能模块不再是由单一的文件组成，而是多重备份，达到互相恢复的目的。

▶ 自动打开端口：木马程序潜入计算机中获取用户系统中的信息，当用户上网时能与远端服务器通信，木马程序就会使用服务器、客户端的通信手段把信息告诉黑客。

▶ 通用性：不受客户端操作系统和服务配置限制，即使远程主机是 Windows 98 系统，入侵者也可以实现远程监控。

5.2 木马的攻击手段

随着黑客技术的提高，木马也越来越猖獗，不但通过电子邮件、网站、聊天工具等进行传播，甚至隐藏在歌曲、安装程序、视频文件中。

5.2.1 常见木马伪装方式

鉴于木马病毒的危害性，很多人对木马知识还是有一定了解的。这对木马的传播起到了一定的抑制作用，也是木马设计者所不愿见到的。因此，木马设计者开发了多种功能来伪装木马，以达到降低用户警觉、欺骗用户的目的。

▶ 修改图标：木马可以将木马服务端程序的图标改成 HTML、TXT、ZIP 等各种文件的图标。这有相当大的迷惑性，但是目前还不多见，并且这种伪装也不是无懈可击的，所以用户不必过于担心。

▶ 捆绑文件：将木马捆绑到一个安装程序中，当安装程序运行时，木马在用户毫无察觉的情况下，偷偷进入系统。被捆绑的文件一般是可执行文件。

▶ 出错显示：有一定木马知识的人都知道，如果打开一个文件，没有任何反应，这很可能就是个木马程序。木马的设计者也意识到了这个缺陷，所以已经有木马提供了出错显示的功能。当服务端用户打开木马程序时，会弹出一个假的错误提示框，当用户信以为真时，木马就进入了系统。

▶ 定制端口：老式的木马端口都是固定的，只要查一下特定的端口就知道感染了什么木马，所以现在很多新式的木马都加入了定制端口的功能，控制端用户可以在 1024～65535 之间任选一个端口作为木马端口，这样就给判断所感染木马类型带来了麻烦。

▶ 自我销毁：木马的自我销毁功能是指安装完木马后，原木马文件将自动销毁，这样服务端用户就很难找到木马的来源，没有查杀木马工具的帮助，就很难删除木马了。

5.2.2 使用文件捆绑机

EXE 捆绑机可以将两个可执行文件(EXE 文件)捆绑成一个文件，运行捆绑后的文件等于同时运行了两个文件。它会自动更改图标，使捆绑后的文件与捆绑前的文件图标一样。

【例 5－1】使用 EXE 捆绑机将可执行文件进行捆绑操作。视频

01 双击【EXE 捆绑机】软件启动程序，单击【点击这里 指定第一个可执行文件】按钮。

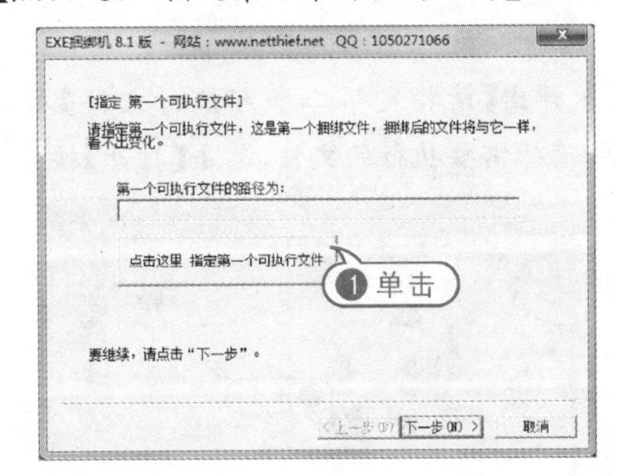

02 弹出【请指定第一个可执行文件】对话框，选择木马文件，单击【打开】按钮。

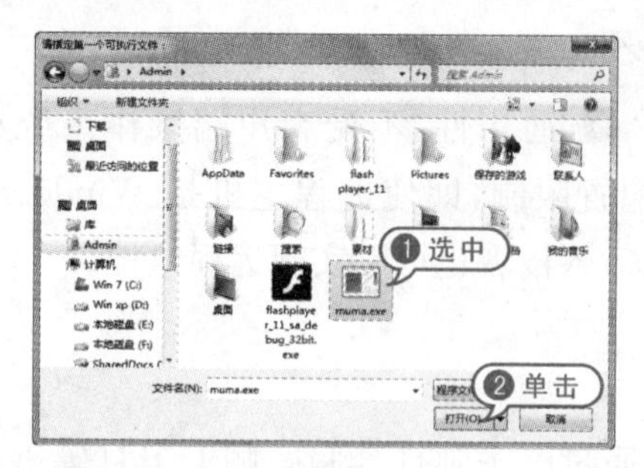

03 返回【指定 第一个可执行文件】对话框，单击【下一步】按钮。

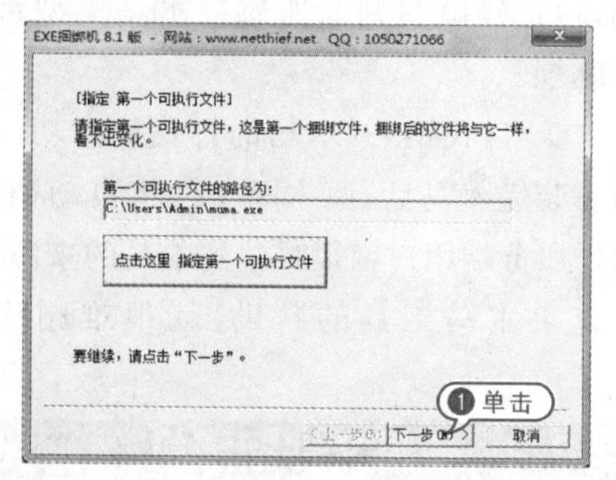

04 弹出【指定 第二个可执行文件】对话框，单击【点击这里 指定第二个可执行文件】按钮。

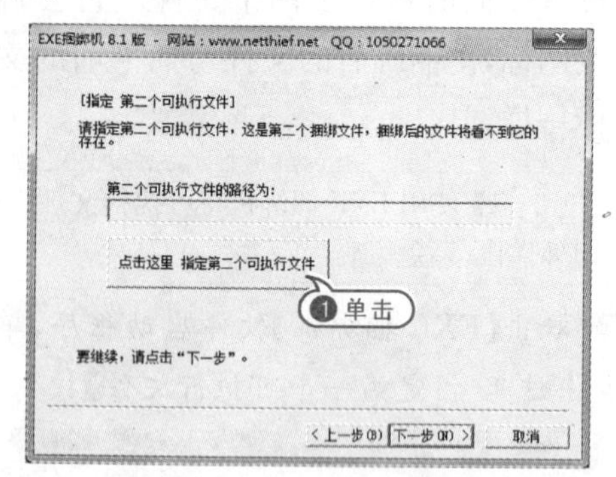

05 弹出【请指定第二个可执行文件】对话框，选择需要执行的文件，单击【打开】按钮。

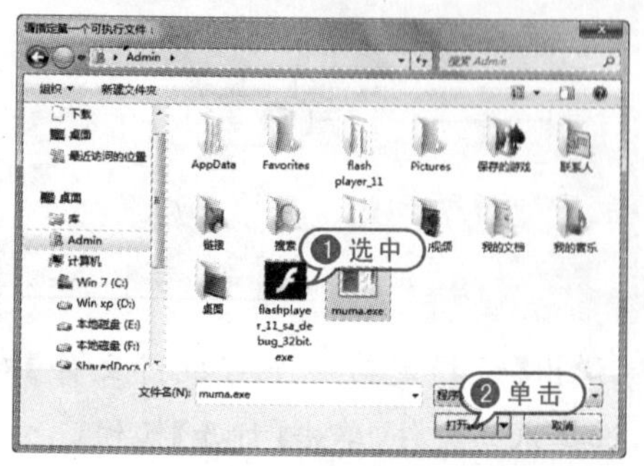

06 返回【指定 第二个可执行文件】对话框，单击【下一步】按钮。

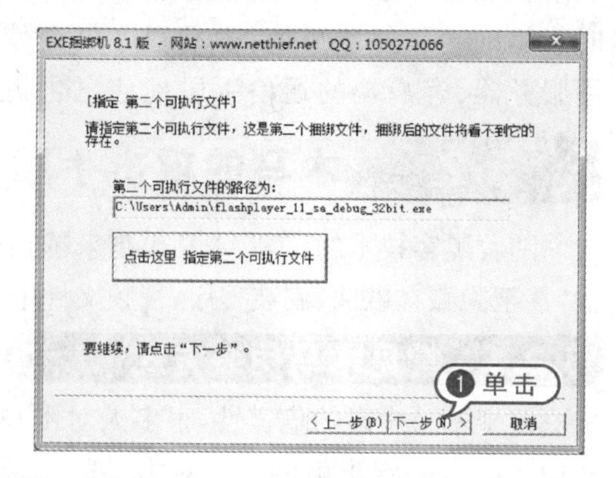

07 弹出【指定 保存路径】对话框，单击【点击这里 指定保存路径】按钮。

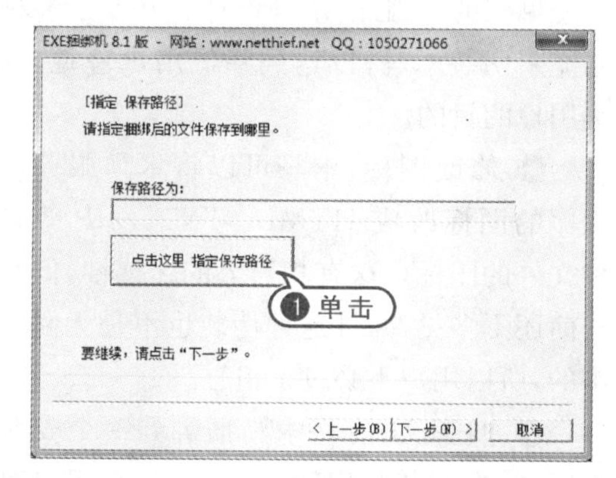

08 弹出【保存为】对话框，设置文件保存路径，在【文件名】文本框中输入文件名，单击【保存】按钮。

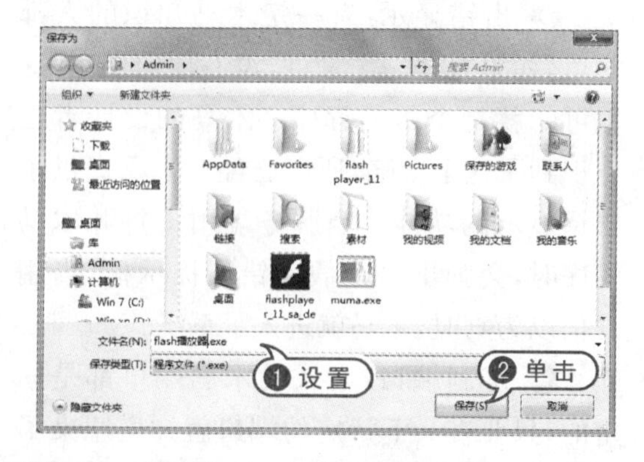

09 返回【指定 保存路径】对话框，单击【下一步】按钮。

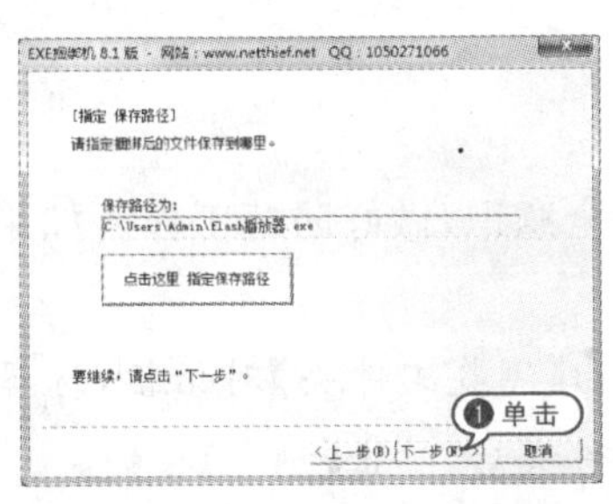

10 弹出【选择版本】对话框，在【版本类型】下拉列表中，选项【普通版】选项，单击【下一步】按钮。

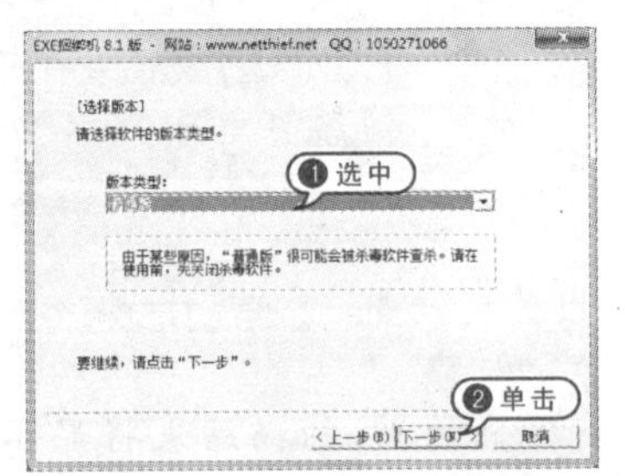

11 弹出【捆绑文件】对话框，单击【点击这里 开始捆绑文件】按钮。

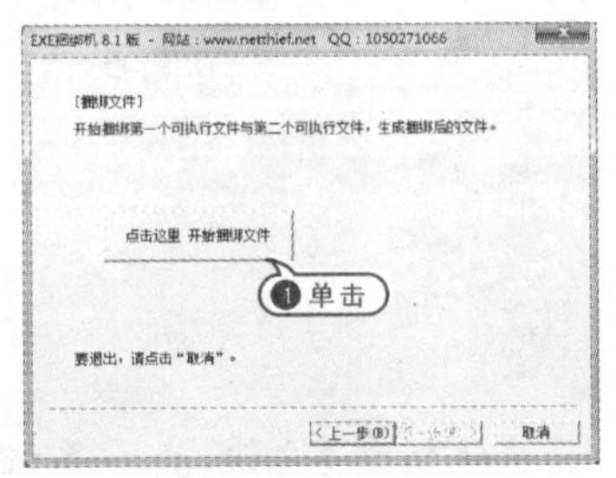

12 弹出提示框，关闭杀毒软件后，单击【确定】按钮。

13 弹出提示框，提示捆绑文件成功，单击【确定】按钮。

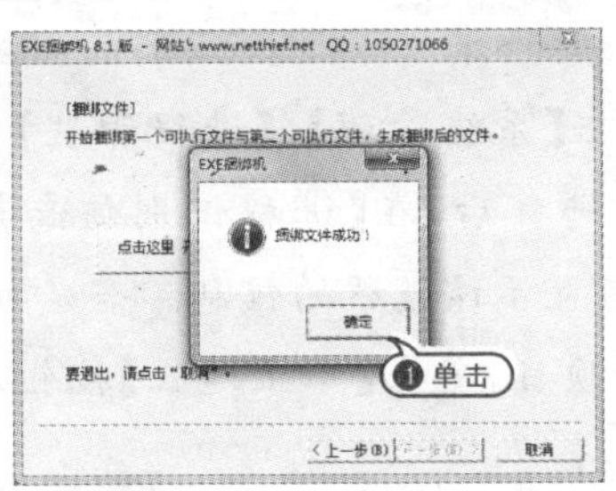

5.2.3 网页木马生成器

网页木马是表面上伪装成普通的网页文件或是将恶意的代码直接插入到正常网页中。访问时，网页木马就会利用对方系统或浏览器漏洞自动将配置好的木马服务端下载到访问者的电脑上来自动执行。

【例 5-2】使用网页木马生成器。视频

01 双击【网页木马生成器】软件启动程序。

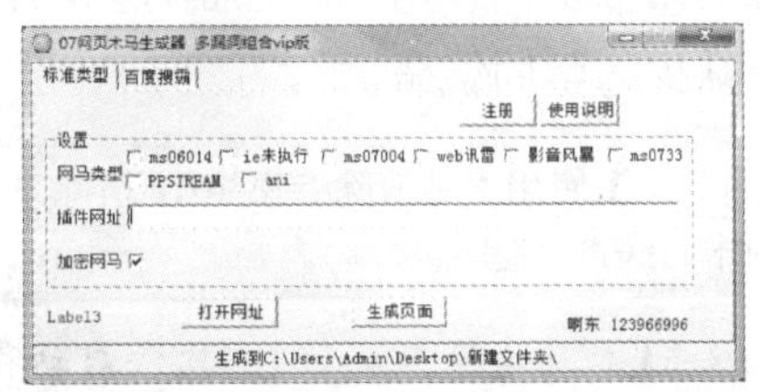

02 选中【ie 未执行】复选框。在【插件网址】文本框中输入需要插入木马的网址。选中【加密网马】复选框。

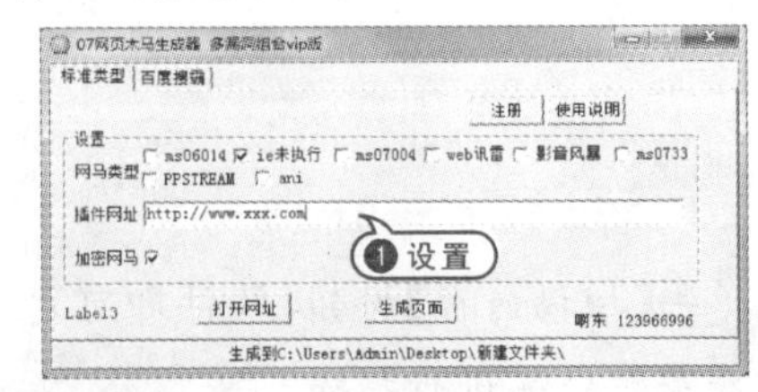

03 单击【生成页面】按钮，弹出提示框，单击【确定】按钮。

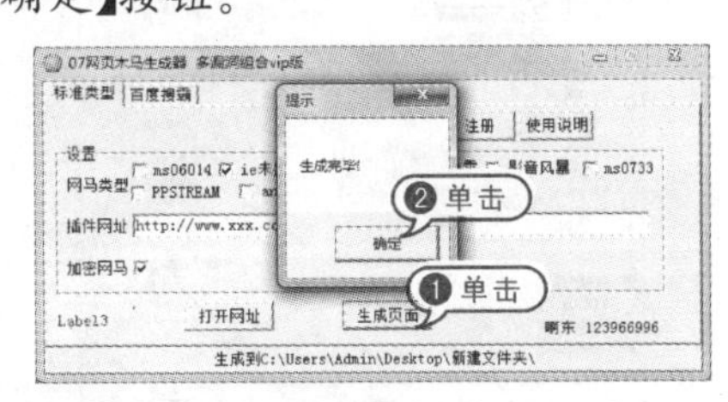

04 返回文件夹，生成一个网页图标。

5.3 防范木马攻击

目前的木马程序越来越多，用户应该提高自身的安全意识，做好防范工作。如果不小心中了木马，可以使用专业的木马清除软件进行清除。

5.3.1 木马清除专家 2012

木马清除专家 2012 针对目前流行的木马病毒特别有效，彻底查杀各种流行的 QQ 盗号木马、网游盗号木马、冲击波、灰鸽子、黑客后门等十万种木马间谍程序，是计算机不可缺少的坚固堡垒。

【例 5 - 3】使用木马清除专家 2012 清除系统中的木马病毒。视频

01 双击【木马清除专家 2012】软件启动程序。

02 单击【扫描内存】按钮，软件即可对内存和系统关键位置进行扫描。

03 单击【扫描硬盘】按钮，在【扫描模式选择】选项中，单击【开始自定义扫描】按钮。

04 弹出【浏览文件夹】对话框，选择需要扫描的文件夹后，单击【确定】按钮。

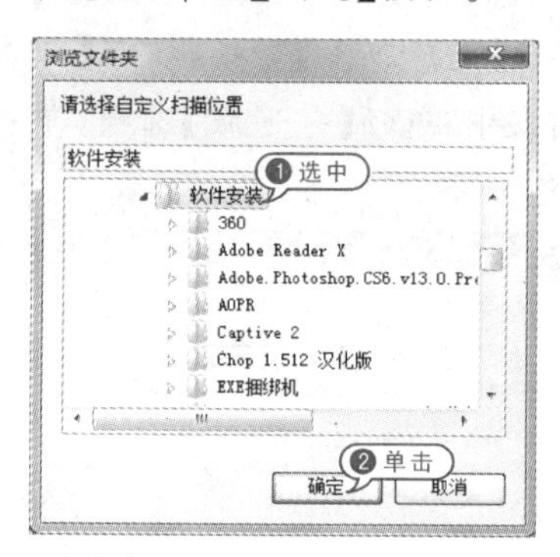

05 进行硬盘扫描，扫描结果将显示在下方窗格中。

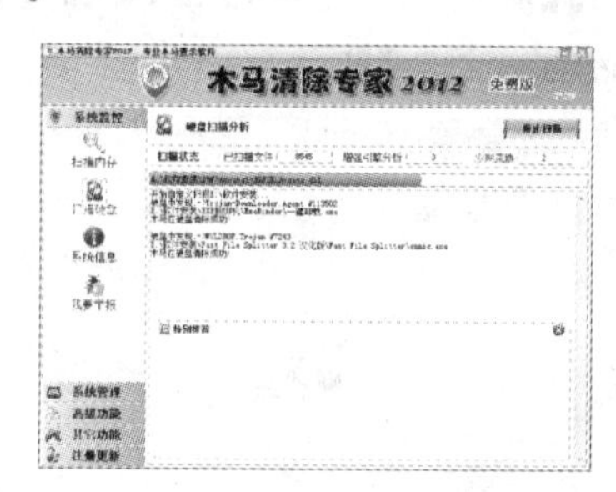

06 单击【系统信息】按钮，查看系统各项属性，单击【优化内存】按钮。

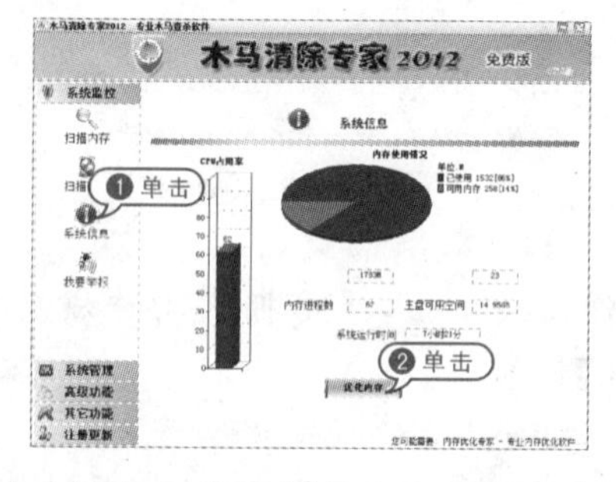

07 单击【系统管理】|【进程管理】按钮，选中任意进程后，在【进程识别信息】文本框中，即可显示该进程的信息。若是可疑进程或未知项目，单击【中止进程】按钮，停止该进程运行。

08 单击【启动管理】按钮，查看启动项目的详细信息。若发现可疑木马，单击【删除项目】按钮，即可删除木马。

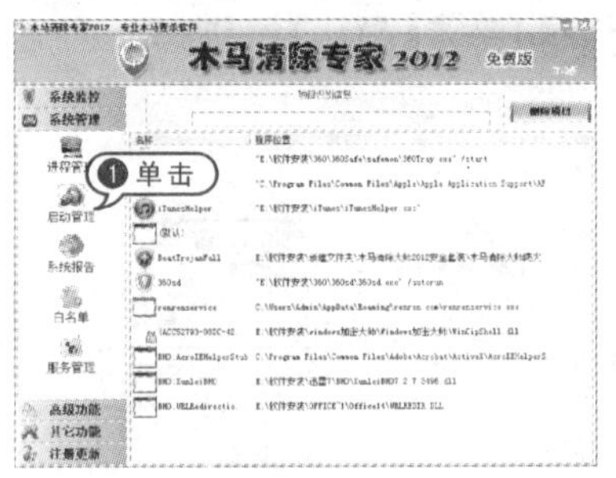

09 单击【高级功能】|【修复系统】按钮，根据故障，选择修复内容。

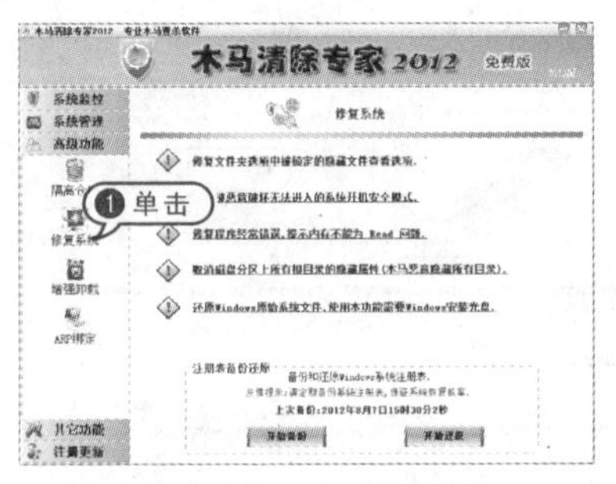

10 单击【ARP绑定】按钮，可以在【网关IP】和【网关MAC】选项组的文本框中输入IP地址和MAC地址，选中【开启ARP单向绑定功能】复选框。

11 单击【其他功能】|【修复IE】按钮，选择需要修复选项的复选框，单击【开始修复】按钮。

12 单击【网络状态】按钮，查看进程、端口、远程地址等信息。

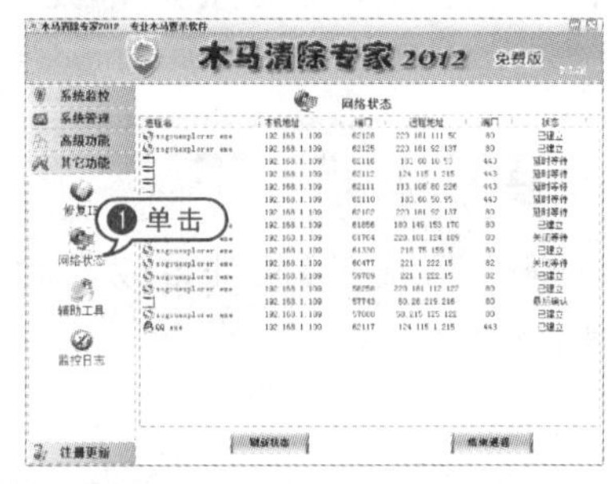

13 单击【辅助工具】按钮，单击【浏览添加文件】按钮以添加文件，单击【开始粉碎】按钮以删除无法删除的顽固木马。

14 单击【辅助工具】按钮，合理利用其中的工具。

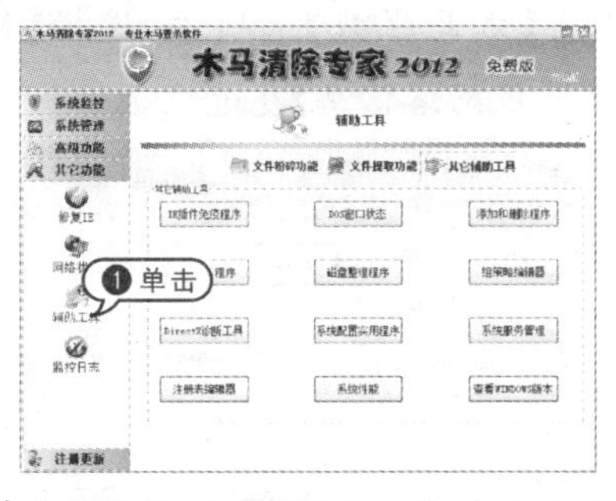

15 单击【监控日志】按钮，查看本机监控日

志，找寻黑客入侵痕迹。

5.3.2 使用木马克星

木马克星软件安装程序小、病毒库大，采用点对点技术，任何用户都是病毒库资源。

【例 5－4】使用木马克星。视频

01 双击【木马克星】软件启动程序，选择【功能】|【设置】命令。

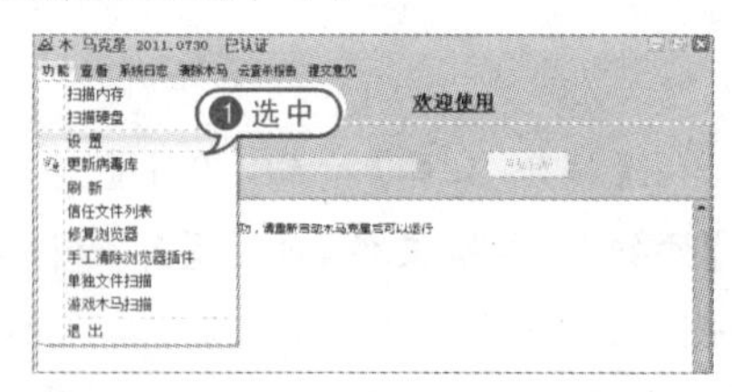

02 弹出【iparmoroptions】对话框，选中【声音警告】复选框。

03 打开【木马拦截】选项卡，选择【网络拦截】和【监视网络信息】复选框。

04 打开【扫描选项】选项卡，根据需要，选择对应的复选框。

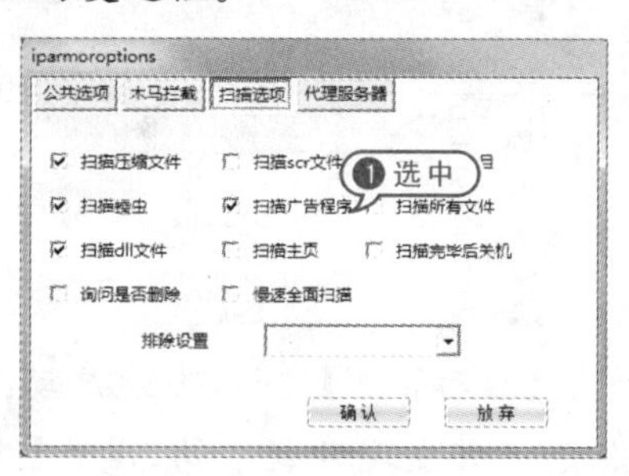

05 打开【代理服务器】选项卡，设置代理服务器选项，单击【确认】按钮。

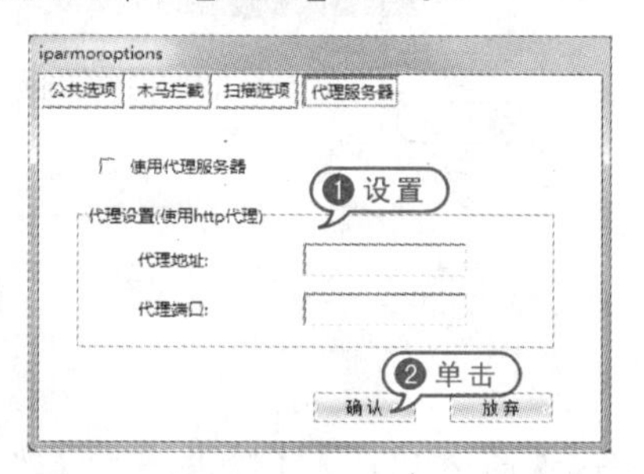

06 返回【木马克星】对话框，单击【开始扫描】按钮，进行木马扫描。

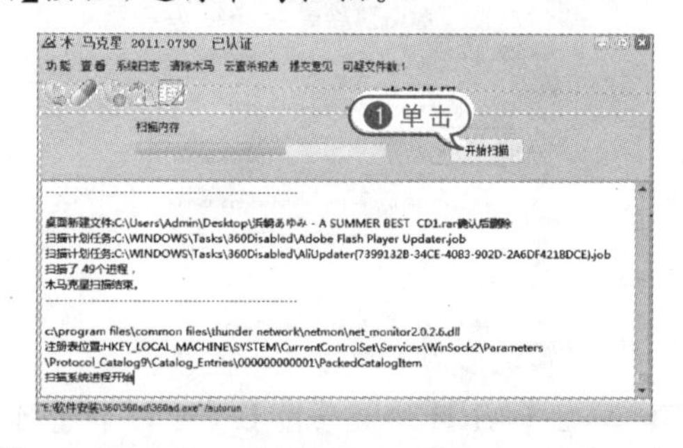

07 扫描完成，选中木马前的复选框，单击【清除木马】按钮。

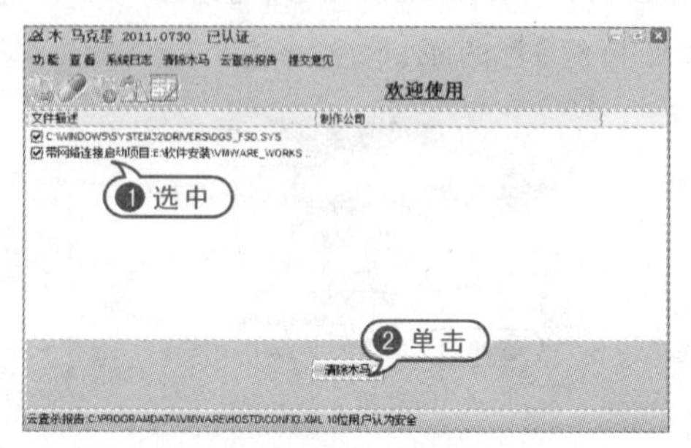

08 删除木马后弹出提示框，单击【OK】按钮后，重启计算机，完成查杀木马。

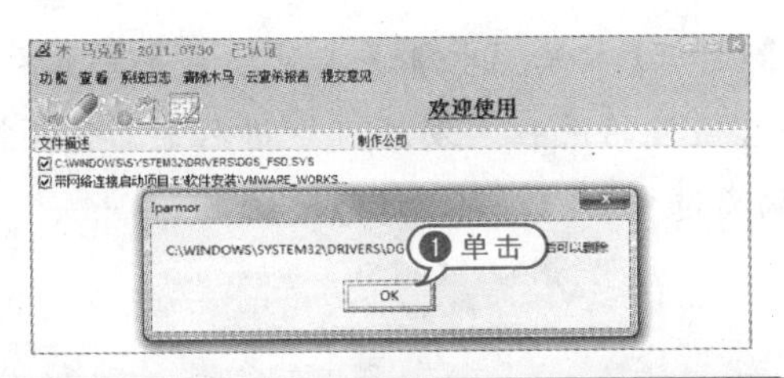

5.3.3 使用木马清道夫

Windows 木马清道夫是一款功能强大的木马查杀软件。用户使用该软件可以扫描系统进程中的木马病毒。木马清道夫自带的进程信息功能可查看当前系统运行的所有进程,包括隐藏进程。

【例 5-5】使用木马清道夫查杀木马。

视频

01 双击【木马清道夫】软件启动程序,单击【扫描进程】按钮。

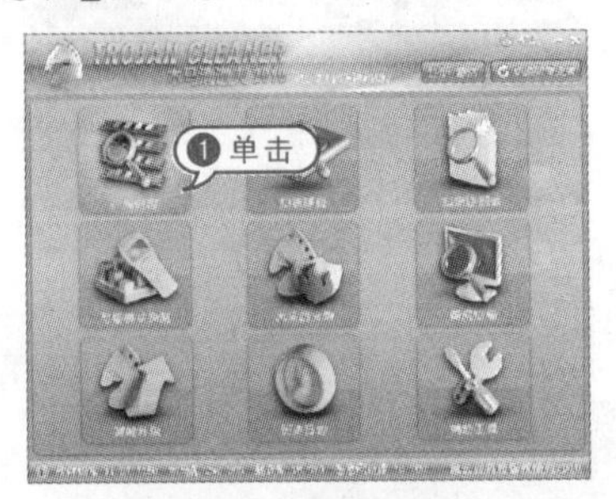

02 弹出【扫描进程】对话框,单击【扫描】按钮。若发现木马,单击【清除】按钮。完成后,单击【返回】按钮。

03 返回【木马清道夫】对话框,单击【扫描硬盘】按钮,在弹出的快捷菜单中,选择【高速扫描硬盘】命令。

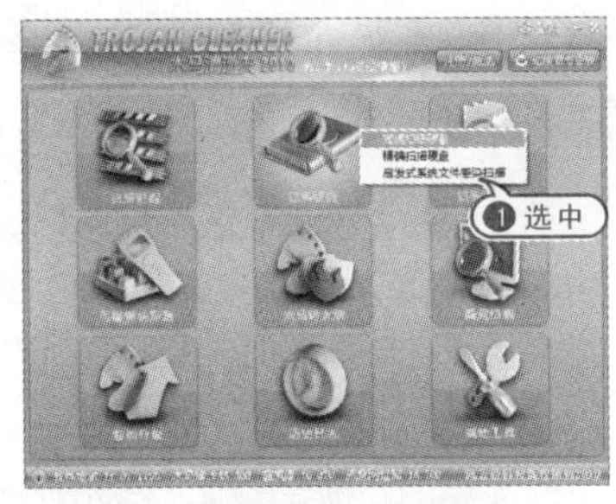

04 弹出【高速扫描硬盘】对话框,单击【扫描】按钮。若发现木马,单击【隔离】或【清除】按钮。完成后,单击【退出】按钮。

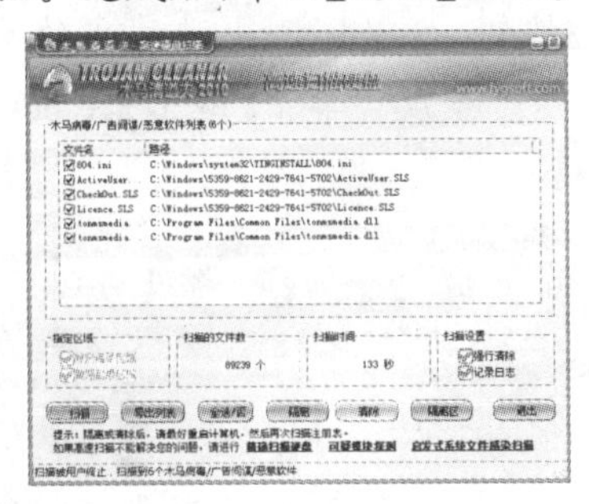

05 返回【木马清道夫】对话框,单击【扫描注册表】按钮。

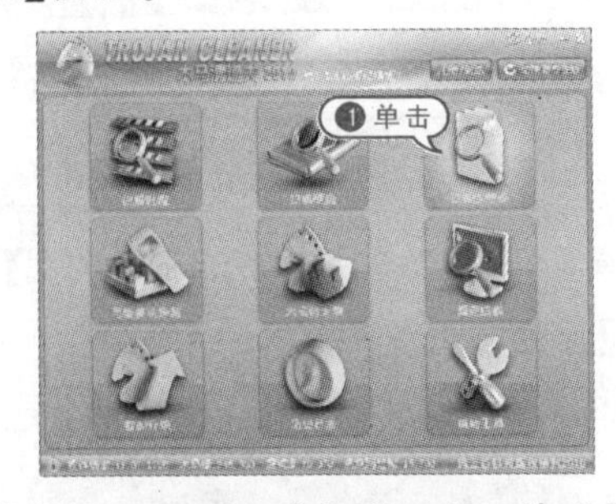

06 弹出【扫描注册表】对话框,单击【扫描】按钮。若发现木马,单击【修复】按钮。完成后,单击【返回】按钮。

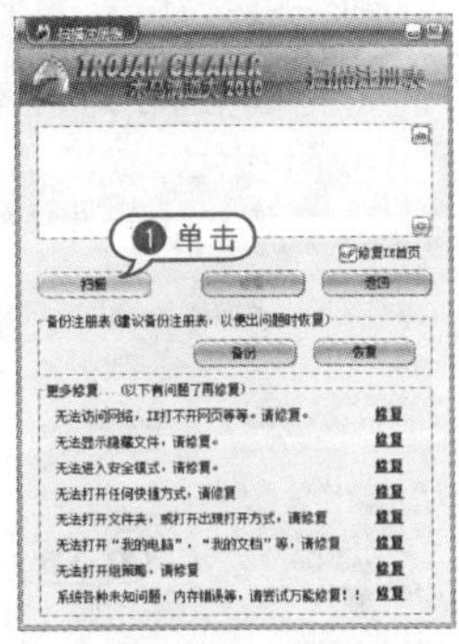

07 返回【木马清道夫】对话框,单击【可以

模块探测】按钮，在弹出的快捷菜单中，选择【探测可疑模块】命令。

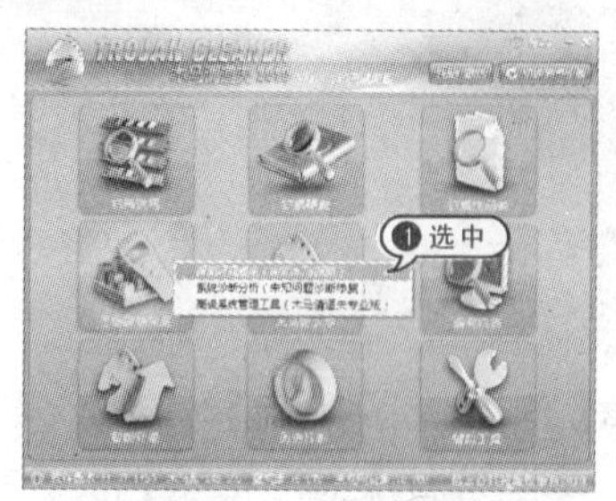

08 弹出【可疑模块探测】对话框，单击【开始探测】按钮，可以探测出进程中的可疑程序，并显示可疑度。单击【退出】按钮以退出该对话框。

09 返回【木马清道夫】对话框，单击【木马防火墙】按钮。

10 弹出【木马防火墙】对话框，用户根据需要，选中对应选项前的复选框，可开启各项功能。

11 打开【木马监控】|【实时监控】选项卡，查看监控的进程。发现可疑进程时，可单击【隔离选中】或【清除选中】按钮。

12 打开【木马防御】|【程序防御规则】选项卡，在【允许列表】中设置拦截木马通过捆绑方式、自动运行方式入侵或感染系统等。

13 打开【网络防御】|【网络连接规则】选项卡，查看程序访问网络所使用的数据传输通信协议、端口等，发现可疑进程，单击【断开】按钮。

14 返回【木马清道夫】对话框，单击【漏洞扫描】按钮。

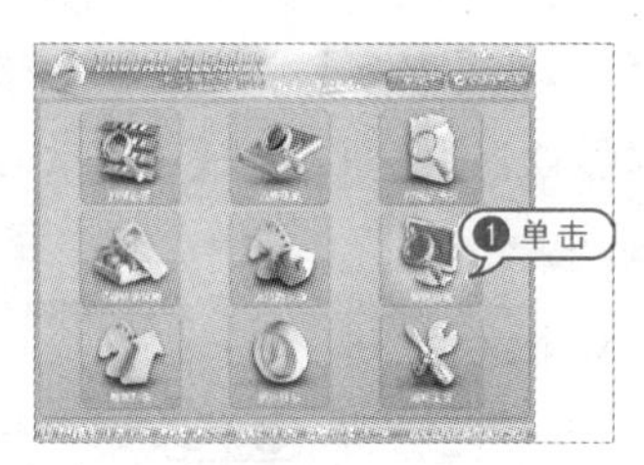

15 弹出【漏洞扫描】对话框，单击【扫描】按钮。扫描完毕后，选中列表中需要修复的漏洞前的复选框，单击【自动下载并修复安装】按钮。

5.4 查杀间谍软件

间谍软件是一种能够在用户不知情的情况下，在其计算机上安装后门、收集用户信息的软件。它能够削弱用户对其使用经验、隐私和系统安全的物质控制能力；使用用户的系统资源，包括安装在他们计算机上的程序；或者搜集、使用并散播用户的个人信息或敏感信息。

5.4.1 查找隐藏的间谍软件

反间谍专家提供超强系统免疫功能，确保操作系统不再受到恶意网站、间谍软件、有害 ActiveX 的侵扰，并且能够快速恢复被恶意代码篡改的 IE 浏览器。

【例 5－6】使用反间谍专家查找系统中隐藏的间谍软件。视频

01 双击【反间谍专家】软件启动程序，选中【快速查杀】选项，单击【开始查杀】按钮。

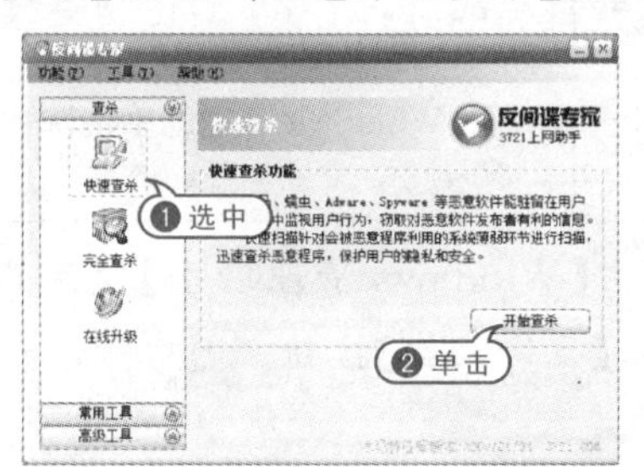

02 弹出【扫描状态】对话框，扫描结束后，列出扫描到的恶意代码，用户根据需要进行清除。

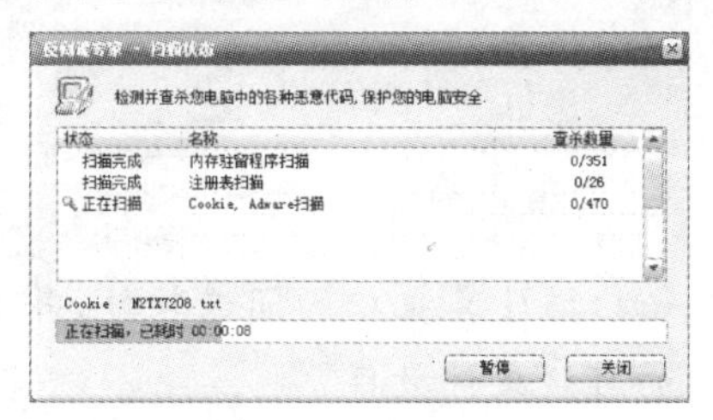

03 返回【反间谍专家】对话框，选择【完全查杀】选项，单击【自定义查杀】按钮。

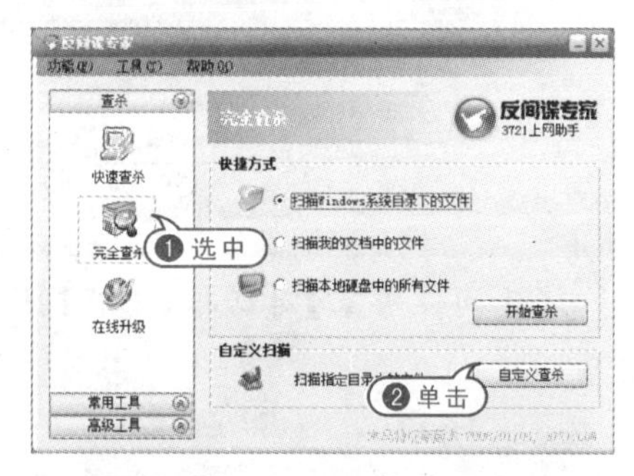

04 弹出【查杀目录选择】对话框，选中需要查杀的目录前的复选框，单击【确定】按钮。

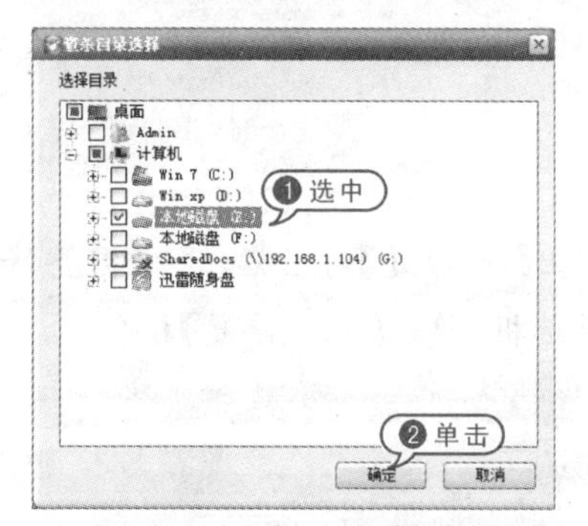

05 弹出【扫描状态】对话框，扫描结束后，在弹出的【扫描报告】对话框中，选中需要清除的恶意代码前的复选框，单击【清除】按钮。

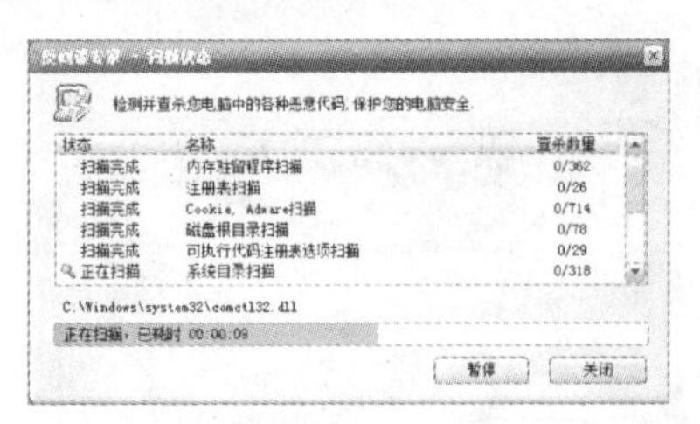

06 返回【反间谍专家】对话框，选择【常用工具】|【系统免疫】选项，单击【启用】按钮。

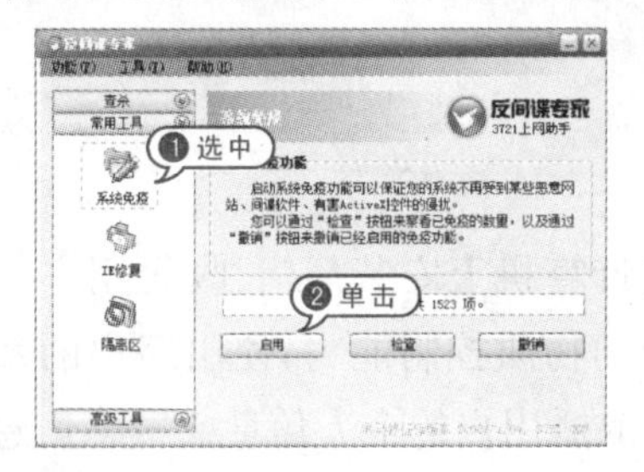

07 弹出提示框，免疫项已经成功启动，单击【确定】按钮。

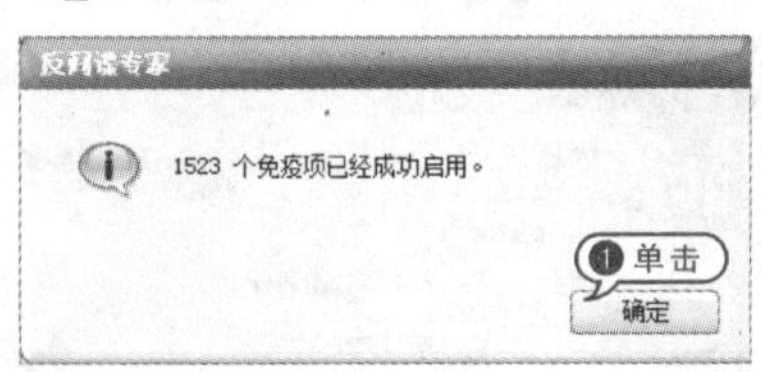

08 返回【反间谍专家】对话框，选择【IE修复】选项。

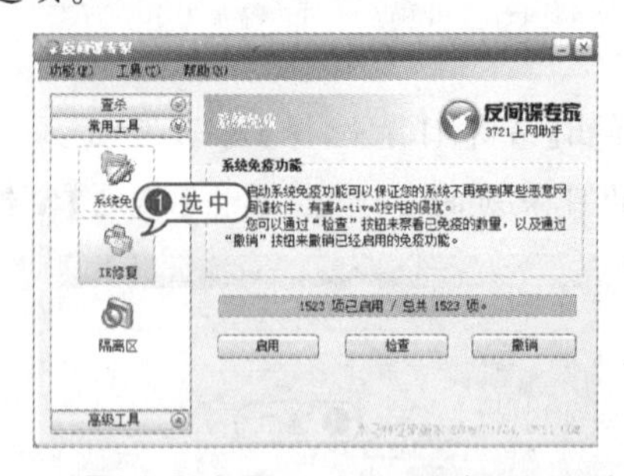

09 弹出【IE修复】对话框，选择需要修复选项的复选框，单击【立即修复】按钮。

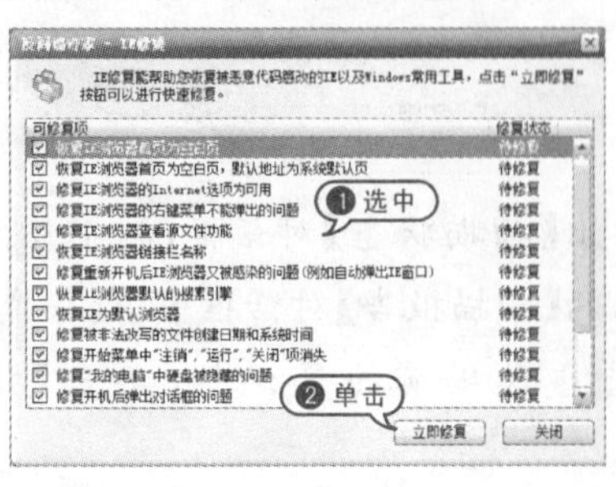

10 返回【反间谍专家】对话框，单击【高级工具】|【进程管理器】按钮，单击【进程管理】按钮。

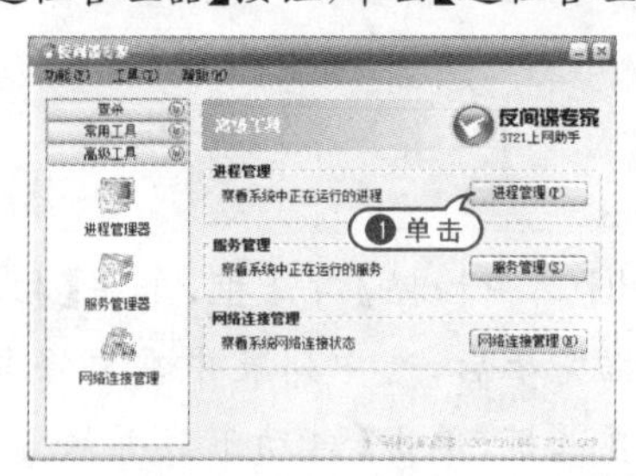

11 弹出【进程管理器】对话框，选择需要中止的进程，单击【终止进程树】或【终止进程】按钮。

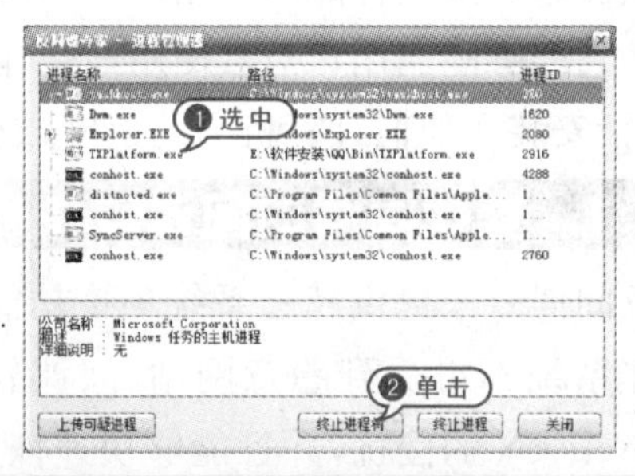

5.4.2 使用 Windows 清理助手

Windows 清理助手能对已知的木马和恶意软件进行彻底的扫描与清理，提供系统扫描与清理、在线升级功能。其独特的清理方式，能轻易对付强行驻留系统、变名等一系列恶意行为的软件。

【例 5－7】使用 Windows 清理助手清除木马及恶意软件。视频

01 双击【Windows 清理助手】软件启动程序，单击【立即扫描】按钮。

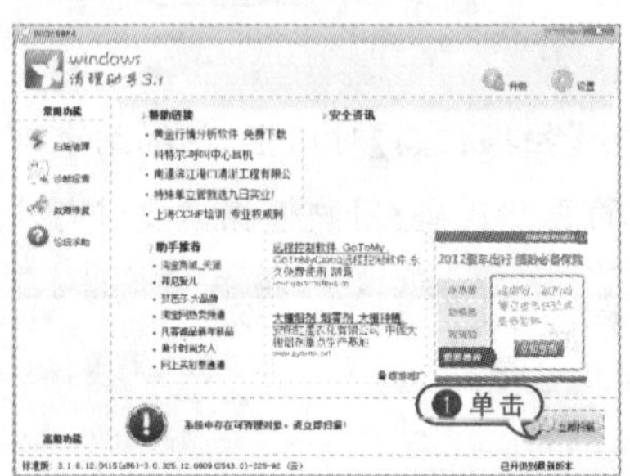

02 开始扫描计算机中的间谍软件，并显示扫描出的可疑文件数目。

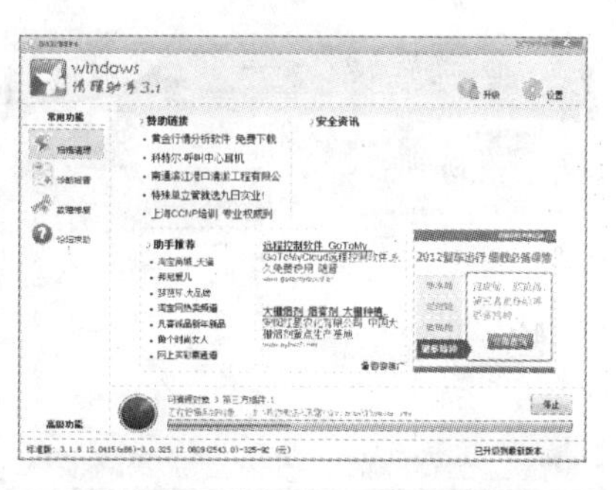

03 扫描完毕后，在【扫描清理】窗格中查看可疑文件，选择需要清理的文件前的复选框，单击【执行清理】按钮。

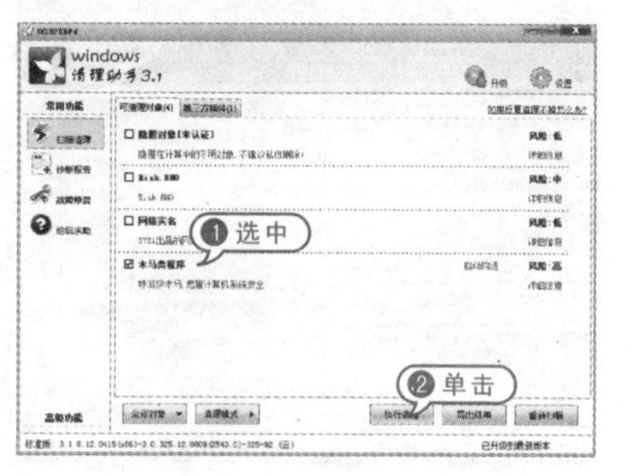

04 弹出提示框，单击【是】按钮，备份相应文件或注册表信息。

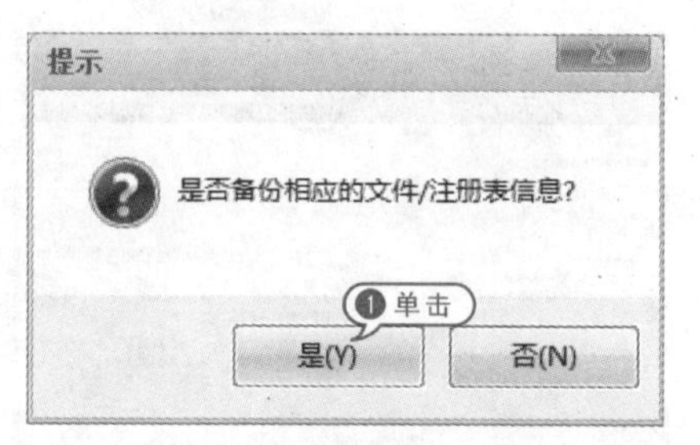

05 选择【诊断报告】选项，单击【请点击此处，开始诊断】按钮。

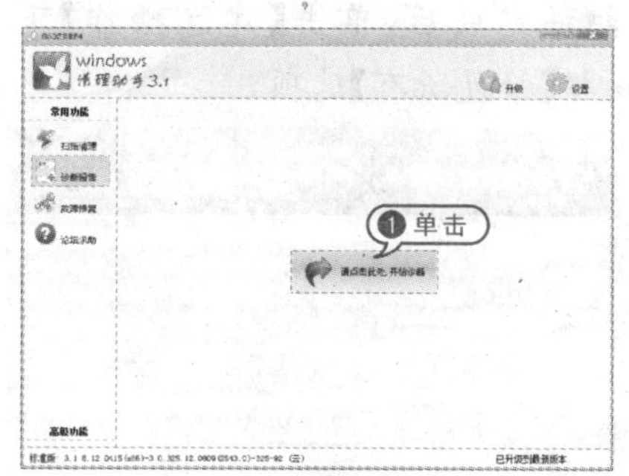

06 诊断完毕后，弹出提示框，单击【是】按钮，以后提交时不再提示。

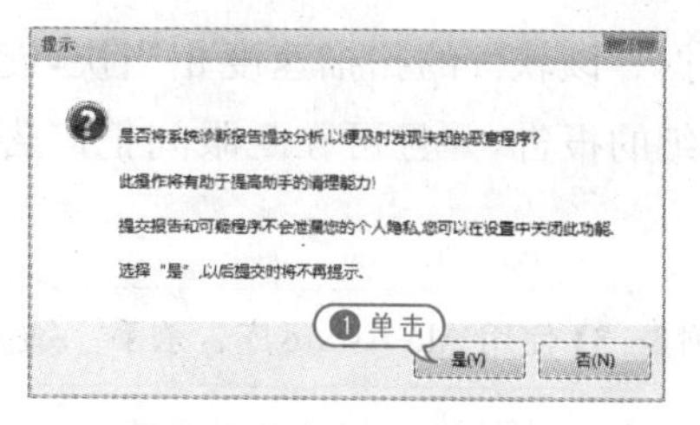

07 返回【诊断报告】窗格，查看诊断报告。

08 选择【高级功能】|【痕迹清理】选项，选择需要清理的选项前的复选框，单击【分析】按钮。

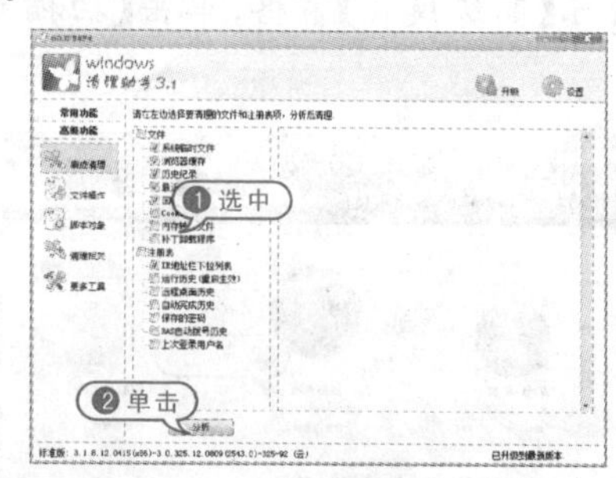

09 分析完毕后，单击【清理】按钮，清理进程痕迹。

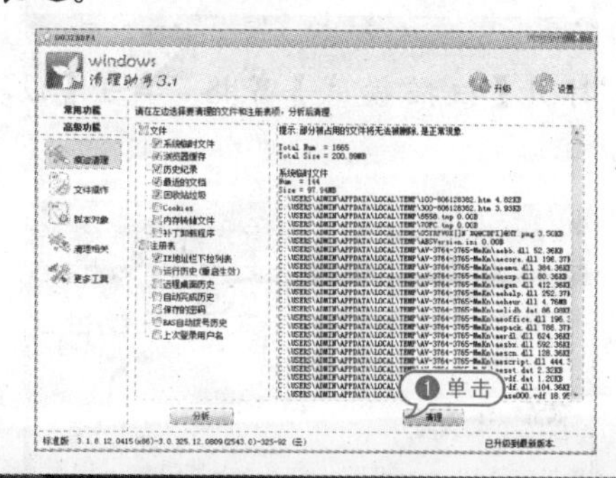

5.4.3 AD-Aware广告杀手

AD-Aware是一个很小的系统安全工具，可以扫描计算机中的由网站所发送进来的广告跟踪文件和相关文件，并且能够将其安全地删除掉，使用户不会泄露自己的隐私和数据。该软件的扫描速度相当快，能够生成详细的报告，并且可在眨眼间把广告都删除掉。

【例 5-8】使用 AD-Aware 广告杀手。视频

01 双击【AD-Aware 广告杀手】软件启动程序，单击【转换为高级模式】按钮。

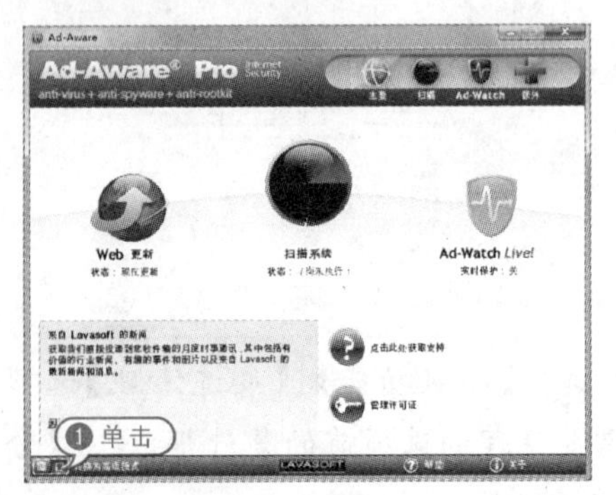

02 显示【高级模式】窗格，单击【扫描系统】按钮。

03 打开【扫描模式】窗格，单击【设置】按钮。

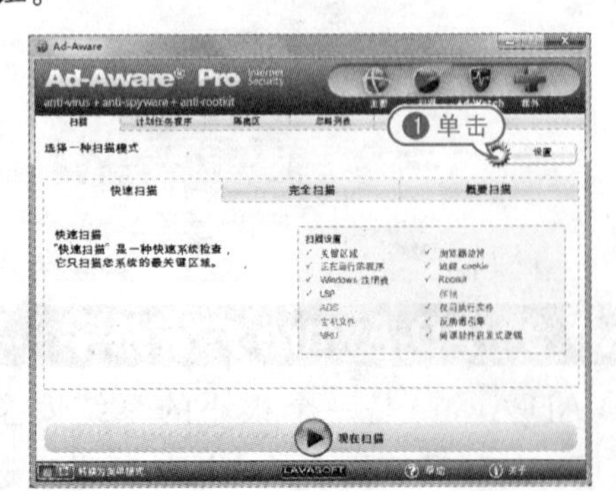

04 弹出【扫描设置】对话框，单击【选择文件夹】按钮。

05 弹出【选择文件夹】对话框，选择要扫描的文件夹，单击【确定】按钮。

06 返回【扫描模式】窗格，单击【现在扫描】按钮。

07 扫描完成后，单击【建议操作】下拉列表，选择【修复所有】选项。

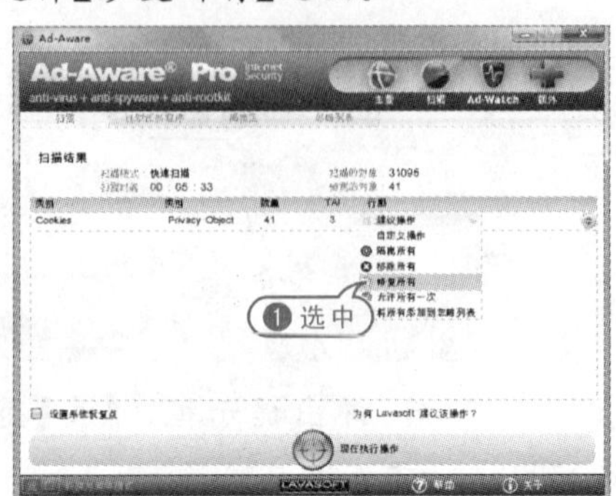

08 弹出提示框，单击【确定】按钮，进行修复。选定的操作将不能更改。

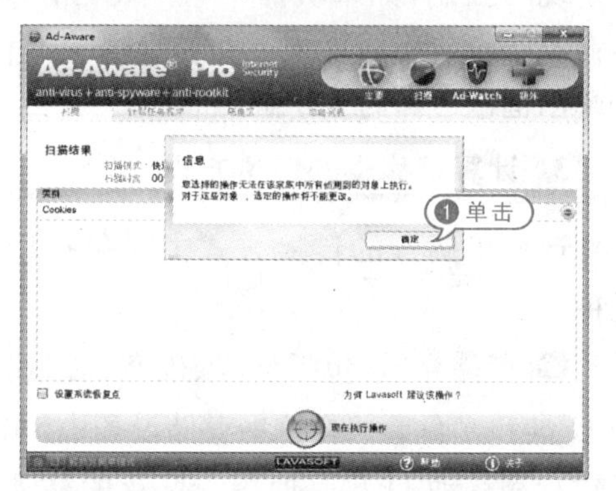

09 单击右上方的 Ad-Watch 按钮，弹出 Ad-Watch 窗格，可以设置监视本机进程、注册表及网络状态。

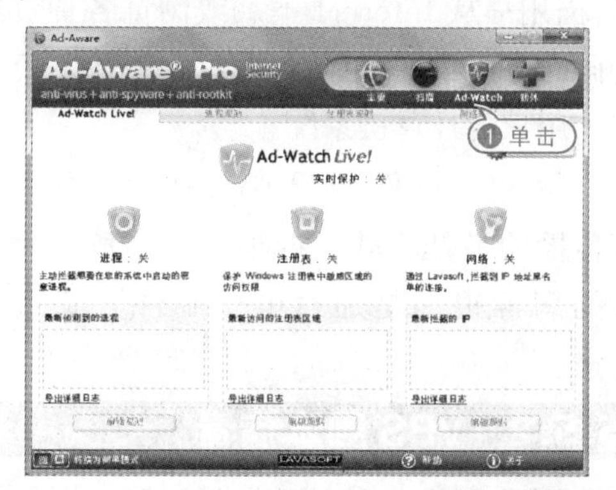

10 单击右上方的【额外】按钮，进入【额外】窗格。

11 选中【Internet Explorer】列表中对应选项前的复选框，单击【设置】按钮。

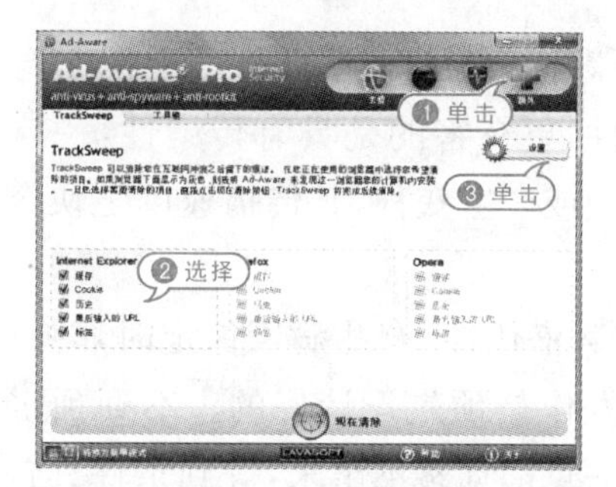

12 选中【免打扰】复选框，在【语言】下拉列表中，选择【简体中文】选项，单击【确定】按钮。

13 返回【额外】窗格，单击【现在清除】按钮，清除完成后，弹出提示框，单击【确定】按钮，完成操作。

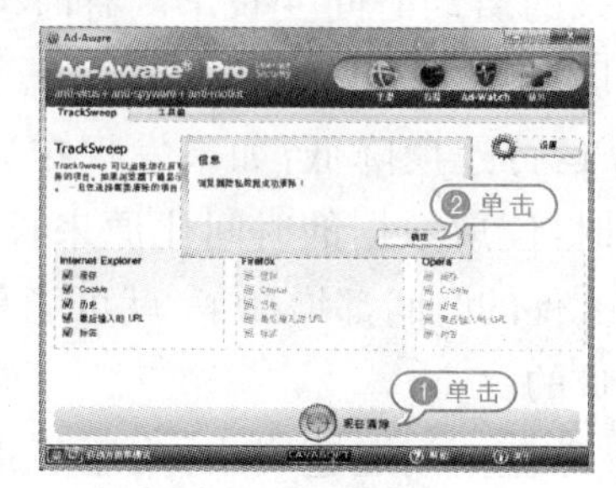

5.5 计算机病毒

计算机病毒的威力十分巨大，能够破坏计算机系统和数据。用户可以通过各种软件及时发现侵入的病毒，并采取有效的手段阻止病毒的传播，恢复受影响的计算机系统和数据。

5.5.1 病毒的概念

编制者在计算机程序中插入的破坏计算机功能或者破坏数据，影响计算机使用并且能够自我复制的一组计算机指令或者程序代码被称为计算机病毒（Computer Virus）。

1. 计算机病毒特点

计算机病毒具有以下几个特点。

- 寄生性：计算机病毒寄生在其他程序中，当执行这个程序时，病毒就起到破坏作用，而在未启动这个程序之前，是不易被人发觉的。

- 传染性：计算机病毒不但本身具有破坏性，更有害的是具有传染性，一旦病毒被复制或产生变种，其传播速度之快令人难以预防。
- 潜伏性：有些病毒像定时炸弹一样，何时发作是预先设计好的。不到预定时间用户一点都觉察不出来，等到条件具备的时候一下子就爆炸开来，对系统进行破坏。
- 隐蔽性：计算机病毒具有很强的隐蔽性，有的可以通过病毒软件检查出来，有的根本就查不出来，有的时隐时现、变化无常，这类病毒处理起来通常很困难。

2. 计算机中毒症状

计算机被病毒感染后，会表现出不同的症状，下边把一些经常碰到的现象列出来，供用户参考。

- 机器不能正常启动：加电后机器根本不能启动，或者可以启动，但所需要的时间比原来的启动时间变长了。有时会突然出现黑屏现象。
- 运行速度降低：如果发现在运行某个程序时，读取数据的时间比原来长，存文件或调文件的时间都增加了，就可能是由于病毒造成的。
- 磁盘空间迅速变小：由于病毒程序要进驻内存，且又能繁殖，因此使内存空间变小甚至变为“0”，用户信息就进不去了。
- 文件内容有所改变：一个文件存入磁盘后，本来的长度和其内容都不会改变，可是由于病毒的干扰，文件长度可能改变，文件内容也可能出现乱码。有时文件内容无法显示或显示后又消失了。
- 经常死机：正常的操作是不会造成死机的，即使是初学者，命令输入不对也不会死机。如果机器经常死机，那可能是由于系统被病毒感染了。
- 外部设备工作异常：因为外部设备受系统的控制，如果机器中有病毒，外部设备在工作时可能会出现一些异常情况，出现一些用理论或经验无法解释的现象。

3. 计算机病毒的传播方式

计算机病毒的传播方式主要包括以下几种。

- 存储介质：包括软盘、硬盘、磁带、移动U盘和光盘等。在这些存储设备中，尤其以软盘和移动U盘是使用最广泛的移动设备，也是病毒传染的主要途径之一。
- 网络：随着 Internet 技术的迅猛发展，当用户从 Internet 下载或浏览各种资料的同时，病毒可能也就伴随这些有用的资料侵入用户的计算机系统。
- 电子邮件：电子邮件病毒无疑是病毒传播的最佳方式。近年出现的危害性较大的病毒很多是通过电子邮件方式进行传播。

5.5.2 VBS脚本病毒

VBS病毒是用 VB Script 编写而成，该脚本语言功能非常强大，利用 Windows 系统的开放性特点，通过调用一些现成的 Windows 对象、组件，可以直接对文件系统、注册表等进行控制。

【例5-9】使用VBS病毒制造机。视频

01 双击【VBS病毒制造机】软件启动程序，单击【下一步】按钮。

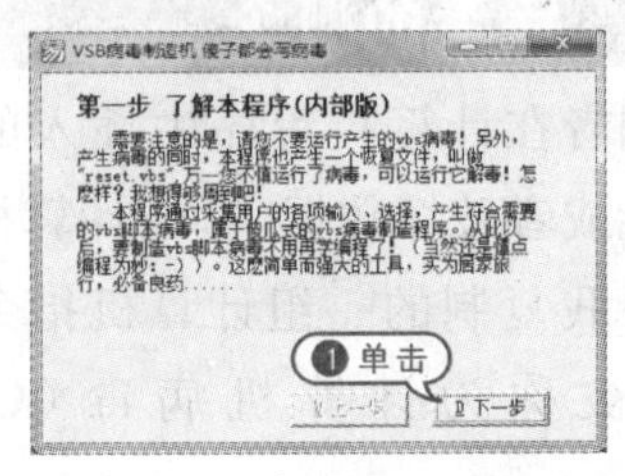

02 弹出【第二步 病毒复制选项】窗格，选中

【复制病毒副本到 WINDOWS 文件夹】和【复制病毒副本到系统文件夹】复选框，单击【下一步】按钮。

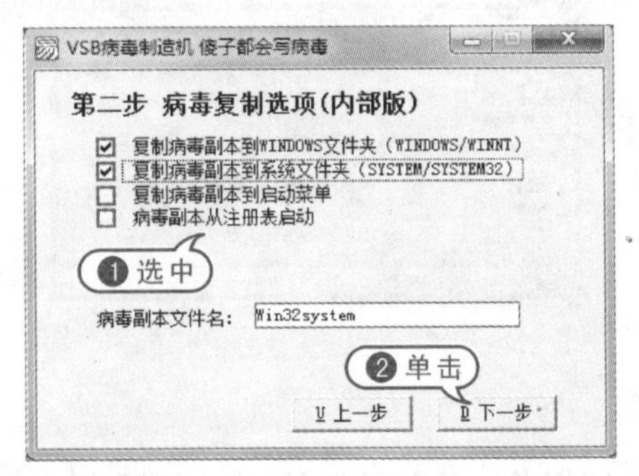

03 弹出【第三步 禁止功能选项】窗格，选中需禁止选项前的复选框，单击【下一步】按钮。

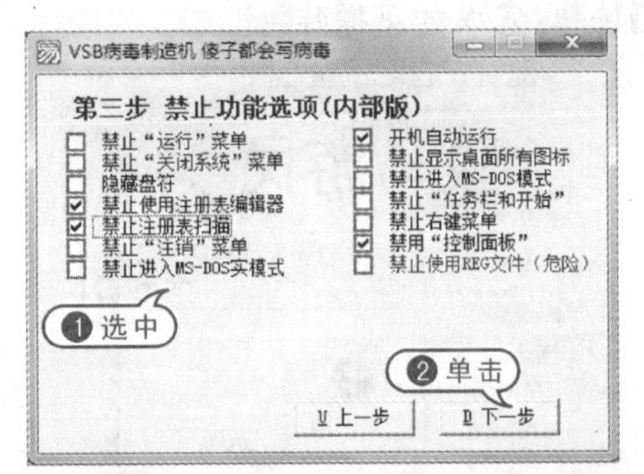

04 弹出【第四步 病毒提示对话框】窗格，选中【设置开机提示对话框】复选框，在【设置开机提示框标题】和【设置开机提示框内容】文本框中输入内容，然后单击【下一步】按钮。

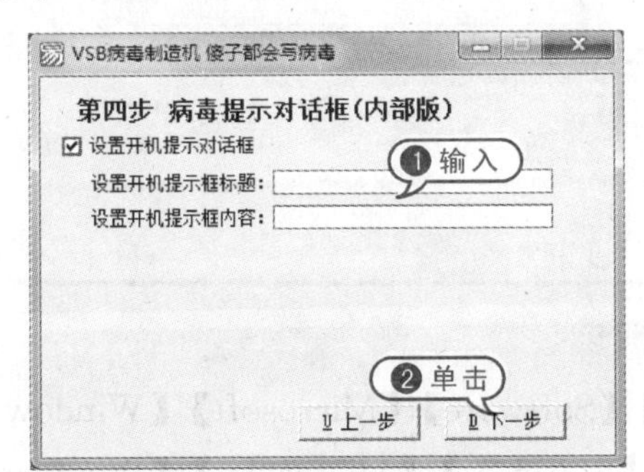

05 弹出【第五步 病毒传播选项】窗格，选中【通过电子邮件进行自动传播】复选框，单击【下一步】按钮。

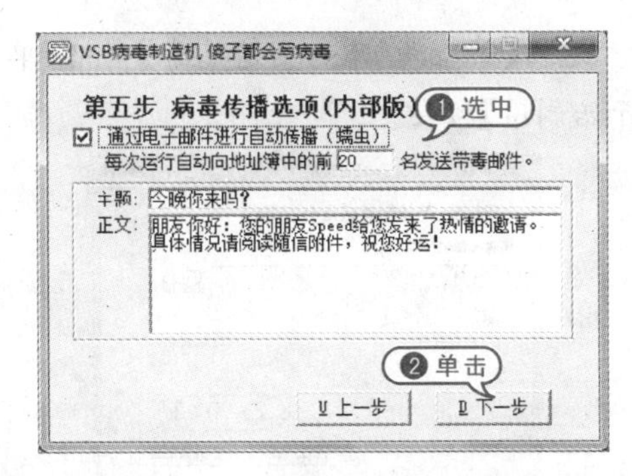

06 弹出【第六步 IE 修改选项】窗格，选中需要禁止选项前的复选框，单击【下一步】按钮。

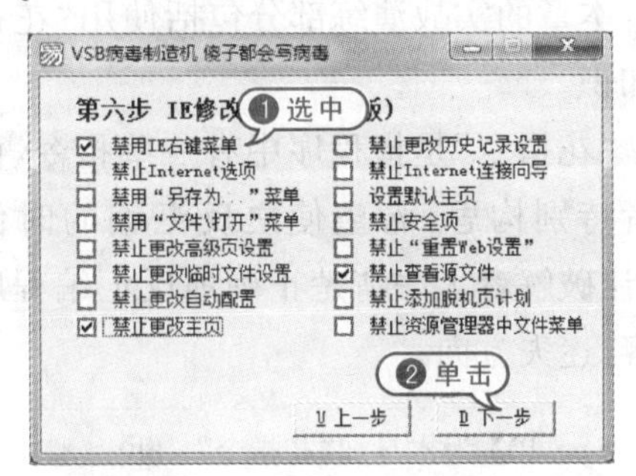

07 弹出【第七步 开始制造病毒】窗格，单击 按钮。

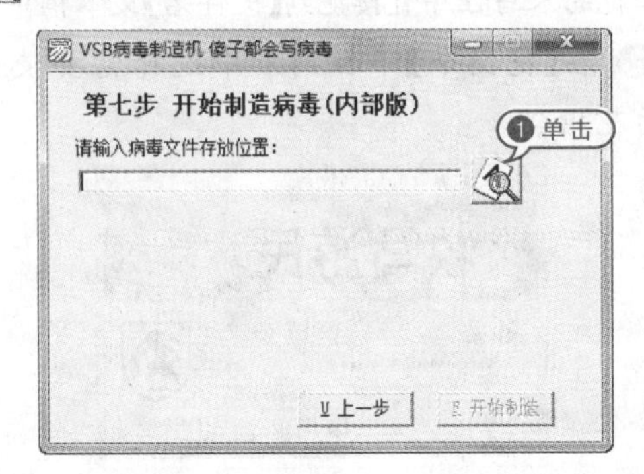

08 弹出【保存 vbs 病毒文件】对话框，设置保存路径，在【文件名】文本框中输入文件名，单击【保存】按钮。

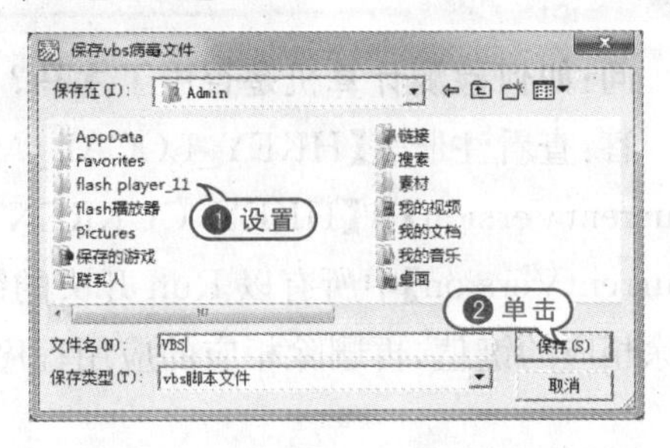

09 返回【第七步 开始制造病毒】窗格，单击【开始制造】按钮。

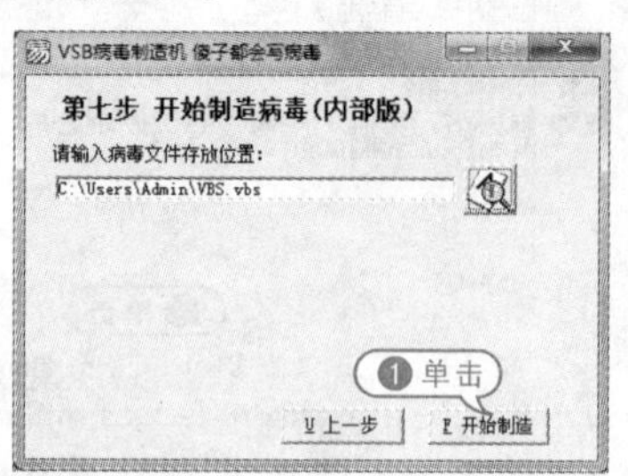

10 制造完成后，打开保存文件的文件夹，查看制造出的 VBS 病毒文件。

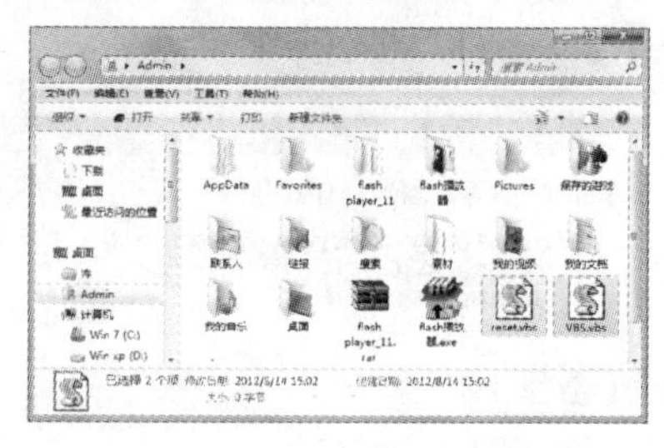

5.6 实战演练

本章的实战演练部分包括使用“花指令”这个实例操作，用户通过练习从而巩固本章所学知识。

“花指令”是指程序中有一些指令，由设计者特别构思，希望使之反汇编的时候出错，让破解者无法清楚正确地反汇编程序的内容，迷失方向。

【例 5－10】为木马加“花指令”。视频

01 双击【超级加花器】程序启动软件，将需要加花的木马程序直接拖到【文件名】文本框中。

02 在【花指令】下拉列表中选择需要使用的花指令。

03 单击【加花】按钮，弹出提示框，单击【确定】按钮，完成加花操作。

5.7 专家答疑

一问一答

问：如何检测计算机是否中了木马？

答：查看注册表【HKEY_LOCAL_MACHINE】|【Software】|【Microsoft】|【Windows】|【CurrentVersion】和【HKEY_CURRENT_USER】|【Software】|【Microsoft】|【Windows】|【CurrentVersion】中所有以 Run 开头的键值名，其下有没有可疑的文件名。如果有，就需要删除相应的键值，再删除相应的应用程序。

第6章

网络应用攻防技术

目前，Internet 已成为全球信息基础设施的骨干网络，随着网络应用技术与服务的日益成熟，Internet 的开放性和共享性使得网络安全问题日益突出，网络攻击的方法也已经由最初的零散知识点发展为一门完整系统的科学。

参见随书光盘

例 6-1 设置 Internet 安全级别
例 6-2 使用强制聊天
例 6-3 使用 QQ 病毒木马专杀工具
例 6-4 QQ 聊天记录查看器
例 6-5 QQ 安全的防护
例 6-6 取回 QQ 密码
例 6-7 FastMail 邮件特快专递
例 6-8 使用流光工具
例 6-9 找回邮箱密码
例 6-10 使用局域网查看工具
例 6-11 使用 WinArpAttacker 工具
例 6-12 使用长角牛网络监控机工具
例 6-13 使用恶意代码清除器工具
例 6-14 提高 IE 浏览器安全级别
例 6-15 使用 Cain & Abel 工具

6.1 常见的网络欺骗

网络欺骗就是通过网络方式获取网民信任、盗取别人的网上财产;使用病毒软件、交友软件、假冒网站等工具,欺诈别人获取不义之财的犯罪行为。

6.1.1 网络欺骗方式

随着网络的迅猛发展,网络欺骗也随之普及,现对目前常见的网络欺骗作一些分类整理,找出其中的规律,提醒网民谨防上当受骗。

- "无风险投资"欺骗:一些陌生或匿名发来的电子邮件许诺"以小笔投资又不用付出任何劳动却可以获得难以置信的利润"来吸引投资者,事实上却是某些别有用心的人利用这种欺诈模式吸纳资金。
- "中奖"欺骗:尽管人们都明白"天上不会掉馅饼"的道理,但当骗子将诱饵抛到面前时,还是有人被"馅饼"搞晕头脑。这类"人人中大奖"的骗子游戏主要有骗邮资和骗缴税这两种行骗方式。
- "信用卡"欺骗:一些网站允许免费在线浏览成人图片,不过必须提供信用卡号码以证明已经满 18 岁。然而,当打开时却有一大堆意想不到的东西是收费的。利用信用卡欺骗的形式主要有破解密码伪造并使用信用卡、伪造并冒用他人信用卡、与信用卡特约商户勾结冒用他人信用卡等。
- "金字塔"欺骗:其实就是网络传销。犯罪人可能打上这样的广告语:"不需买卖商品,只需通过简单的注册,交 50 元会费,就可以在 3 个月内赚 10 万,一年内赚 100 万。"由于人们对传销的理念已有一定的认知,所以对传销致富仍然抱有幻想,加上 50 元会费投入很小,一些侥幸者会抱着试试看的心态汇出 50 元,结果"肉包子打狗",有去无回。
- "特许权"欺骗:在向投资者提供经营特许权时,有意隐瞒相关情况进行欺骗。通常以某种商业机会和特许产品展览做诱饵。
- "幸运邮件"欺骗:是一种亲和团体式欺骗,利用团体内部成员对宗教、种族及专业性团体的信任而进行欺骗。如以"幸运邮件"为名,在信中要求收信人寄出小额金钱给邮件名单中的人,即可享受幸运,否则会惨遭不幸。
- "预付款、定金"欺骗:有些商家利用网络开店欺骗。网上承诺特别好,网上的地址、电话等信息也很详细,公司的网页做得也非常精美。感觉上是很正规的,但却是网络上的骗子,利用表面上的东西获得消费者的信任,骗取预付款或定金。

6.1.2 防范网络欺骗

常见网络欺骗有恶意链接欺骗,指恶意用户可能会创建一个指向欺骗性(冒牌)Web 站点的链接,并让该链接在状态栏、地址栏和标题栏中显示合法 Web 站点的地址或 URL。

【例 6-1】设置 Internet 安全级别。视频

01 双击【IE 浏览器】软件启动程序,选择【工具】|【Internet 选项】选项。

02 弹出【Internet 选项】对话框,打开【安全】选项卡,单击【自定义级别】按钮。

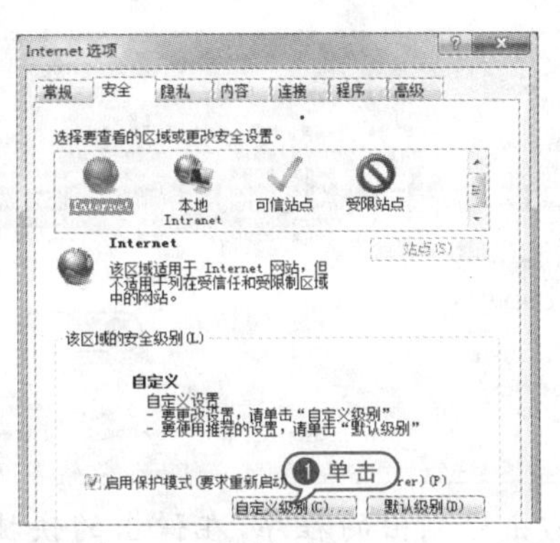

03 弹出【安全设置-Internet 区域】对话框，在【重置为】下拉列表中，选择【高】选项，单击【确定】按钮。返回【Internet 选项】对话框，单击【确定】按钮。

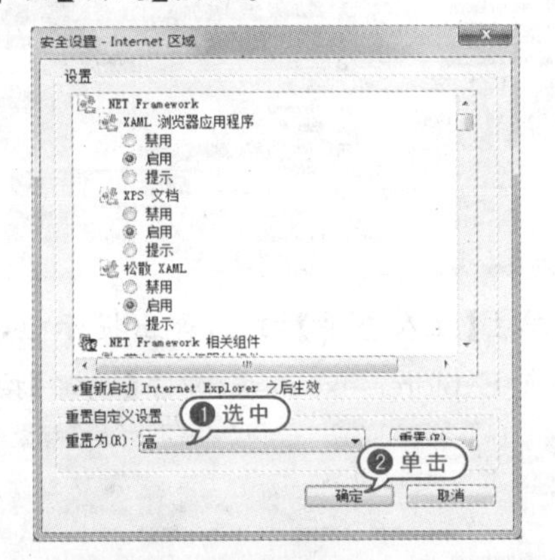

面对互联网上的种类繁多的诈骗犯罪活动，建议用户使用以下几种方法来避免受骗。

- 对网站的真实性进行核实。用搜索引擎搜索一下这家公司或网店，查看电话、地址、联系人、营业执照等证件之间内容是否相符。正规网站的首页都具有"红盾"图标和 ICP 编号，以文字链接的形式出现。
- 网上购物时看清网站上是否注明公司的办公地址，如果有，不妨与该公司的人员交涉一下，表示自己距离该地址很近，可直接到公司付款。如果对方以种种借口推脱、阻挠，那就证明这是个陷阱。
- 在网上购物时最好尽量去在现实生活中信誉良好的公司所开设的网站或大型知名的有信用制度和安全保障的购物网站。
- 对于在网络上或通过电子邮件以朋友身份招揽的投资赚钱计划或快速致富方案等信息要格外小心，不要轻信免费赠品或抽中大奖之类的通知，更不要向其支付任何费用。
- 对于发现的不良信息及涉嫌诈骗的网站应及时向公安机关举报。

6.2 QQ 的入侵和防范

QQ 是目前使用率最高的即时通信软件，与此同时也是黑客最常入侵的对象，所以对 QQ 的安全维护也是相当重要的。

6.2.1 QQ 强制聊天

假如自己的 QQ 被对方加入了黑名单，又没有其他的联系方式，却又想与此人聊天，可以使用强制聊天的方法。

【例 6-2】使用强制聊天。视频

01 打开浏览器，在【地址栏】文本框输入"http://sighttp. qq. com/msgrd v=1&uin=******&site=ioshenmue&menu=yes"代码（*代表需要强制聊天对象的 QQ 号码）。

02 弹出【是否允许此网站打开您计算机上的程序】对话框，单击【允许】按钮。

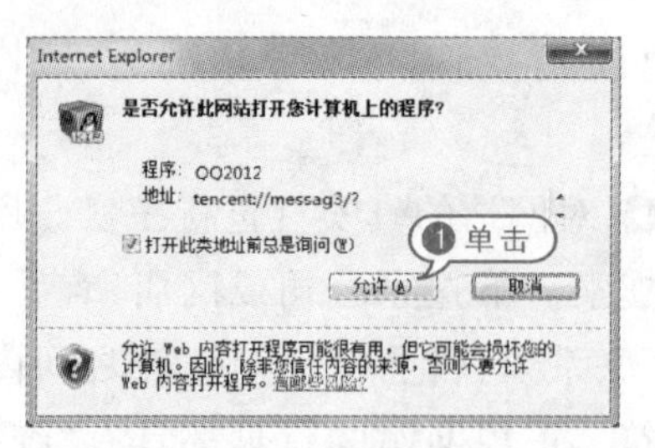

03 弹出【QQ聊天窗口】对话框,完成操作。

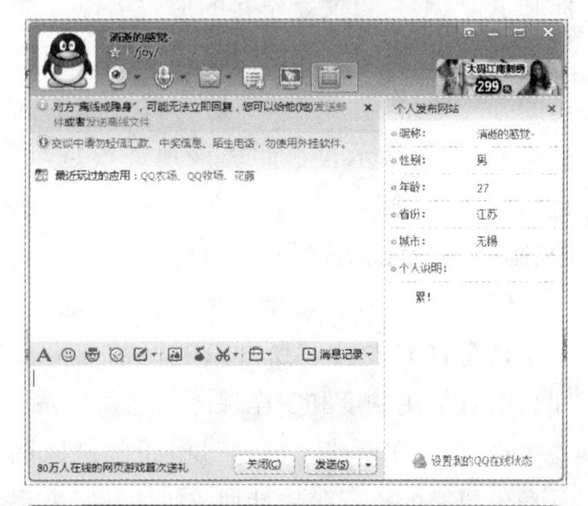

6.2.2 QQ病毒木马专杀工具

上网冲浪、聊天最担心的是系统安全、账号安全。遇到无法清除的顽固文件,可以用文件粉碎功能彻底删除。使用QQKAV可以生成系统扫描日志,把日志贴到网上可以让高手迅速帮你解决问题。

【例6-3】使用QQ病毒木马专杀工具。
视频

01 双击【QQ病毒木马专杀工具】软件启动程序。

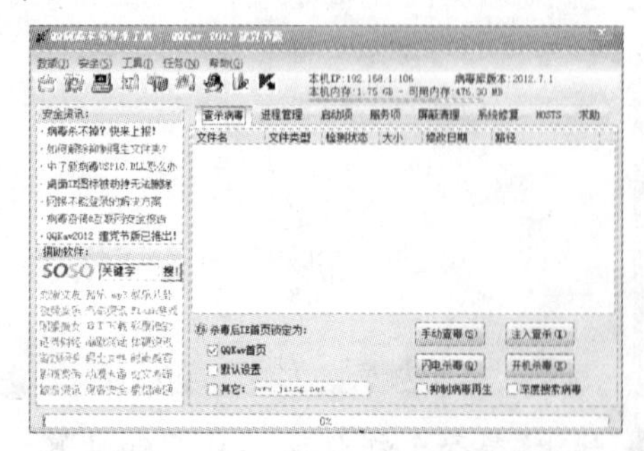

02 单击【手动查毒】按钮,等待软件检测出存在风险的程序。

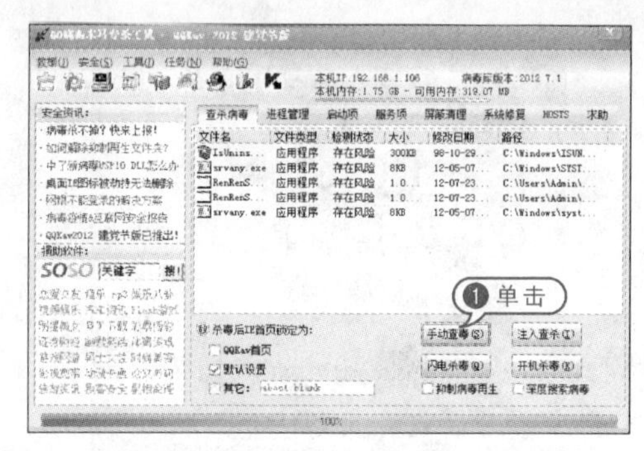

03 右击检测出的程序,在弹出的快捷菜单中,选择【全部处理】命令。

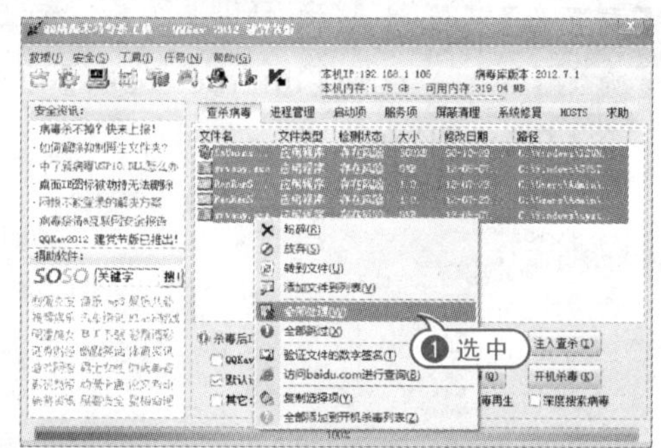

04 单击【注入查杀】按钮,弹出提示框,提示将结束Explorer.exe进程,单击【确定】按钮。

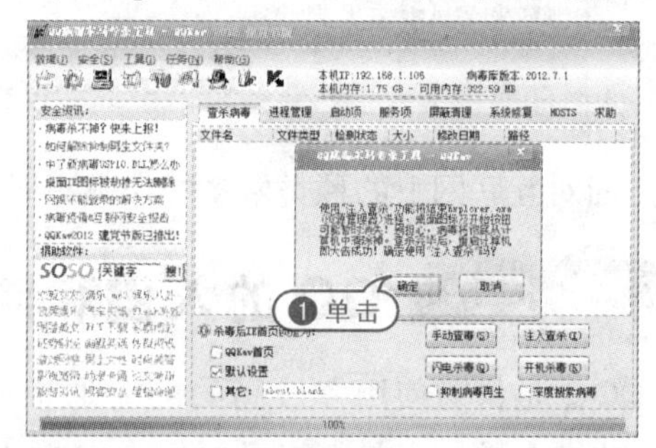

05 查杀完毕后,弹出【确定现在重启计算机吗】提示框,单击【取消】按钮。

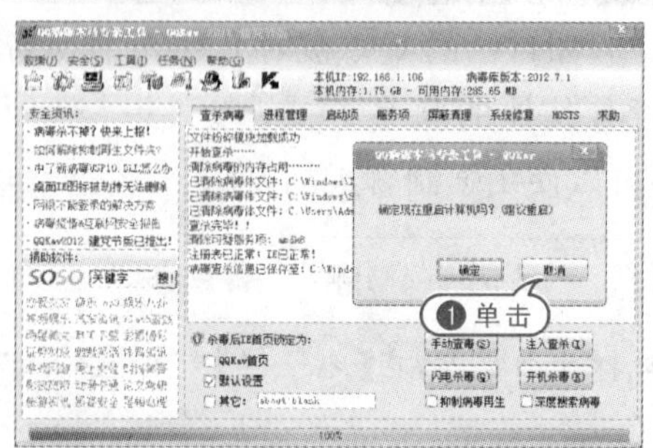

06 单击【闪电杀毒】按钮,清除病毒的内存占用。

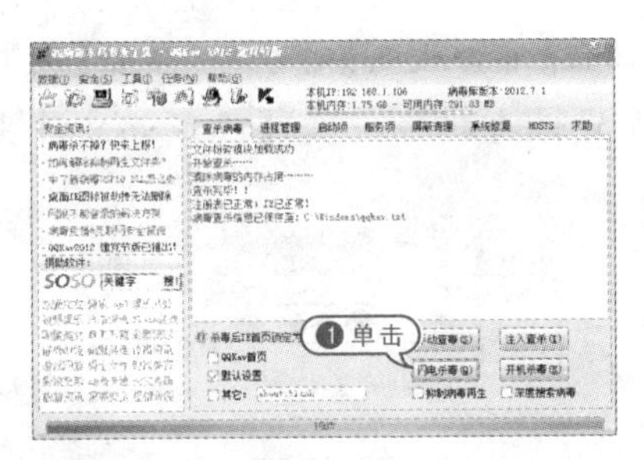

07 单击【开机杀毒】按钮，单击【添加可疑文件】按钮，所添加的文件在系统启动时会被自动删除。

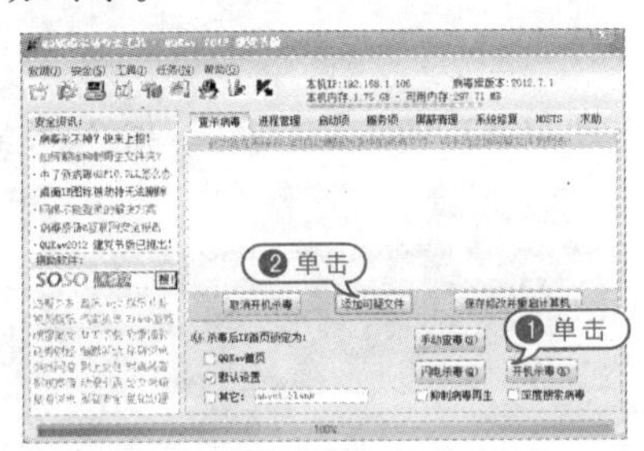

08 打开【进程管理】选项卡，在其下列表中，右击进程，在弹出的菜单中，可以进行结束进程、粉碎文件等操作。

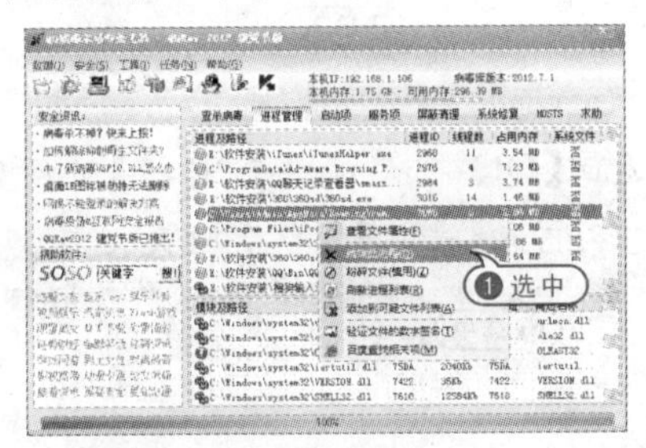

09 打开【启动项】选项卡，在其下列表中，右击不需要的启动项，在弹出的快捷菜单中，选择【删除该启动项】命令。

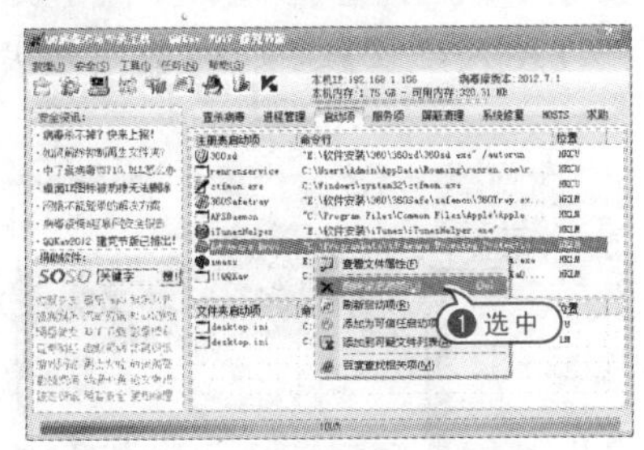

10 打开【服务项】选项卡，在其下列表中，右击需要停止的服务项，弹出快捷菜单，选择【停止】命令。

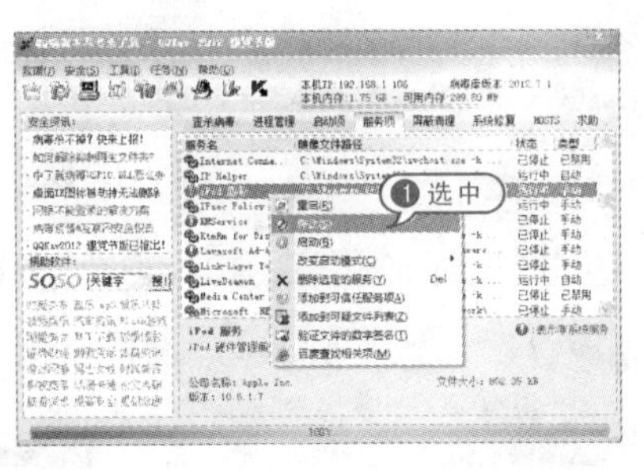

11 打开【屏蔽清理】选项卡，单击【内存优化清理】按钮。

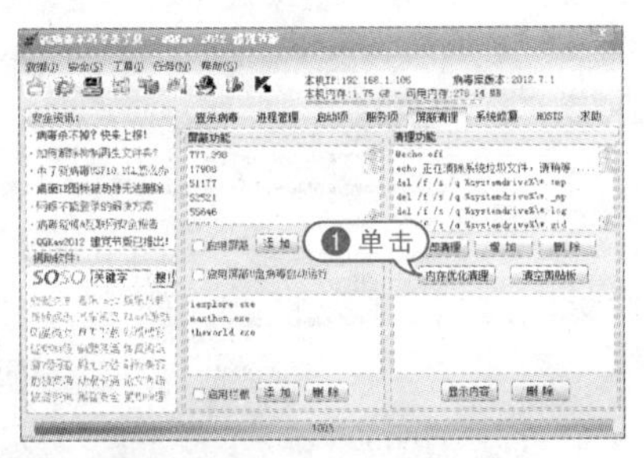

12 打开【系统修复】选项卡，在左侧窗格中选择【IE 右键菜单】选项，在右侧窗格中选中需要清除的选项前的复选框，单击【清除选中项】按钮。

13 打开 HOSTS 选项卡，配置 HOSTS 文件，阻止访问恶意网站。

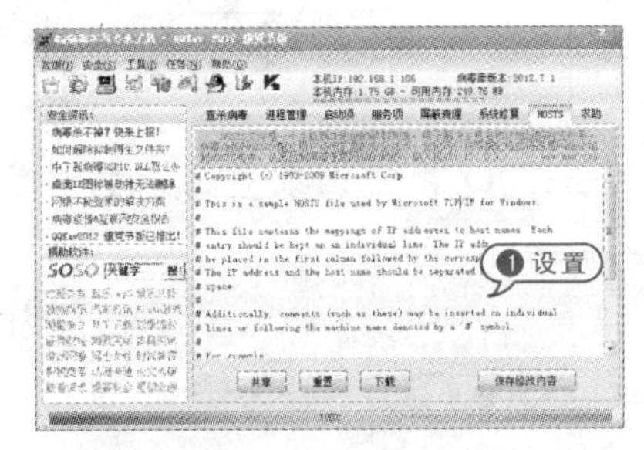

14 打开【求助】选项卡，在【验证码】文本框中输入验证码，单击【提交诊断日志】按钮，可在线寻求计算机高手帮助。

15 单击左上方的【安全】菜单，选中需要屏蔽的选项。

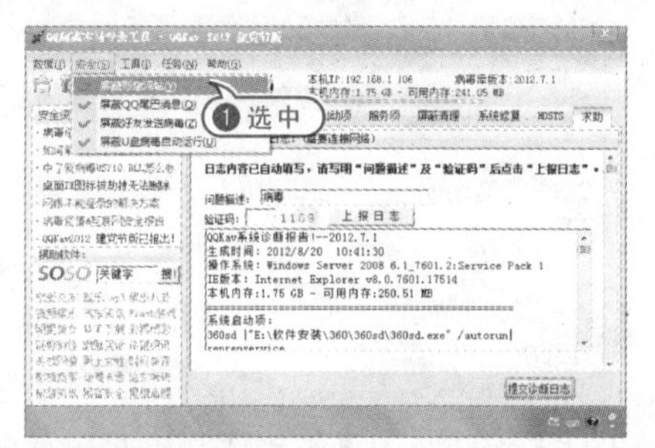

6.2.3 QQ聊天记录查看器

QQ聊天记录查看器完整记录下用户计算机上所有的QQ聊天信息，不用密码，不用登录QQ窗口，即能看到本机上所有QQ号的聊天记录。

【例6-4】QQ聊天记录查看器。视频

01 双击【QQ聊天记录查看器】软件启动程序，输入密码，单击【确定】按钮。

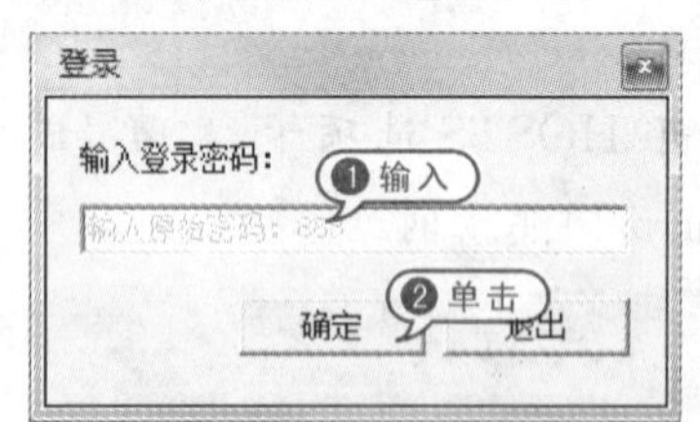

02 弹出【QQ聊天记录查看器】，单击【设置】按钮。

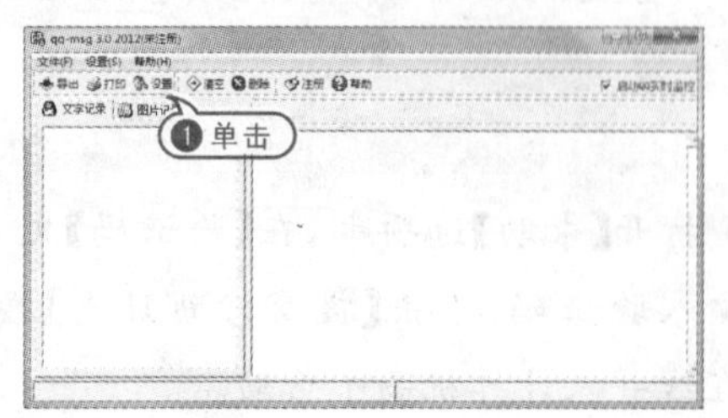

03 弹出【综合设置】对话框，单击【浏览】按钮，设置保存路径，选择【隐藏此文件夹】复选框。

04 打开【QQ聊天】对话框，输入内容，并发送。

05 返回【QQ聊天记录查看器】对话框，打开【文字记录】选项卡，查看聊天记录。

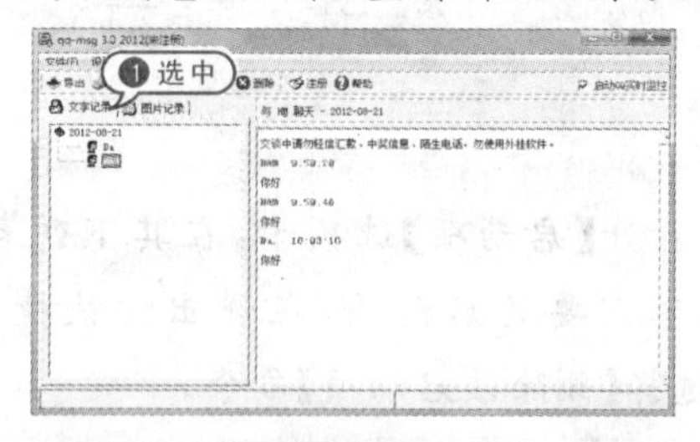

06 打开【图片记录】选项卡，查看图片聊天记录。

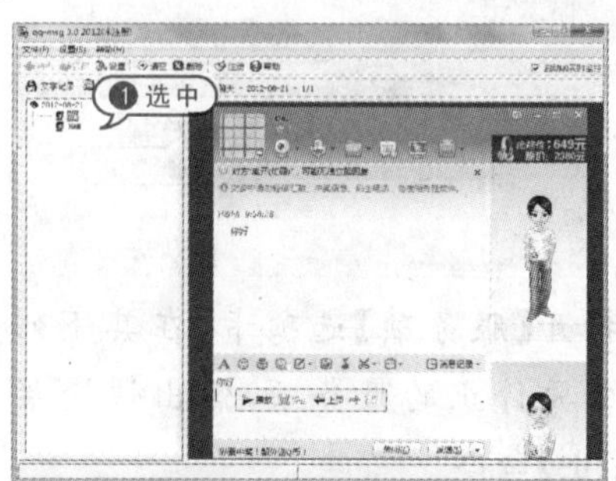

07 单击【清空】按钮，弹出【警告】提示框，单击【确定】按钮，完成清空图片记录操作。

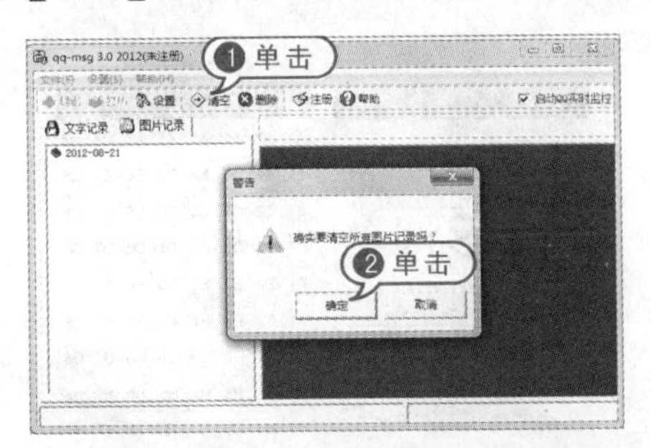

6.2.4 QQ安全的保护

针对日益更新的黑客攻击方式，QQ密码、聊天记录、个人资料等信息应该做好安全防御措施。

【例6-5】QQ安全的防护。视频

01 双击【浏览器】软件启动程序，在【地址】文本框中输入“http://aq.qq.com”。在【用户登录】对话框中输入QQ账号和QQ密码，单击【登录】按钮。

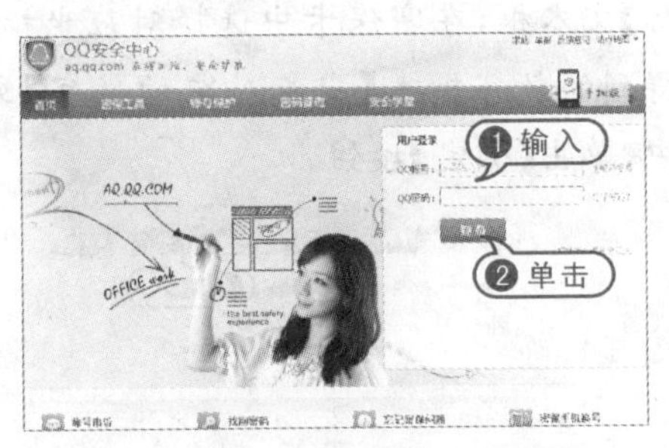

02 弹出【QQ安全中心】页面，单击【立即设置】按钮。

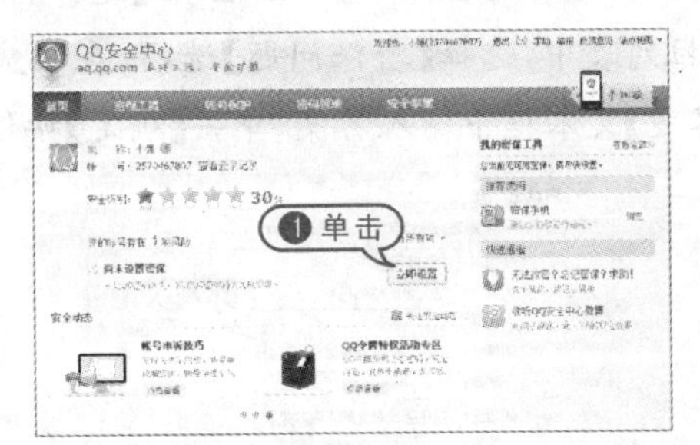

03 弹出【密码工具箱】页面，在【密保手机】选项中，单击【立即设置】按钮。

04 弹出【绑定密保手机】页面，在【请输入手机号】文本框中输入需要绑定的手机号，单击【下一步】按钮。

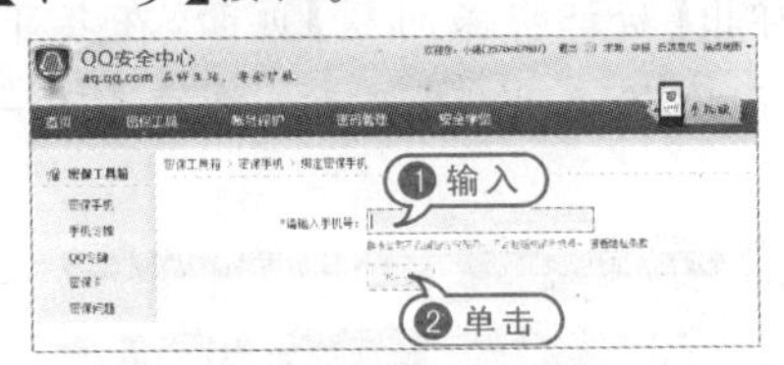

05 使用该手机，编辑短信“1”发送至“1065755802381”后，单击【我已发送短信】按钮。

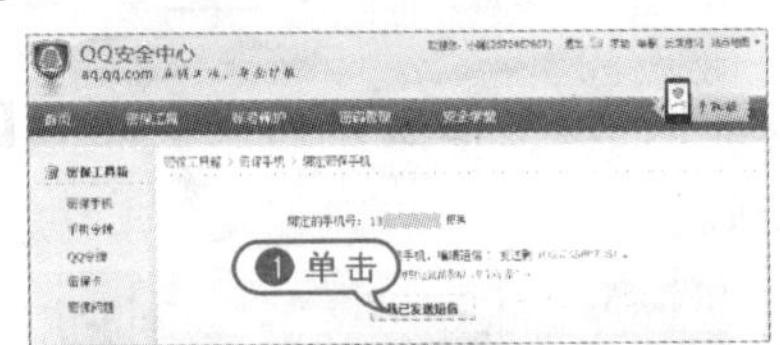

06 提示密保手机绑定成功。选择【密保问题】选项。

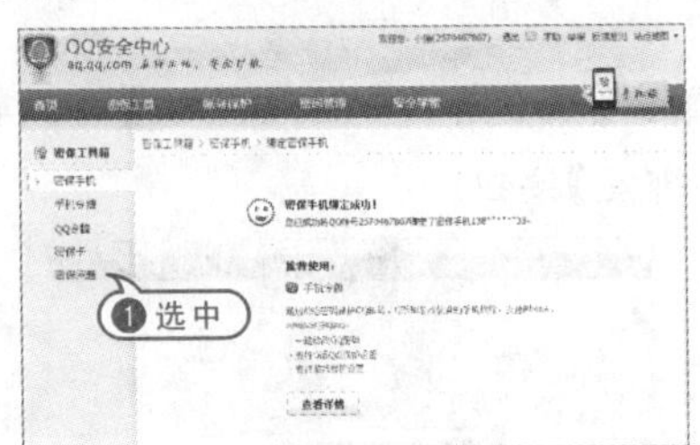

07 单击【立即设置】按钮，弹出【设置密码问题】提示框，使用绑定的手机，按要求发送短信，获取验证码，并在【验证码】文本框中输入，单击【确定】按钮。

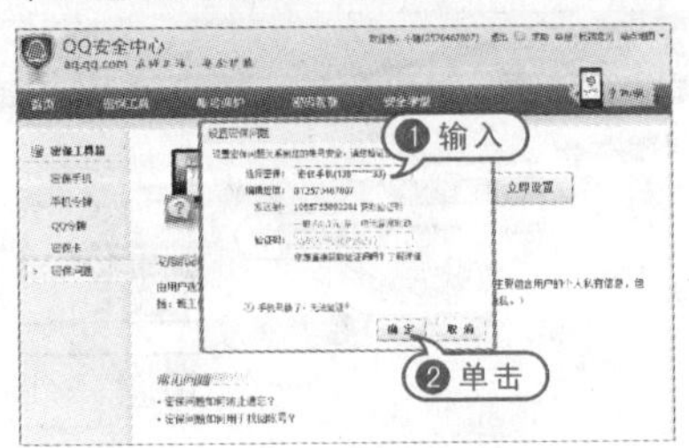

08 弹出【设置密保问题】页面，在其下文本框中填写完密码问题后，单击【下一步】按钮。

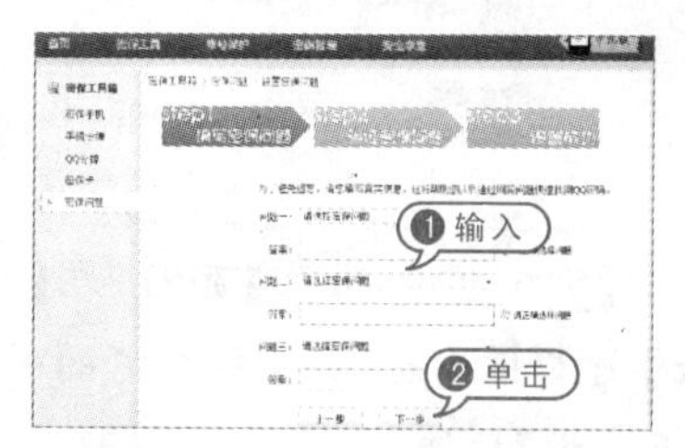

09 弹出【验证密保问题】页面，在其下文本框中再次输入验证答案，单击【下一步】按钮。

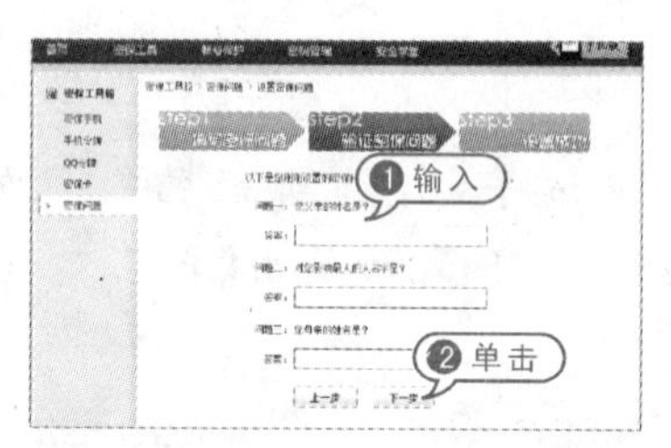

10 设置成功，牢记密保问题。选择【密保卡】选项。

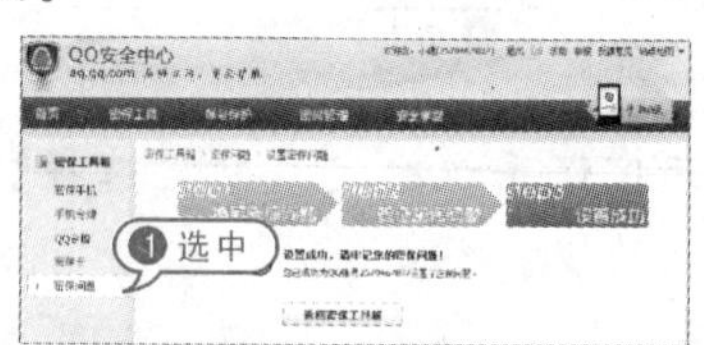

11 弹出【密保卡 安全大升级】页面，单击【下载绑定】按钮。

12 弹出【请设置密保卡密码】页面，在【启动密码】和【确认密码】文本框中输入密码，单击【确定 并同意以上条款】按钮。

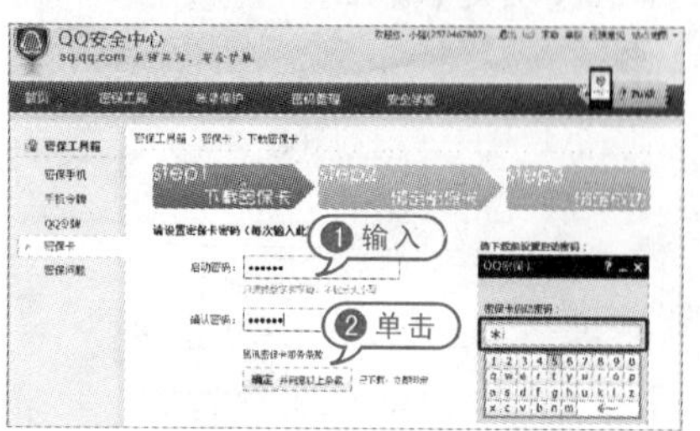

13 双击自动下载的密保卡，在【密保卡启动密码】文本框中输入密码，单击【确定】按钮。

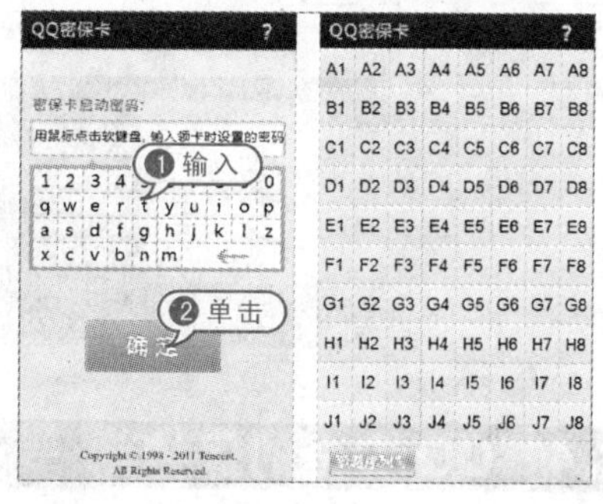

14 返回【下载密保卡】页面，确认操作无误，单击【已保存，下一步】按钮。

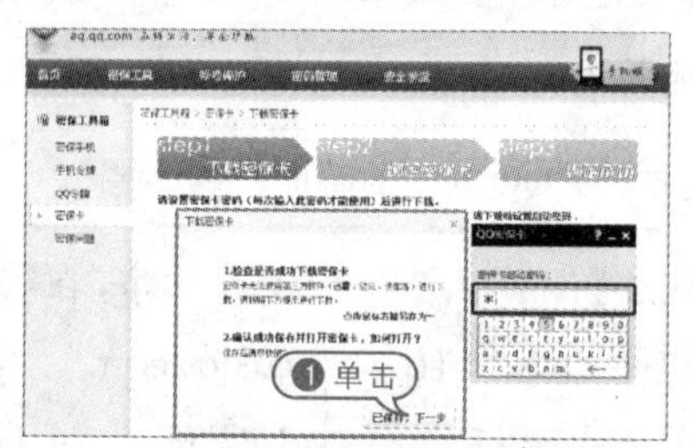

15 弹出【绑定密保卡】页面，查看【密保卡坐标】文本框，在密保卡中选择对应坐标，并把得到的数字输入【坐标对应的数字】文本框中，单击【绑定】按钮。

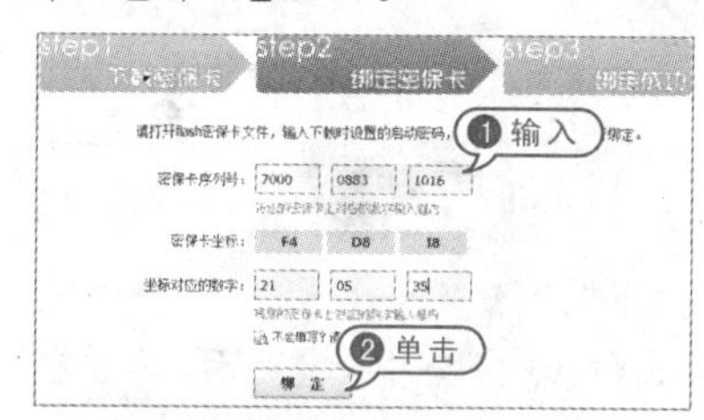

16 弹出【绑定密保卡】对话框，在【选择密保】下拉列表中，选择【密保问题】选项，在相应的【答案】文本框中输入答案，单击【确定】按钮。

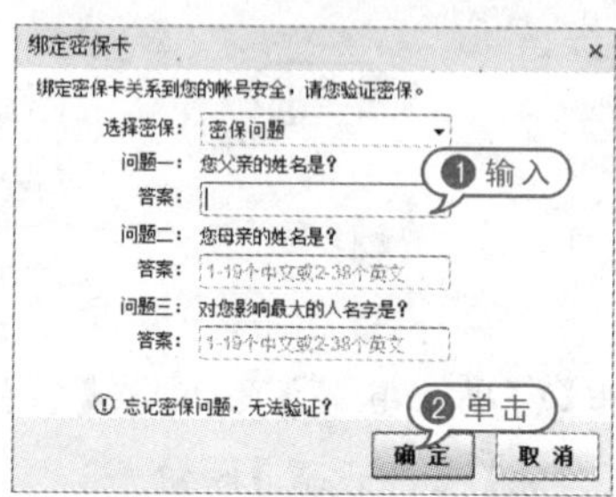

17 弹出【绑定密保卡成功】页面。

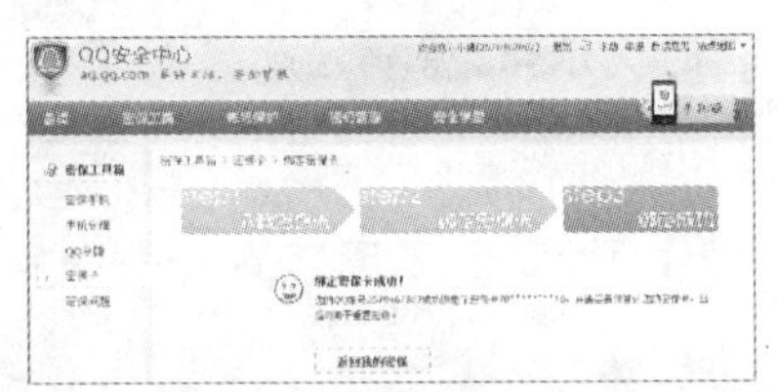

6.2.5 取回 QQ 密码

用户设置密码保护之后，如 QQ 密码发生异常或忘记密码，就可以及时处理了。

【例 6-6】取回 QQ 密码。视频

01 双击【浏览器】软件启动程序，在【地址】文本框中输入“http://aq.qq.com”，弹出【QQ 安全中心】网页，选择【密码管理】|【找回密码】命令。

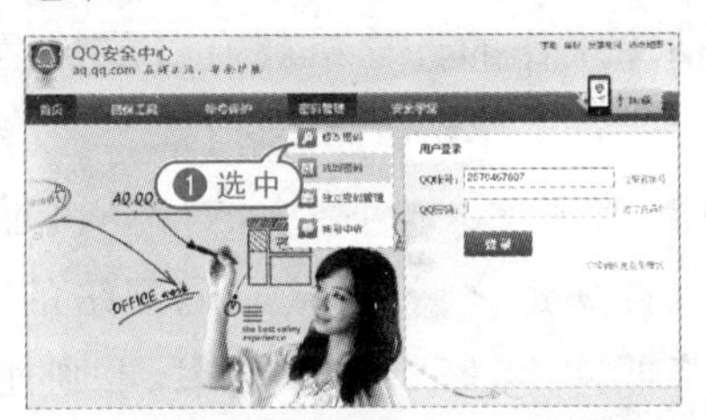

02 弹出【找回密码】页面，在【帐号】和【验证码】文本框中输入相应的内容，单击【下一步】按钮。

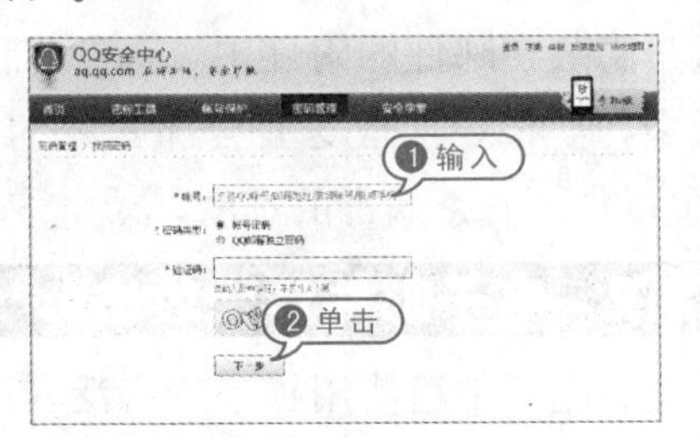

03 选择【验证密保找回密码】选项，单击对应的【找回密码】按钮。

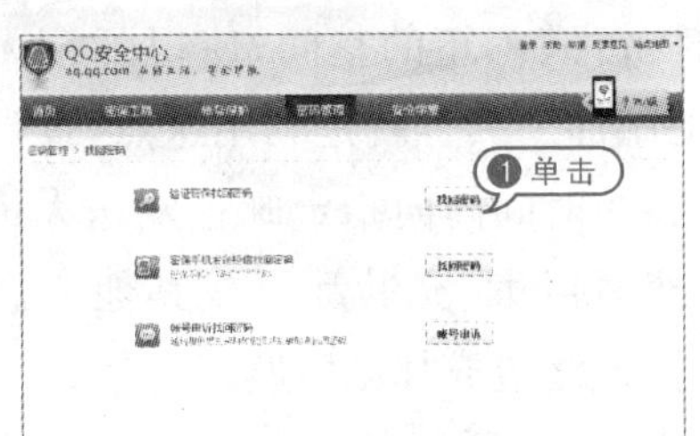

04 弹出【找回密码】对话框，在相应的【答案】文本框中输入答案，单击【确定】按钮。

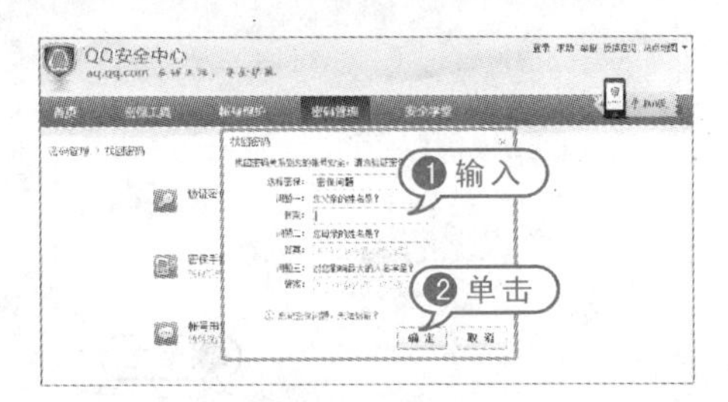

05 弹出【设置新密码】页面，在【新密码】和【确认密码】文本框中输入新密码，单击【确定】按钮。

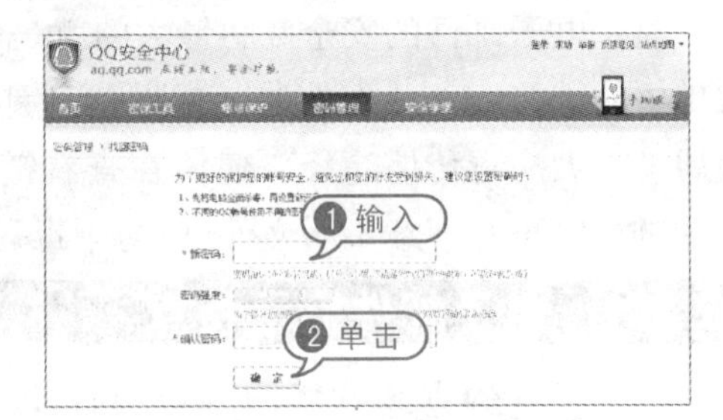

06 弹出【QQ 密码修改成功】页面。

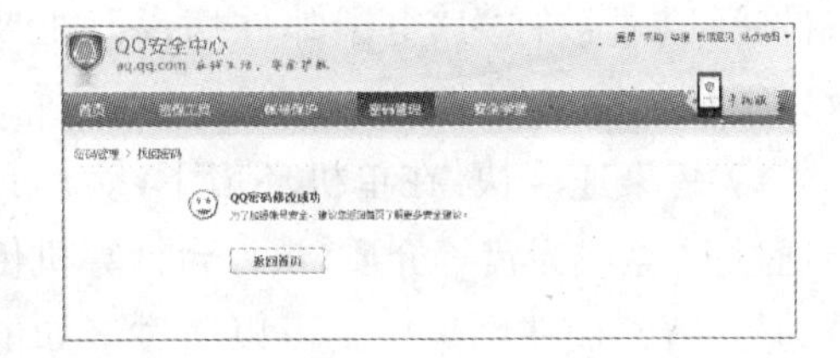

07 或者选择【密码手机发送短信找回密码】选项，单击【找回密码】按钮。弹出【用密保手机找回帐号密码】对话框，在【请填写你要设置的新密码】文本框中输入新密码，单击【生成短信】按钮。

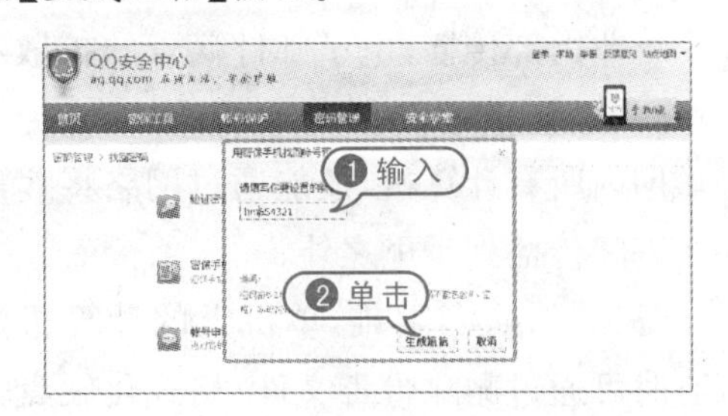

08 根据对话框中的提示，使用绑定密保的手机编辑短信“GM+QQ 号#新密码”发送到

"1065755802381"，单击【我已发短信】按钮。

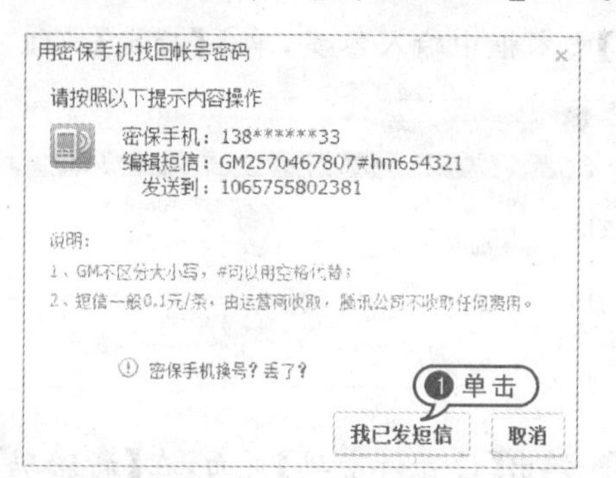

09 操作完毕后，左下方显示"您已成功找回密码"的提示语，密码修改完成。

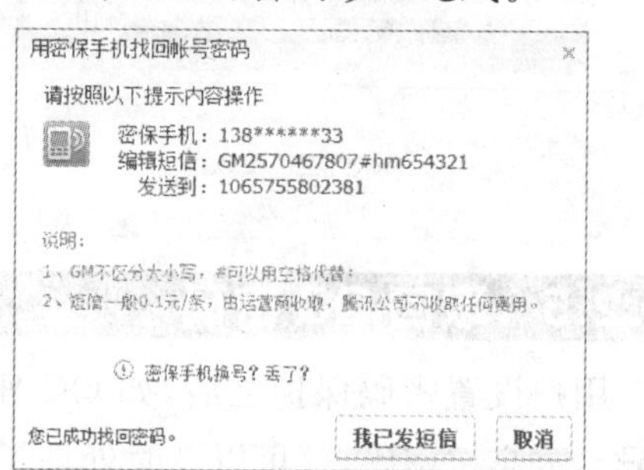

6.3 电子邮件的攻防技术

对于电子邮件的安全威胁最大的就是电子邮件病毒，是指电子邮件内包含病毒，在点击邮件中的链接或下载附件的时候潜伏到计算机中。它是病毒传播的一种方式，是继网页下载后又一大病毒传播途径。建议在查看链接或下载附件前提高警惕，不要浏览可能包含病毒的链接网页和下载不明文件，以防中毒。

6.3.1 电子邮件病毒特点

电子邮件病毒和普通的病毒在程序上一样，只不过由于传播途径主要是通过电子邮件，所以才被称为"电子邮件病毒"，主要有以下几个特点。

- 感染速度快：在单机环境下，病毒只能通过U盘或光盘等介质，从一台计算机传染到另一台，而在网络中则可以通过诸如电子邮件等网络通信机制进行迅速扩散。根据测定，针对一台计算机在网络中正常使用的情况，只要有一台工作站有病毒，就可在几十分钟内将网上数百台计算机全部感染。
- 扩散面广：由于电子邮件不仅仅在单个企业内部传播，电子邮件病毒的扩散不仅快，而且扩散范围很大，不但能迅速传染局域网内所有计算机，还能通过网络将病毒在一瞬间传播到千里之外。
- 清除病毒困难：单机上的计算机病毒有时可通过删除带毒文件、格式化硬盘等措施将病毒彻底清除。而网络中的计算机一旦感染了病毒，清除病毒非常困难，刚刚完成清除工作的计算机就有可能被网络中另一台带毒工作站所感染。
- 破坏性大：网络中的计算机感染了电子邮件病毒之后，直接影响网络的工作，轻则降低速度，影响工作效率，重则使网络及计算机崩溃，资料丢失。
- 隐蔽性强：电子邮件病毒与其他病毒相比，更隐蔽。一般来说，电子邮件病毒通常是隐蔽在邮件的附件中，或者是邮件的信纸中，这在一定程度上会加速病毒的泛滥，也增加了查杀病毒的难度。

6.3.2 电子邮件炸弹攻击

随着电子邮箱使用越来越广泛，针对电子邮箱的各类攻击也越来越频繁，手段越来越高深。电子邮箱炸弹是通过大量发送电子邮件，占满邮箱的空间，使得邮箱无法接受新的邮件。黑客就是利用这点，设计一些软件，在短时间内向指定邮箱发送大量地址不详、容量巨大、充满乱码或其他恶意语言的邮件，最终造成邮箱瘫痪。

【例 6-7】使用 FastMail 邮件特快专递。视频

01 双击【FastMail 邮件特快专递】软件启动程序。

02 在【收件人】【主题】【发件人】文本框中输入相应内容。单击【附件】下拉列表右侧的按钮。

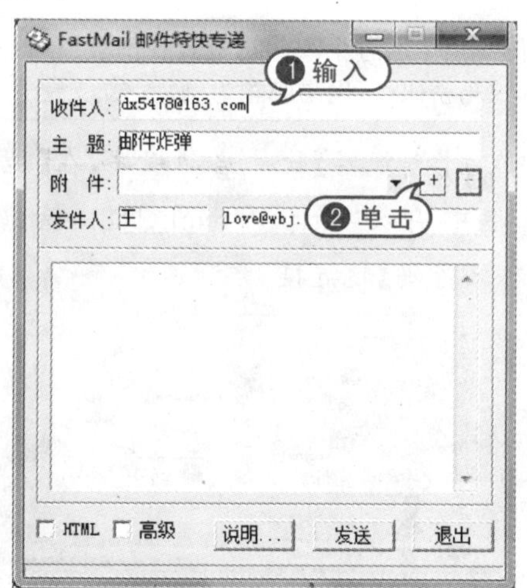

03 在弹出的【打开】对话框中选择要添加的文件，单击【打开】按钮。

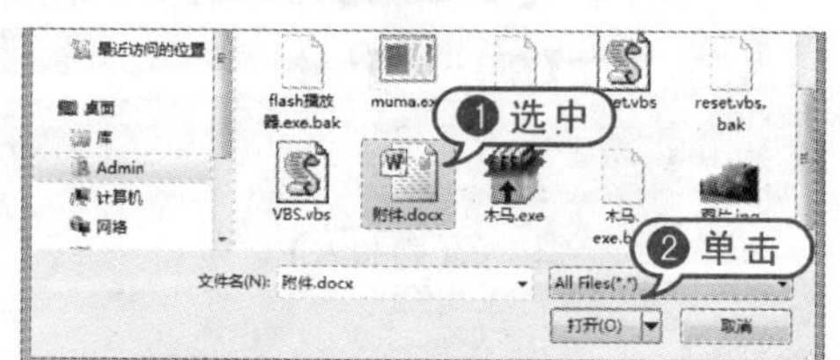

04 选中左下方的【高级】复选框，选中【发送网址】单选按钮，在其下的文本框中输入网址，单击【发送】按钮。

6.3.3 获取密码的手段

流光是一个很好的 FTP、POP3 解密工具，界面豪华，功能强大。

【例 6-8】使用流光工具。视频

01 双击流光软件启动程序，选中【POP3 主机】复选框。

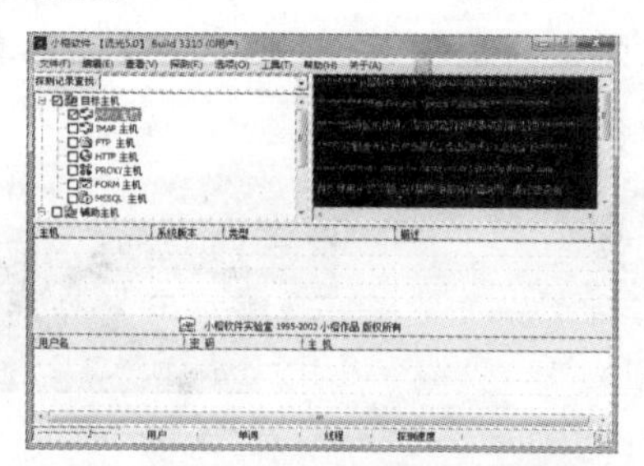

02 选择【编辑】|【添加】|【添加主机】命令。

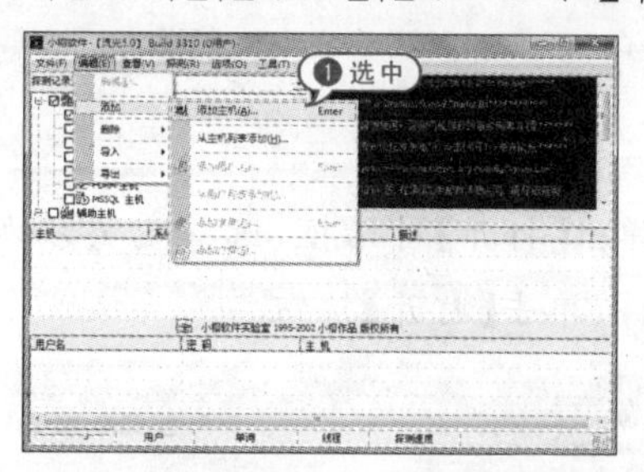

03 弹出【添加主机】对话框，在文本框中输入主机名或 IP 地址，单击【确定】按钮。

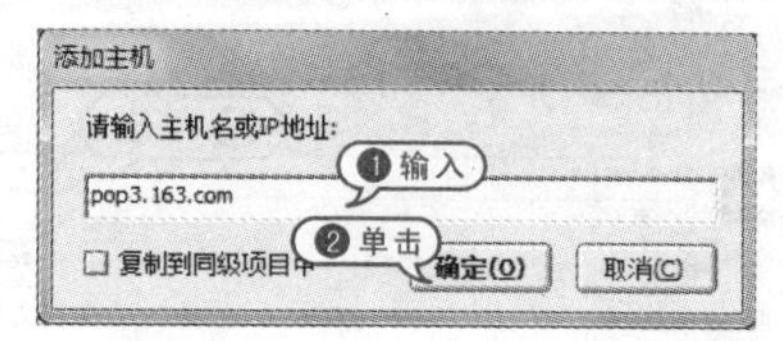

04 选中刚添加的服务器地址前的复选框，选择【编辑】|【添加】|【添加用户】命令。

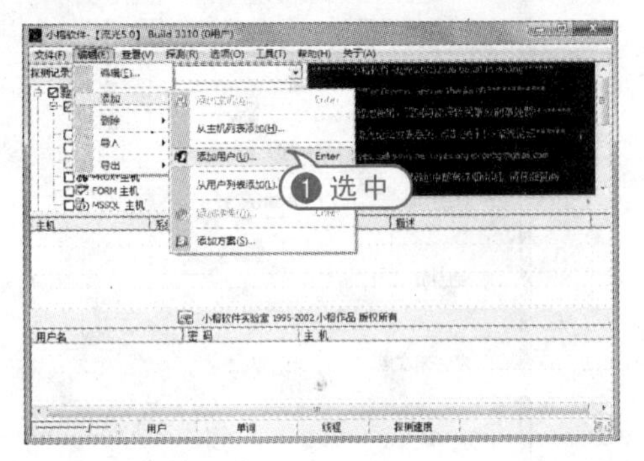

05 弹出【添加用户】对话框，在文本框中输入用户名，单击【确定】按钮。

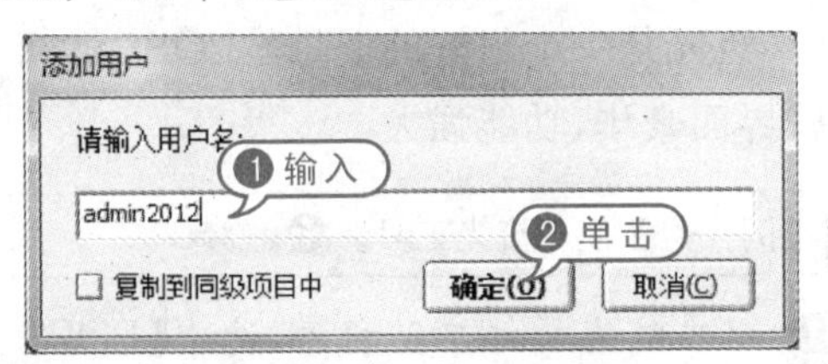

06 选中【解码字典或方案】复选框，并右击，在弹出的快捷菜单中，选中【编辑】|【添加】命令。

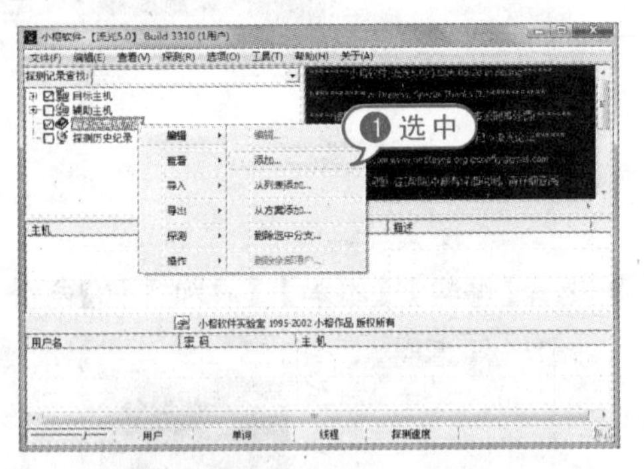

07 弹出【打开】对话框，选择需要添加的字典文件，单击【打开】按钮。

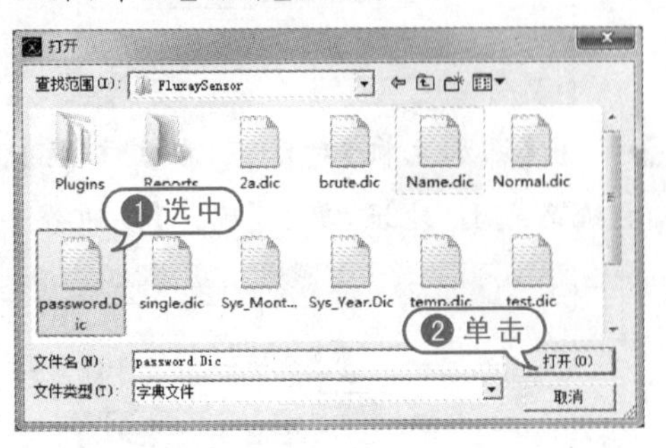

08 选择【探测】|【标准模式探测】命令，进行探测。

09 在右侧窗格中显示探测过程，探测结果将显示在下方列表框中。

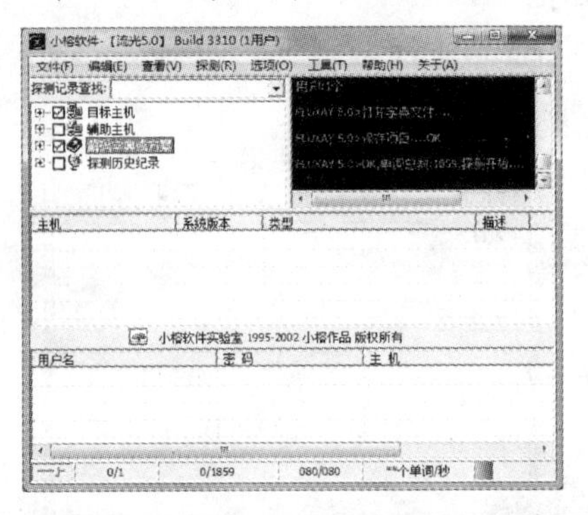

6.3.4 找回邮箱密码

如果邮箱密码忘记了，或者被窃取篡改了，应该尽快找回密码，以免遗失资料和个人信息。

【例 6-9】通过个人信息资料找回被盗或遗忘的邮箱密码(以网易邮箱为例)。视频

01 双击【浏览器】软件启动程序，在【地址】文本框中输入“http://mail.163.com”，单击【忘记密码】超链接。

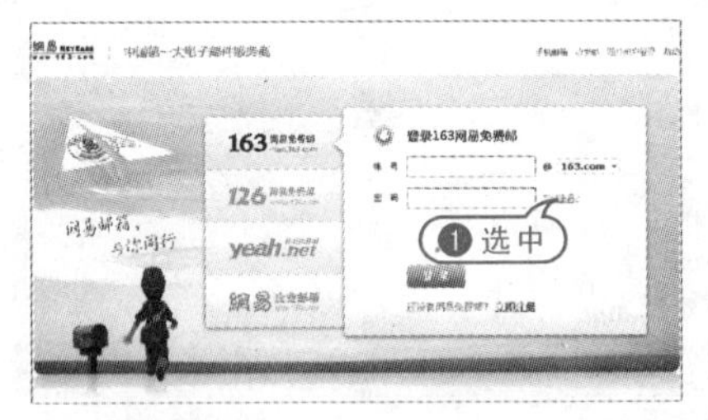

02 弹出【找回网易通行证密码】页面，在【通行证帐号】和【验证码】文本框中，输入对应的内容，单击【下一步】按钮。

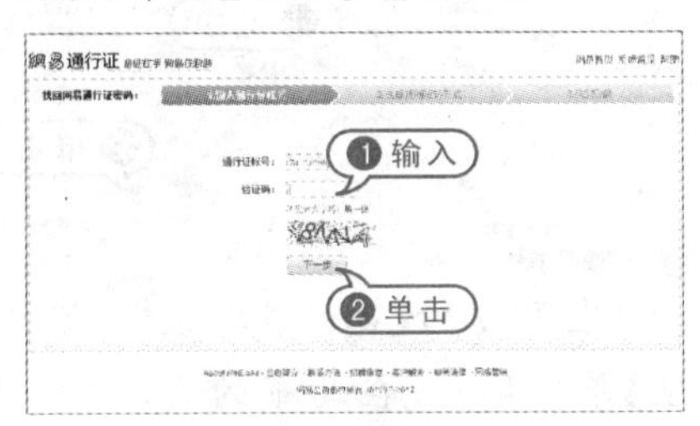

03 弹出【选择找回密码方式】页面，单击【通过密码提示问题】超链接。

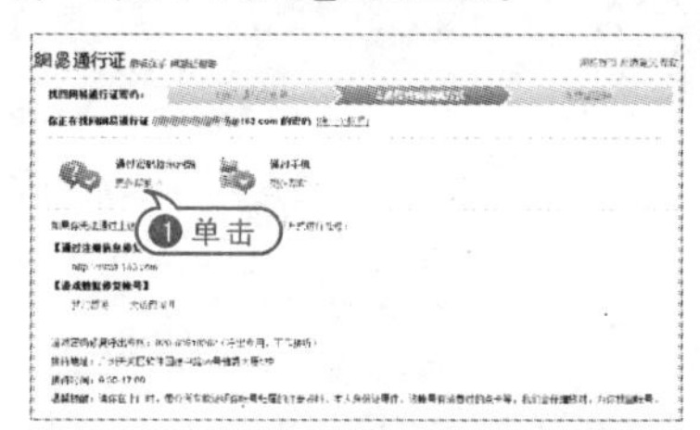

04 弹出【找回密码】对话框，在【答案】【新密码】与【重复新密码】文本框中输入相应内容，单击【免费获取短信验证码】按钮，将关联的手机收到的验证码输入在【短信验证码】文本框中，单击【完成】按钮。

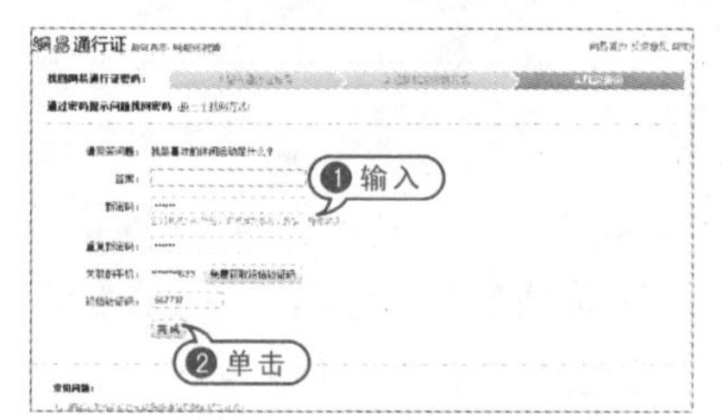

05 或者单击【换一个找回方式】超链接，返回【选择找回密码方式】页面，单击【通过手机】超链接，打开【找回密码】页面。单击【免费获取】按钮，将关联的手机收到的验证码输入在【短信验证码】文本框中，在其他文本框中输入相应的内容。单击【完成】按钮。

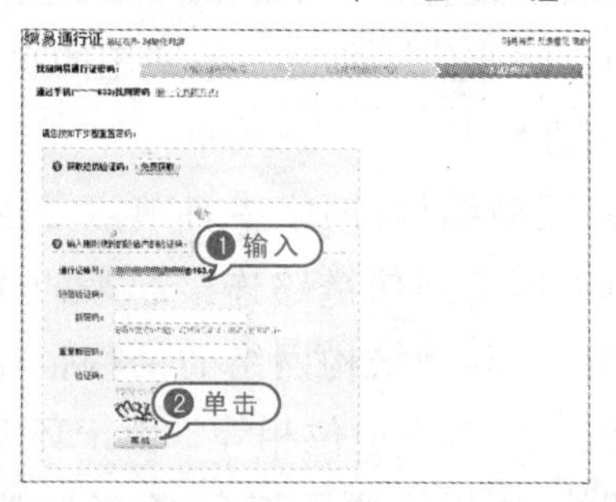

06 找回密码操作成功，单击【马上登录】按钮，登录邮箱。

6.4 局域网的攻击与防御

局域网(Local Area Network，LAN)是指在某一区域内(一般是方圆几千米以内)由多台计算机互连成的计算机组。局域网可以实现文件管理、应用软件共享、打印机共享、工作组内的日程安排、电子邮件和传真通信服务等功能。局域网是封闭型的，可以由办公室内的两台计算机组成，也可以由一个公司内的上千台计算机组成。

6.4.1 局域网的拓扑结构

局域网通常是分布在一个有限地理范围内的网络系统，一般所涉及的地理范围只有几千米。局域网专用性非常强，具有比较稳定和规范的拓扑结构。

- 星型结构：各节点是以星形方式连接起来的，网络中的每一个节点设备都以中心节点为中心，通过连接线与中心节点相连，如果一个节点需要传输数据，必须先通过中心节点。这种结构的网络可靠性、网络共享能力差，中心节点若出现故障会导致全网瘫痪。
- 树型结构：是天然的分级结构，又称为分级的集中式网络。其特点是网络成本低，结构比较简单。在网络中，任意两个节点之间不产生回路，每个链路都支持双向传输，并且网络中节点扩充方便、灵活，寻查链路路径比较简单。但在这种结构网络系统中，除叶节点及其相连的链路外，任何一个工作站或链路产生故障会影响整个网络系统的正常运行。
- 总线型结构：是将各个节点设备和一根总线相连。网络中所有的节点都是通过总线进行信息传输的。作为总线的通信连线可以是同轴电缆、双绞线，也可以是扁平电缆。在总线结构中，作为数据通信必经的总线的负载能量是有限度的，这是由通信媒体本身的物理性能决定的。总线结构网络是最普遍使用的一种网络。但是由于所有的节点间通信均通过一条共用的总线，所以，实时性较差。

▶ 环型结构：网络中各节点是通过一条首尾相连的通信链路连接起来的闭合环型结构网。环型结构网络的结构也比较简单，系统中各节点地位相等。由于环型网络是封闭的，所以不便于扩充，系统响应延时长，且信息传输效率相对较低。

6.4.2 局域网查看工具

局域网查看工具（LanSee）是一款对局域网上的各种信息进行查看的工具，集成了局域网搜索功能，可以快速搜索出计算机（包括计算机名、IP 地址、MAC 地址、所在工作组、用户），共享资源，共享文件；集成了网络嗅探功能、局域网聊天和文件共享功能（不需要服务器）、计算机管理功能、文件复制等功能。

【例 6-10】使用局域网查看工具。视频

01 双击【局域网查看工具】软件启动程序，单击【工具选项】按钮。

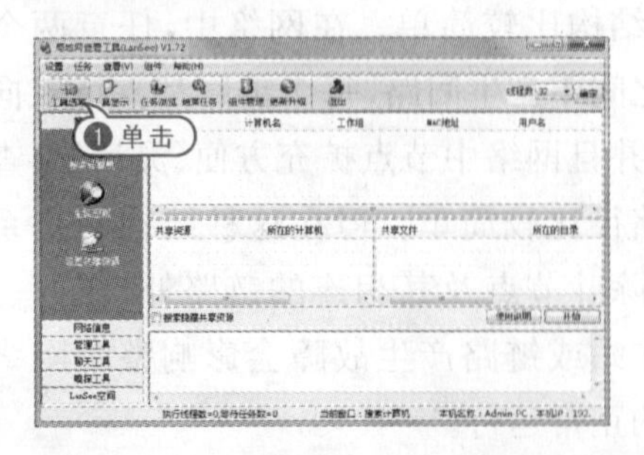

02 弹出【选项】对话框，打开【搜索计算机】选项卡，在【起始 IP 段】和【结束 IP 段】文本框中输入 IP 地址段。

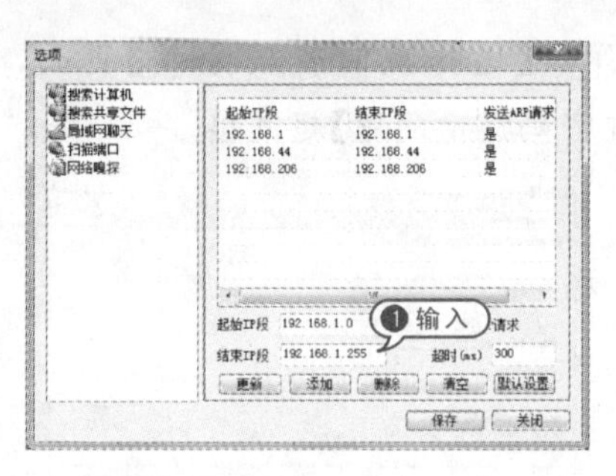

03 打开【搜索共享文件】选项卡，添加或删除文件类型。

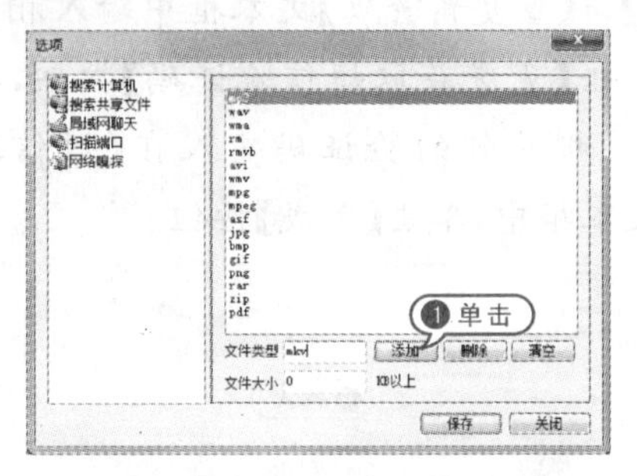

04 打开【局域网聊天】选项卡，在【用户名】和【备注】文本框中输入相应的内容。

05 打开【扫描端口】选项卡，添加或删除 IP 地址和端口等属性。

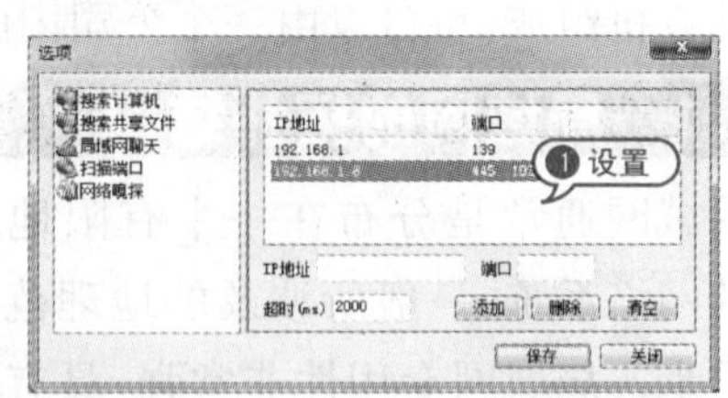

06 打开【网络嗅探】选项卡，设置捕获数据包和嗅探文件的属性，单击【保存】按钮。

07 返回【局域网查看工具】对话框，单击【开始】按钮，搜索指定IP段内的主机，查看各主机的相关信息。

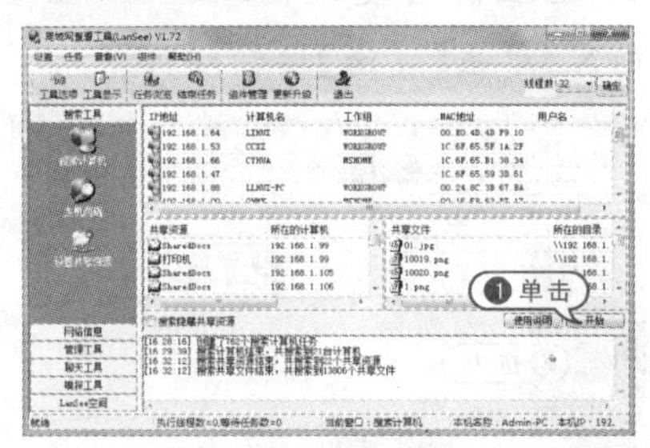

08 在搜索到的主机列表中右击需要建立连接的主机，在弹出的菜单中选择【打开计算机】命令。

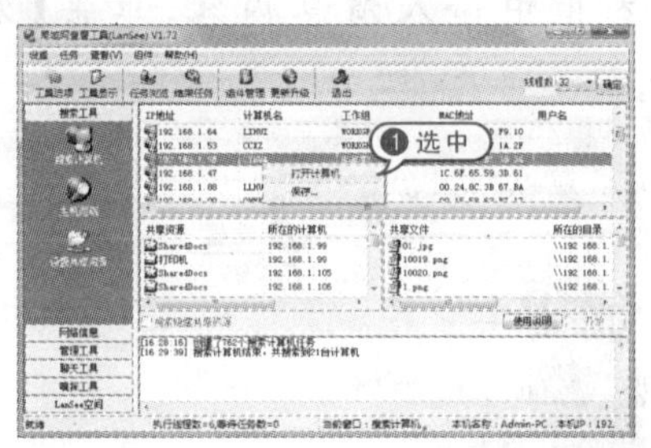

09 弹出【Windows 安全】对话框，在【用户名】和【密码】文本框中输入相应的内容，单击【确定】按钮。

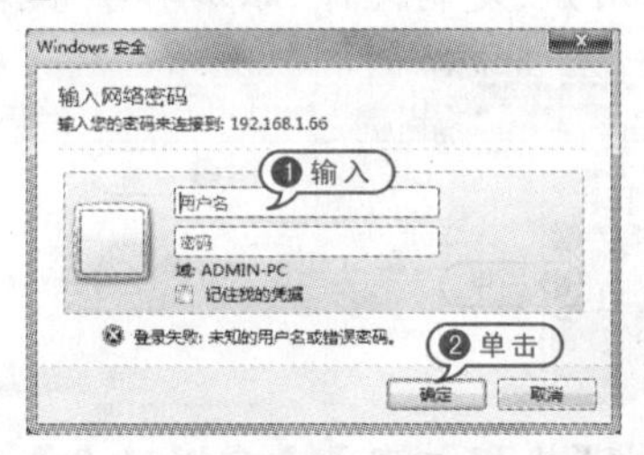

10 返回【局域网查看工具】对话框，选择【搜索工具】|【主机巡测】选项，单击【开始】按钮，搜索在线的主机，查看在线主机相关信息。

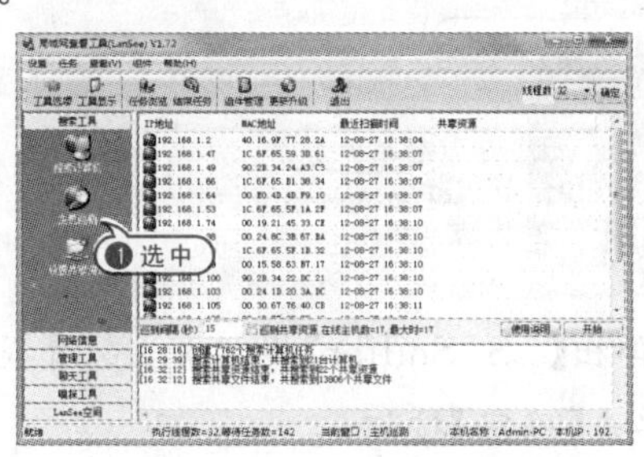

11 选择【搜索工具】|【设置共享资源】选项，单击 ... 按钮。

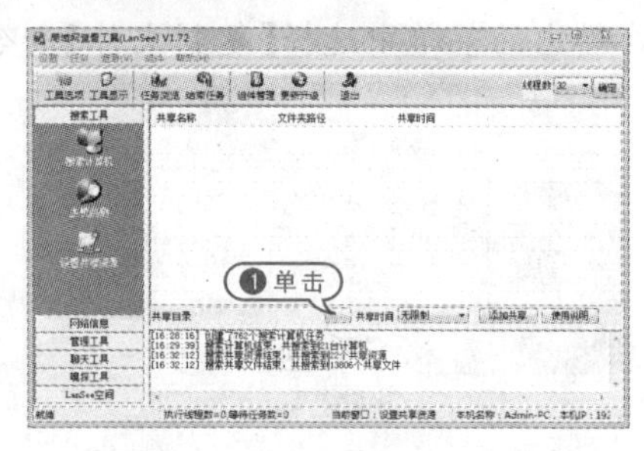

12 弹出【浏览文件夹】对话框，设置需要共享的文件夹，单击【确定】按钮。

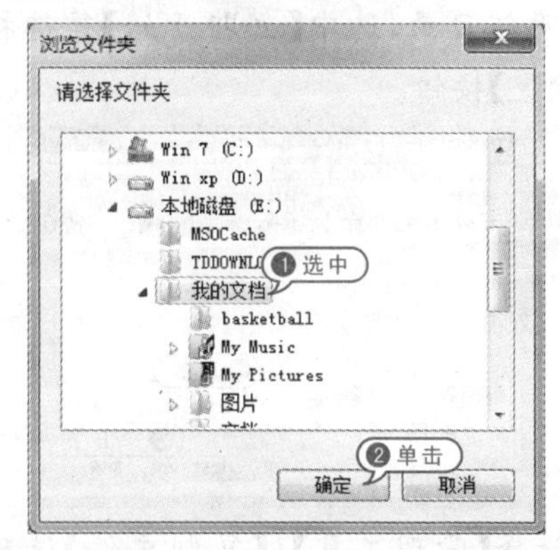

13 返回【局域网查看工具】对话框，选择【网络信息】|【适配器信息】选项，查看网络适配器的相关信息。

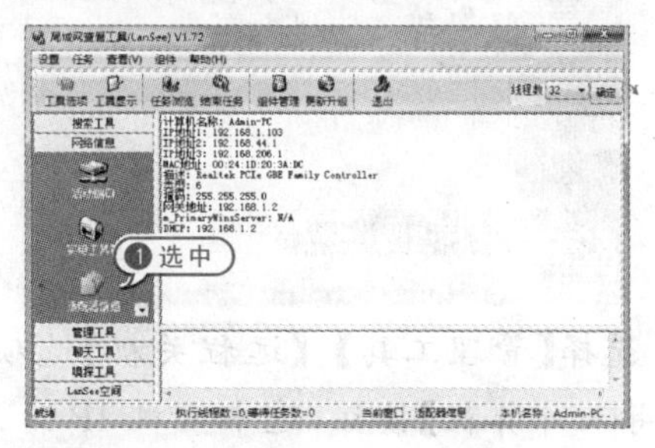

14 选择【网络信息】|【扫描端口】选项，单击【开始】按钮，查看端口。

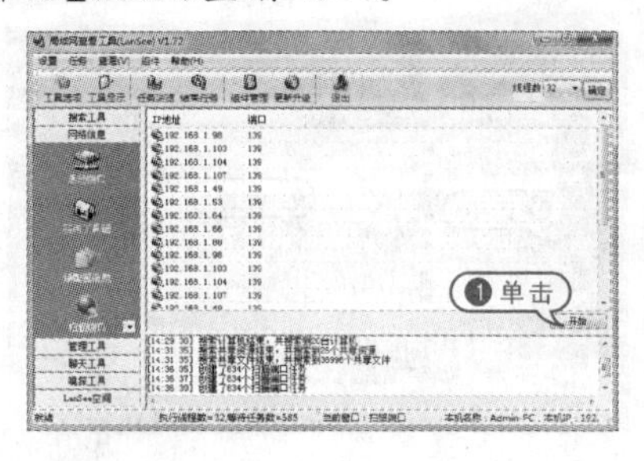

15 选择【网络信息】|【搜索计算机】选项，在【共享文件】列表下，右击需要复制的文件，在弹出的菜单中选择【复制文件】命令。

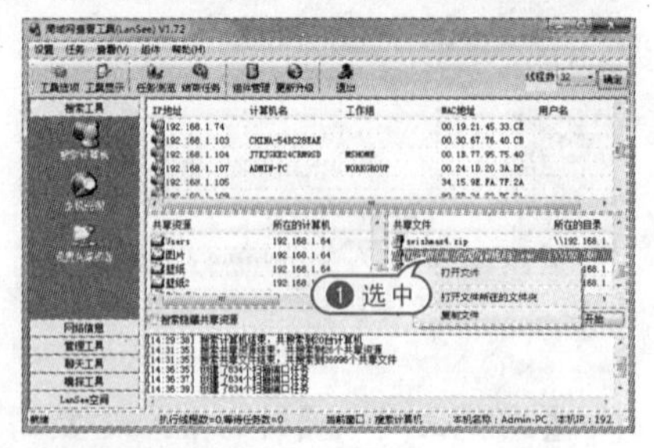

16 弹出【建立新的复制任务】对话框，设置文件存储目录，选中【立即开始】复选框，单击【确定】按钮。

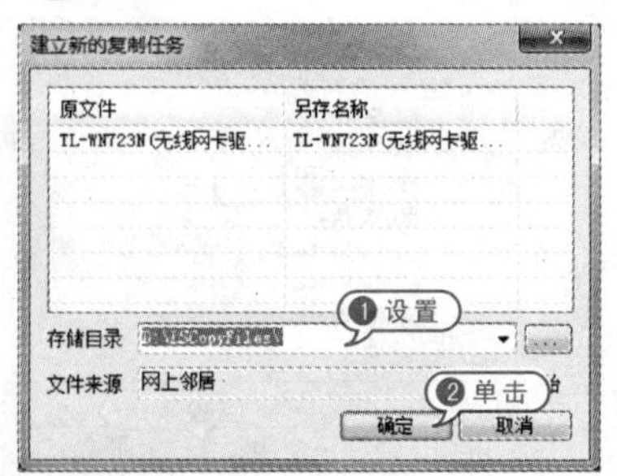

17 选择【管理工具】|【复制文件】选项，即可查看到复制的文件。

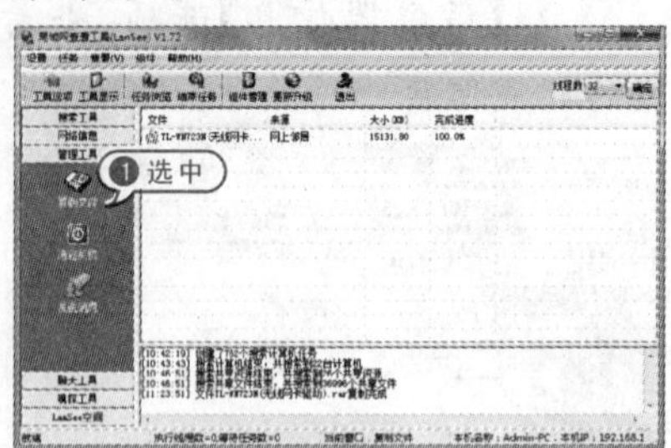

18 选择【管理工具】|【远程关机】选项，单击【导入计算机】按钮，选中主机 IP 地址前的复选框，单击【远程关机】或【远程重启】按钮。

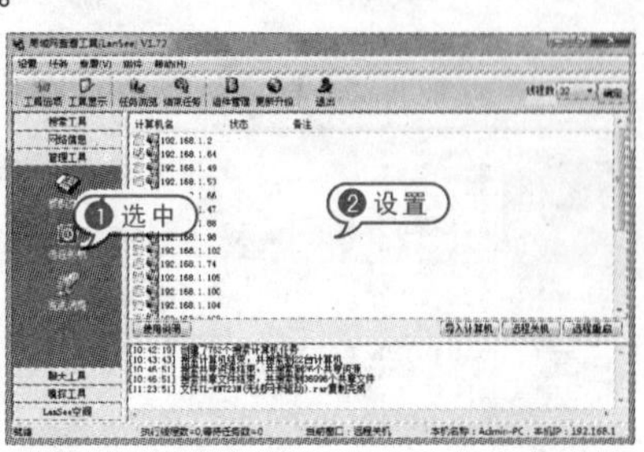

19 选择【管理工具】|【发送消息】选项，单击【导入计算机】按钮，选中需要发送消息的主机 IP 地址前的复选框，在文本框中输入消息内容，单击【发送】按钮即可。

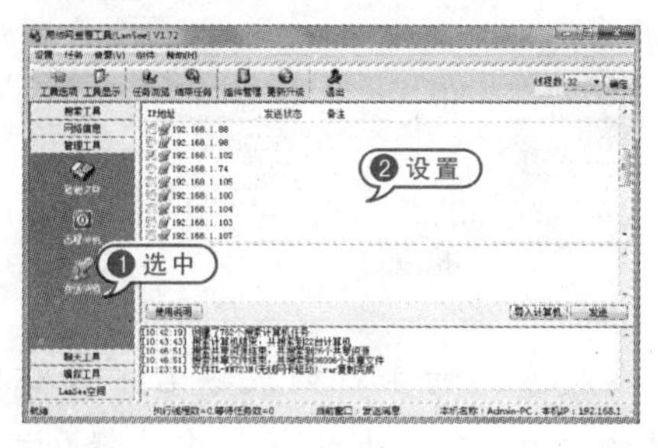

20 选择【聊天工具】|【局域网聊天】选项，在文本框中输入消息内容，单击【发送】按钮。

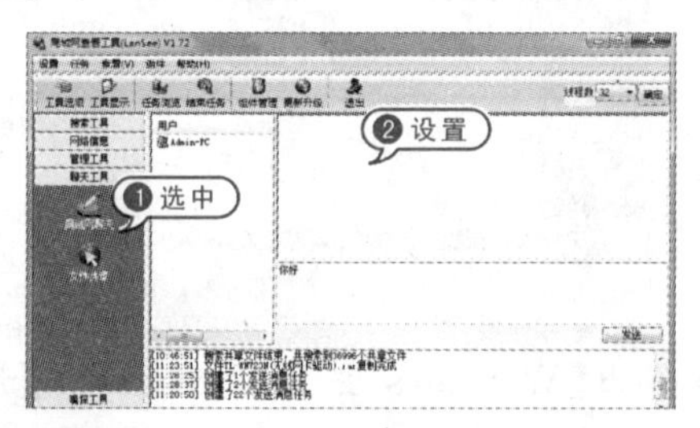

21 选择【聊天工具】|【文件共享】选项，进行搜索用户、复制文件、添加共享等操作。

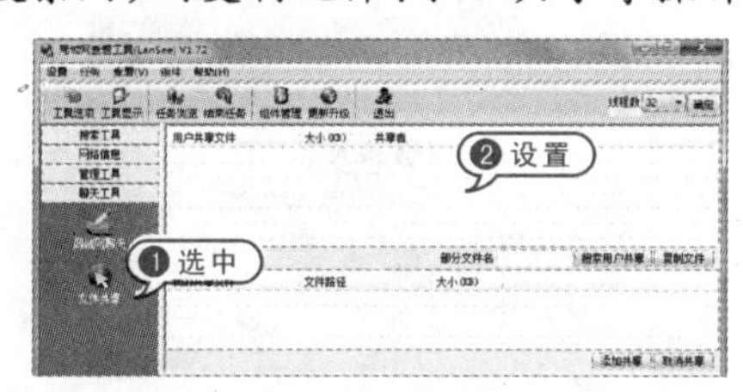

22 选择【嗅探工具】|【嗅探服务】选项，单击【安装 WinPcap 驱动】按钮。

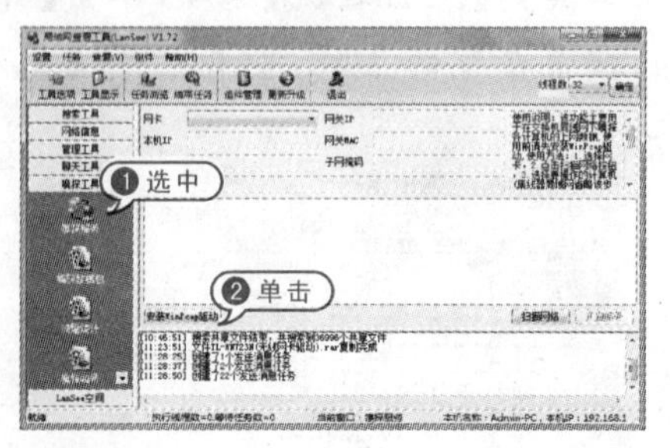

23 弹出【LS_Sniffer】提示框，查看提示信息，单击【确定】按钮。

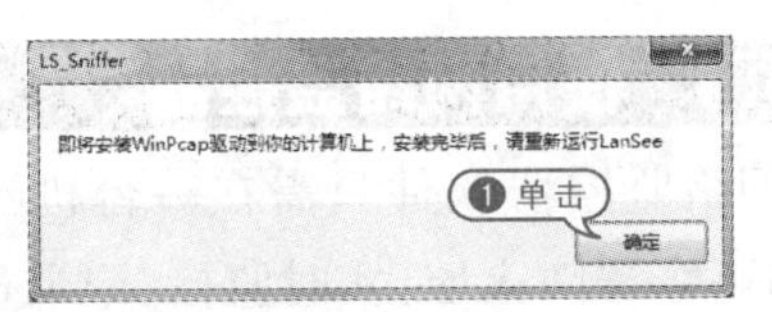

24 弹出【WinPcap 4.1.2 Setup】对话框，单击【Next】按钮，按步骤安装软件后，重启【局域网查看工具】软件。

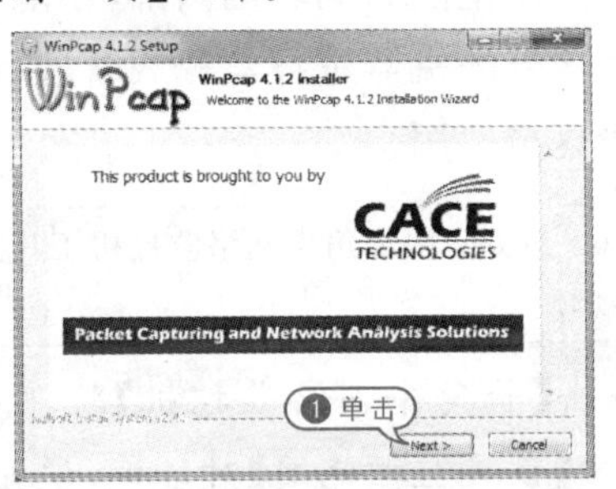

25 选择【嗅探工具】|【嗅探服务】选项，设置相关属性，单击【扫描网络】按钮，即可扫描出局域网中所有主机。

6.4.3 局域网 ARP 攻击工具

ARP 是地址解析协议，实现通过 IP 地址得知其他物理地址。当攻击时通过伪造 IP 地址和 MAC 地址实现 ARP 欺骗，能够在网络中产生大量的 ARP 通信量使网络阻塞，攻击者只要持续不断地发出伪造的 ARP 响应包就能更改目标主机 ARP 缓存中的 IP-MAC 条目，造成网络中断或中间人攻击。

【例 6-11】使用 WinArpAttacker 工具。
视频

01 双击 WinArpAttacker 软件启动程序，选择【扫描】|【高级】命令。

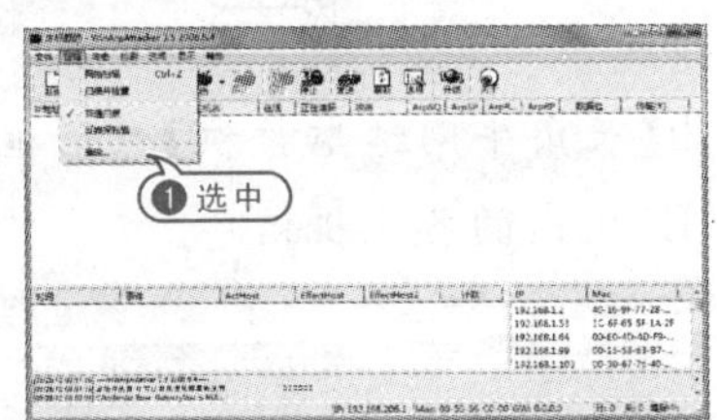

02 弹出【扫描】对话框，选中【扫描主机】单选按钮，在文本框中输入目标主机 IP 地址，单击【扫描】按钮，就可获取该主机的 MAC 地址。

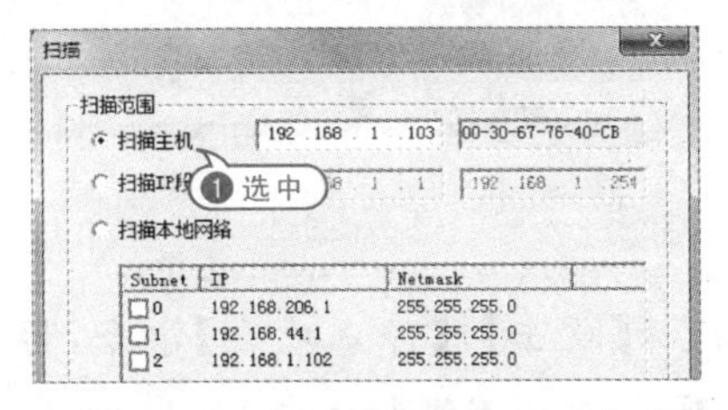

03 选中【扫描 IP 段】单选按钮，在文本框中输入扫描的 IP 地址范围，单击【扫描】按钮。

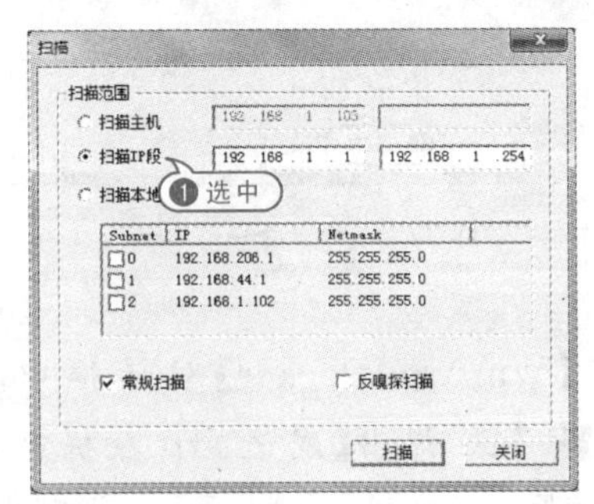

04 当扫描完成后，会弹出【Scanning successfully】提示框，表示扫描成功，单击【确定】按钮。

05 返回【WinArpAttacker】对话框，查看扫描结果。

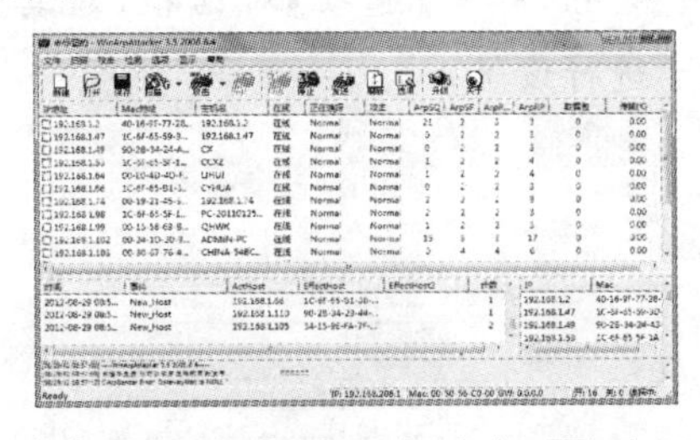

06 选中需要攻击的目标主机 IP 地址前的复选框，选择【攻击】|【IP 冲突】选项。目标主机将不断弹出【IP 地址与网络上的其他系统有冲突】提示框。

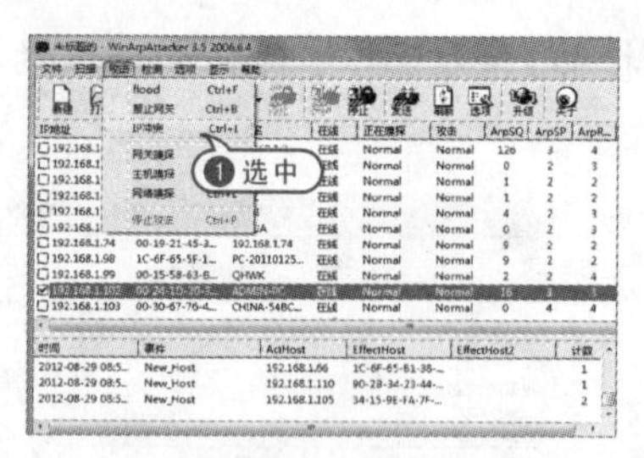

07 选择【攻击】|【停止攻击】命令，停止攻击。否则，会一直进行攻击。

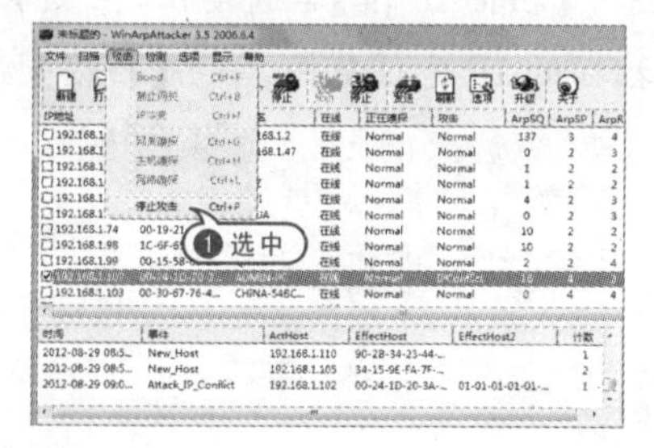

08 在【WinArpAttacker】对话框中，选择【发送】按钮。弹出【发送 arp 数据包】对话框，设置【Arp 数据包配置】【频率配置】【数据包之间的延迟】选项。

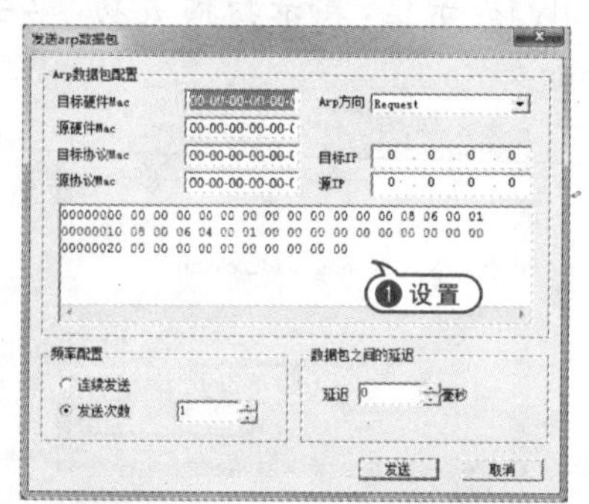

09 在【WinArpAttacker】对话框中，选择【选项】按钮，弹出【选项】对话框，对其中各选项卡进行设置。

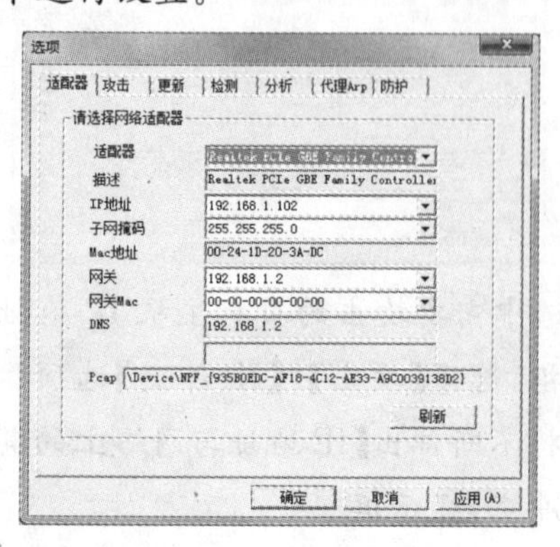

6.4.4 使用网络监控器

网络监控器软件只需在一台机器上运行，即可穿透防火墙，实时监控、记录整个局域网用户上线情况，可限制各用户上线时所用的 IP、时段，并可将非法用户踢下局域网。此软件适用范围为局域网内部，不能对网关或路由器外的机器进行监视或管理，适合局域网管理员使用。

【例 6－12】使用长角牛网络监控机工具。

视频

01 双击【长角牛网络监控机】软件启动程序，弹出【设置监控范围】对话框，设置【选择网卡】【子网】【扫描范围】属性。

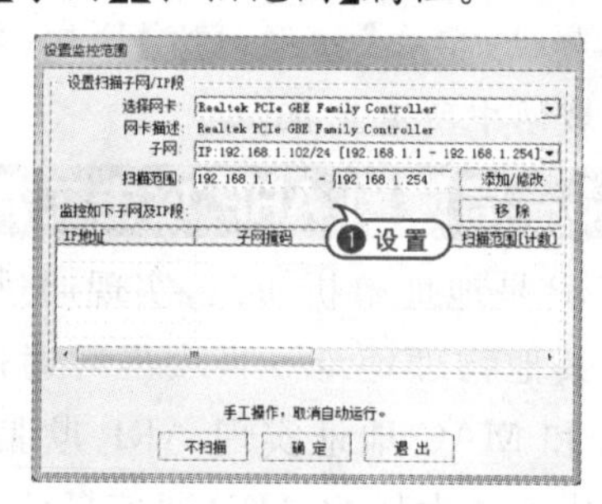

02 单击【添加/修改】按钮，将扫描范围添加到【监控如下子网及 IP 段】列表中，单击【确定】按钮。

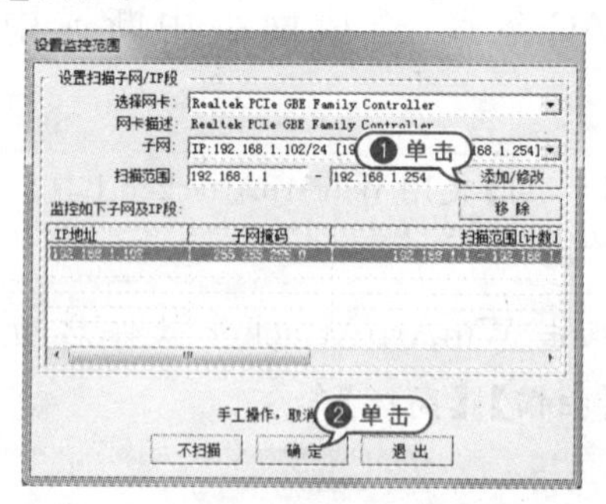

03 弹出【长角牛网络监控机】对话框，查看设置的 IP 段内的各主机信息。

04 在列表中双击查看的对象，弹出【用户属性】对话框，单击【历史记录】按钮。

05 弹出【在线记录】对话框，查看该计算机上线时间，单击【导出】按钮。

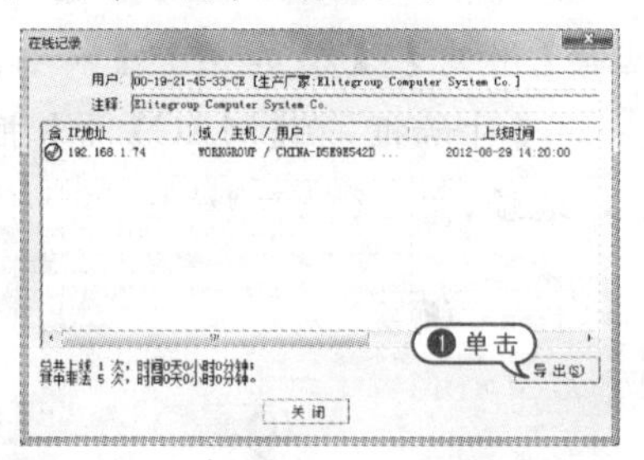

06 弹出文本文件，可保存该计算机上线记录。

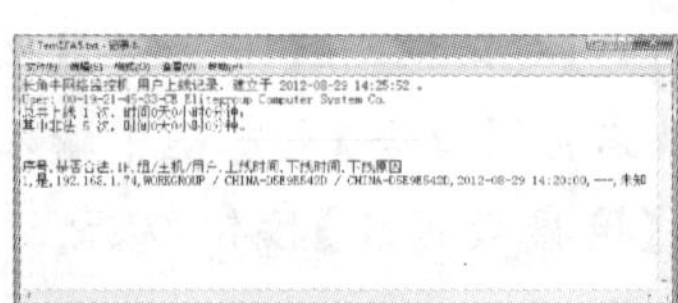

07 返回【长角牛网络监控机】对话框，打开【本机状态】选项卡，查看本机网卡参数、IP收发、TCP收发等信息。

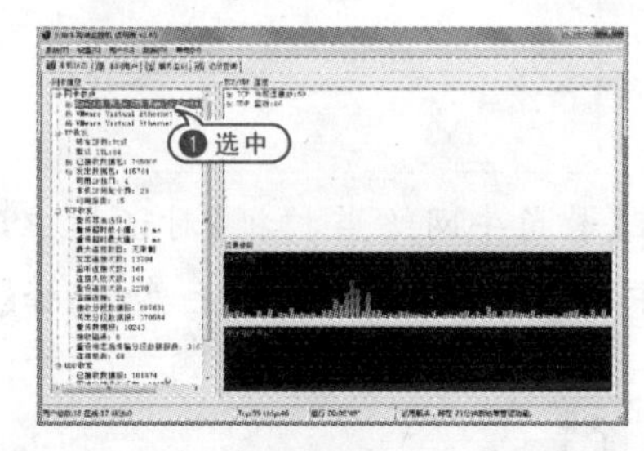

08 打开【服务监测】选项卡，进行添加、修改、移除服务器等操作。

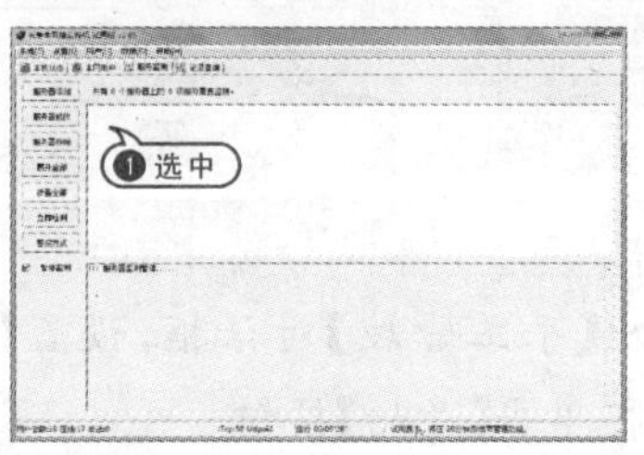

09 打开【记录查询】选项卡，在【用户】下拉列表中选择需要查询的网卡地址。在【在线时间】文本框中输入时间段，单击【查找】按钮，查找主机在此时间段的记录。

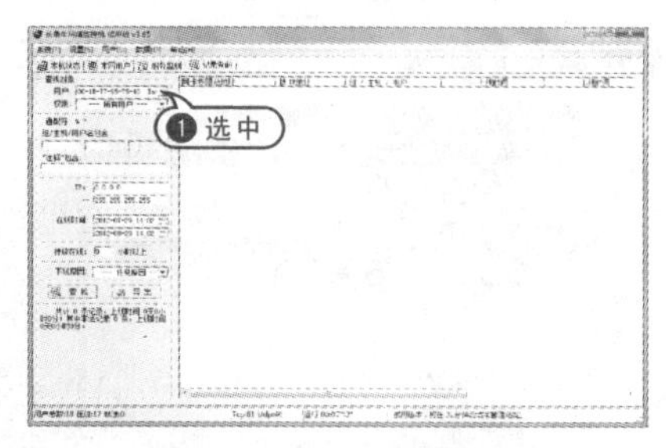

10 在【长角牛网络监控机】对话框中选择【设置】|【关键主机组】命令。

11 弹出【关键主机组设置】对话框，在【选择关键主机组】下拉列表中选择对应的主机组，在【组名称】中输入对应的组名称后，在【组内 IP】文本框中输入对应的 IP 组，单击【全部保存】按钮。

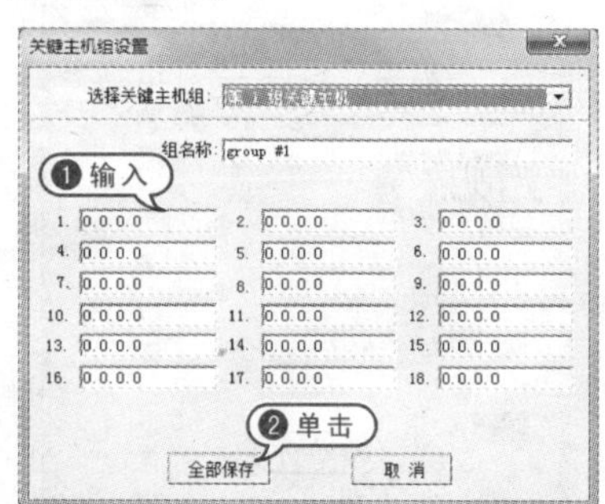

12 选择【设置】|【默认权限】命令，弹出【用户权限设置】对话框，选中【受限用户，若违反以下权限将被管理】单选按钮，设置【启用IP限制】【启用时间限制】等属性，单击【保存】按钮。

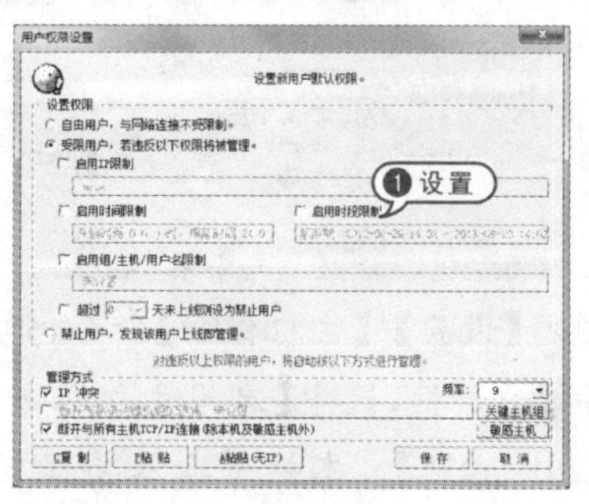

13 选择【设置】|【IP保护】命令，弹出【IP保护】对话框，在【指定IP段】文本框中输入要保护的IP段，单击【添加】按钮，将该IP段添加到【已受保护的IP段】列表中，单击【确定】按钮。

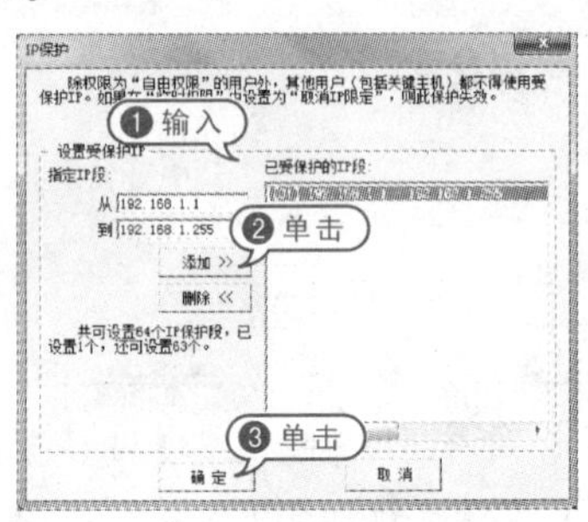

14 选择【设置】|【敏感主机】命令，弹出【设置敏感主机】对话框，在【敏感主机MAC】文本框中输入目标主机的MAC地址，单击 >> 按钮，将该主机设置为敏感主机，单击【确定】按钮。

15 选择【设置】|【远程控制】命令，弹出【远程控制】对话框，选中【接受远程命令】复选框，在【对方IP】和【对方端口】文本框中输入目标主机IP地址和端口号。

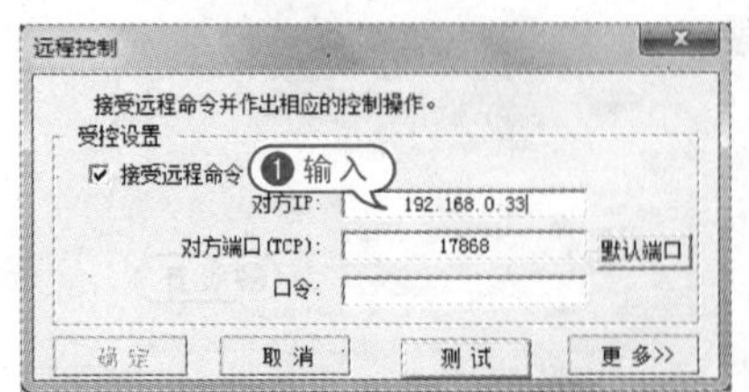

16 选择【设置】|【主机保护】命令，弹出【主机保护】对话框，选中【启用主机保护】复选框，在【IP地址】文本框中输入要保护的IP地址，单击【MAC】按钮，添加网卡地址，单击【加入】按钮，该主机添加到【受保护主机】列表中，单击【确定】按钮。

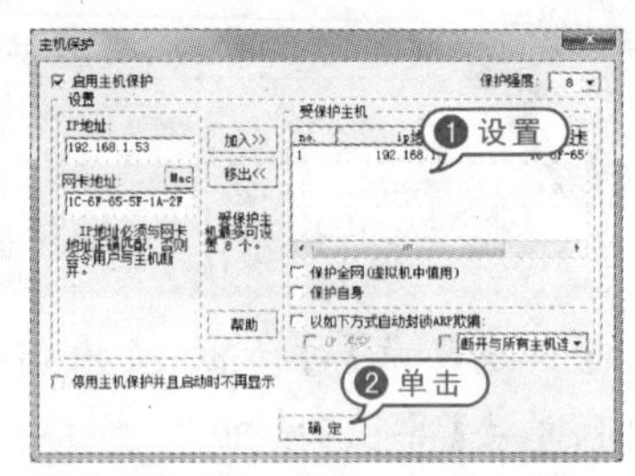

17 选择【用户】|【添加用户】命令，弹出【New user】对话框，在【MAC】文本框中输入MAC地址，单击【保存】按钮。

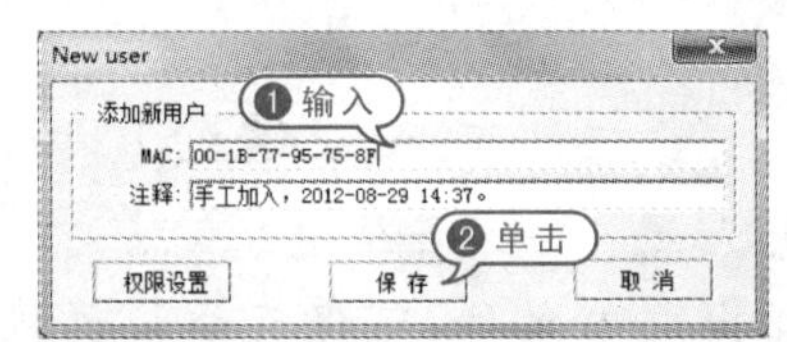

18 选择【用户】|【远程添加】命令，弹出【远程获取用户】对话框，在【IP地址】【数据库名称】【登录名称】【口令】文本框中输入相应内容，单击【连接数据库】按钮，从该远程主机中读取用户。

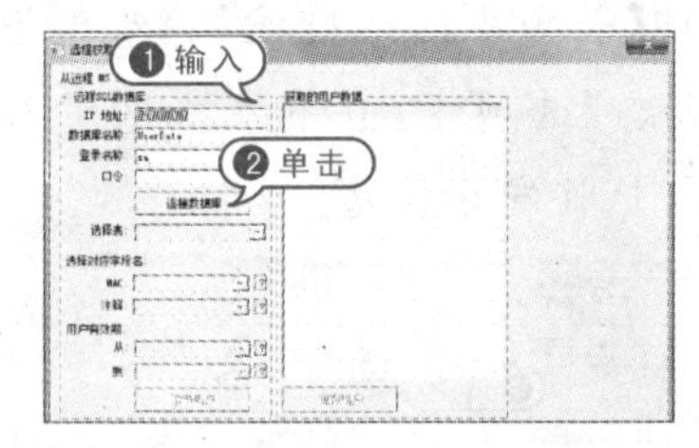

19 在【长角牛网络监控机】对话框中，右击列表中的计算机，弹出快捷菜单，选择【手工管理】选项。

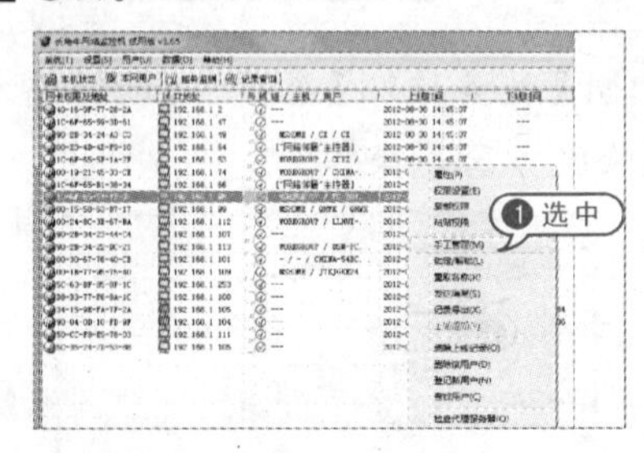

20 弹出【手工管理】对话框，设置【管理方式】选项，单击【开始】按钮。

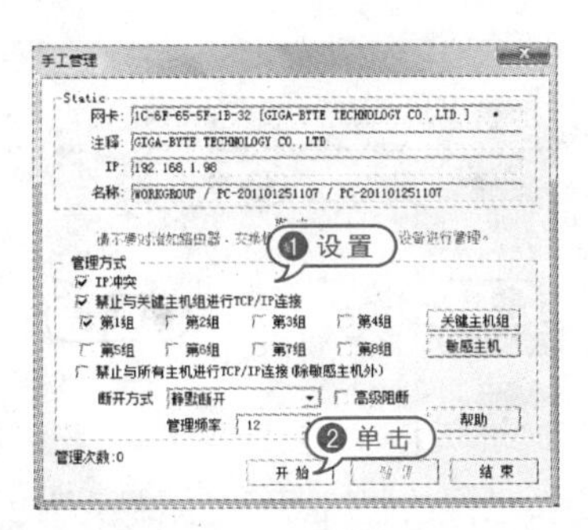

21 在【长角牛网络监控机】对话框中，右击列表中的计算机，弹出快捷菜单，选择【锁定/解锁】选项，弹出【锁定/解锁】对话框，设置锁定方式，单击【确定】按钮，禁止该计算机访问相应的链接。

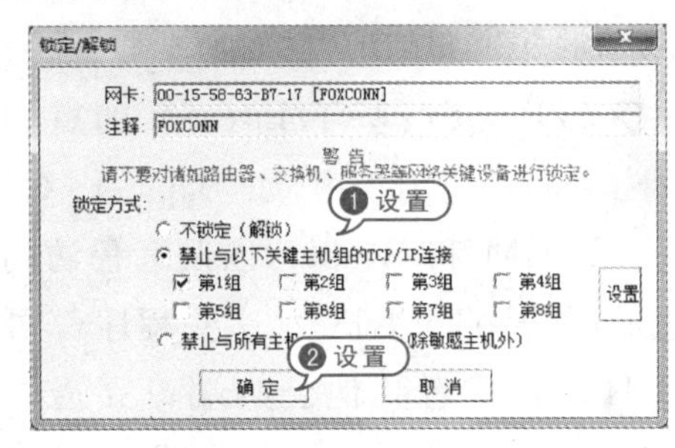

6.5 网页恶意代码的攻防

恶意代码是指没有作用却会带来危险的代码。关于恶意代码的一个最安全的定义是把所有不必要的代码都看作是恶意的。不必要代码比恶意代码具有更宽泛的含义，包括所有可能与某个组织安全策略相冲突的软件。

6.5.1 恶意代码的特征

恶意代码(Malicious code)或者叫恶意软件 Malware(Malicious Software)，其具有如下共同特征。

- 恶意的目的。
- 本身是程序。
- 通过执行发生作用。

有些恶作剧程序或者游戏程序不能看作是恶意代码。对过滤性病毒的特征进行讨论的文献很多，尽管数量很多，但是机理比较近似，在防病毒程序的防护范围之内，更值得注意的是非过滤性病毒。

6.5.2 非过滤性病毒

非过滤性病毒包括口令破解软件、嗅探器软件、键盘输入记录软件、远程特洛伊和间谍软件等。组织内部或者外部的攻击者使用这些软件来获取口令、侦察网络通信、记录私人通信，暗地接收和传递远程主机的非授权命令，而有些私自安装的 P2P 软件实际上等于在企业的防火墙上开了一个口子。与非过滤性病毒有关的概念包括以下几种。

- 间谍软件：与商业软件产品有关，有些商业软件产品在安装到用户机器上的时候，未经用户授权就通过 Internet 连接，让用户方软件与开发商软件进行通信，这部分通信软件就叫做间谍软件。
- 远程访问特洛伊：是安装在受害者机器上，实现非授权的网络访问的程序，如 NetBus 和 SubSeven 可以伪装成其他程序，迷惑用户安装，它们能够伪装成可以执行的电子邮件，或者 Web 下载文件等。
- Zombies：恶意代码不全是从内部进行控制的，在分布式拒绝服务攻击中，Internet 中的不少站点受到其他主机上 Zombies 程序的攻击。
- 口令破解、嗅探程序和网络漏洞扫描：口令破解、网络嗅探和网络漏洞扫描是公司内部人员侦察同事，取得非法的资源访问权限的主要手段，这些攻击工具不是自动执行，而是被隐蔽地操纵。
- 键盘记录程序：某些用户组织使用

PC 活动监视软件监视使用者的操作情况，通过键盘记录，防止雇员不适当地使用资源，或者收集罪犯的证据。

- P2P 系统：基于 Internet 的点到点(peer-to-peer)应用程序，如 Napster、GoToMyPC、AIM 和 Groove，以及远程访问工具通道(如 GoToMyPC)，这些程序都可以通过 HTTP 或者其他公共端口穿透防火墙，从而让雇员建立起自己的 VPN，这种方式对于组织或者公司有时候是十分危险的。
- 逻辑炸弹和时间炸弹：逻辑炸弹和时间炸弹是以破坏数据和应用程序为目的的程序。一般是由组织内部有不满情绪的雇员植入，逻辑炸弹和时间炸弹对于网络和系统有很大程度的破坏。

6.5.3 清除恶意代码

恶意网站清除器是新型的 IE 修复工具及流行病毒专杀工具，具有屏蔽 IE 弹窗、IE 浮动广告、IE 脚本病毒及 IE 插件等多项功能。

【例 6-13】使用恶意代码清除器工具清除恶意代码。视频

01 双击【恶意代码清除器】软件启动程序，在下拉列表中，选择需要检测的硬盘，单击【检测】按钮。

02 单击【广告屏蔽】按钮，选中【屏蔽所有弹出窗口及浮动广告】复选框，单击【启动屏蔽】按钮。

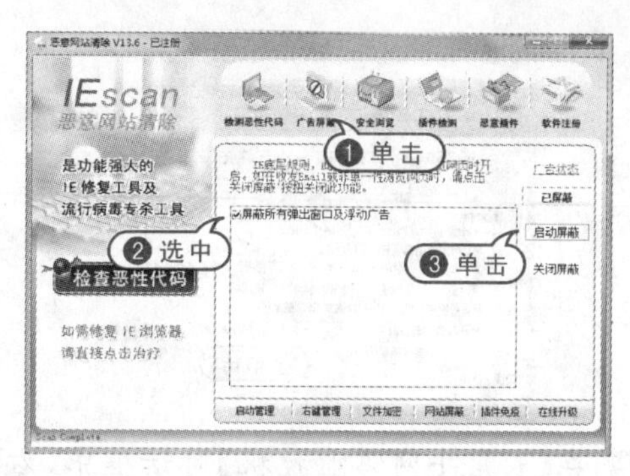

03 单击【恶意插件】按钮，单击【检测】按钮，检测插件。

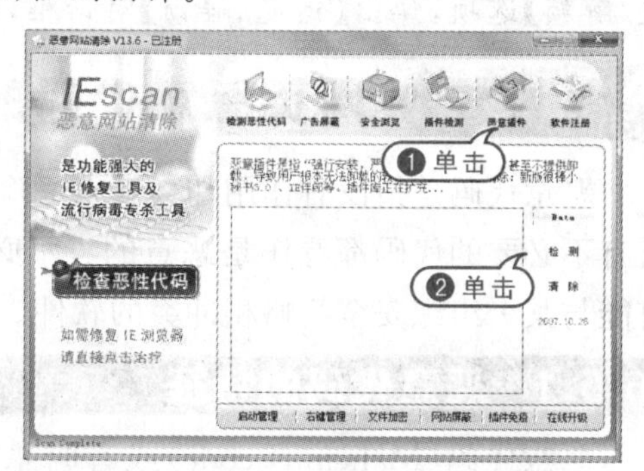

04 单击下方的【网站屏蔽】按钮，在文本框中输入网址和描述，单击【加入屏蔽】按钮。

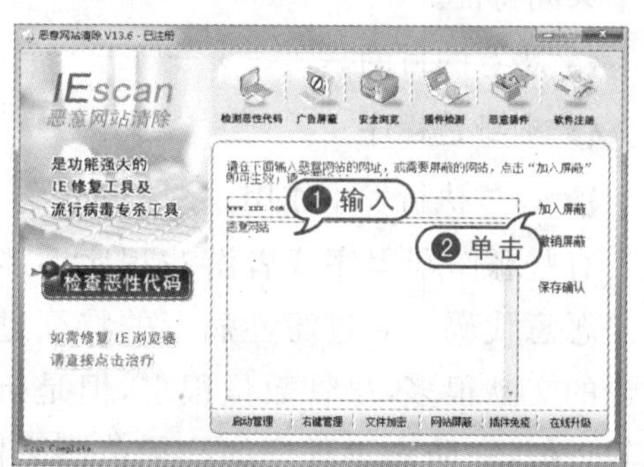

05 单击【插件免疫】按钮，选中要取消屏蔽插件的复选框，单击【撤消屏蔽】按钮。

6.5.4 提高 IE 浏览器安全

恶意网页可以通过修改注册表，锁定 IE 的主页设置项，使其按钮变灰即不可用。

【例 6-14】设置 Internet 选项提高 IE 浏览器安全级别。视频

01 双击【浏览器】软件启动程序，选择【工具】|【Internet 选项】命令。

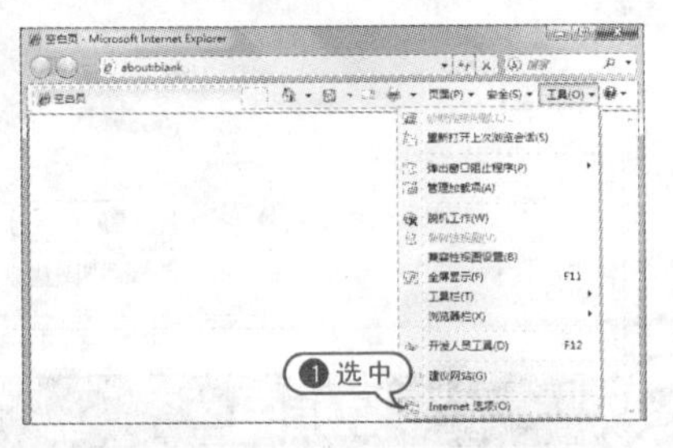

02 弹出【Internet 属性】对话框，单击【删除】按钮。

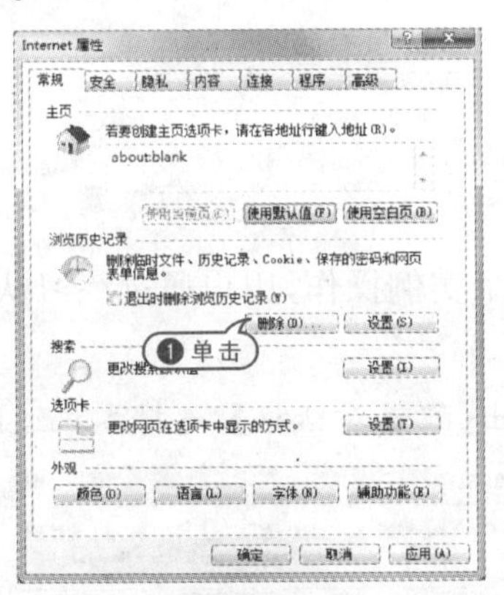

03 弹出【删除浏览的历史记录】对话框，选中要删除内容前的复选框，单击【删除】按钮。

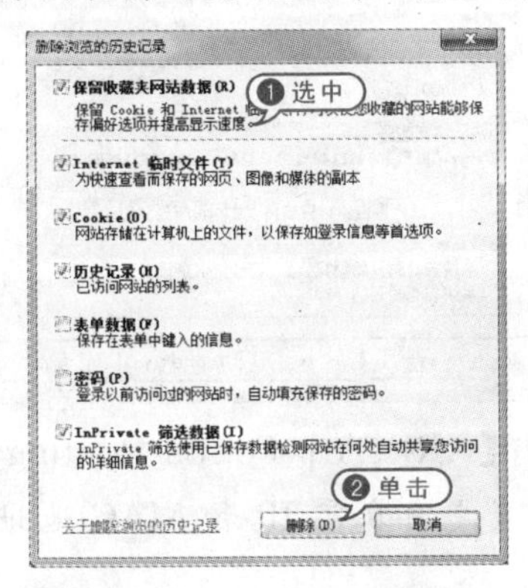

04 返回【Internet 属性】对话框，打开【安全】选项卡，单击【自定义级别】按钮。

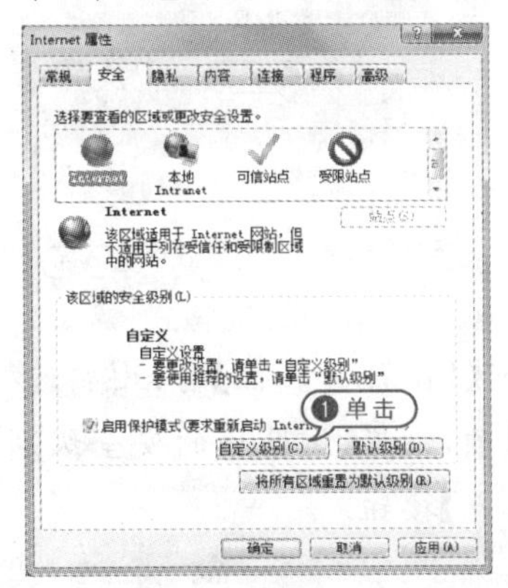

05 弹出【安全设置】对话框，选中需要设置 Web 浏览器的对应选项单选按钮，单击【确定】按钮。

06 返回【Internet 属性】对话框，选择【可信站点】选项，设置【该区域安全级别】选项，单击【站点】按钮。

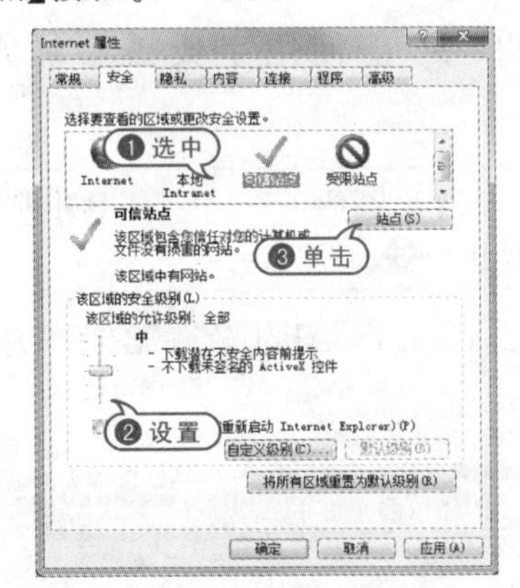

07 弹出【可信站点】对话框，在【将该网站添加到区域】文本框中输入站点名称，单击【添加】按钮，将其添加为可信站点，单击【关闭】按钮。

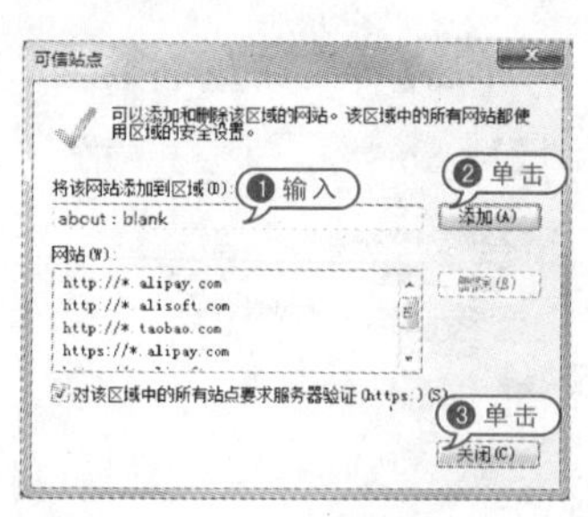

08 返回【Internet 属性】对话框，选择【受限站点】选项，设置【该区域的安全级别】选项，单击【站点】按钮。

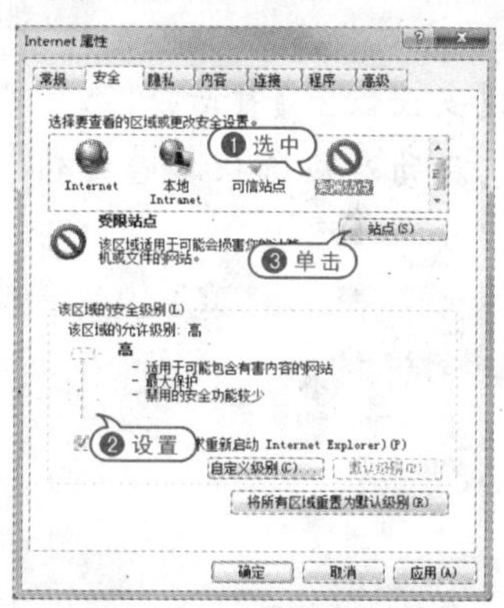

09 弹出【受限站点】对话框，在【将该网站添加到区域】文本框中输入站点名称，单击【添加】按钮，将其添加为受限站点，单击【关闭】按钮。

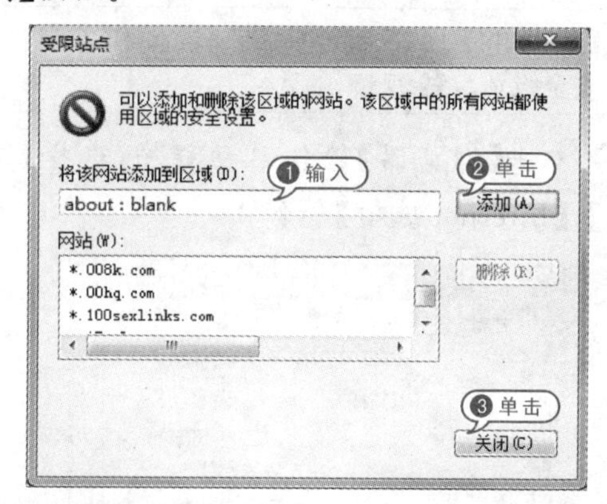

专家指点

IE 安全级别设置会直接影响到 Maxthon、TheWorld、腾讯 TT 等浏览器，这些浏览器都是使用 IE 浏览器作为核心的。

6.6 实战演练

本章的实战演练部分包括使用 Cain&Abel 工具这个实例操作，用户通过练习从而巩固本章所学知识。

Cain & Abel 作为著名的 Windows 平台口令恢复工具，能通过网络嗅探很容易恢复多种口令，能使用字典破解加密的口令等。

【例 6-15】设置 Cain & Abel 工具并进行网络嗅探操作。视频

01 双击 Cain & Abel 软件启动程序，单击【配置】按钮。

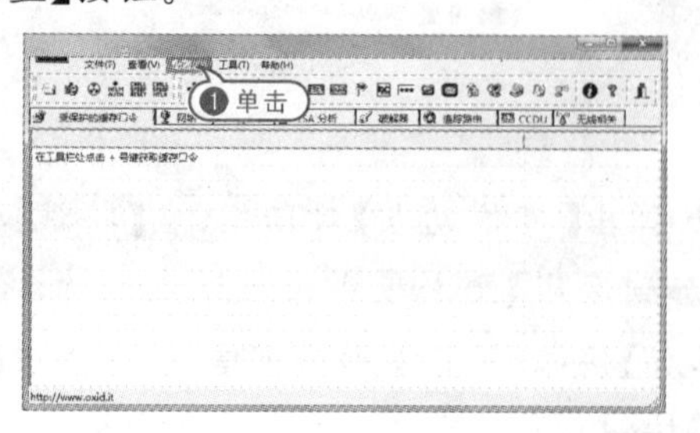

02 弹出【配置对话框】，选择本机适配器。

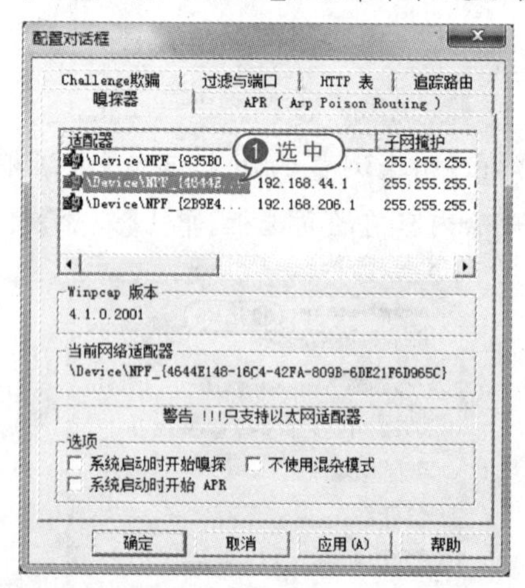

03 选择【ARP(Arp Poison Routing)】选项卡，选中【使用真实 IP 和 MAC 地址】单选按钮。

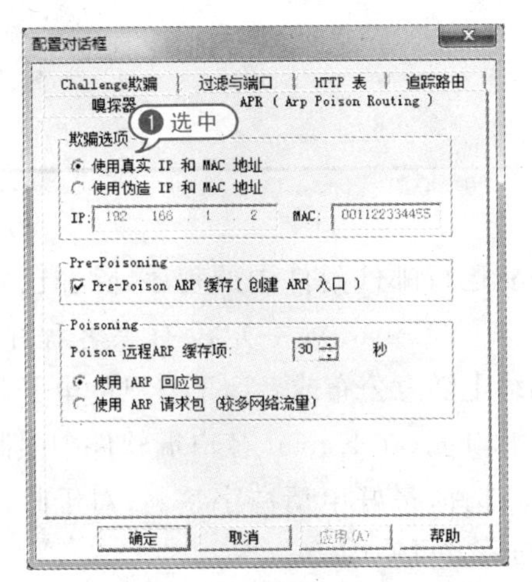

04 打开【过滤与端口】选项卡，选择【FTP】复选框，单击【确定】按钮。

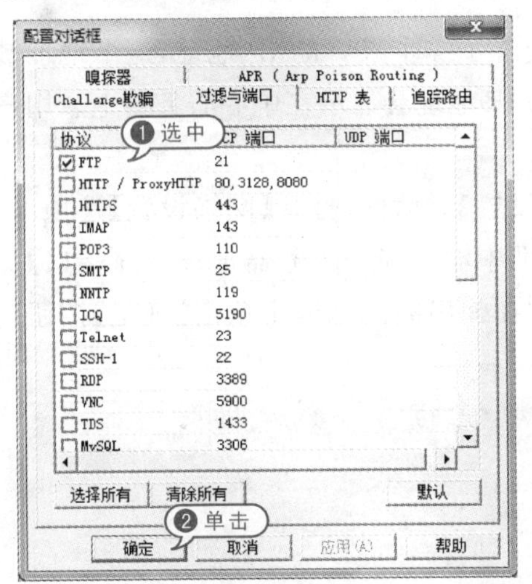

05 返回【Cain & Abel】对话框，打开【嗅探器】选项卡，在列表中右击，在弹出的菜单中选择【扫描 MAC 地址】命令，单击【确定】按钮。

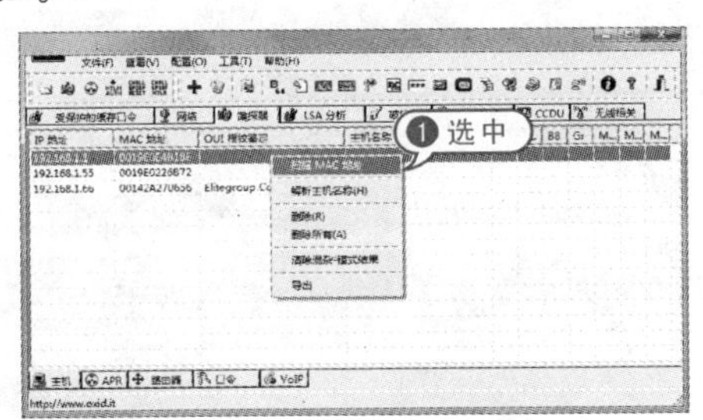

06 弹出【MAC 地址扫描】对话框，选择【所有在子网的主机】单选按钮，单击【确定】按钮。

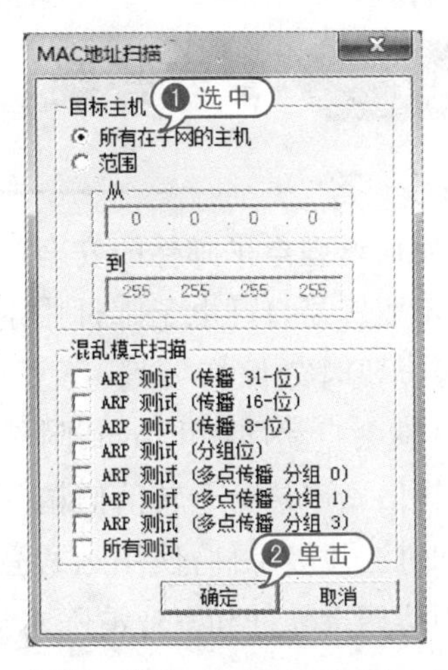

07 开始扫描，待扫描完成后，即可在【嗅探器】选项卡中查看整个局域网内的主机信息。

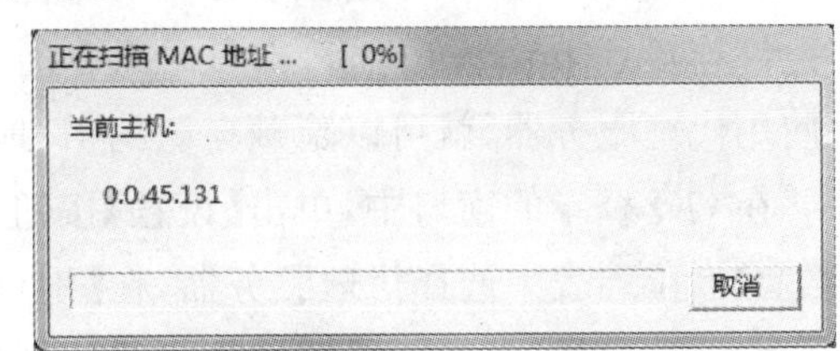

08 选择下方的【APR】选项卡，查看已经存在的 ARP 欺骗，单击✚按钮。

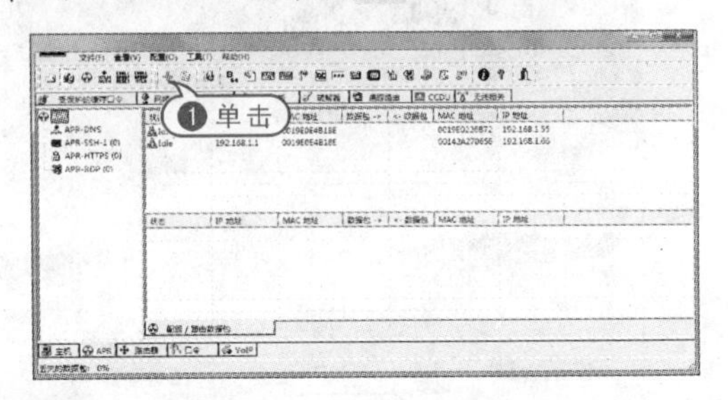

09 弹出【新的 ARP Poison Routing】对话框，在左侧列表选择网关，在右侧列表选择被欺骗的 IP 地址，单击【确定】按钮。返回【ARP】选项卡，查看新添加的欺骗信息。

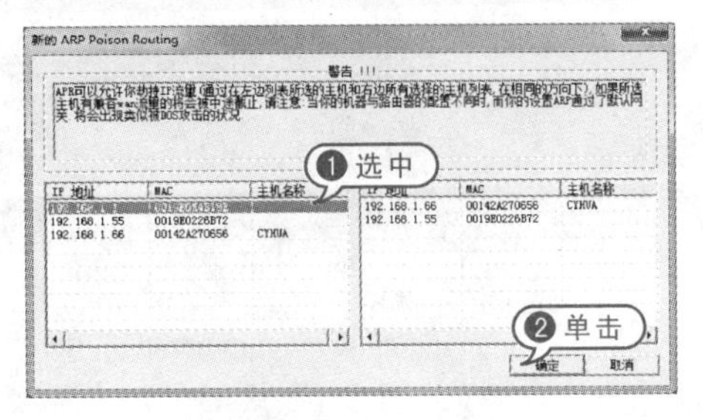

6.7 专家答疑

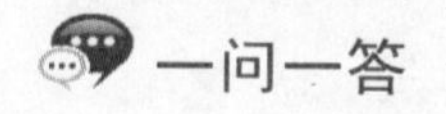

一问一答

问：如何增强电子邮件的安全？

答：不要轻易打开电子邮件中的附件，更不要轻易运行邮件附件中的程序，除非已知信息的来源。要时刻保持警惕，不要轻易相信熟人发来的 E-mail 就一定没有黑客程序，如 Happy99 就会自动加在 E-mail 附件当中。不要在网络上随意公布或者留下自己的电子邮件地址，去转信站申请一个转信信箱，因为只有它是不怕炸的。在 E-mail 客户端软件中限制邮件大小和过滤垃圾邮件；使用远程登录的方式来预览邮件；最好申请数字签名；对于邮件附件要先用防病毒软件和专业清除木马的工具进行扫描后方可使用。

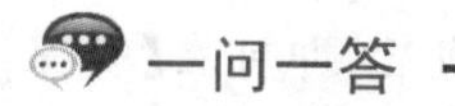

一问一答

问：如何设置使用代理服务器的方式登录 QQ？

答：当通过 ISP 服务商注册账号时，计算机被分配了一个唯一的 IP 地址，这个地址被指定允许连接到 Internet 上，每次登录 QQ 时，用户的 IP 地址会显示在中心服务器上。用户如果使用代理服务器，就可以隐藏自己的 IP 地址了。

在 QQ 登录的窗口中，单击【设置】按钮，弹出【设置】对话框，打开【网络设置】选项卡，在【类型】下拉列表中选择代理服务器，在【地址】文本框中输入代理服务器地址，在【端口】文本框中输入端口号，单击【测试】按钮。若测试成功，则在弹出的消息框中单击【确定】按钮。完成设置。

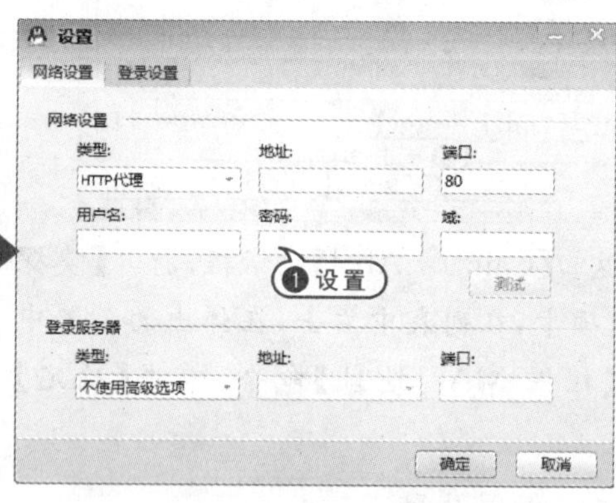

第7章

远程控制攻防技术

所谓远程控制，是指管理人员在异地通过计算机网络异地拨号或双方都接入 Internet 等手段，联通需被控制的计算机，将被控计算机的桌面环境显示到自己的计算机上，通过本地计算机对远方计算机进行配置、软件安装、修改等工作。

参见随书光盘

例 7-1　连接远程桌面
例 7-2　远程关机
例 7-3　使用 QQ 远程协助
例 7-4　使用 Radmin 工具
例 7-5　使用网络人工具
例 7-6　使用 pcAnywhere 工具
例 7-7　使用 PcShare 工具
例 7-8　使用防火墙切断网络连接
例 7-9　使用远程操作任我行工具

7.1 远程协助应用和远程桌面

远程控制是在网络上由一台电脑(主控端 Remote/客户端)远距离去控制另一台电脑(被控端 Host/服务器端)的技术。电脑中的远程控制技术始于 DOS 时代。远程控制一般支持下面的这些网络方式:LAN、WAN、拨号、互联网等。

7.1.1 远程协助应用

"远程"不是字面上远距离的意思,一般指通过网络控制远端电脑。随着互联网的普及和技术革新,现在的远程控制往往指互联网中的远程控制。当操作者使用主控端电脑控制被控端电脑时,就如同坐在被控端电脑的屏幕前一样,可以启动被控端电脑的应用程序,可以使用或窃取被控端电脑的文件资料,甚至可以利用被控端电脑的外部打印设备(打印机)和通信设备(调制解调器或者专线等)来进行打印和访问外网和内网,就像利用遥控器遥控电视的音量、变换频道一样。

- 远程办公:通过远程控制功能我们可以轻松地实现远程办公,这种远程的办公方式新颖、轻松,从某种方面来说可以提高员工的工作效率和工作兴趣。

- 远程技术支持:通常,远距离的技术支持必须依赖技术人员和用户之间的电话交流来进行,这种交流既耗时又容易出错。但是有了远程控制技术,技术人员就可以远程控制用户的电脑,就像直接操作本地电脑一样,只需要用户的简单帮助就可以得到该机器存在的问题的第一手资料,很快就可以找到问题的所在,并加以解决。

- 远程交流:利用远程技术,商业公司可以实现和用户的远程交流,采用交互式的教学模式,通过实际操作来培训用户,使用户从技术支持专业人员那里学习示例知识变得十分容易。而教师和学生之间也可以利用这种远程控制技术实现教学问题的交流,学生可以不用见到老师,就得到老师手把手的辅导和讲授。

- 远程维护和管理:网络管理员或者普通用户可以通过远程控制技术为远端的电脑安装和配置软件、下载并安装软件修补程序、配置应用程序和进行系统软件设置。

7.1.2 连接远程桌面

微软对 Windows 7 中远程协助功能最大的改进莫过于有效性的提高。通过改进的 NAT 穿越机制,在开启必要的防火墙端口的情况下,远程协助可以在复杂的网络条件下轻松地建立连接,即便两台 PC 都位于 NAT 或防火墙后。

【例 7-1】利用 Windows 7 系统中的程序连接远程桌面。视频

01 右击【开始】|【计算机】选项,在弹出的菜单中,选择【属性】命令。

02 弹出【系统】对话框,在左侧窗格选中

【远程设置】选项。

03 弹出【系统属性】对话框，选中【允许远程协助连接这台计算机】复选框，单击【高级】按钮。

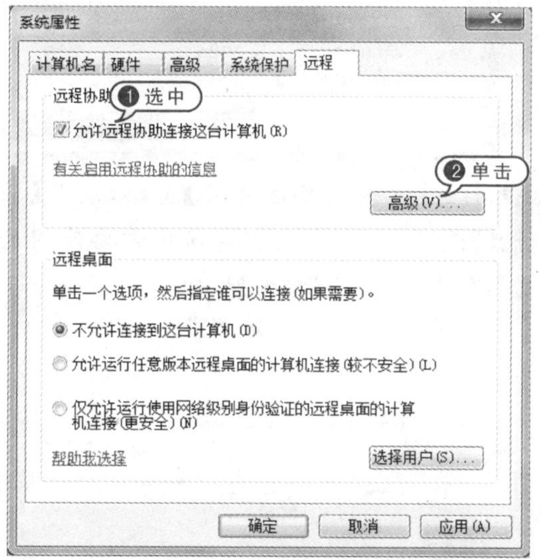

04 弹出【远程协助设置】对话框，选中【允许此计算机被远程控制】复选框，设置【邀请】下拉列表中的时间，单击【确定】按钮。

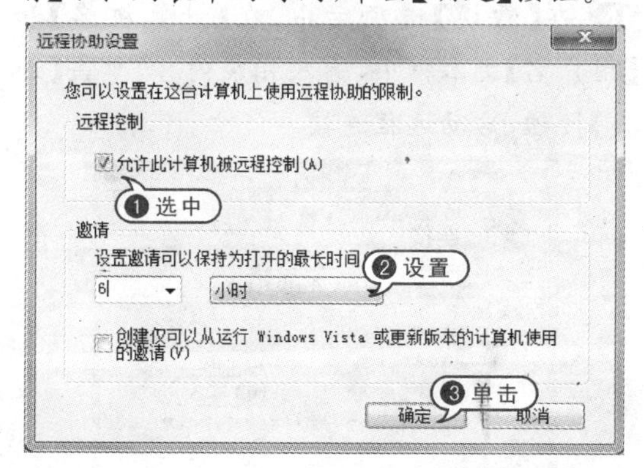

05 返回【系统属性】对话框，在【远程桌面】选项中，选中【仅允许使用网络级别身份验证的远程桌面的计算机连接】选项，单击【选择用户】按钮。

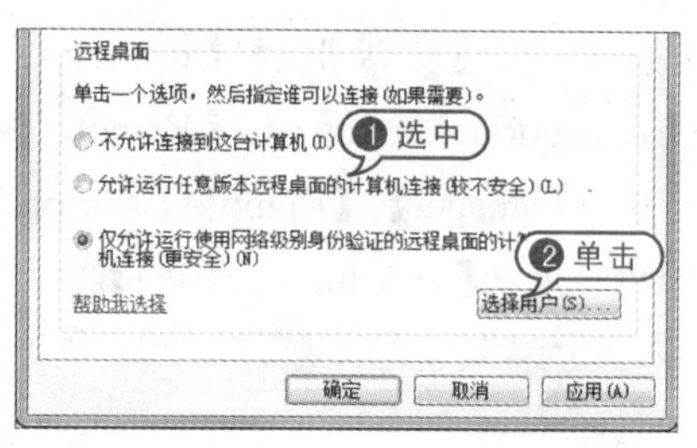

06 弹出【远程桌面用户】对话框，单击【添加】按钮。

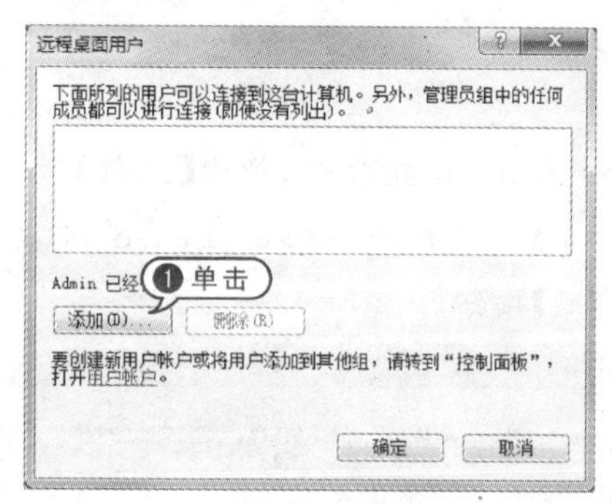

07 弹出【选择用户】对话框，在【输入对象名称来选择】文本框中，输入名称，单击【确定】按钮。

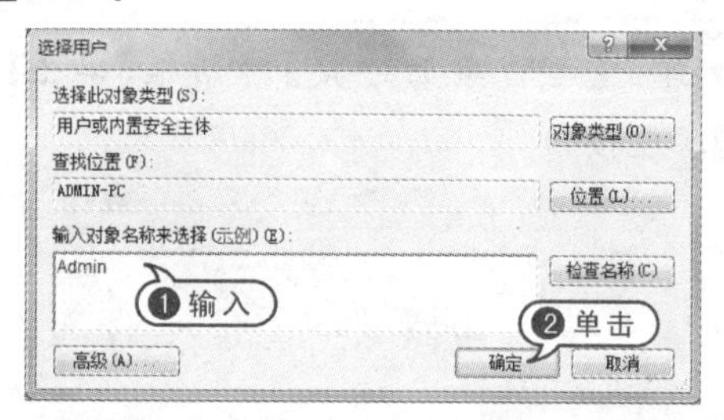

08 返回【远程桌面用户】对话框，单击【确定】按钮，返回【系统属性】对话框，单击【确定】按钮。

09 按 Win+R 组合键，弹出【运行】对话框，在【打开】文本框中，输入命令"comexp.msc"，单击【确定】按钮。

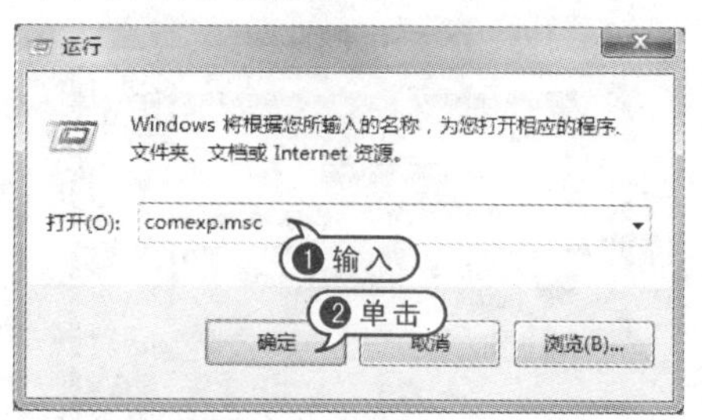

10 弹出【组件服务】对话框，在左侧窗格选

择【服务(本地)】对话框，把【Remote Access Auto Connection Manager】、【Remote Access Connection Manager】、【Remote Desktop Services】选项设置为【自动(延迟启动)】。

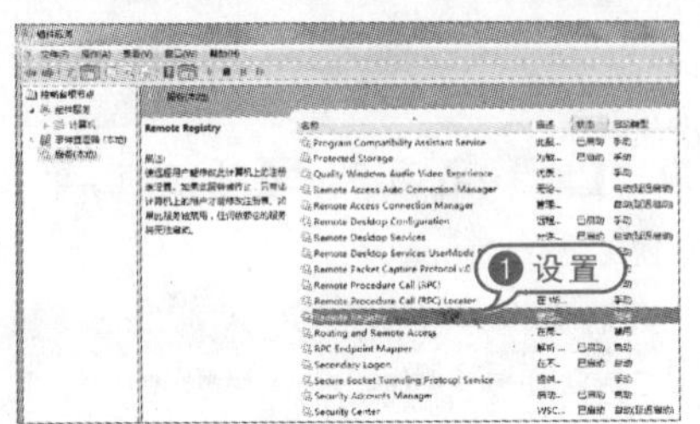

11 按Win+R组合键，弹出【运行】对话框，在【打开】文本框中，输入“mstsc”命令，单击【确定】按钮。

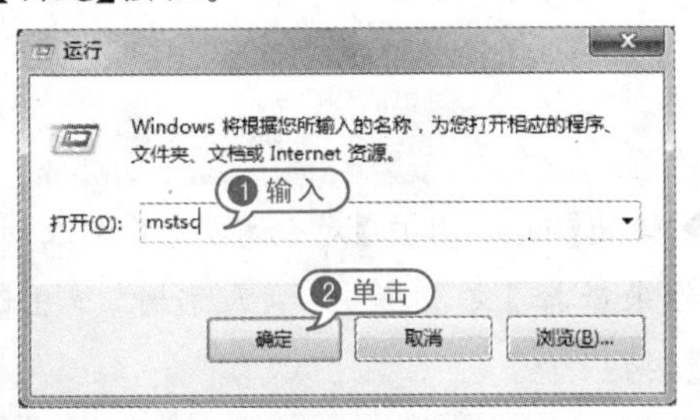

12 弹出【远程桌面连接】对话框，单击【选项】扩展按钮。

13 在【显示】选项卡中，设置【显示配置】和【颜色】属性。

14 在【本地资源】选项卡中，单击【详细信息】按钮。

15 打开【本地设备和资源】窗格，展开【驱动器】选项，选中在远程会话中需要使用的设备和资源，单击【确定】按钮。

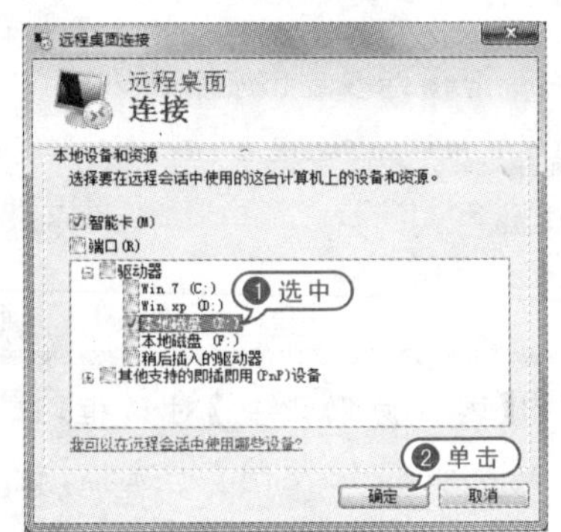

16 在【常规】选项卡中，在【计算机名】和【用户名】文本框中，输入相应内容，单击【连接】按钮，启动远程连接。

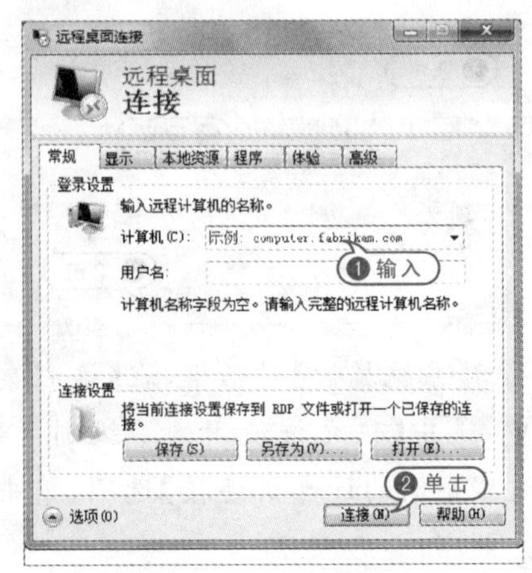

7.1.3 使用远程关机

windows 7 的远程桌面功能是非常强大的，可以进行各种操作，修改设置、操作服务器就像在本机一样。当然对于关闭计算机、重新启动计算机等系统操作也是没有一点问题的。

【例 7－2】利用 Windows 7 系统中的程序进行远程关机。视频

01 按 Win＋R 组合键，弹出【运行】对话框，在【打开】文本框中，输入命令“gpedit. msc”，单击【确定】按钮。

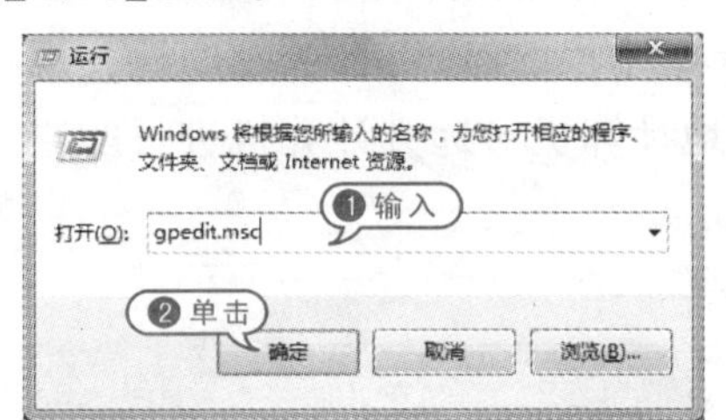

02 弹出【本地组策略编辑器】对话框，在左侧窗格展开【计算机配置】|【Windows 设置】|【本地策略】|【用户权限分配】选项，双击【从远程系统强制关机】选项。

03 弹出【从远程系统强制关机 属性】对话框，单击【添加用户或组】按钮。

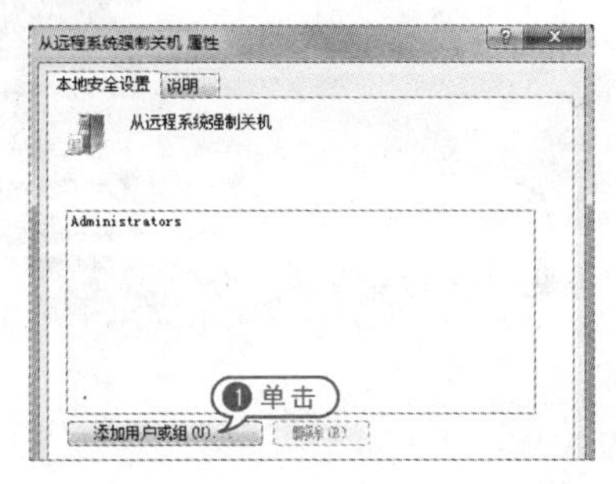

04 弹出【选择用户或组】对话框，在【输入对象名称来选择】文本框中，输入“guest”，单击【确定】按钮。

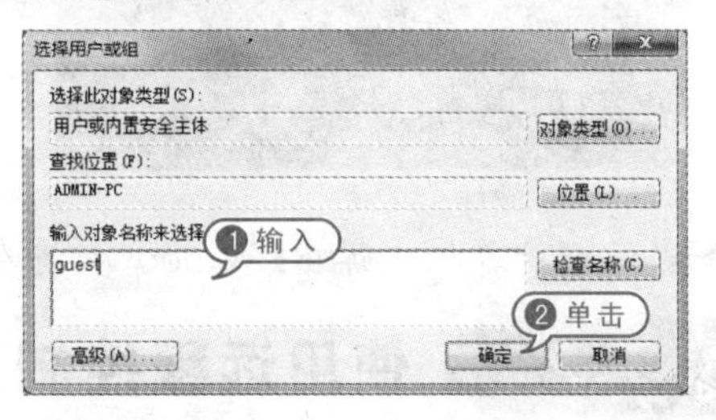

05 选择【开始】|【控制面板】|【用户帐户和家庭安全】|【用户帐户】|【管理帐户】选项，在【希望更改的帐户】对话框中，选中【Guest】选项。

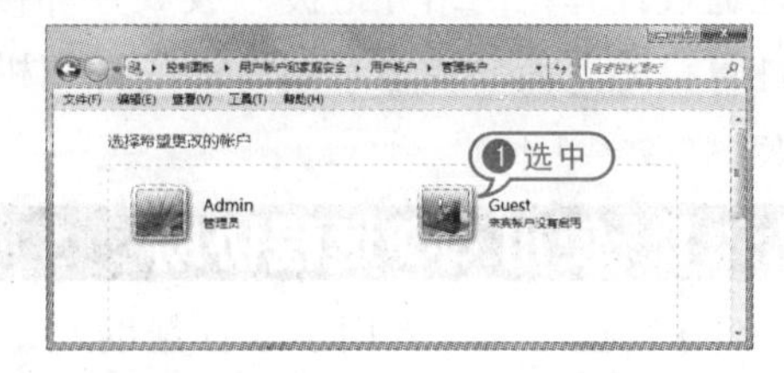

06 在【您想启用来宾帐户吗】对话框中，单击【启用】按钮。

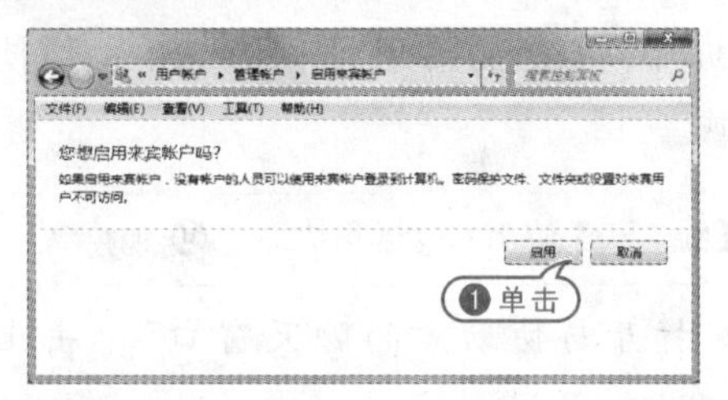

07 按 Win＋R 组合键，弹出【运行】对话框，在【打开】文本框中，输入命令“cmd”，单击【确定】按钮。

08 弹出【命令提示符】对话框，输入命令“shutdown -s-t 30”，按【回车】键，表示为 30 秒后关闭系统。

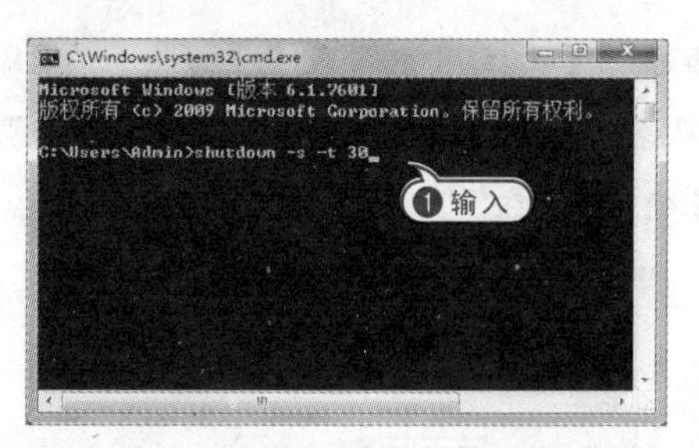

09 在远程计算机中弹出【Windows 将在一分钟内关闭】提示框，保存好正在运行的文件，以免丢失。

7.2 使用远程控制工具

远程控制必须通过网络才能进行。位于本地的计算机是操纵指令的发出端，称为主控端或客户端，非本地的被控计算机叫作被控端或服务器端。通过远程控制不仅可以对网络中的其他电脑进行控制，而且可以对其他电脑进行设置操作。简单地说就是指管理人员在异地通过计算机网络异地拨号或双方都接入 Internet 等手段，连通需被控制的计算机，将被控计算机的桌面环境显示到自己的计算机上，通过本地计算机对远方计算机进行配置、软件安装、修改等工作。

7.2.1 使用 QQ 远程协助

QQ 远程协助主要用于远程帮助 QQ 好友，操作好友电脑，解决对方电脑操作上遇到的问题。由于无法实现无人值守时进行远程协助，该功能仅用于远程办公、远程协助领域。

【例 7－3】使用 QQ 远程协助。视频

01 打开与协助方的聊天窗口，单击上方【远程协助】按钮。

02 在协助方聊天窗口会弹出【远程协助】窗格，单击【接受】按钮，即可建立远程协助连接。

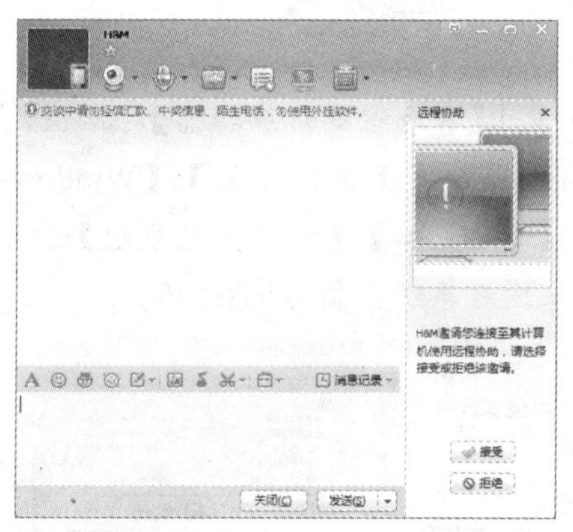

03 在受助方聊天窗口中，选中【允许对方控制计算机】复选框。

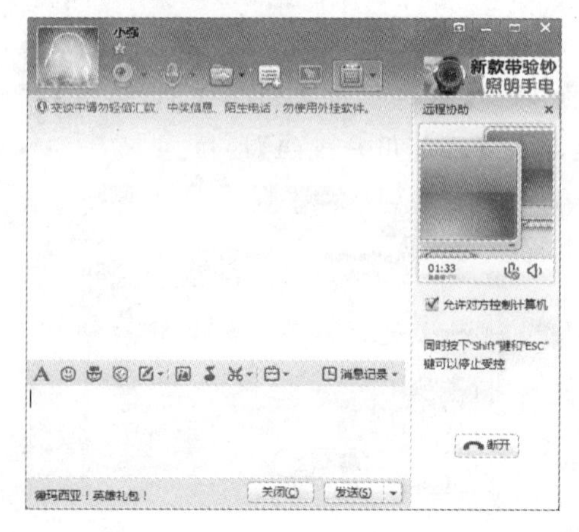

04 弹出【选择用户或组】对话框，在【输入对象名称来选择】文本框中，输入“guest”，单击【确定】按钮。

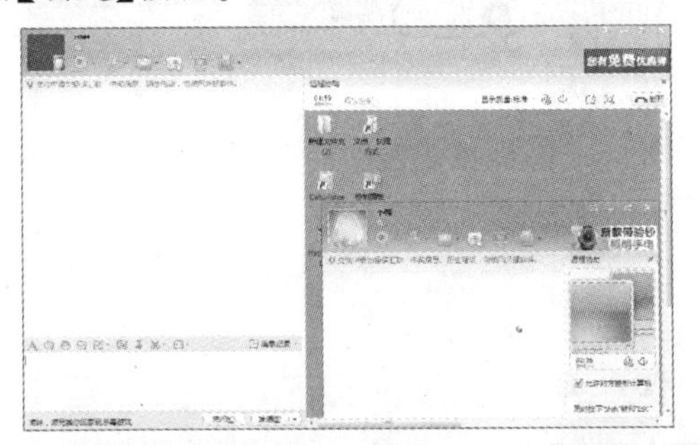

7.2.2 使用 Radmin 工具

Radmin（Remote Administrator）是一款屡获殊荣的远程控制软件，将远程控制、外包服务组件以及网络监控结合到一个系统里，提供目前为止最快速、强健而安全的工具包。

【例 7-4】使用 Radmin 远程控制工具进行远程控制操作。视频

01 在需要被远程控制的计算机中，双击【Radmin Server】软件启动程序，按步骤进行安装。

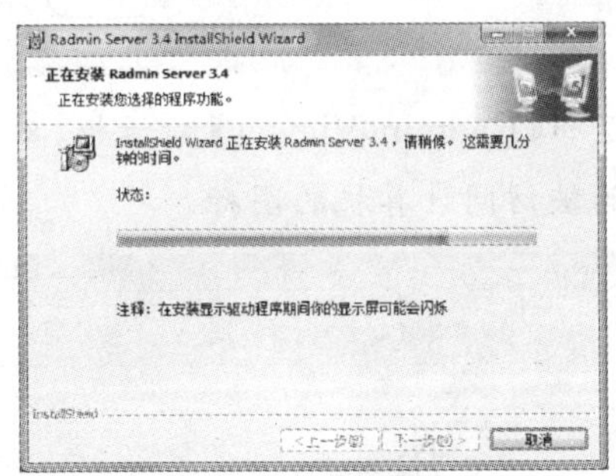

02 安装完毕后，双击【Radmin 服务器设置】软件启动程序，在弹出的【Radmin 服务器设置】对话框中，单击【选项】按钮。

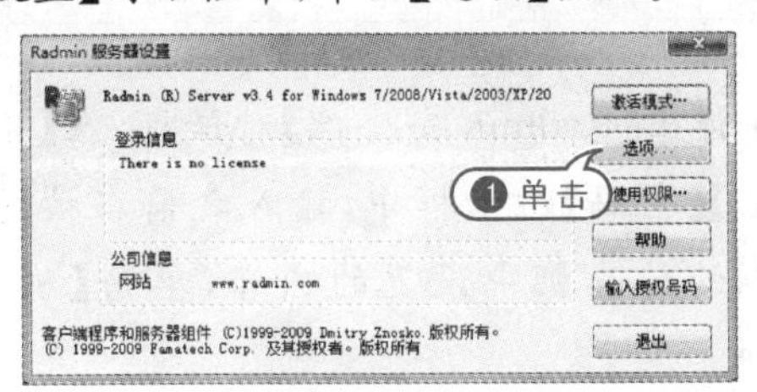

03 弹出【Radmin 服务器选项】对话框，根据需要对各选项进行设置，设置完毕后，单击【确定】按钮。

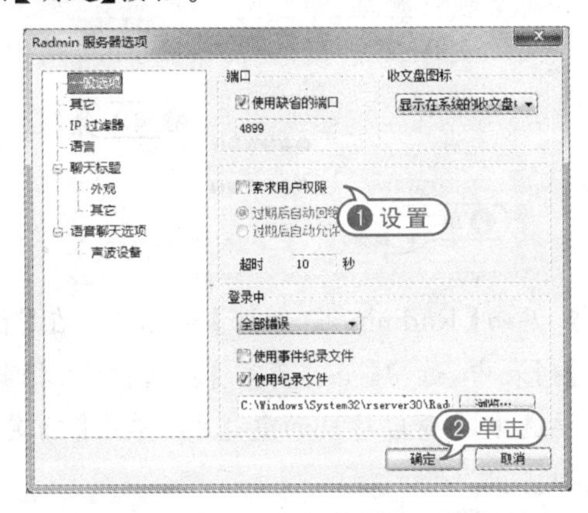

04 返回【Radmin 服务器设置】对话框，单击【使用权限】按钮，弹出【Radmin 服务器安全模式】对话框，选中【Radmin 安全性】单选按钮，单击【使用权限】按钮。

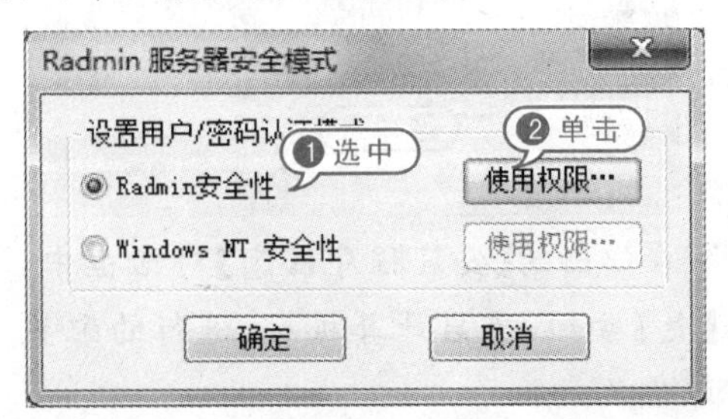

05 弹出【Radmin 安全性】对话框，单击【添加用户】按钮，添加允许访问此计算机的用户。

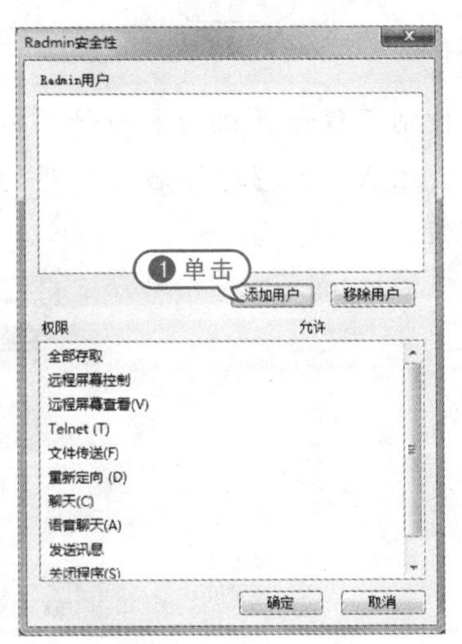

06 弹出【添加 Radmin 用户】对话框，在【用户姓名】【密码】【确认密码】文本框中输入相应内容，单击【确定】按钮。

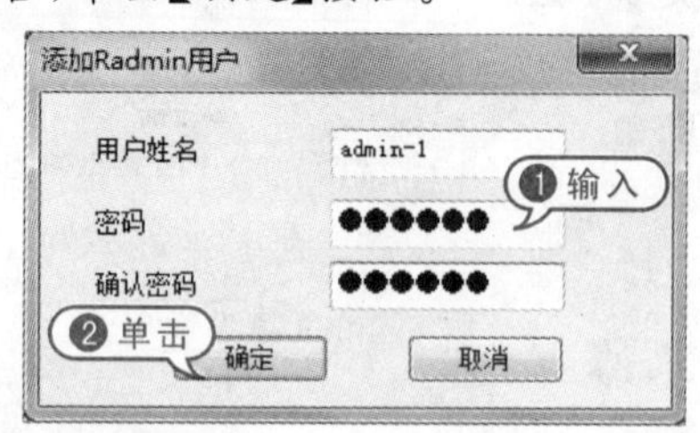

07 返回【Radmin 安全性】对话框，在【权限】列表中，选中【全部存取】复选框，或根据需要选中选项后对应的复选框，单击【确定】按钮。

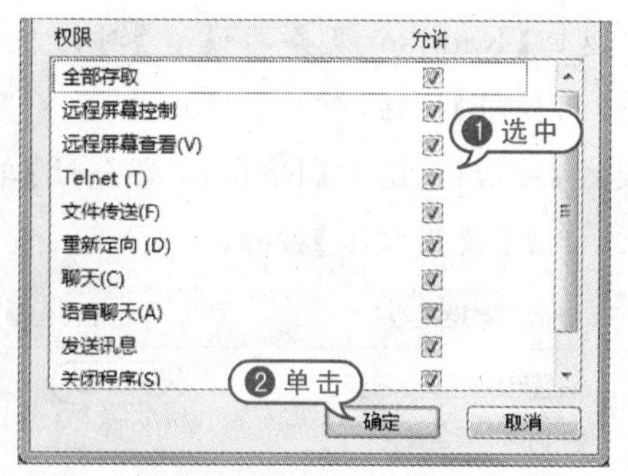

08 在弹出的【安装程序信息】对话框中，单击【是】按钮，重启计算机后，进行的配置才可以生效。

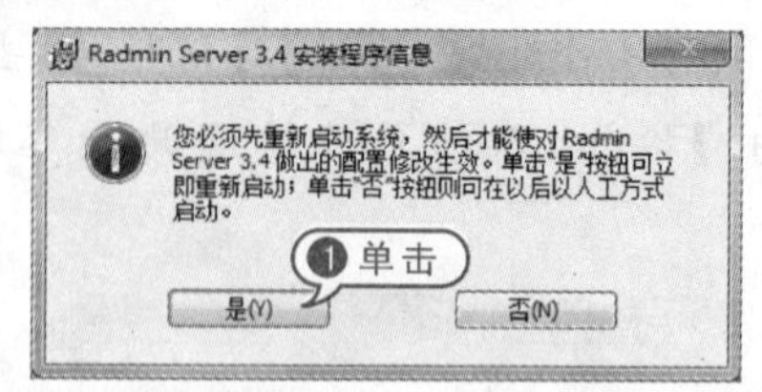

09 在控制远程计算机的本地计算机中，双击【Radmin Viewer】软件启动程序，按步骤进行安装。

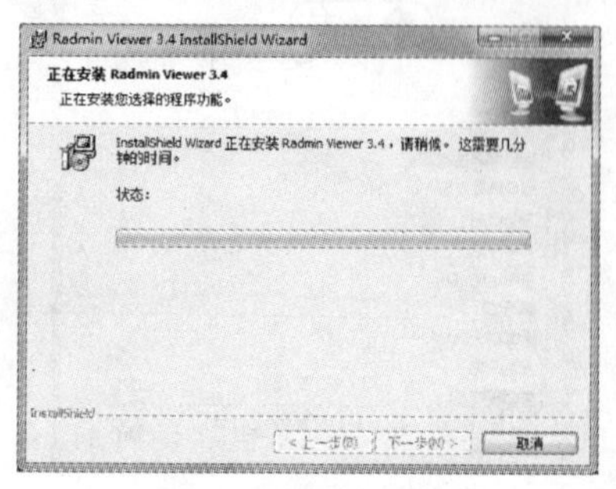

10 安装完毕后，双击【Radmin Viewer】软件打开程序，选中【联机】|【联机到】命令。

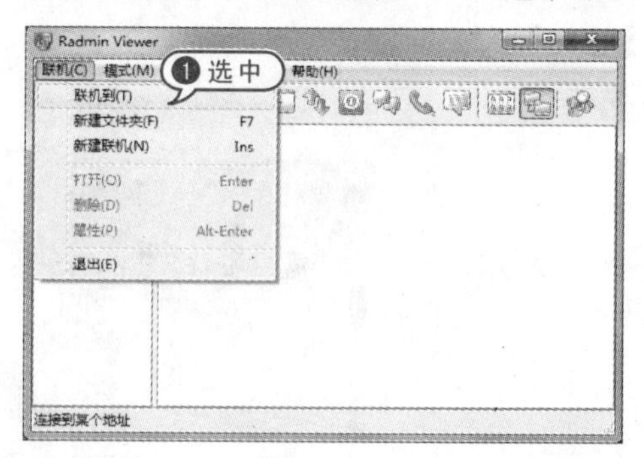

11 弹出【联机至】对话框，在【联机】下拉列表中，选择【完全控制】选项。在【IP 地址或 DNS 名称】文本框中，输入被访问的计算机的 IP 地址，单击【确定】按钮。

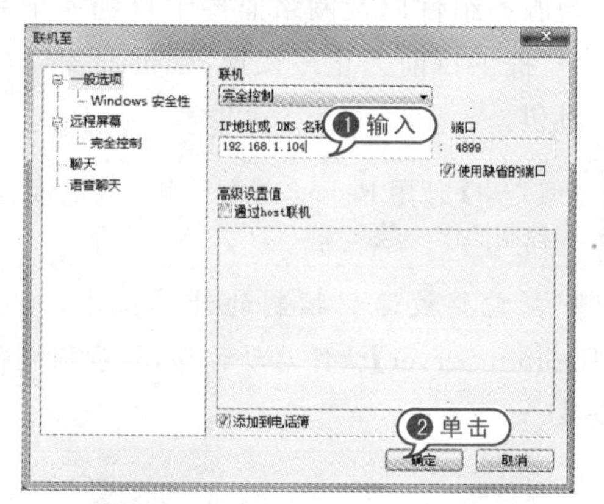

12 返回【Radmin Viewer】对话框，双击新添加的被访问计算机的图标。

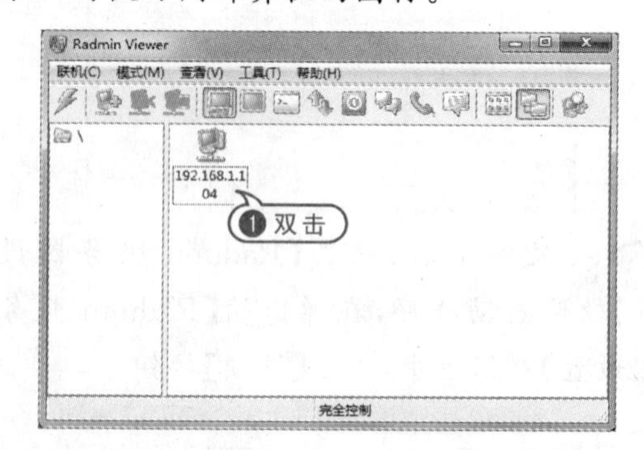

13 弹出【Radmin 安全性】对话框，在【用户姓名】【密码】对话框中，输入之前在被远程控制的计算机中设置的内容，单击【确定】按钮。

14 操作无误后,即可打开被访问远程计算机的屏幕画面,并可以使用鼠标对其进行控制。

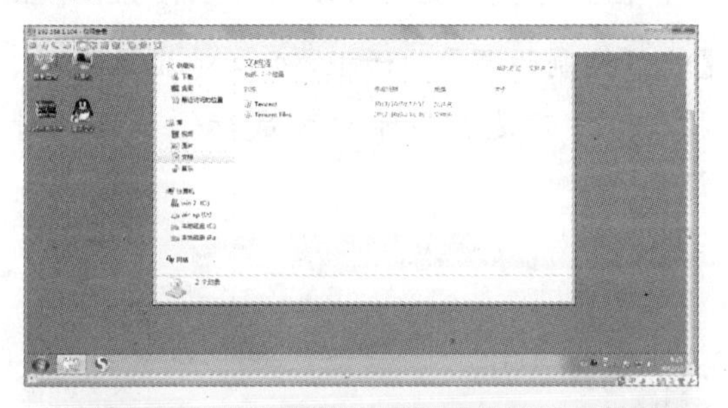

7.2.3 使用网络人工具

网络人(Netman)是一款完全免费的远程控制软件,通过输入对方的 IP 和控制密码就能实现远程监控。软件使用 UDP 协议穿透内网,不用做端口映射,用户就能用任何一台可以上网的电脑连接远端电脑,进行远程办公和远程管理。软件正规合法,通过安全软件认证,不会被杀毒软件查杀,不会影响系统的稳定性。软件还可作为读取器读取定时桌面录像器、键盘记录器生成的加密文件。

【例 7-5】使用网络人远程控制工具进行远程控制操作。视频

01 在安装目录中,双击 Netman 软件启动程序。

02 弹出【自启动选项】对话框,单击【确定】按钮,即可启动该软件,此时软件是自动隐藏的。

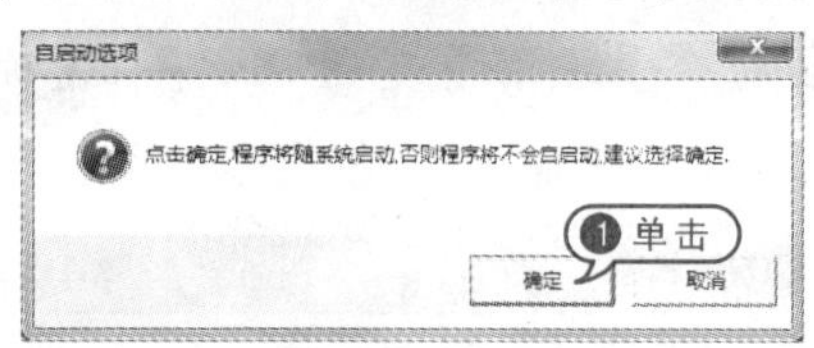

03 按 Ctrl+Y 组合键,弹出 Netman 的主对话框,单击【免费注册】按钮。

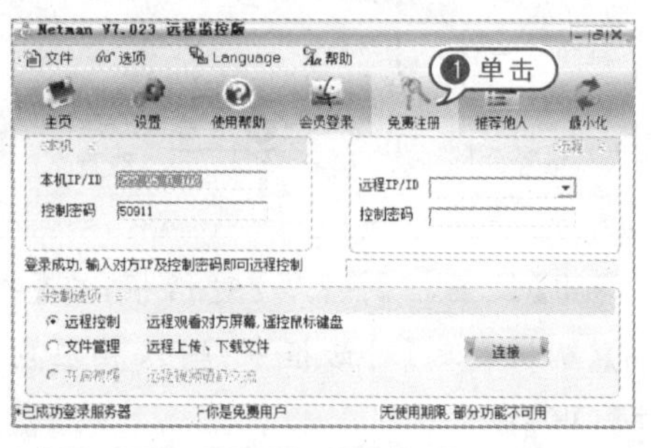

04 在【浏览器】程序中弹出【远程监控注册试用】页面,在【用户名】【密码】【QQ 邮箱】对话框中输入相应内容,单击【同意以下协议并提交】按钮。

05 弹出提示框,提出会员注册成功,单击【确定】按钮。再注册一个账号,两个账号分别用于本地计算机和被远程控制的计算机。

06 返回【Netman】对话框,选择【选项】|【会员登录】命令。

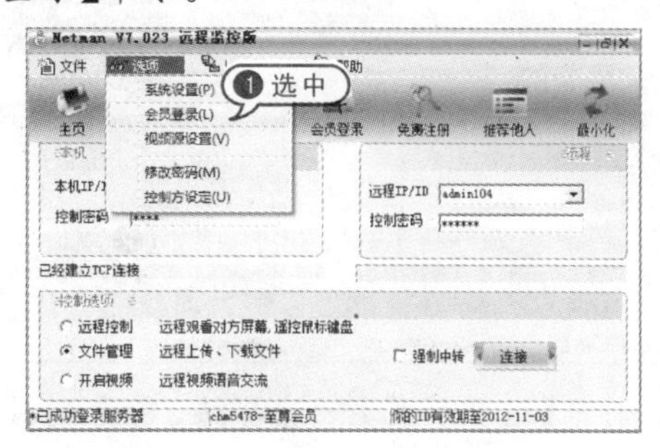

07 弹出【会员方式登录】对话框，在【会员ID】【登录密码】对话框中输入相应内容，选中【启动会员登录】复选框，单击【确定】按钮。

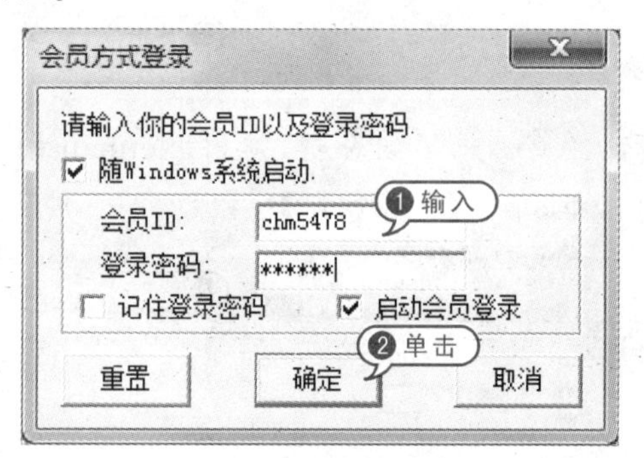

08 弹出【设置控制密码】对话框，在【控制密码】【确认密码】对话框中，输入相应内容，单击【OK】按钮。

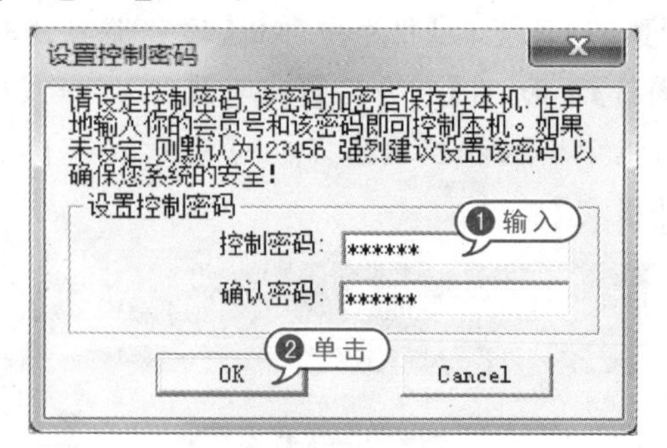

09 弹出提示框，控制密码设置成功，单击【确定】按钮。在被远程控制的计算机中运行 Netman 程序并会员登录。

10 返回【Netman】对话框，在【远程 IP/ID】【控制密码】文本框中输入相应内容，选中【远程控制】单选按钮，单击【连接】按钮。

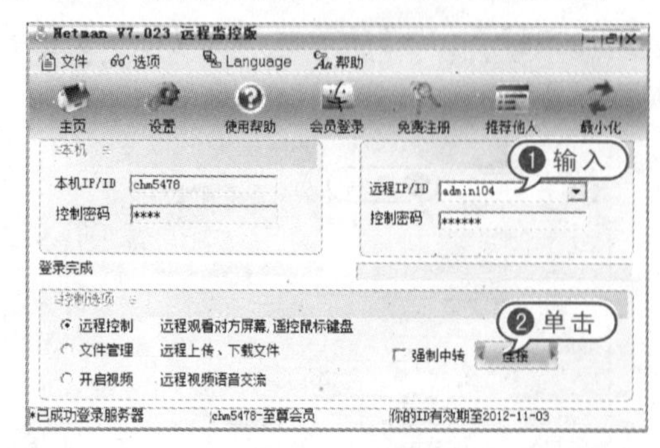

11 打开【远程屏幕控制】窗格，查看到该远程计算机桌面信息。

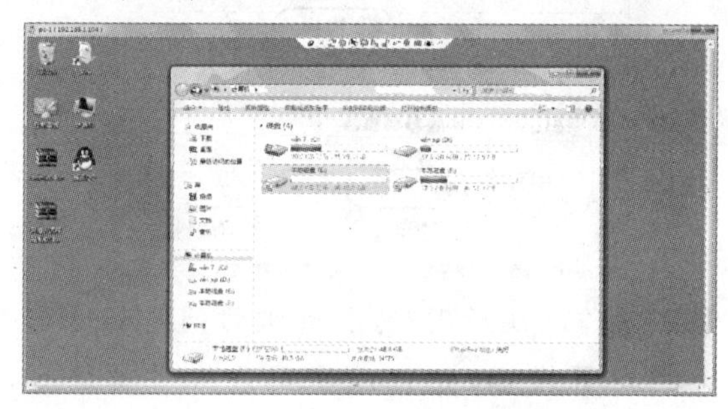

12 在上方菜单栏中，单击 按钮，弹出【远程控制设置】对话框，可以对显示质量、控制对方时是否显示对方鼠标等属性进行设置。

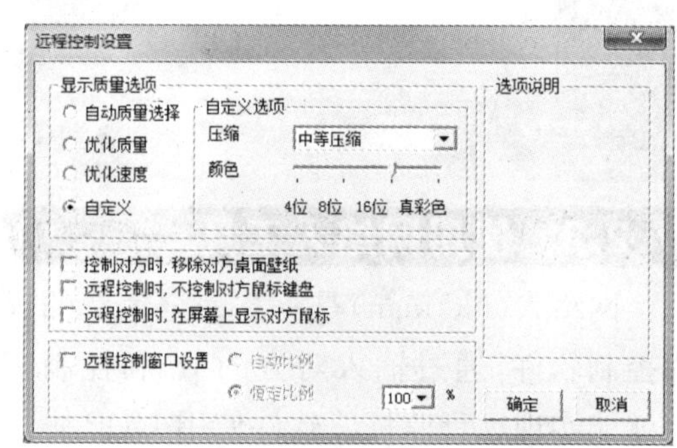

13 返回【Netman】对话框，选中【文件管理】单选按钮，单击【连接】按钮。

14 弹出【文件管理】对话框，可以对本地计算机文件进行上传，对被远程访问的计算机的文件进行下载和删除等操作。

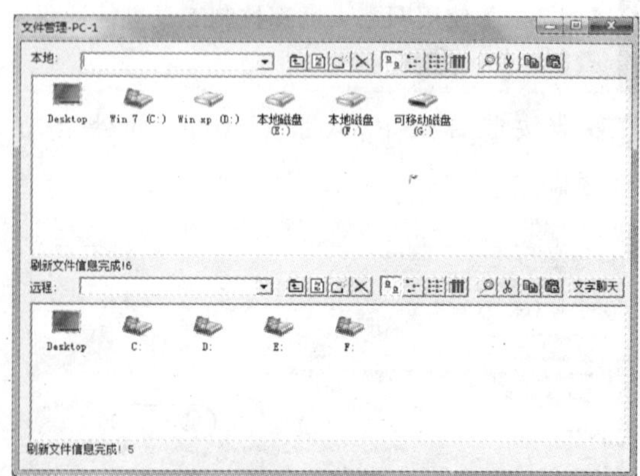

15 返回【Netman】对话框，选中【开启视频】单选按钮，单击【连接】按钮。

16 弹出聊天视频对话框，选中【发送本地语音】复选框，开启语音对话功能。单击【文字聊天】按钮。

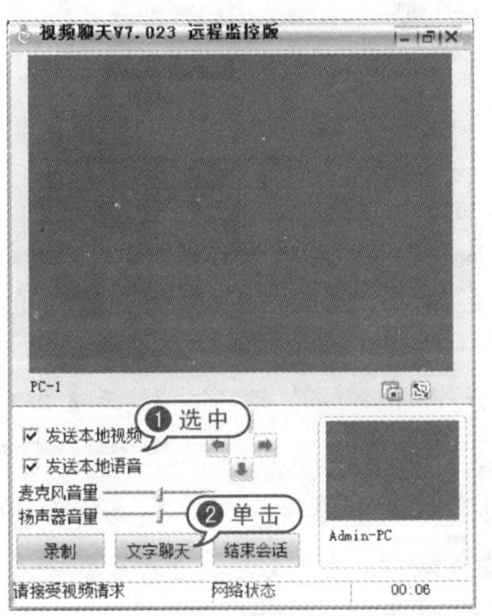

17 弹出【文字聊天】对话框，可以和被远程访问的计算机进行文字对话。

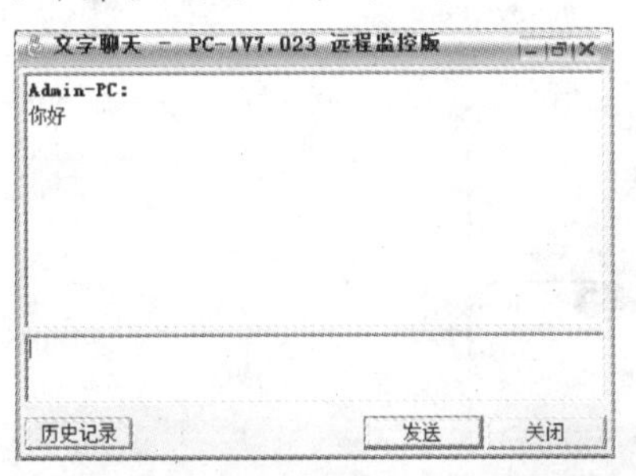

注意事项

网络人是一个正规的远程管理软件，需要双方都运行程序。想要实行控制，双方都必须安装该软件，并且需要知道对方的本机 IP/ID 和密码才可以进行控制。

7.2.4 使用 pcAnywhere 软件

pcAnywhere 是一款远程控制软件，可以将自己的电脑当成主控端去控制远方另一台同样安装有 pcAnywhere 的电脑（被控端），可以使用被控端电脑上的程序或在主控端与被控端之间互传文件。

【例 7－6】使用 pcAnywhere 远程控制工具进行远程控制。视频

01 在需要被远程控制的计算机中，双击 Symantec pcAnywhere 软件启动程序，选择【查看】|【转到高级视图】命令。

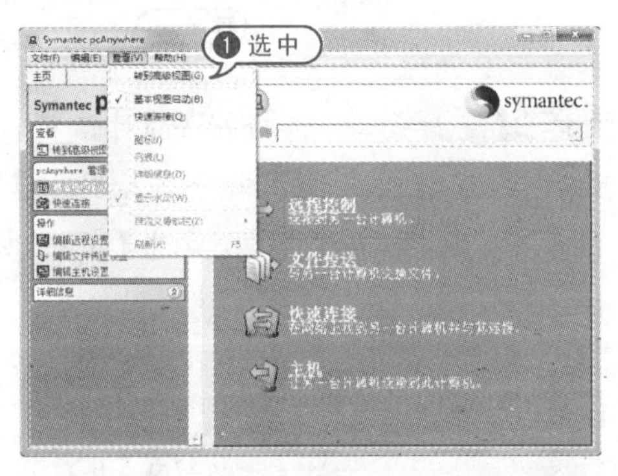

02 在左侧 pcAnywhere 窗格中，选择【主机】选项，在【操作】窗格中，选中【添加】选项。

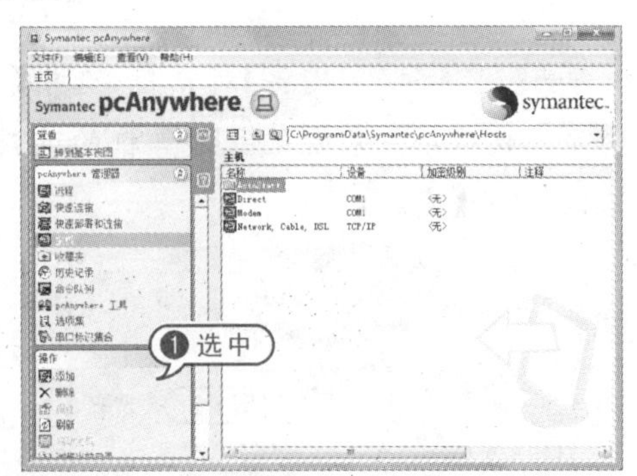

03 弹出【连接向导-连接模式】对话框，选中【等待有人呼叫我】单选按钮，单击【下一步】按钮。

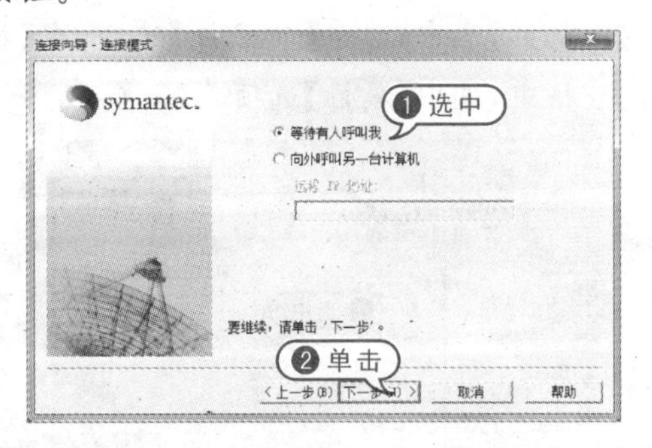

04 弹出【连接向导-验证类型】对话框，选中【我想使用一个现有的 Windows 帐户】单选

按钮,单击【下一步】按钮。

05 弹出【连接向导-选择帐户】对话框,在【您想让远程呼叫者使用哪个本地帐户】下拉列表中,选择一个账户,单击【下一步】按钮。

06 弹出【连接向导-摘要】对话框,选中【连接向导完成后等待来自远程计算机的连接】复选框,单击【完成】按钮。

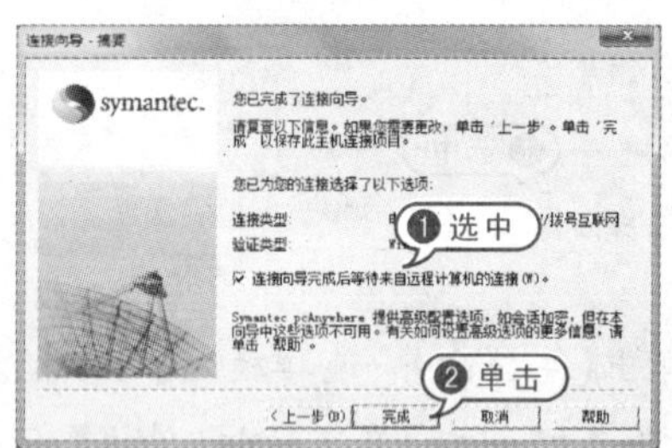

07 返回【Symantec pcAnywhere】对话框,在【主机】列表中,选中【新主机】选项,在【操作】窗格中,选中【属性】选项。

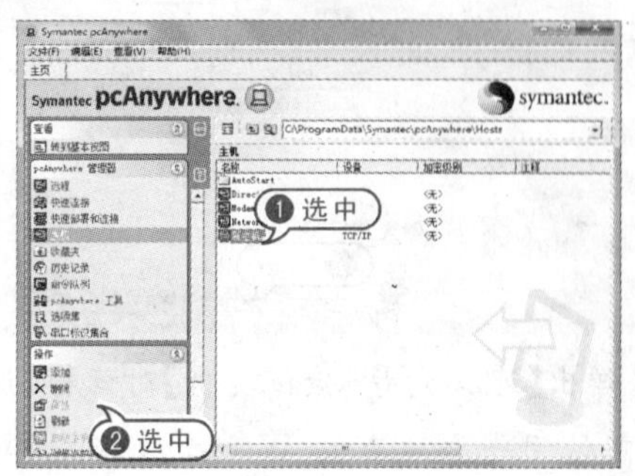

08 弹出【主机 属性:新主机】对话框,根据需要设置各项属性。

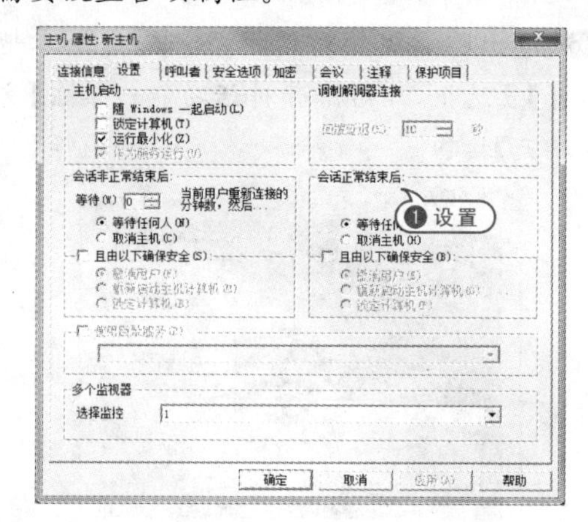

09 在本地计算机中,双击【Symantec pcAnywhere】软件启动程序,选择【查看】|【转到高级视图】命令。在【pcAnywhere 管理器】窗格中,选中【远程】选项。在【操作】窗格中,选中【添加】选项。

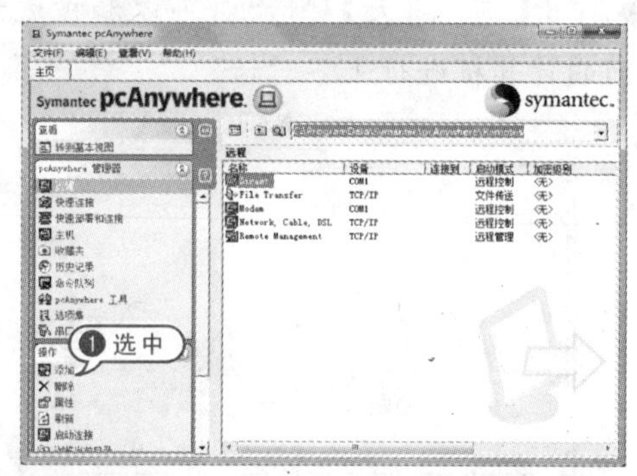

10 弹出【连接向导-连接方法】对话框,选中【我想使用电缆调制解调器/DSL/LAN/拨号互联网 ISP】单选按钮,单击【下一步】按钮。

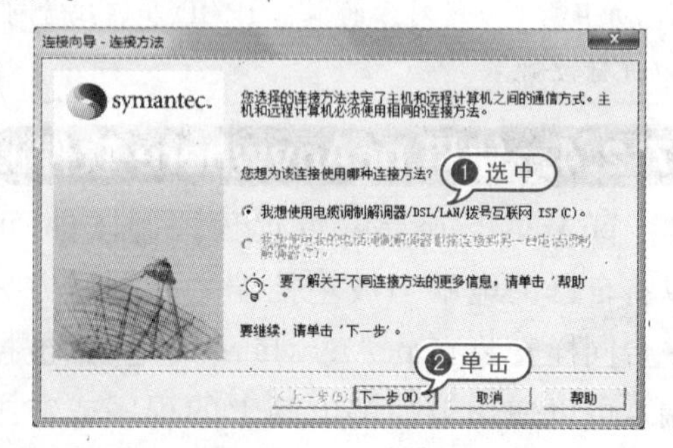

11 弹出【连接向导-目标地址】对话框,在

【您要连接的计算机的 IP 地址是什么】文本框中输入被远程控制计算机的 IP 地址，单击【下一步】按钮。

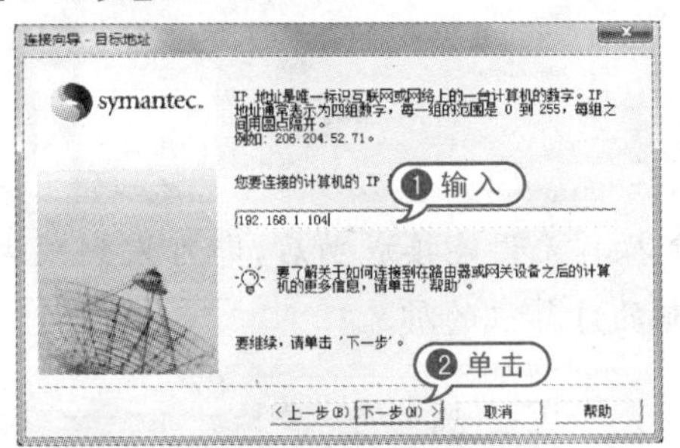

12 弹出【连接向导-摘要】对话框，选中【连接向导完成后连接到主机计算机】复选框，单击【完成】按钮。

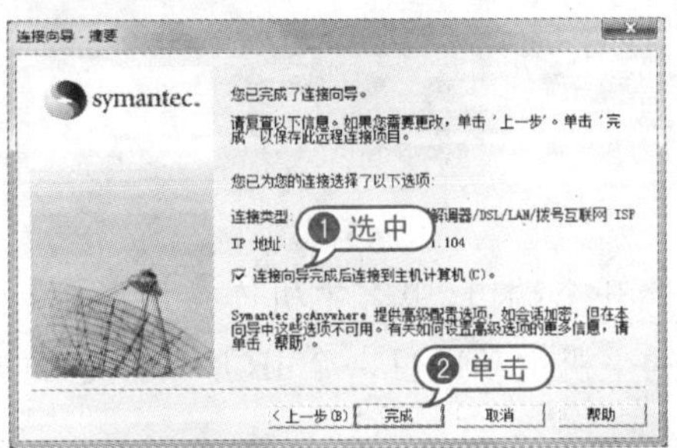

13 返回【Symantec pcAnywhere】对话框，选中新添加的【新远程】选项，在左侧【操作】窗格，选中【属性】选项。

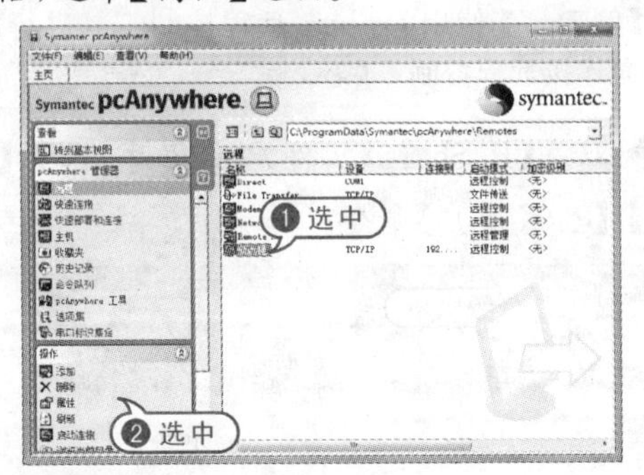

14 弹出【远程 属性：新远程】对话框，选中【远程控制】单选按钮。

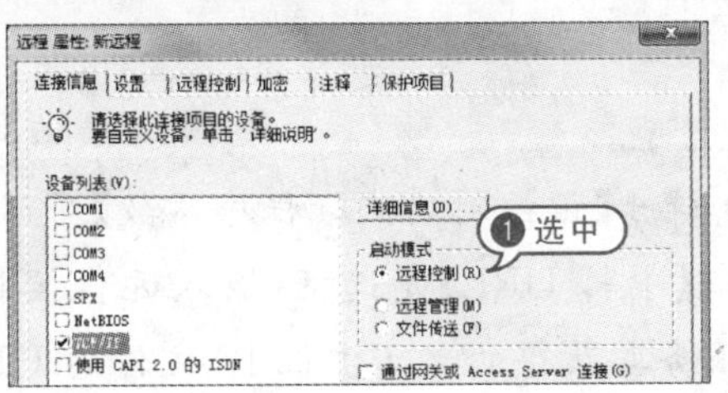

15 选择【设置】选项卡，选中【连接后自动登录到主机】复选框，在【登录名】【密码】文本框中，分别输入目标主机的登录名和密码，单击【确定】按钮。

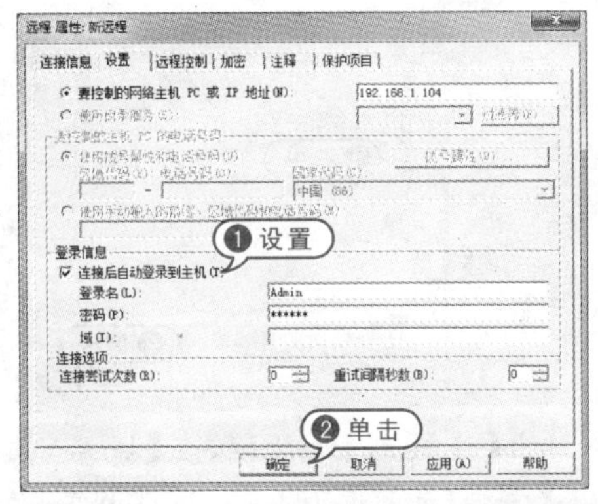

16 返回【Symantec pcAnywhere】对话框，在左侧【pcAnywhere 管理器】窗格，选中【快速连接】选项，在文本框中输入被远程控制的计算机 IP 地址，单击【连接】按钮，即可与被远程控制的计算机进行连接。

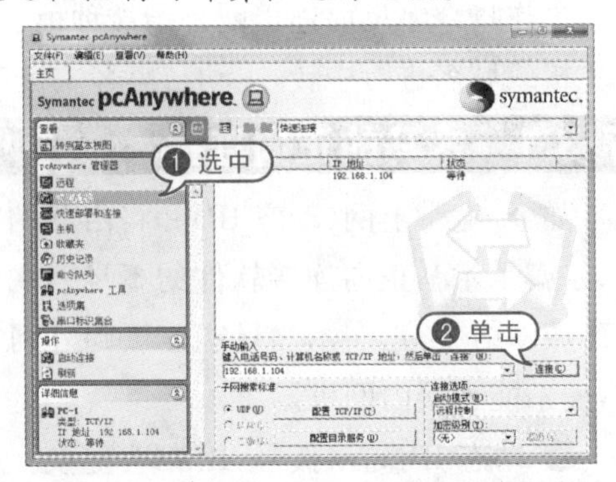

17 在左侧【pcAnywhere 管理器】窗格，选中【快速部署和连接】选项，查看本地计算机所在组。

18 选中需要连接的被远程控制的计算机名称，单击【连接】按钮。

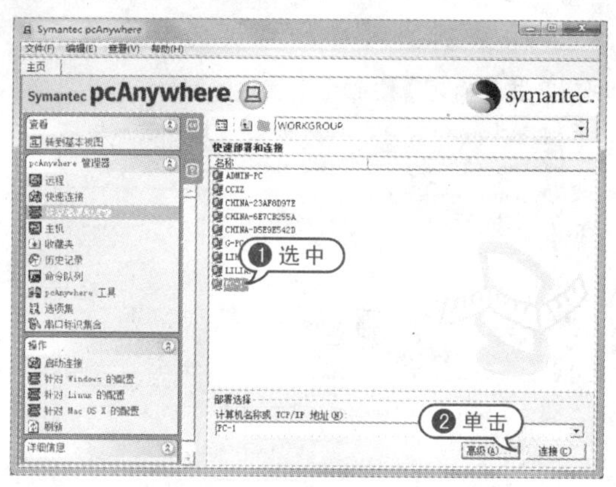

19 弹出【连接到】对话框，在【域名\用户名】和【密码】文本框中，输入相应内容，单击【确定】按钮。

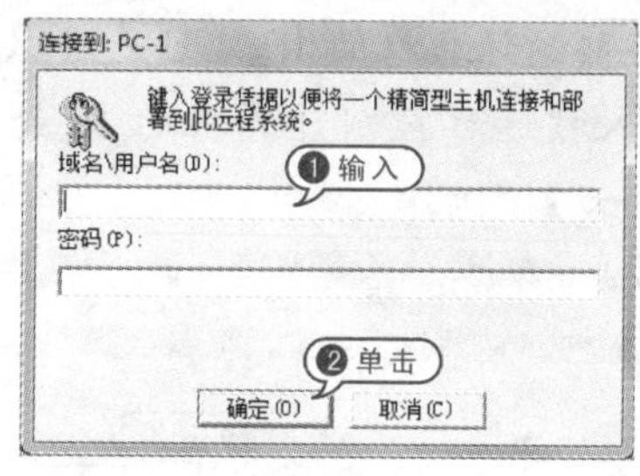

20 操作无误连接成功后，即可看到被远程控制的计算机的屏幕。

7.3 正反向远程控制技术

正向连接就是木马程序在被种植了木马的主机上开个端口，黑客主机连接此端口，然后发出操作指令。反向连接就是指被种植了木马程序的主机主动通过一个 IP 地址固定的第三方主机或域名进行中转，主动与黑客主机进行连接。

7.3.1 木马的正向连接

如今，宽带上网(动态 IP)和路由器的普及，暴露了木马正向连接软件的不足。在不同区域网络中，正向木马只能连接到外网机器，而不能连接内网机器。

- 动态 IP：每次拨号，IP 都会更换。所以，就算使对方中了木马，在对方下次拨号时，也会由于找不到 IP 而丢失肉鸡。
- 路由器：多个电脑同用 1 条宽带，经过路由器连接到宽带，例如：主机的 IP 地址为 225.124.3.41，而内网(就是用路由器的机器)的 IP 地址为 192.168.X.X。在内网环境下，外界是无法访问机器的，机器中了木马也没用。

7.3.2 反向连接远程控制

PcShare 是一款反向连接远程控制软件，采用 HTTP 反向通信、屏幕数据线传输、驱动隐藏端口通信过程等技术，达到系统级别的隐藏。

> 【例 7-7】使用 PcShare 远程控制工具进行反向连接远程控制。视频

01 双击【PcShare】软件启动程序，选择【设置】|【生成客户】命令。

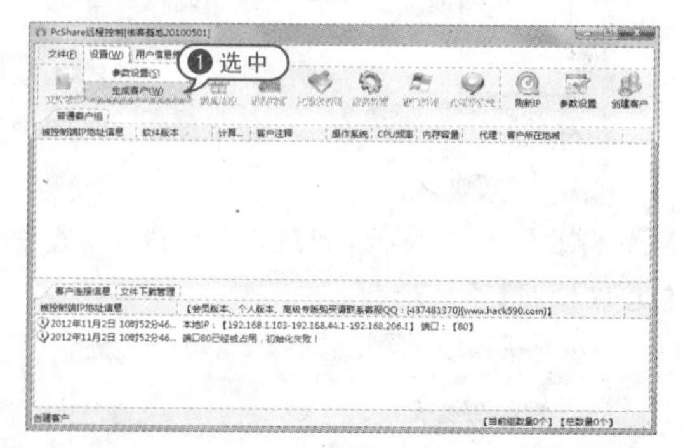

02 弹出【被控制端执行程序参数】对话框，选中【中转 URL】复选框，输入远程控制木马服务端获得的黑客主机 IP 文件的 URL，

单击【生成】按钮。

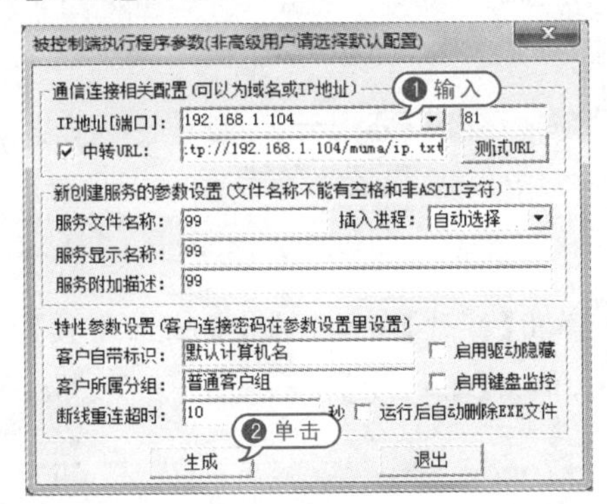

03 弹出【请选择本地生成方式】对话框，选中【从远程服务器下载最新免杀文件生成被控制端】单选按钮，单击【确定】按钮。

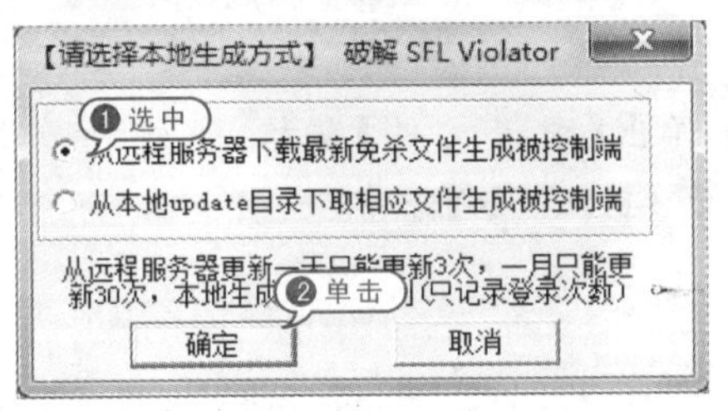

04 弹出【SFL Violator 破解】对话框，在【用户】【密码】文本框中输入相应内容，单击【确定】按钮。

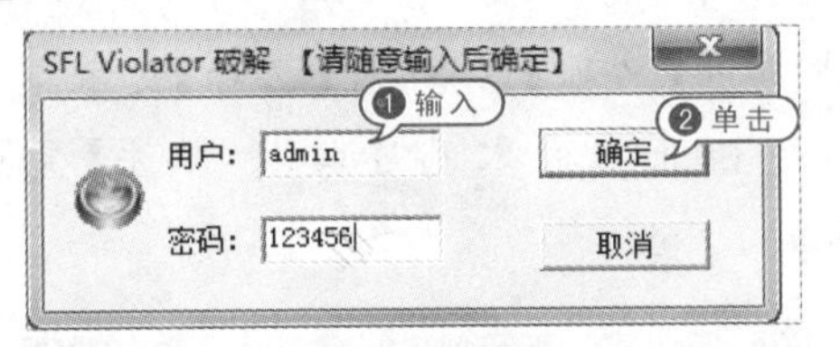

05 弹出【生成被控制端可执行文件】对话框，在【文件名】对话框中输入名字，单击【保存】按钮。

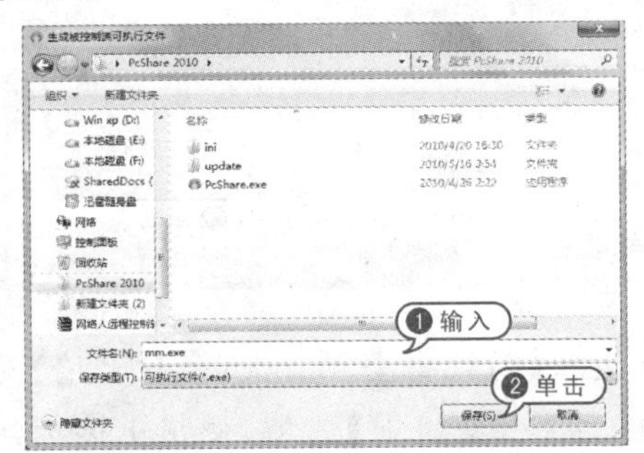

06 返回【PcShare】对话框，单击【刷新 IP】按钮。

07 弹出【FTP 刷新本机 IP 地址到指定 URL】对话框，在各文本框中输入相应内容，单击【刷新 IP】按钮。

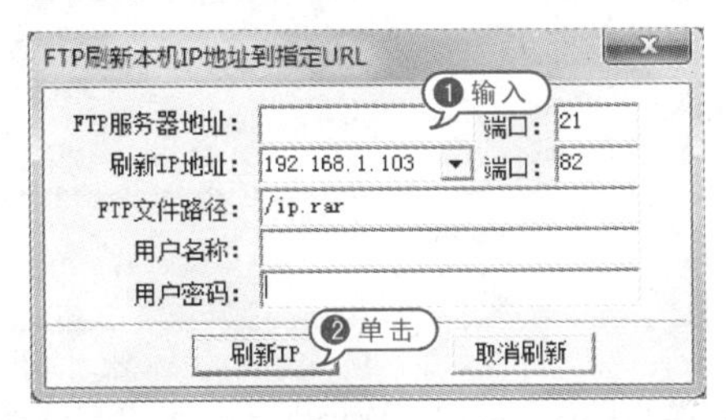

08 返回【PcShare】对话框，选择【设置】|【参数设置】选项。

09 弹出【系统参数设置】对话框，将【侦听端口】与【刷新 IP 地址】中端口设置为一致。

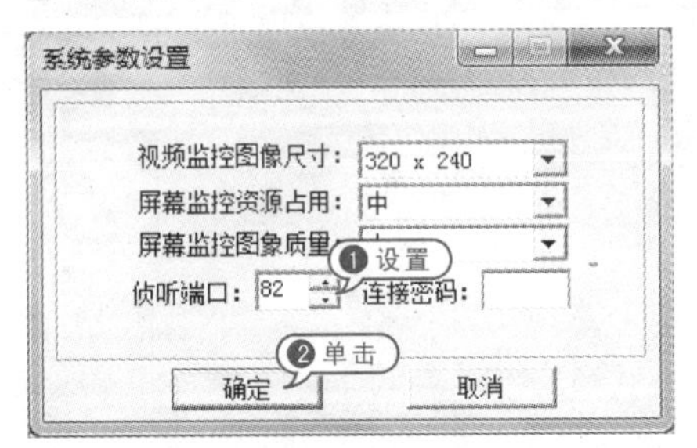

10 待主机上线后，在列表中右击主机，在弹出的菜单中即可进行远程控制操作。

7.3.3 远程控制的防范

随着信息化办公的普及，对于远程访问的需要也日渐水涨船高，一些远程访问工具也纷纷面世。但是如果在使用计算机的过程中发现中了木马，无论是正向或者反向连接木马，则首先必须断开与网络的连接。拔掉网线或断开连接是切断网络连接的最好方法，但是有时无法物理接触计算机，需要借助防火墙切断网络连接。

【例 7-8】使用 Windows 7 系统中的防火墙切断网络连接。视频

01 选择【开始】|【控制面板】|【系统和安全】|【Windows 防火墙】选项。选中左侧【高级设置】选项。

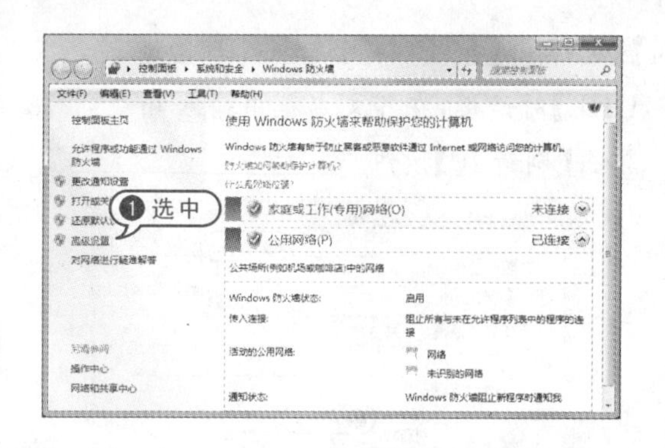

02 弹出【高级安全 Windows 防火墙】对话框，选中【入站规则】选项，在右侧【操作】窗格，选择【新建规则】选项。

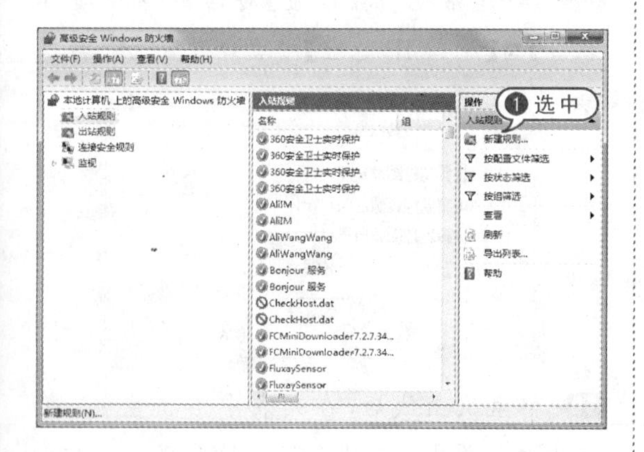

03 弹出【新建入站规则向导】对话框，选中【端口】单选按钮，单击【下一步】按钮。

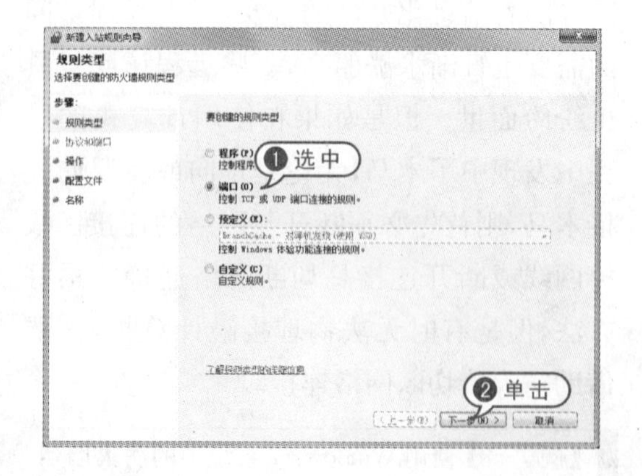

04 弹出【协议和端口】窗格，选中【TCP】【所有本地端口】单选按钮，单击【下一步】按钮。

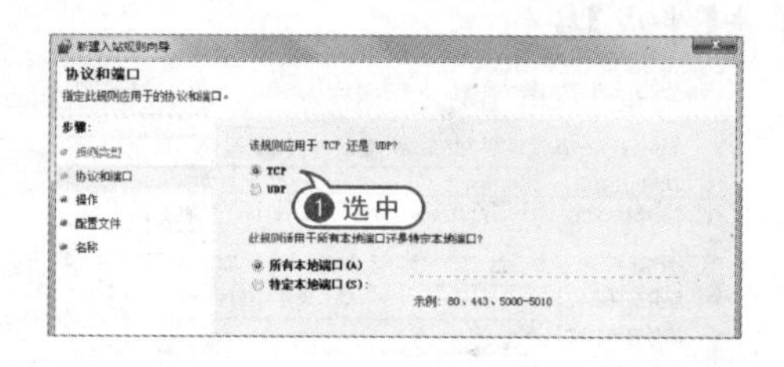

05 弹出【操作】窗格，选中【阻止连接】单选按钮，单击【下一步】按钮。

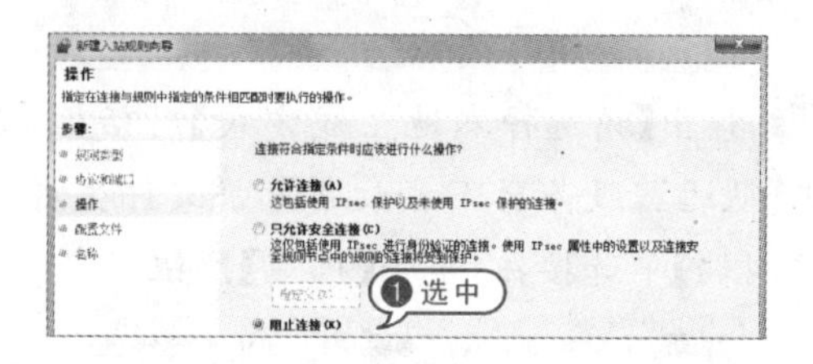

06 弹出【配置文件】窗格，选中所有复选框，单击【下一步】按钮。

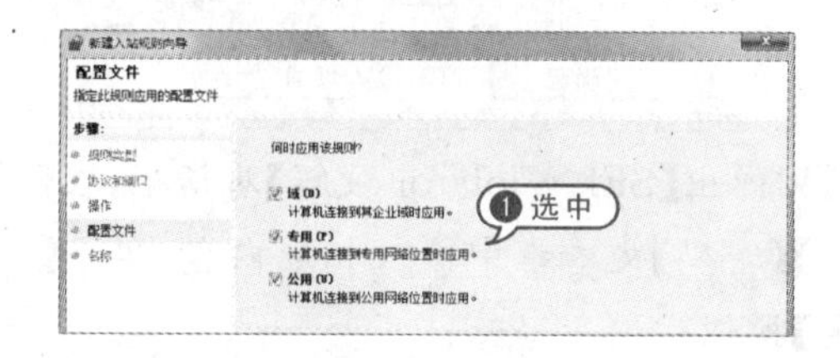

07 弹出【名称】窗格，在【名称】文本框中，输入“阻止正向木马连接”。单击【完成】按钮。

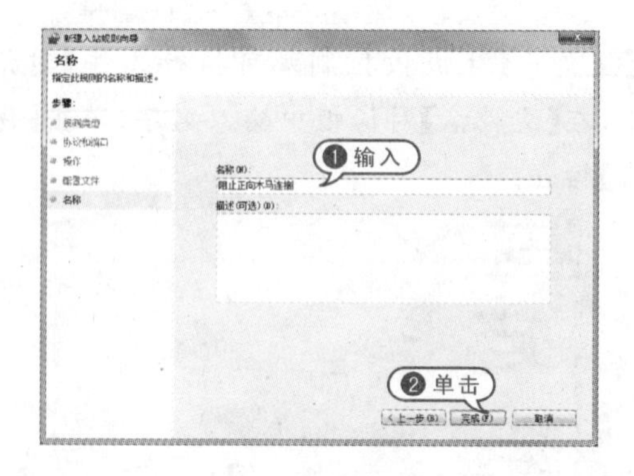

08 返回【高级安全 Windows 防火墙】对话框，选中【出站规则】选项，使用上述方法设置，阻止反向木马连接。

7.4 实战演练

本章的实战演练部分使用远程控制任我行工具进行综合实例操作，用户通过练习巩固本章所学知识。

远程控制任我行是一款免费绿色小巧且拥有"正向连接"和"反向连接"功能的远程控制软件，能够让用户得心应手地控制远程主机，就像控制自己的电脑一样。

【例 7－9】使用远程控制任我行工具进行远程控制操作。视频

01 在被远程控制的计算机中，双击【远程控制任我行】软件启动程序，选择【配置服务端】|【生成服务端】命令。

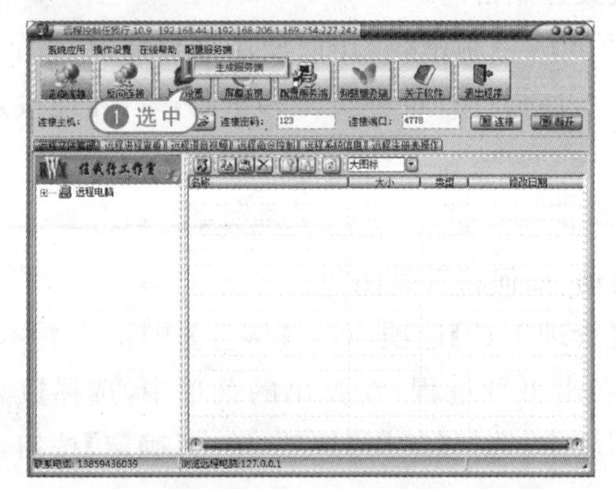

02 弹出【选择配置类型】对话框，单击【正向连接型】按钮。

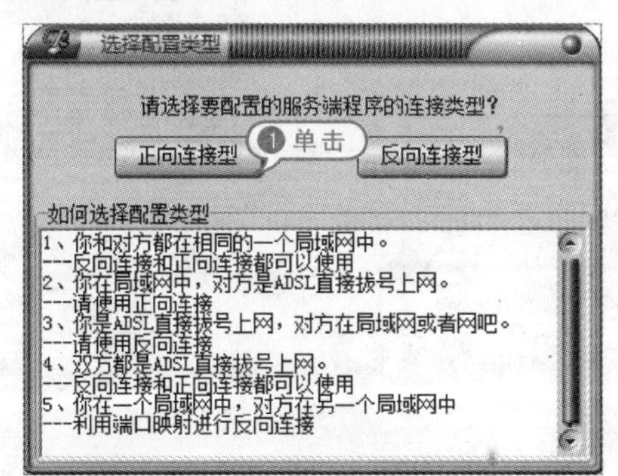

03 弹出【正向连接】对话框，在其中设置【邮件设置】【安装信息】【启动选项】等属性，单击【生成服务端】按钮。

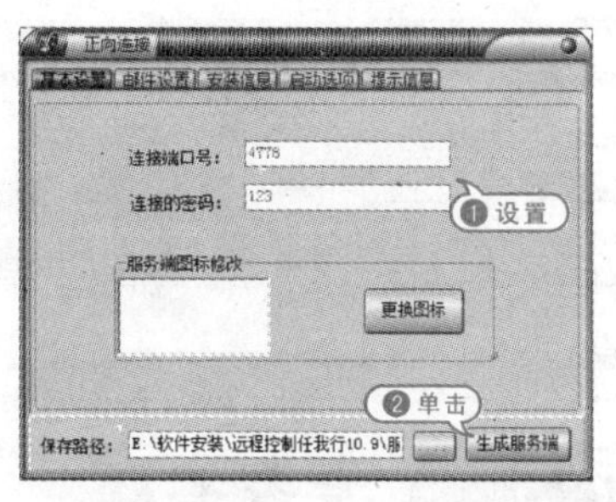

04 弹出【任我行提示】对话框，提示生成服务器完成，单击【确定】按钮。

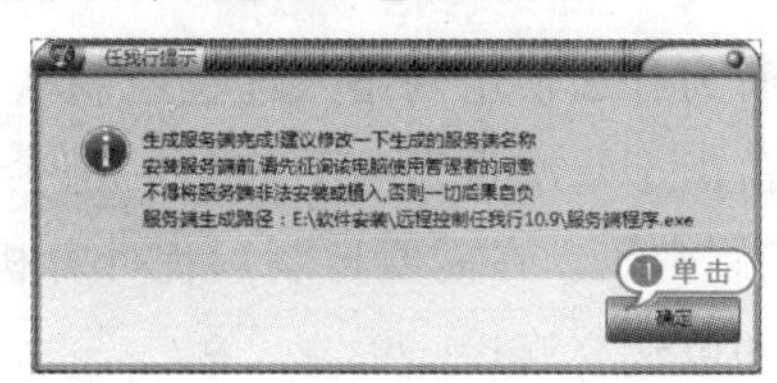

05 打开软件安装目录，双击【服务端程序】图标，运行程序。

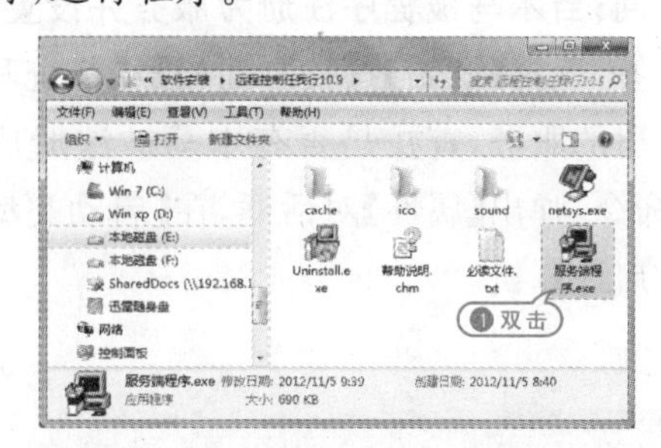

06 在本地计算机中，双击【远程控制任我行】软件启动程序。在【连接主机】文本框中输入远程计算机 IP 地址，单击【连接】按钮，即可查看到远程计算机中所有磁盘文件。

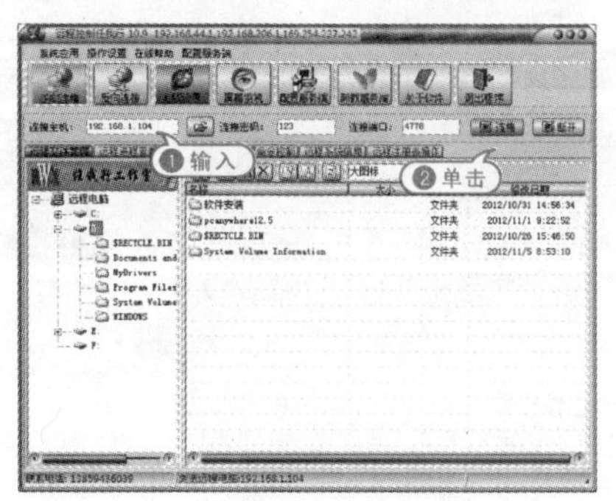

07 选择【远程命令控制】选项卡，可以在【远程桌面】【远程关机】【远程声音】窗格中，对远程计算机进行相应的设置。

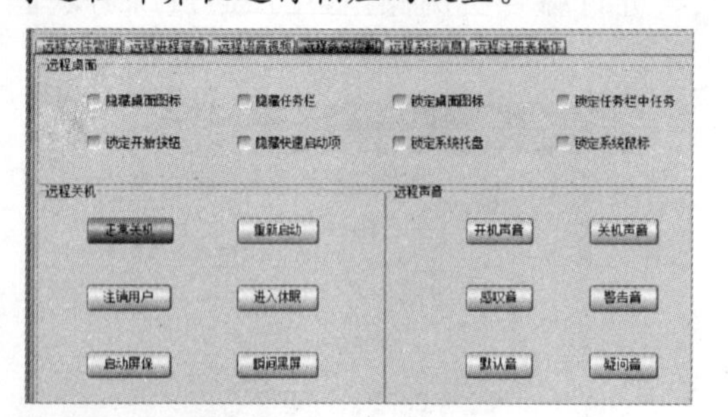

08 单击【屏幕监控】按钮，弹出【屏幕监控-正向连接】对话框，单击【连接】按钮，即可显示被远程控制的计算机。

7.5 专家答疑

问：为什么使用网络人远程控制软件时需要设置控制密码？

答：由于每次重新启动软件后都会自动生成不同的控制密码，建议使用会员登录，设置固定控制密码。在需要控制远程计算机时，只需输入远程计算机会员号和密码，单击【连接】按钮，即可建立连接。

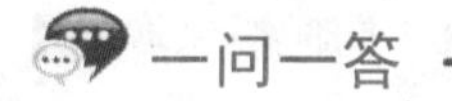

问：当木马被程序注册为服务并设置为自动启动，如何将其关闭？

答：选择【开始】|【控制面板】|【系统和安全】|【管理工具】选项，双击【服务】图标，查看本机注册的服务，查找是否有木马被注册成服务。右击可疑进程，在弹出的菜单中，选择【属性】命令，弹出【属性】对话框，在【启动类型】下拉列表中，选择【禁用】选项，单击【确定】按钮，并重启计算机。

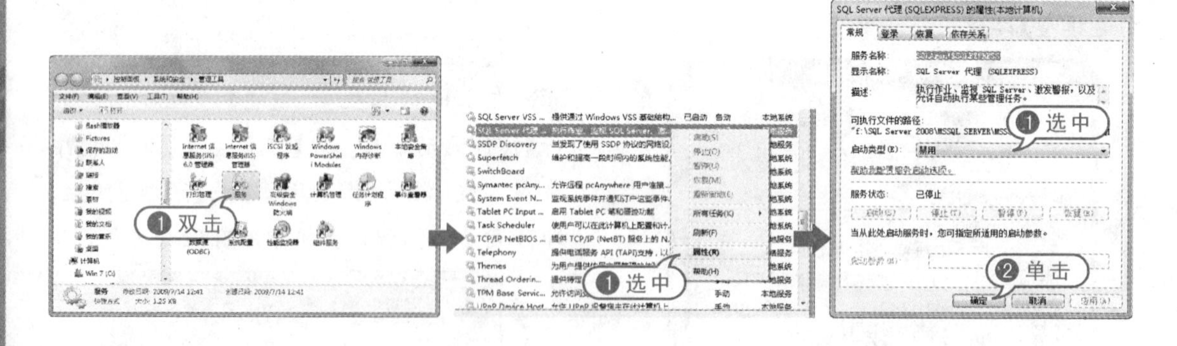

第8章

入侵检测和清理痕迹

作为黑客，只要善于使用现成的入侵工具，就可以达到入侵的目的。用户必须学会系统服务器的入侵检测技术，才能真正地解除计算机安全危机，保护自己的计算机系统安全。

参见随书光盘

例 8-1　网络入侵检测
例 8-2　使用 Domain 工具
例 8-3　使用事件查看器
例 8-4　使用 WebTrends 工具
例 8-5　使用魔方工具
例 8-6　使用 CCleaner 工具
例 8-7　使用 IIS 删除日志
例 8-8　设置访问过的链接颜色
例 8-9　清除【运行】命令历史记录

8.1 入侵检测

入侵检测(Intrusion Detection)是指通过对计算机网络或计算机系统中的若干关键点收集信息并进行分析,从中发现网络或系统中是否有违反安全策略的行为和被攻击的迹象,并能对攻击行为做出响应。

8.1.1 分类入侵检测

根据监测对象不同,入侵检测系统分为很多种。其最常用的有如下几种。

- SIV(System Integrity Verifiers):可监视注册表及系统文件的信息是否被修改,能及时查出重要系统组件的变换情况,但其不及时报警,导致用户不能及时采取对策。
- LFM(Log File Monitors):利用检测系统中日志文件(网络服务日志)与关键字(如 swatch)进行匹配的方式来判断恶意用户入侵攻击行为。
- NIDS(Network Intrusion Detection System):网络入侵检测系统,主要用于检测恶意用户(黑客)入侵,其运行的方式分为两种,第一种运行在目标机上监测自身通信信息,第二种则运行在单独主机上监测所有网络设备通信数据。
- 蜜罐:又名"欺骗",其利用陷阱原理实现虚拟计算机内部结构(包含计算机常见漏洞),通过使一个或多个虚拟目标暴露在公网上,让恶意用户进行攻击,从而得到其入侵思路与方法,并让其在虚拟的计算机中浪费时间,从而保护真正目标地址,并可以作为证据来指控恶意用户。
- MRTG(MultiRouter Traffic Grapher):是一款跨平台网络链路流量负载监控软件,通过 SNMP 协议得到设备流量信息,并将流量负载以图形的 HTML 文档方式显示给用户,可以调出数周前恶意用户的入侵信息。MRTG 在受到 CGI 漏洞扫描、SQL 攻击、暴力破解服务器账户、蠕虫危害、恶意攻击等时,会造成其日志加长。

8.1.2 网络入侵检测

Easyspy 是一款网络入侵检测和流量实时监控软件。支持 Cut-Off 动作。通过 Cut-Off 动作和数据包事件可以实现常见的防火墙功能,比如对端口/IP 地址的封堵,通过灵活的事件规则,可以封堵 P2P 应用,比如 eMule/eDonkey/BitTorrent,当然还可以封堵其他任何应用。其作为一个入侵检测系统,可用来快速发现并定位诸如 ARP 攻击、DOS/DDOS、分片 IP 报文攻击等恶意攻击行为,帮助发现潜在的安全隐患。

【例 8-1】使用 Easyspy 工具进行网络入侵检测。视频

01 双击【Easyspy】软件启动程序,首次运行时会弹出【打开适配器】对话框,选中下方【开启网卡的混杂模式】复选框,选择网卡,单击【确定】按钮。

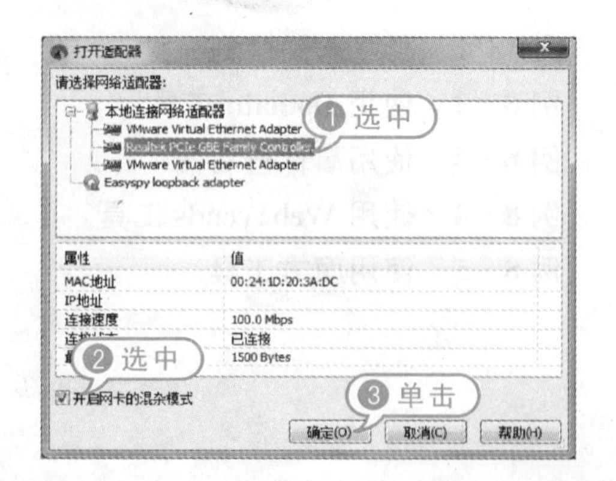

02 弹出【Easyspy】对话框,查看实时监控提供的 5 个视图,从各个角度直观地认识网络。

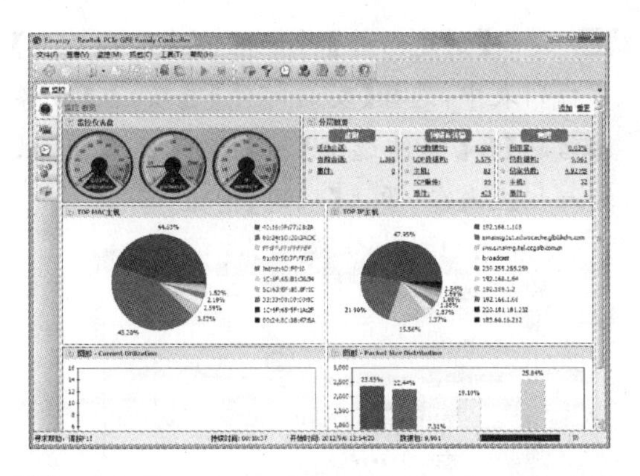

03 选择【分层视图】选项，可以在列表中查看网络中协议的详细属性。

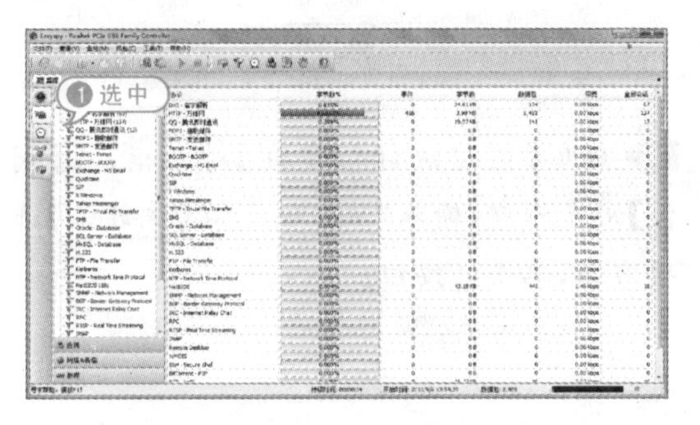

04 选择【事件】选项，可以在列表中查看各种事件。查找网络中异常情况，分析网络瓶颈。

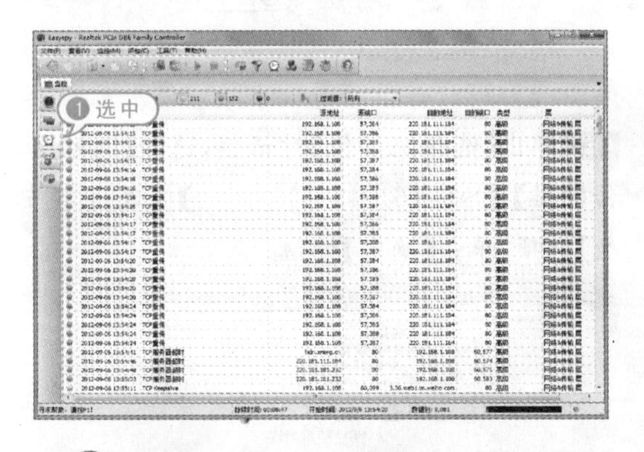

专家指点

Easyspy 又是一款 Sniffer 软件，用来进行故障诊断、快速排查网络故障、准确定位故障点、评估网络性能、查找网络瓶颈从而保障网络质量。

05 选择【矩形图】选项，可以非常直观地查看网络中各个主机之间的通信状态。

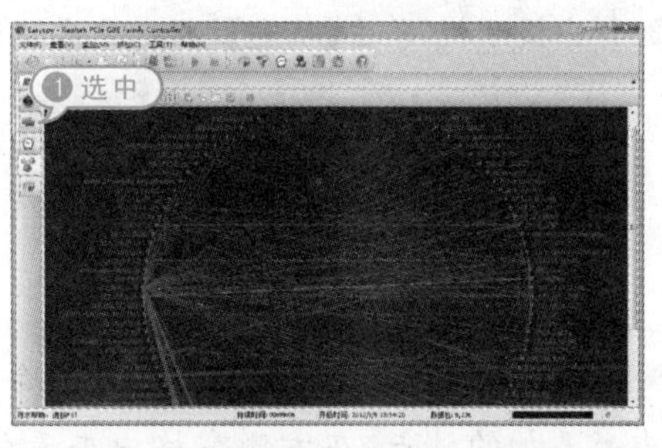

06 选择【图形】选项，查看当前网络情况，也可以根据自己的需要定制专属于自己的图形。

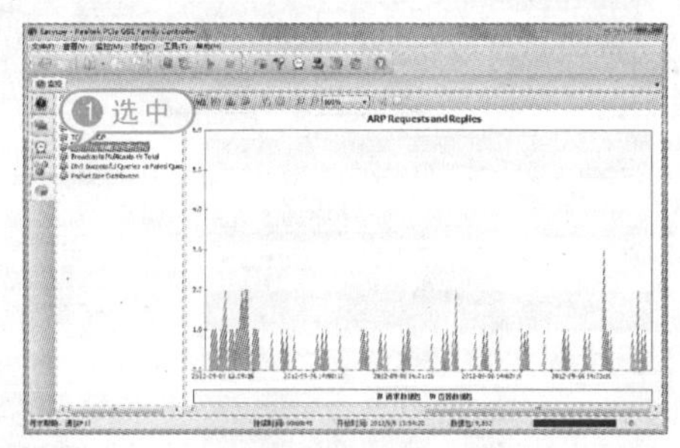

07 单击上方【设置选项】按钮，弹出【选项】对话，在左边窗格选择【站点】选项，单击【添加】按钮。

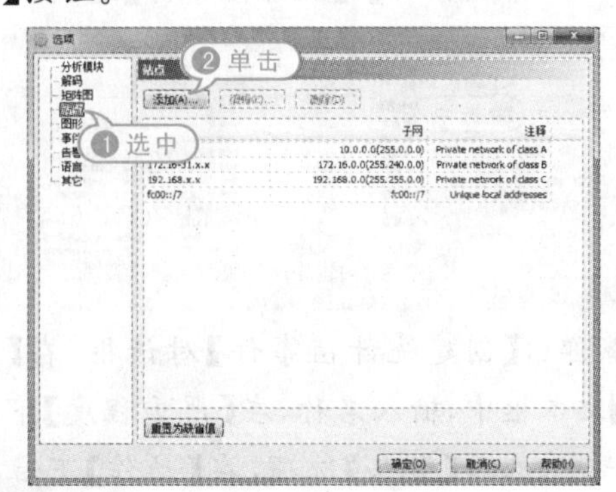

08 弹出【添加站点】对话框，在【名称】和【注释】文本框中，输入相应的内容，单击【添加】按钮，添加一个地址，单击【确定】按钮。

09 弹出提示框，单击【确定】按钮，重启软件。

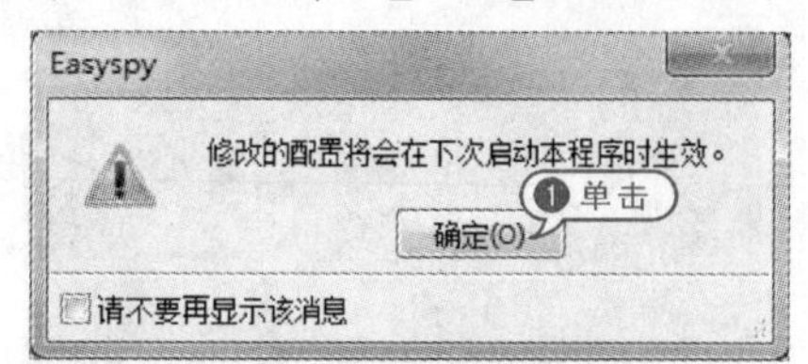

10 选择【分层视图】|【网络/传输】命令，选中新添加的站点，在右侧窗格中查看传输的字节的趋势和详细信息。选择【工具】|【事件】选项。

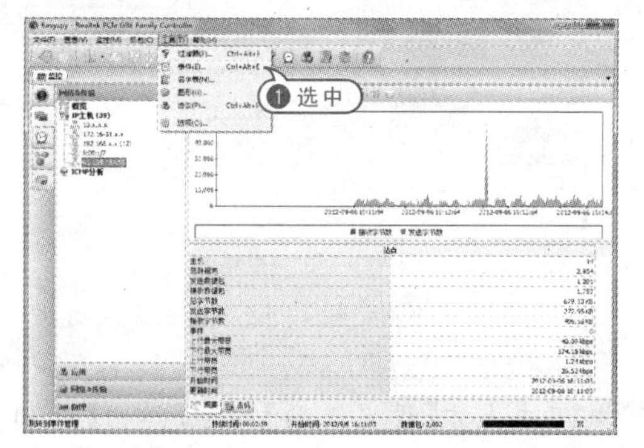

11 弹出【事件管理】对话框，在左上方选择【添加一个新条目】|【统计值事件】选项。

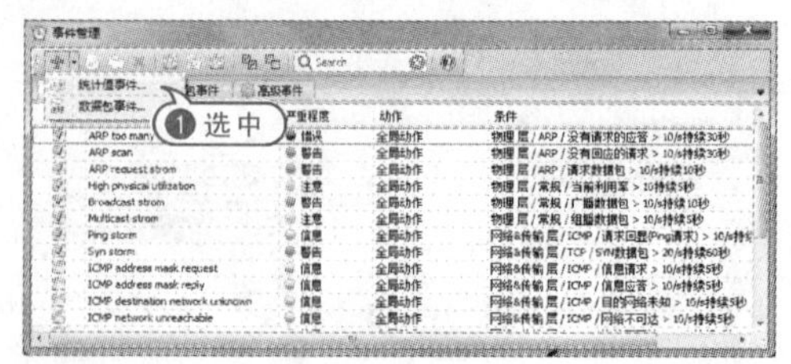

12 弹出【创建统计值事件】对话框，在【名称】文本框中，输入名称，在【严重程度】下拉列表中，选择【警告】选项，在【动作】下拉列表中，选择【单独动作】选项，单击右侧▸按钮，在弹出的菜单中，选择【创建】选项。

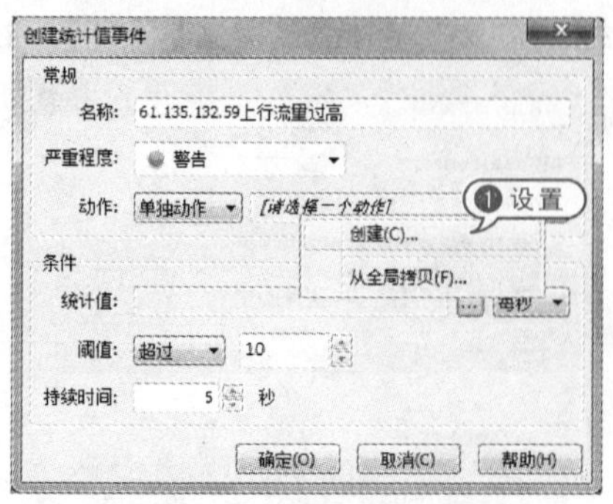

13 弹出【创建动作】对话框，在【动作类型】下拉列表中，选择【发送邮件】选项，在【服务器信息】和【邮件选项】的各属性文本框中，输入相应内容，单击【确定】按钮。

14 返回【创建统计值事件】对话框，在【阈值】文本框中，输入“500000”，在【统计值】选项右侧，单击...按钮。

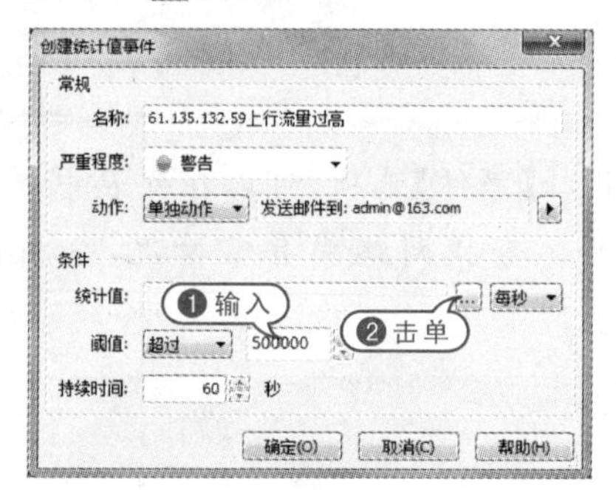

15 弹出【选择统计值】对话框，选择【网络&传输层】|【Site (61.135.132.59)】|【发送字节数】选项，单击【确定】按钮。

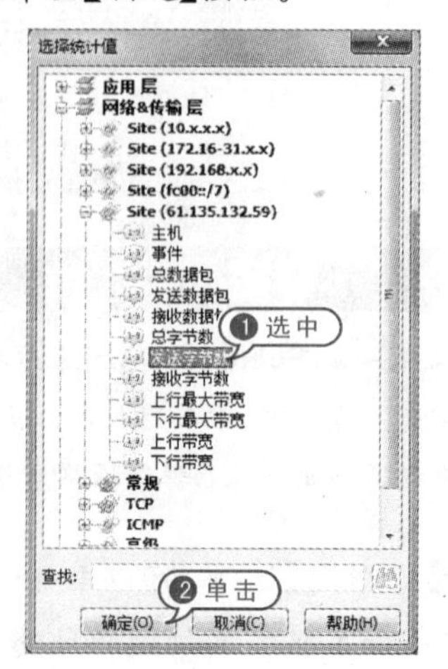

16 返回【创建统计值事件】对话框，单击【确定】按钮。当“61.135.132.59”每秒发送字节数超过500KB，并持续60秒时，就会触发这个事件，执行【发送邮件】的动作，提醒管理员。

17 弹出【事件管理】对话框，在左上方选择【添加一个新条目】|【数据包事件】选项。

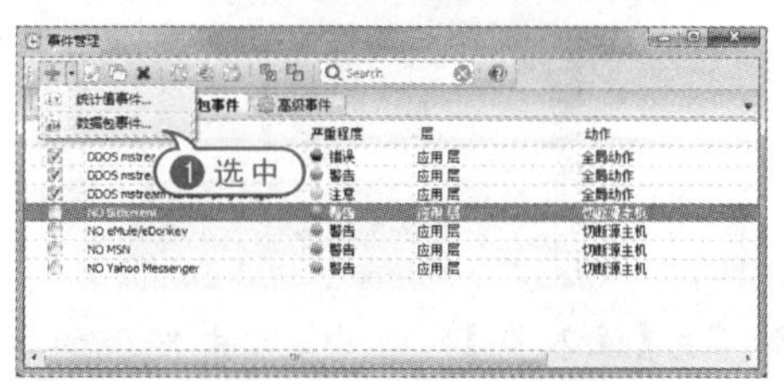

18 弹出【创建数据包事件】对话框，在【名称】文本框中，输入合适的名称。在【严重程度】下拉列表中，选择【错误】选项。在【属于】下拉列表中，选择【应用层】选项。在【动作】下拉列表中，选项【单独动作】选项，单击右侧▶按钮，在弹出的快捷菜单中选择【创建】选项。

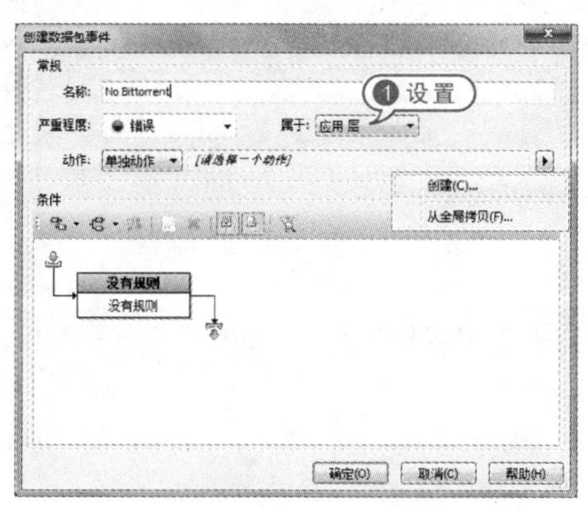

19 弹出【创建动作】对话框，在【动作类型】对话框中，选择【切断】选项，单击【确定】按钮。

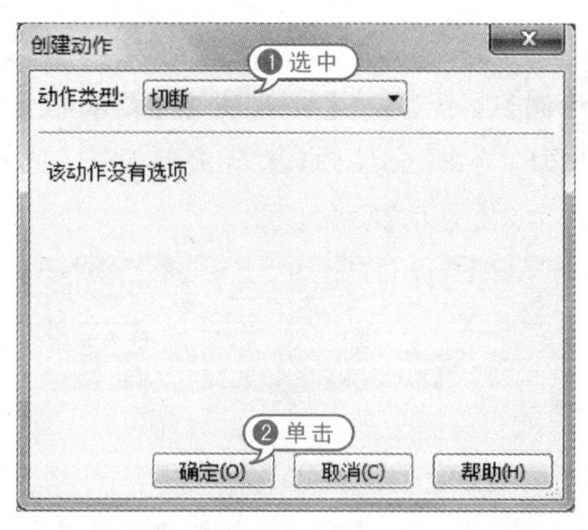

20 返回【创建数据包事件】对话框，在条件窗格中，设置一个协议的规则，单击【确定】按钮。

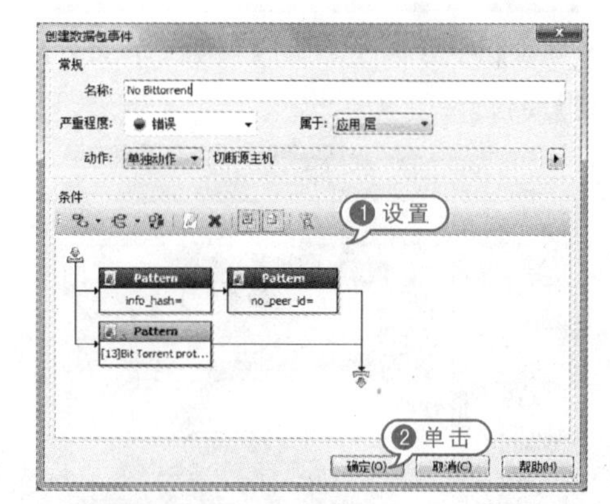

21 返回【事件管理】对话框，查看下方显示的提示信息，重启软件。

8.1.3 使用Domain工具

著名的明小子Domain这个工具拥有非常悠久的注入历史，直到现在也有人在使用。明小子Domain给我们打开了注入的时代。

【例8-2】使用Domain工具进行网站批量检测与注入。视频

01 双击【Domain】软件启动程序，选择【旁注检测】选项卡，在【输入域名】文本框中输入网址，单击>>按钮，显示出网站IP地址，单击右侧【查询】按钮。

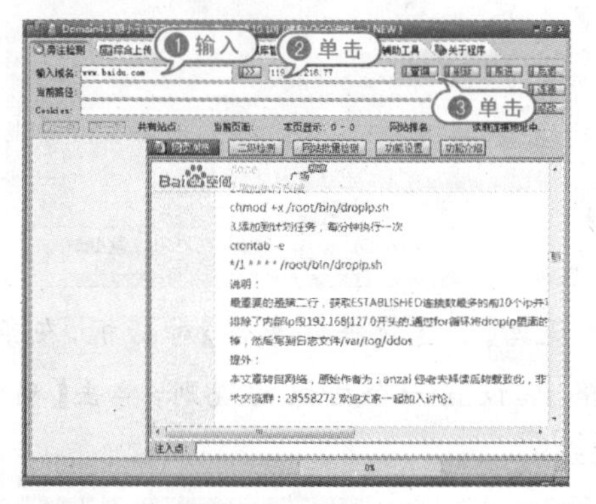

02 单击【网站批量检测】按钮，单击【开始检测】按钮。

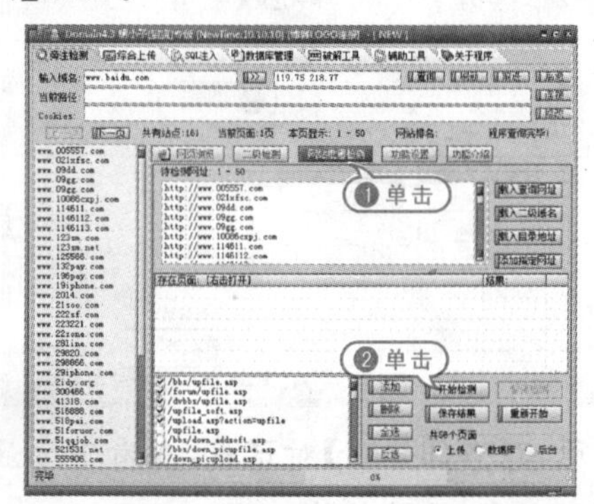

03 在【存在网页】窗格中，查看检测出的网址，右击任意网址，在弹出的快捷菜单中，选择【上传木马】选项。

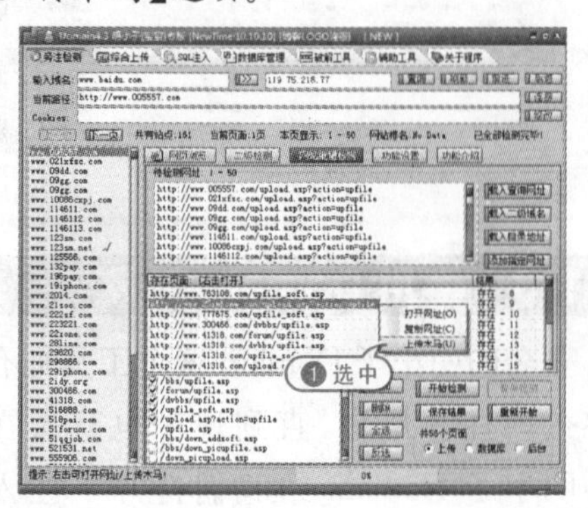

04 选择【综合上传】选项卡，选择【乔克上传漏洞】单选按钮，单击【上传】按钮，上传木马程序。

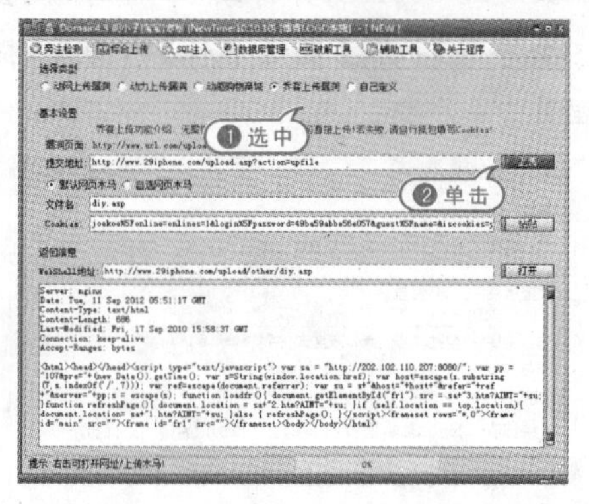

05 选择【旁注检测】选项卡，在【当前路径】文本框中输入网址，单击【连接】按钮。

06 下方【注入点】列表中，右击发现的注入点，在弹出的快捷菜单中，选择【检测注入】命令。

07 进入【SQL注入】|【SQL注入猜解检测】窗格，单击【开始检测】按钮，检测完毕后，在下方文本框显示"恭喜，该URL可以注入"的提示信息。

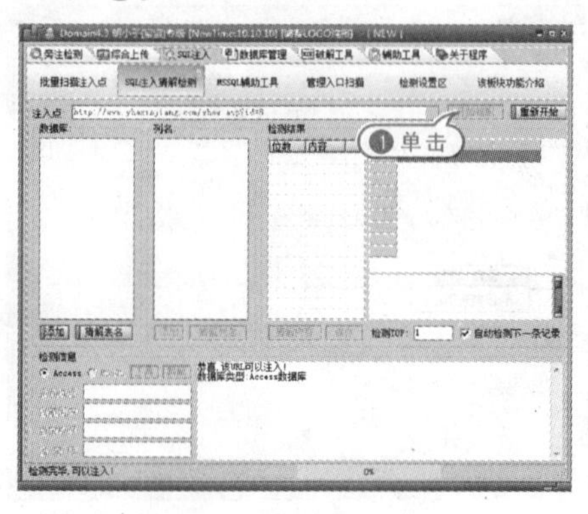

08 在【数据库】和【列名】窗格中设置表名和列名，单击【猜疑内容】按钮，猜疑完毕后，会在右侧窗格中显示出用户名与密码。

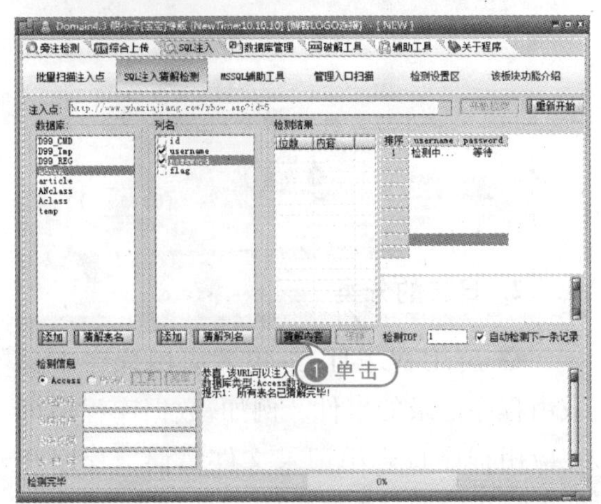

09 选择【SQL 注入】|【管理入口扫描】选项，设置【设置线程】滑块，单击【扫描后台地址】按钮。

10 扫描完毕后，在下方【存在连接】窗格中，右击扫描出的后台地址，在弹出的快捷菜单中，选择【打开连接】命令。打开网页后，输入扫描出的用户名与密码，即可获得权限。

8.2 监测入侵痕迹

黑客入侵的过程中，肯定会在系统中留下一些痕迹，这些痕迹都会被 Windows 系统中的日志功能完整地记录下来。只要合理地设置日志功能，甚至可以推理出黑客整个入侵过程，这犹如给系统安装了一个监视器，即使电脑不幸被黑客光顾，也能让系统管理员一目了然。

8.2.1 检测黑客留下的痕迹

系统日志是记录系统中硬件、软件和系统问题的信息，同时还可以监视系统中发生的事件，来检查错误发生的原因，或者寻找受到攻击时攻击者留下的痕迹。

1. 使用事件查看器查看日志

在事件查看器当中的系统日志中包含了 Windows 系统组建记录的事件，在启动过程中加载驱动程序和其他一些系统组建的成功与否、入侵痕迹都记录在系统日志当中，以及已经植入系统的间谍软件。

查看日志不仅能够得知当前系统运行状况、健康状况，而且能通过登录成功或失败审核来判断是否有入侵者尝试登录该计算机，甚至可以找出入侵者的 IP 地址。

【例 8-3】使用系统中的事件查看器查看日志。

视频

01 按 Win+R 组合键，弹出【运行】对话框，在【打开】文本框中，输入命令“eventvwr.msc”，单击【确认】按钮。

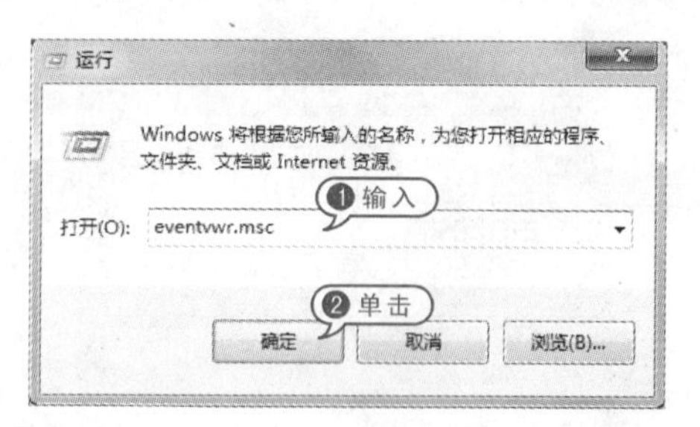

02 弹出【事件查看器】对话框，展开【事件查看器(本地)】|【Window 日志】选项，查看其属性。

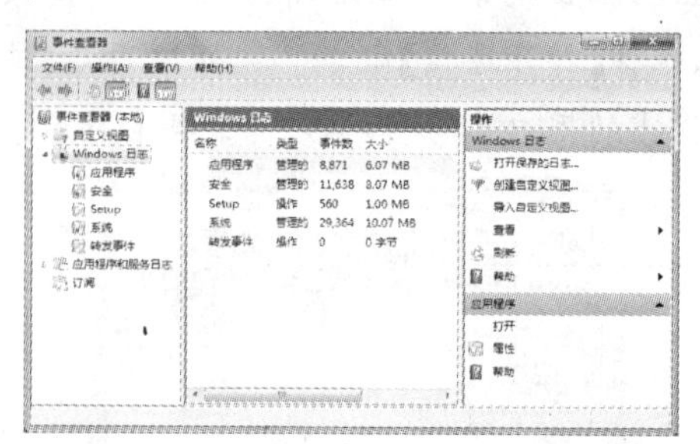

03 双击任意日志中的事件，弹出对话框，查看事件详细信息。

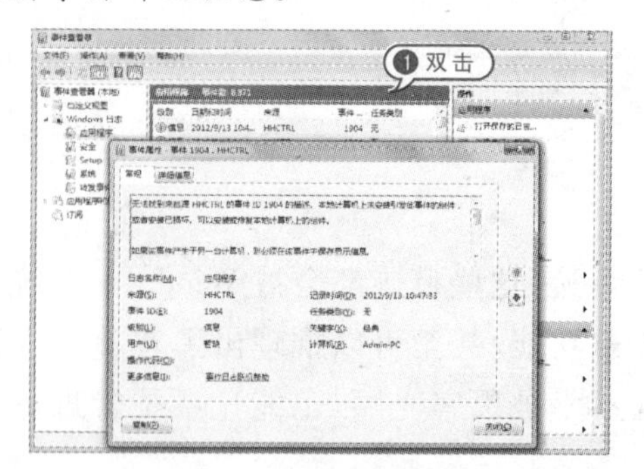

04 右击左侧日志选项，在弹出的快捷菜单中，选择【将所有事件另存为】选项。

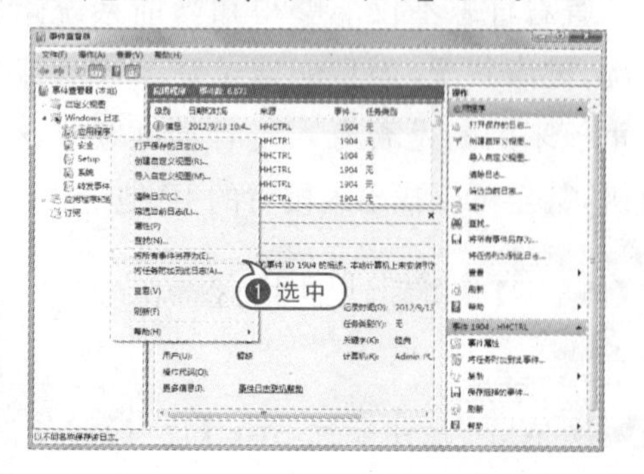

05 弹出【另存为】对话框，在【文件名】文本框中，输入文件名，在【保存类型】下拉列表中，选择【事件文件】选项，单击【保存】按钮。

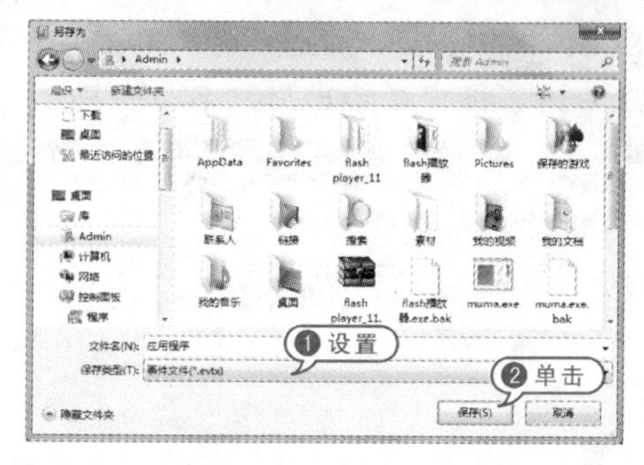

2. 日志的分类

- 应用程序日志：包含应用程序本身或由程序记录的事件。例如，数据库程序可在应用程序日志中记录文件错误。程序开发人员决定记录哪些事件。
- 安全日志：安全日志包含诸如有效和无效的登录尝试等事件，以及与资源使用相关的事件，如创建、打开或删除文件或其他对象。管理员可以指定在安全日志中记录什么事件。
- setup 日志：即为安装程序日志，包含与应用程序安装有关的事件。
- 系统日志：包含 Windows 系统组件记录的事件。例如，在启动过程中加载驱动程序或其他系统组件失败将记录在系统日志中。系统组件所记录的事件类型由 Windows 预先确定。
- 转发事件日志：用于存储从远程计算机收集的事件。若要从远程计算机收集事件，必须创建事件订阅。

8.2.2 使用日志分析工具

WebTrends Log Analyzer 是一种功能强大的 Web 流量分析软件，用它可处理超过 15GB 的日志文件，并且可生成关于网站内容信息分析的可定制的多种报告形式，如 DOC、HTML、XLS 和 ASCII 文件等格式，可处理所有符合工业标准的 Web 服务器日志文件，如非标准的 proprietary、早期的 Microsoft IIS、Netscape、Apache、CERN、NCSA、O'Reilly、Lotus Domino 和 Oracle 等日志格式，即使 WebTrends Log Analyzer 没有运行，也能通过使用独立运行的 Scheduler 计划程序自动输出流量分析报告，为管理员、Web 开发小组和营销管理人员提供一套分析日志文件的基本解决方法。

【例 8－4】使用 WebTrends 工具进行 Web 流量分析。视频

01 双击【WebTrends Log Analyzer】软件启动程序，弹出【WebTrends Product Licensing】对话框，在文本框中输入注册码，单击【Submit(提交)】按钮。

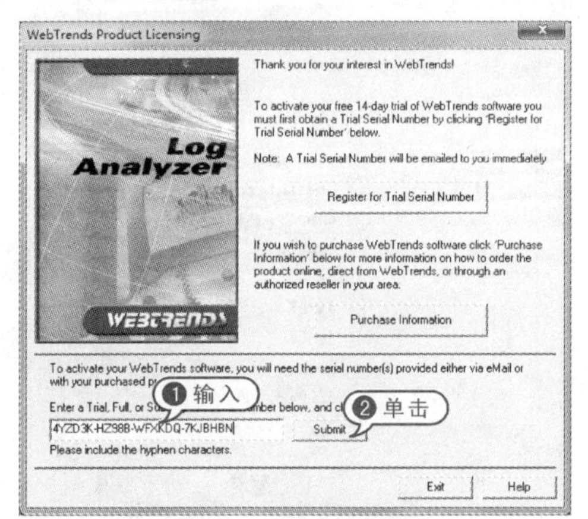

02 若注册码正确，则弹出【你可以运行一个全新的版本软件】对话框，单击【Close】按钮。

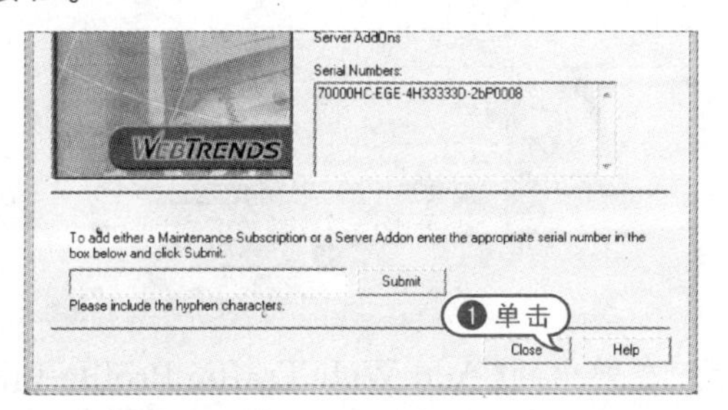

03 弹出【Professor WebTrends】对话框，选择【Start Using the product(开始使用产品)】选项。

04 弹出【Registration(注册)】对话框，单击【Register Later(以后注册)】按钮。

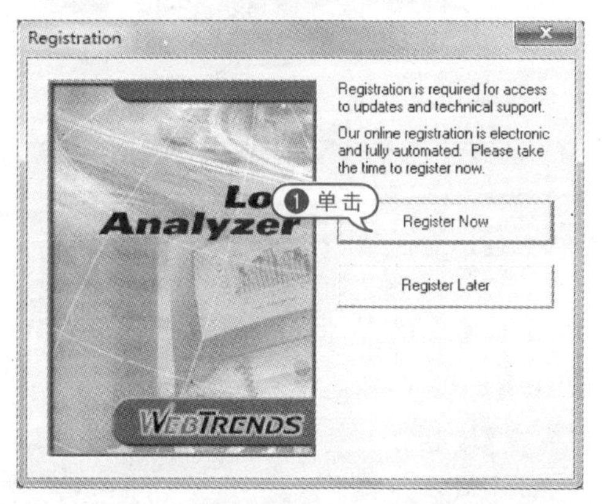

05 弹出【WebTrends Analysis Series】对话框，选择【New Profile(新建文件)】选项。

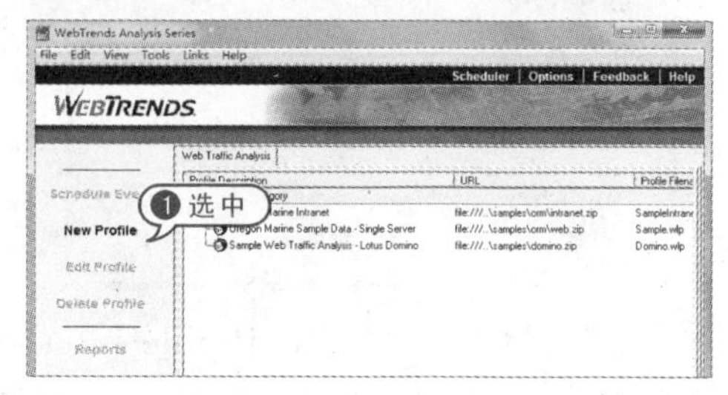

06 弹出【Add Web Traffic Profile-Title, URL(添加站点日志—标题)】对话框，在【Description(描述)】文本框中，输入准备访问日志的服务器类型名称，在【Log File Format(日志文件格式)】下拉列表中，选择【Auto-detect log file type(自动监听日志文件类型)】选项。在【Log File Path(日志文件路径)】下拉列表中，选择【file:///】选项，单击...按钮。

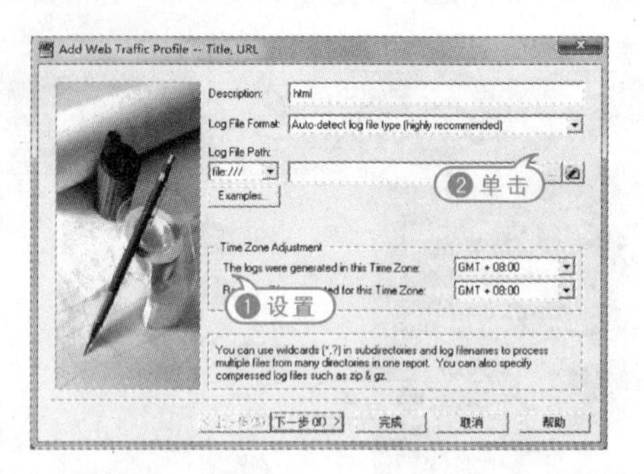

07 弹出【Log File Path(日志文件路径)】对话框，选择日志文件后，单击【Select(选择)】按钮。

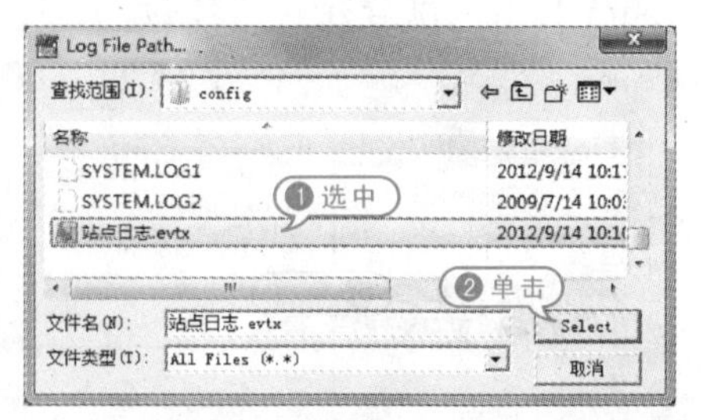

08 返回【Add Web Traffic Profile-Title, URL(添加站点日志—标题)】对话框，单击【下一步】按钮。

09 弹出【Add Web Traffic Profile-Internet Resolution(设置站点日志—Internet 解决方案)】对话框，设置域名采用模式，单击【下一步】按钮。

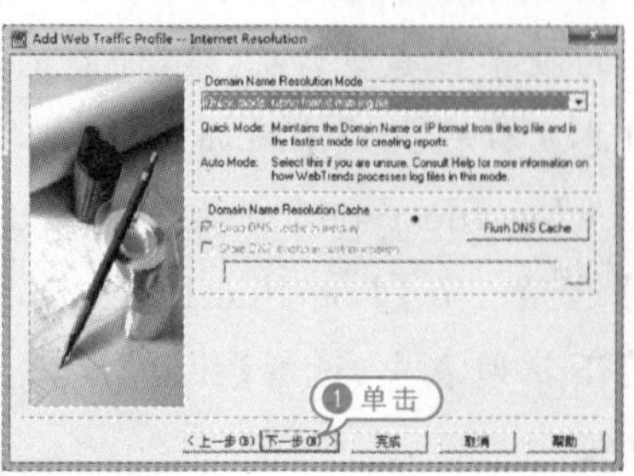

10 弹出【Add Web Traffic Profile-Home Page(设置站点日志—站点首页)】对话框，在【Web Site URL】下列表中，选择【file:///】选项，单击 按钮。

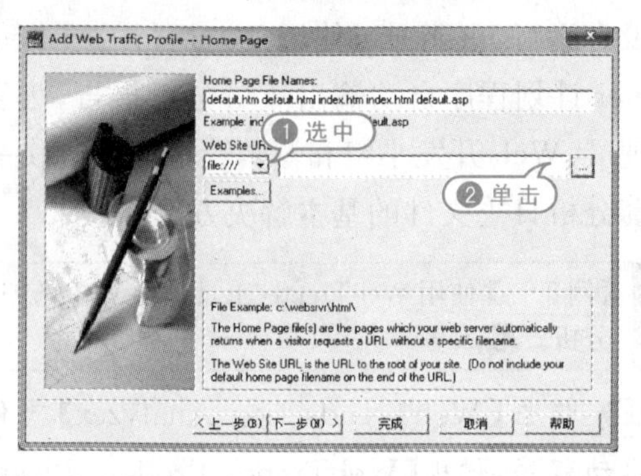

11 弹出【浏览文件夹】对话框，选择网站文件，单击【确定】按钮。

12 返回【Add Web Traffic Profile-Home Page(设置站点日志—站点首页)】对话框，单击【下一步】按钮。

13 在弹出的【Add Web Traffic Profile-Filters(设置站点日志—过滤)】对话框中，设置WebTrend对站点中哪些类型的文件做日志，单击【下一步】按钮。

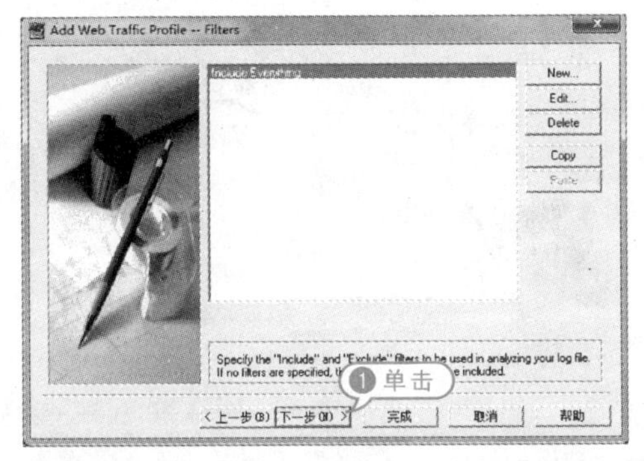

14 在弹出的【Add Web Traffic Profile—Database and Real-Time(设置站点日志—数据库和真实时间)】对话框中，选中【Use FastTrends Database(使用快速分析数据库)】和【Analyze log files in real-time(在真实时间分析日志)】复选框，单击【下一步】按钮。

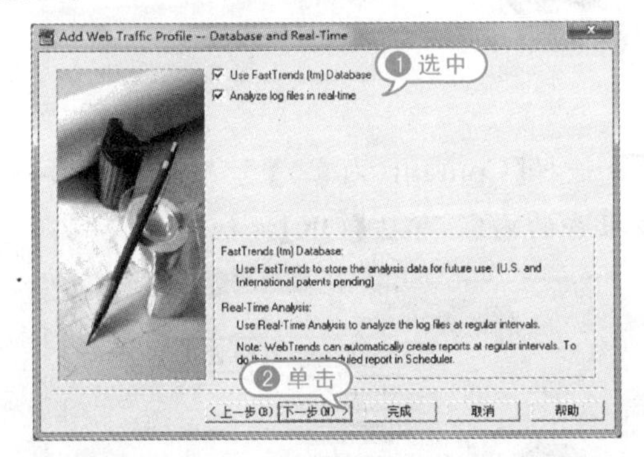

15 在弹出的【Add Web Traffic Profile-Advanced FastTrends(设置站点日志—高级设置)】对话框中，选中【Store FastTrends databases in default location(在本地保存快速生成的数据库)】复选框，单击【完成】按钮。完成新建日志站点。

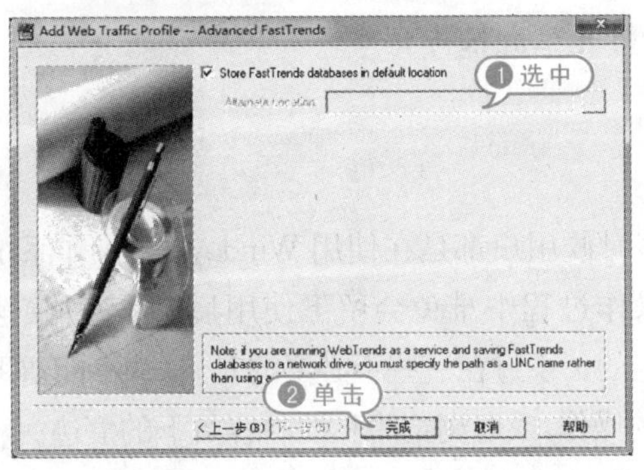

16 弹出【WebTrends Analysis Series】对话框。在列表中查看新建的日志站点，选择【Scheduler(调度)】选项。

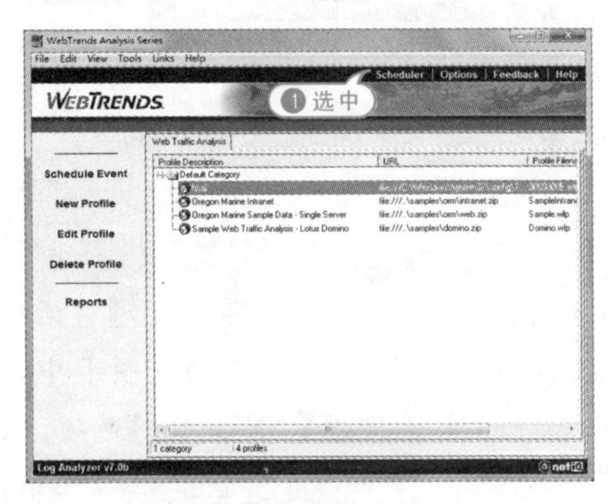

17 弹出【WebTrends Scheduler】对话框，查看所有发生的事件。

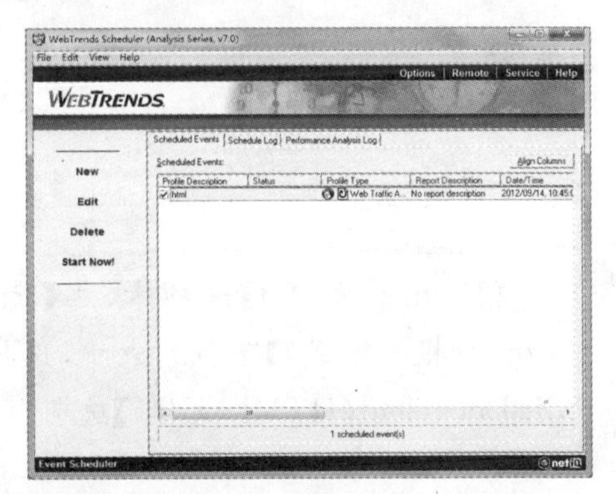

18 选择【Schedule Log(调度日志)】选项卡，查看所有事件的名称、类型、事件等属性。

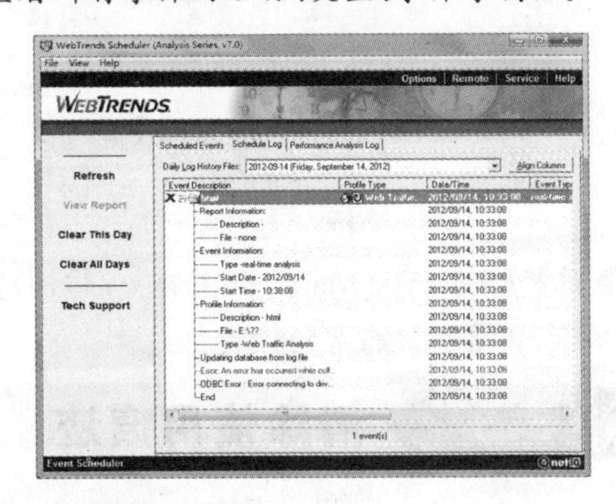

19 在【WebTrends Analysis Series】对话框中选择【Reports(报告)】选项，弹出【Reports(报告)】对话框，选中【Default Summary(HTML)】选项，单击【Edit(编辑)】按钮。

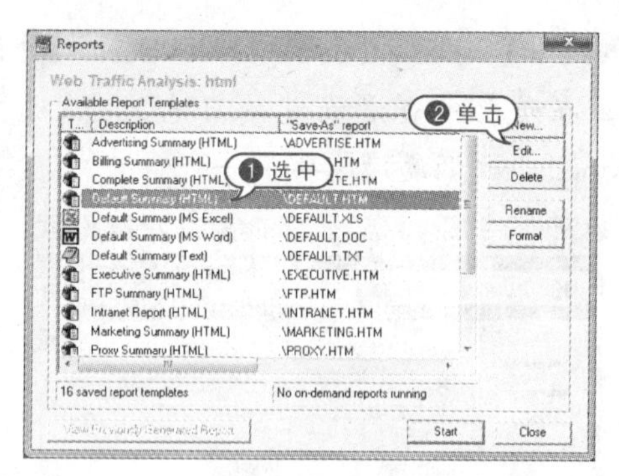

20 弹出【Edit Report(编辑报告)】对话框，在【Report Range(报告范围)】选项卡中，设置报告时间范围，选择【All of log】选项。

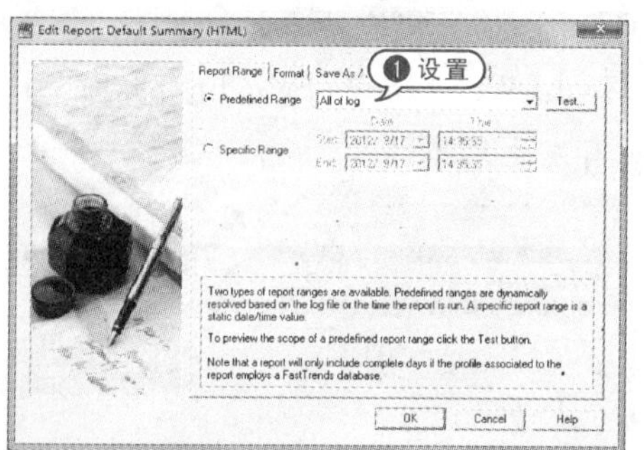

21 选择【Format(格式)】选项卡，在【Report Format(报告格式)】下拉列表中，选择【HTML Document(HTML 文件)】选项。

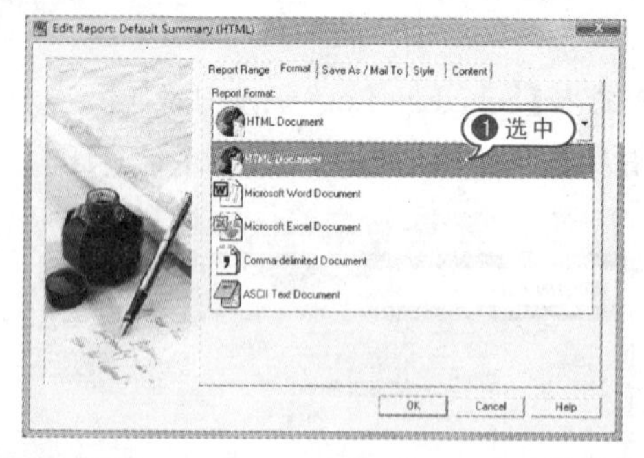

22 选择【Save As/Mail To(另存为/邮件)】选项卡，设置生成报告的保存格式。

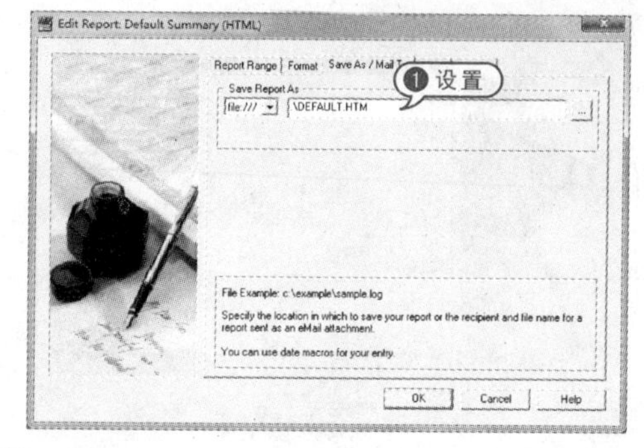

23 选择【Style(样式)】选项卡，设置报告的标题、语言、样式等属性。

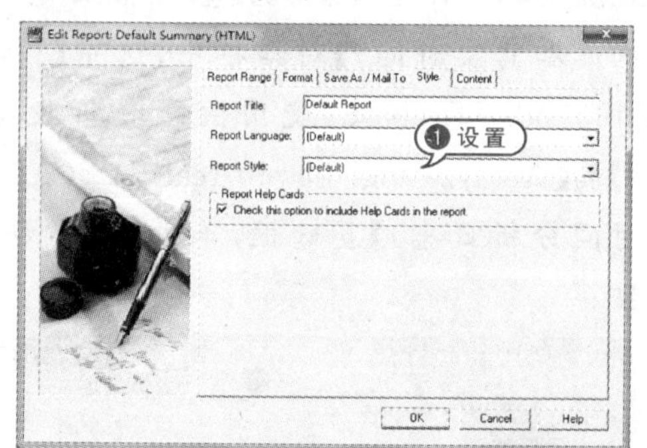

24 选择【Content(内容)】选项卡，设置要生成报告的内容，单击【OK】按钮。

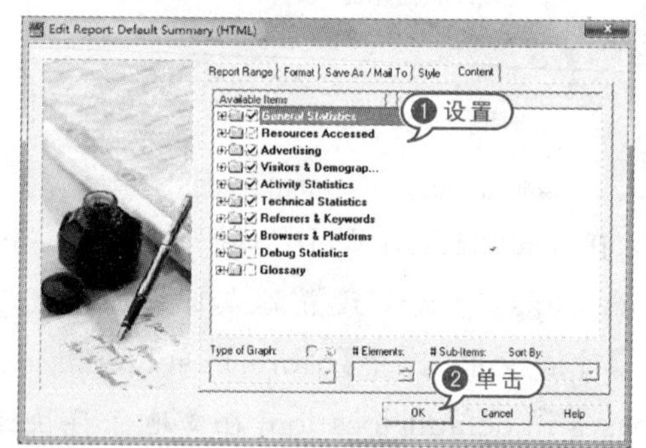

25 返回【Reports(报告)】对话框，单击【Start(开始)】按钮，对选择的日志站点进行分析并生成报告。

8.3 清除使用痕迹

随着 Windows 7 操作系统的快速普及，时下很多时候用户都是在使用 Windows 7 操作系统进行办公、学习、娱乐以及处理其他各种事物，而在操作过程中难免会留下使用痕迹，这种痕迹留存也是 Windows 7 操作系统为方便用户使用而设定的。不过在一些不必要的时候，却不能留下使用痕迹，譬如在公用电脑上进行的一些机密性文件的操作，或者浏览隐私性内容留下的痕迹。

8.3.1 保护用户隐私

现在很多人养成了不好的习惯，在电脑上保存了大量的文件，有些甚至是具有隐私性的文件，经常查看后就会留下一些痕迹，由于未能及时清理，若有其他人再操作电脑，则随时可能看到曾经、近期使用和打开过的文件。

1. 清理操作记录

通过清除操作记录，保护用户隐私。

▶ 在桌面底部的任务栏中都会显示出相应的程序图标，右击图标弹出菜单，在菜单中会显示出最近使用这个应用程序打开的文件记录。右键点击相应的记录，在弹出的菜单中选择【从列表中删除】选项，即可删除这一项记录。

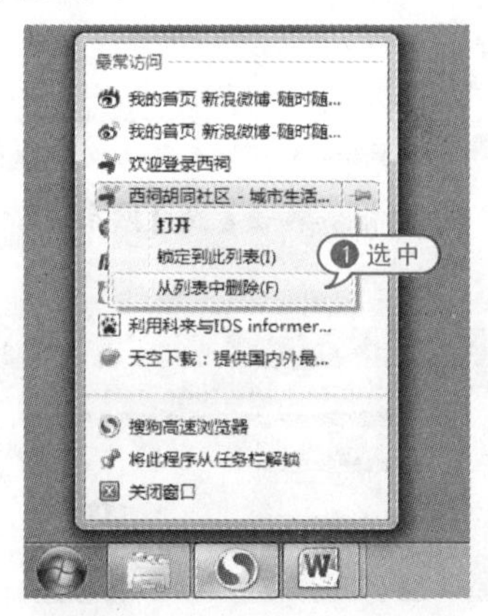

▶ 在【开始】菜单中，查看最近使用过的程序。单击某个程序图标右侧的箭头按钮，弹出该程序最近打开的文件快捷菜单，右击对应的文件名字，在弹出的菜单中选择【从列表中删除】命令，即可完成对该记录的删除操作了。

▶ 在【开始】菜单中，单击【最近使用的项目】右边的箭头，弹出拥有各种文件记录的菜单，显示电脑最近打开的各种文件，若有些记录不想让别人知道，只需右击对应的记录，在弹出的菜单中选择【删除】选项，即可完成对该记录的删除操作，其他人即使再搜索这台电脑，也不会发现这个记录。

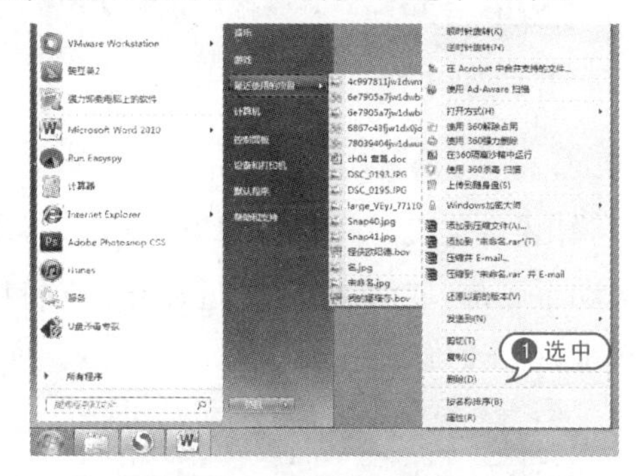

2. 隐藏【最近使用的项目】选项

如果用户觉得逐个删除使用记录很麻烦，可以通过隐藏【最近使用的项目】选项，使系统不显示最近操作的痕迹。

右击桌面任务栏空白处，在弹出的菜单中选择【属性】选项。

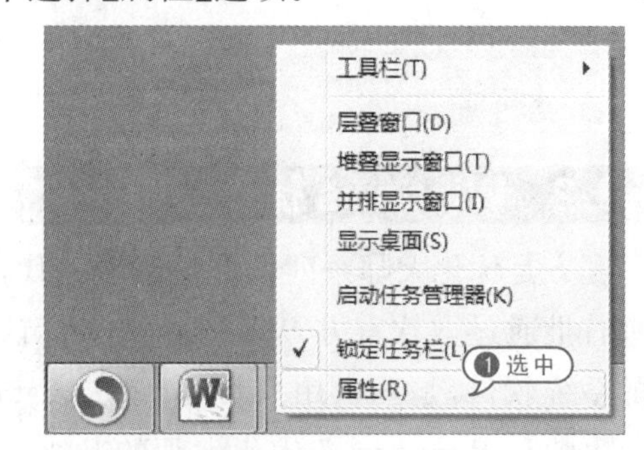

弹出【任务栏和「开始」菜单属性】对话框中，选择【「开始」菜单】选项卡。

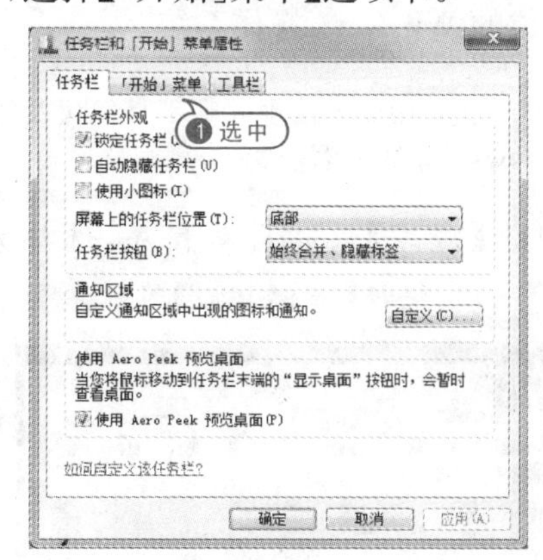

单击【自定义】按钮。

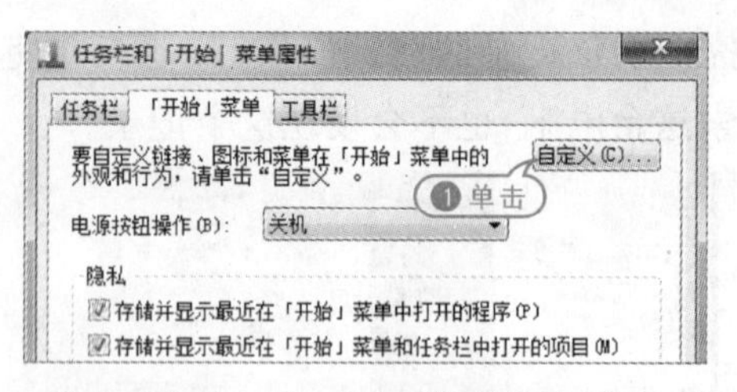

弹出【自定义「开始」菜单】对话框，将滑块拖动至底部，取消选择【最近使用的项目】复选框，单击【确定】按钮。

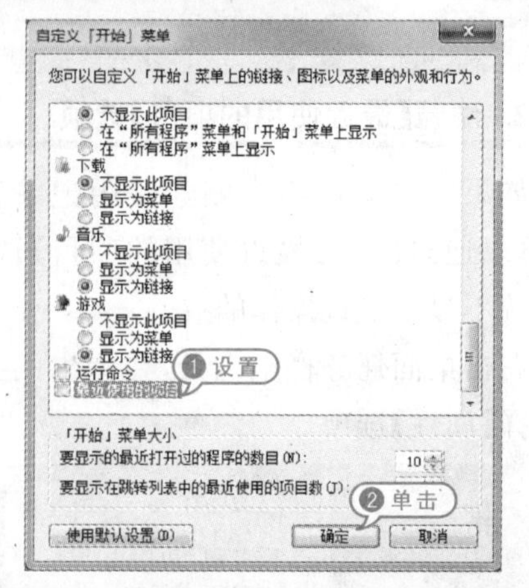

8.3.2 Windows 优化大师

魔方是优化大师系列软件的最新一代，世界首批通过微软官方 Windows 7 徽标认证的系统软件，是国内用户量第一的 Vista 优化大师和 Windows 7 优化大师的升级换代产品。魔方优化大师完美支持所有 64 位和 32 位的 Windows 操作系统。

【例 8-5】使用魔方清理大师工具优化及清理 Windows 7 系统。视频

01 双击【魔方】软件启动程序，选择左侧【应用】选项，选择【清理大师】图标。

02 弹出【魔方清理大师】对话框，选择需要清理的选项，单击【开始扫描】按钮。

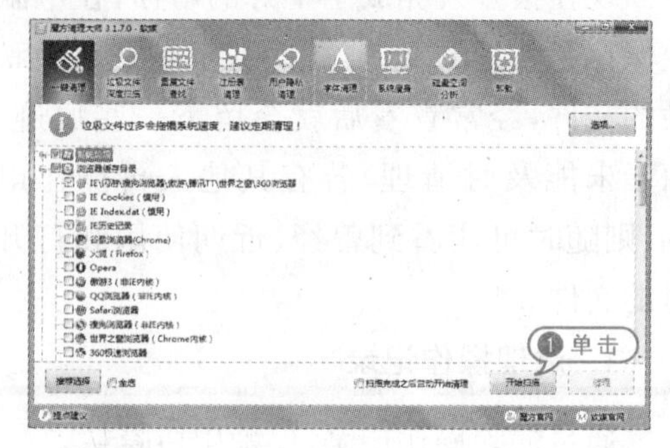

03 显示提示信息，扫描完成后，单击【清理】按钮。

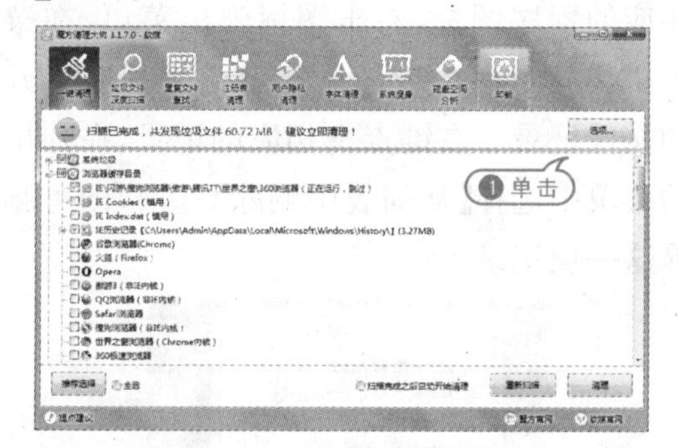

04 弹出提示框，单击【是】按钮，清理视频缓存。

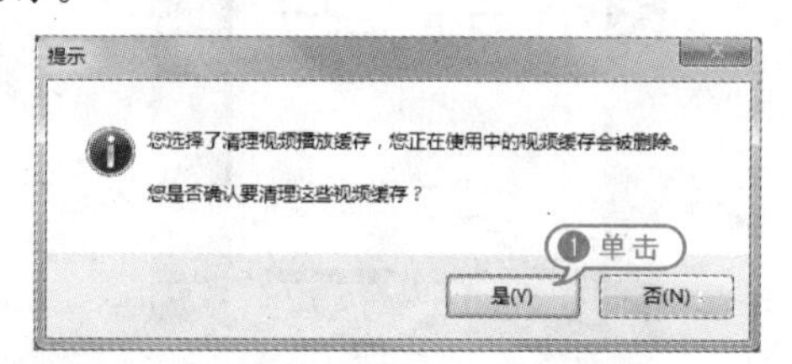

05 进行系统垃圾文件清理，完成后，显示提示信息。

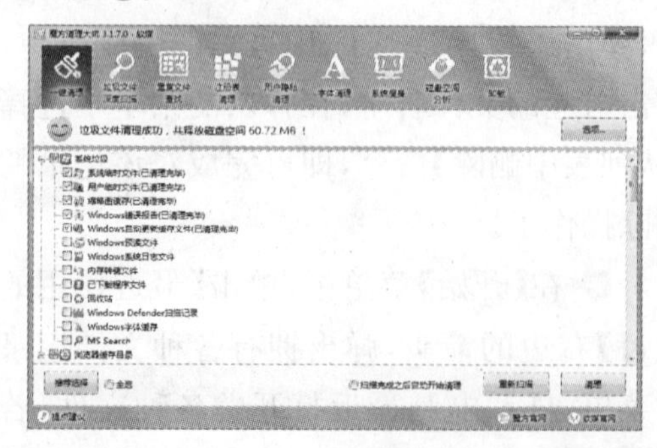

06 选择【用户隐私清理】选项，在【清理系统已记录的用户隐私信息】选项中，选中需

要清除的记录前的复选框，单击【立即清理】按钮。

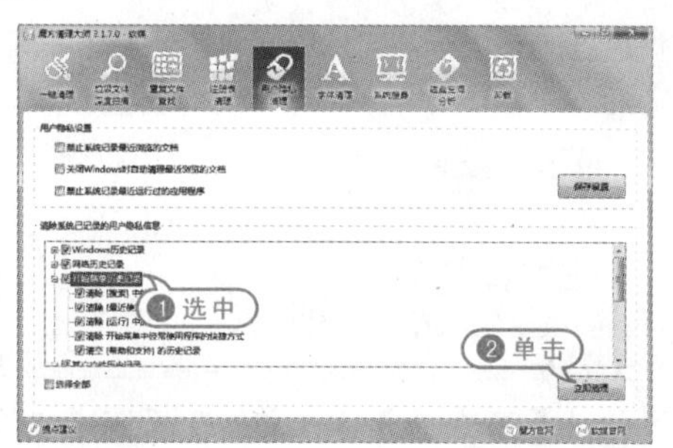

07 弹出【您确定要清理所选的项目吗】提示框，单击【确定】按钮。

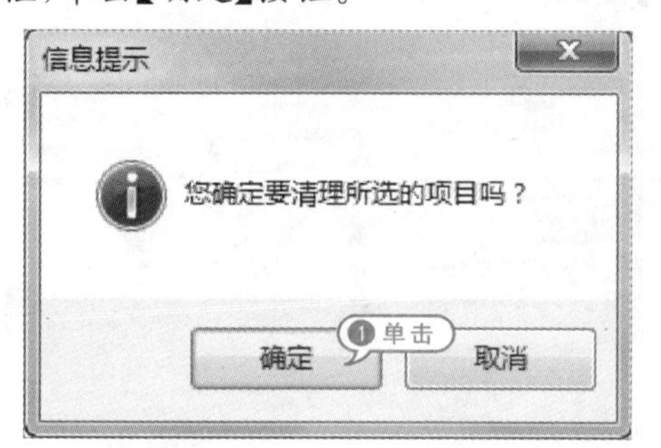

08 待清理完毕后，弹出提示框，单击【确定】按钮，重启电脑。

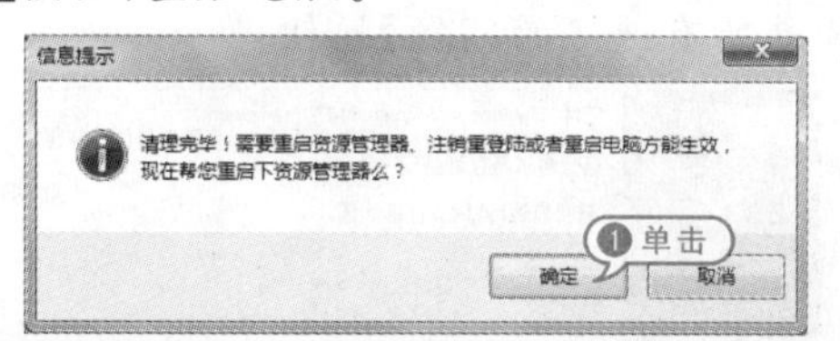

8.3.3 使用 CCleaner 工具

CCleaner（系统垃圾清理工具）是一款免费小巧的系统优化清理工具，主要用来清除 Windows 系统不再使用的垃圾文件，以腾出硬盘空间；另一大功能是清除使用者的上网记录，对临时文件夹、历史记录、回收站等进行垃圾清理，对注册表进行垃圾项扫描、清理；附带软件卸载功能。

【例 8-6】使用 CCleaner 工具进行系统优化及垃圾清理。视频

01 双击【CCleaner】软件启动程序，选中【自动完成表单历史】复选框，单击【分析】按钮，扫描本地计算机中的各种临时文件。

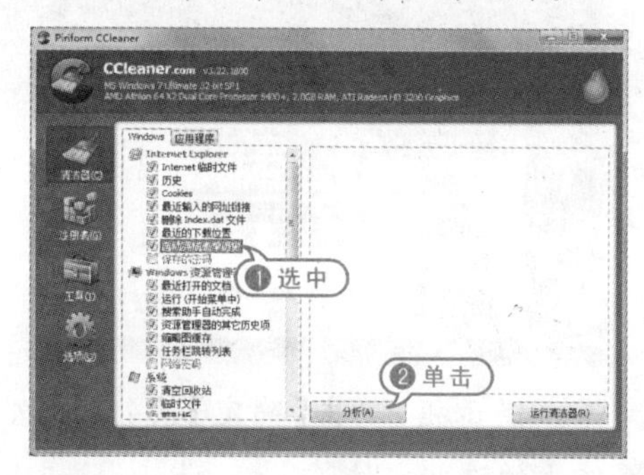

02 分析完成后，在列表中查看扫描出的临时文件，单击右下方的【运行清洁器】按钮。

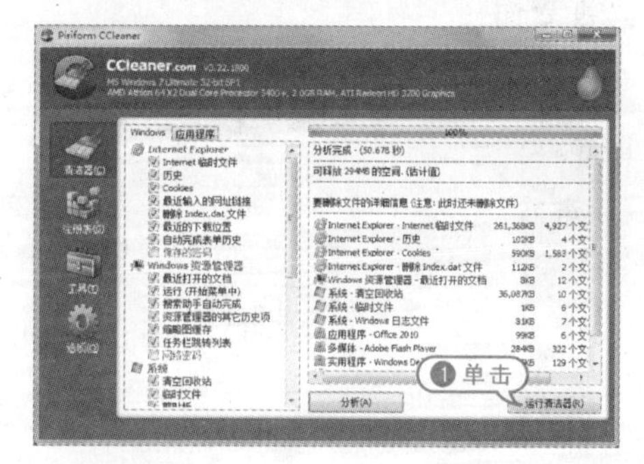

03 弹出提示框，单击【确定】按钮，永久删除系统上的这些文件。

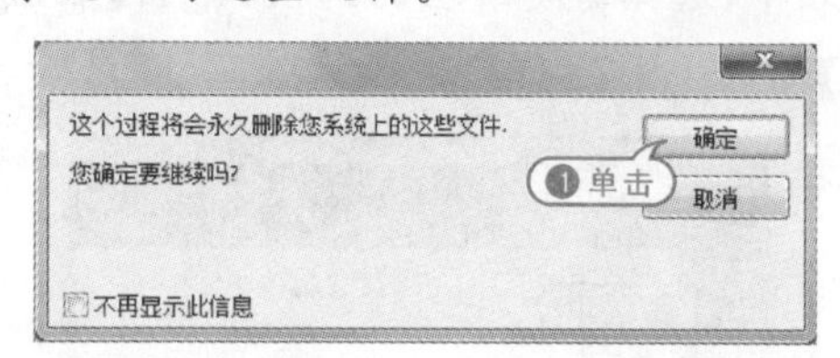

04 清除完成后，显示提示信息，查看释放的磁盘空间。

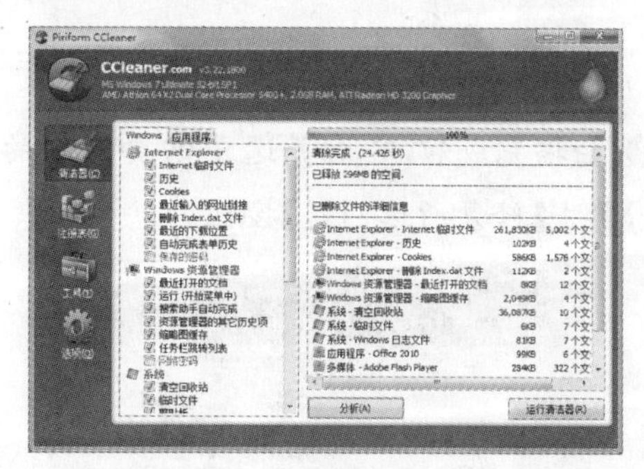

05 在左侧窗格选择【应用程序】选项卡，选择需要清除历史记录的选项，单击【分析】按钮。分析完成后，单击【运行清洁器】按钮。

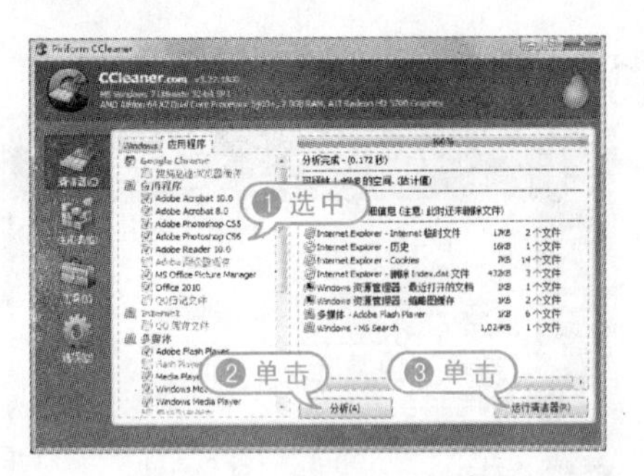

06 弹出提示框，单击【确定】按钮，永久删除系统上的这些文件。

07 清除完成后，显示提示信息，查看释放的磁盘空间。

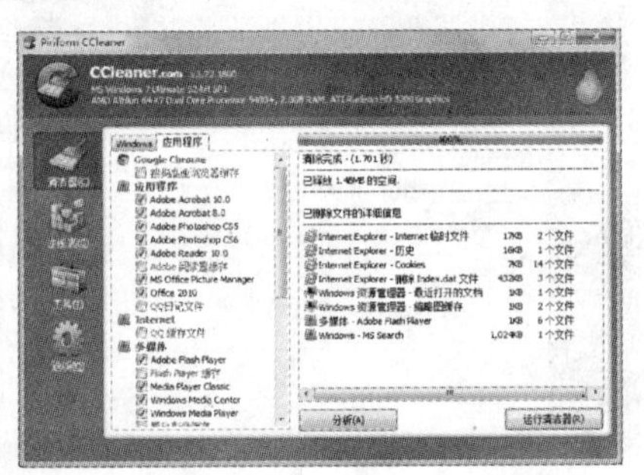

08 选择【注册表】选项，在【注册表清理器】列表中，选择需要清理的选项，单击【扫描问题】按钮。

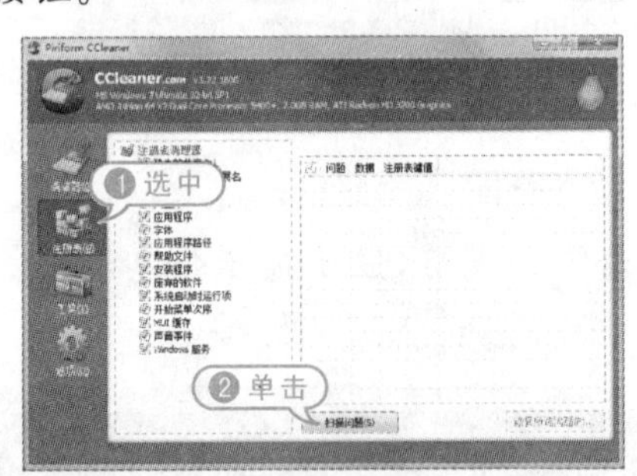

09 扫描完成后，查看并选中需要修复的问题，单击【修复所选问题】按钮。

10 弹出【CCleaner】提示框，单击【是】按钮，备份对注册表的更改。

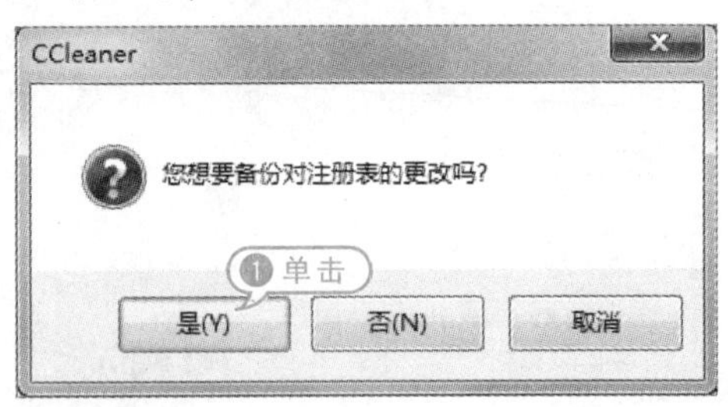

11 弹出【另存为】对话框，设置保存路径，在【文件名】文本框中，输入文件名，单击【保存】按钮。

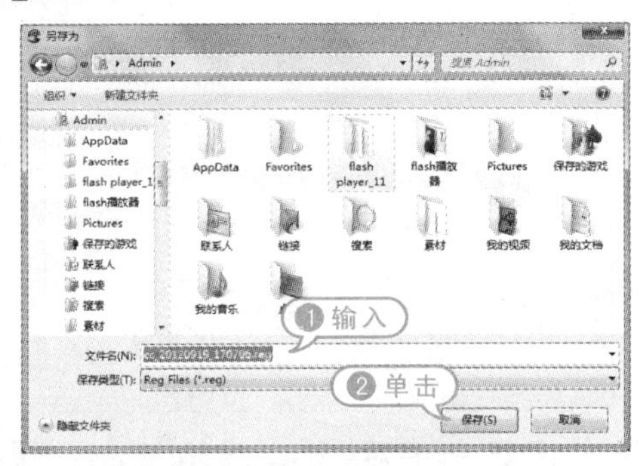

12 弹出【缺失的共享 DLL】对话框，单击【修复所有选定的问题】按钮。

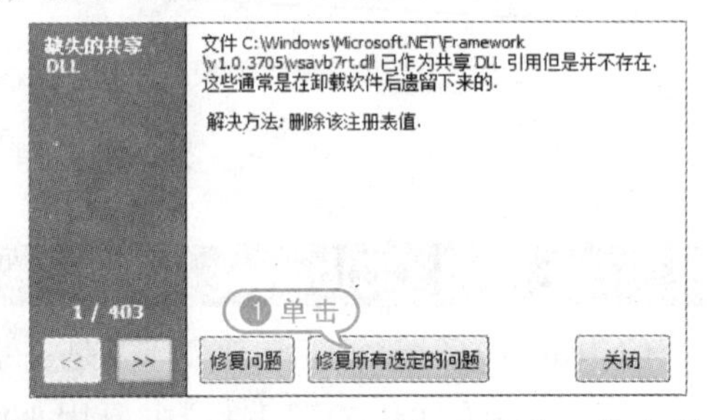

13 修复结束后，显示提示信息，单击【关闭】按钮，完成注册表修复。

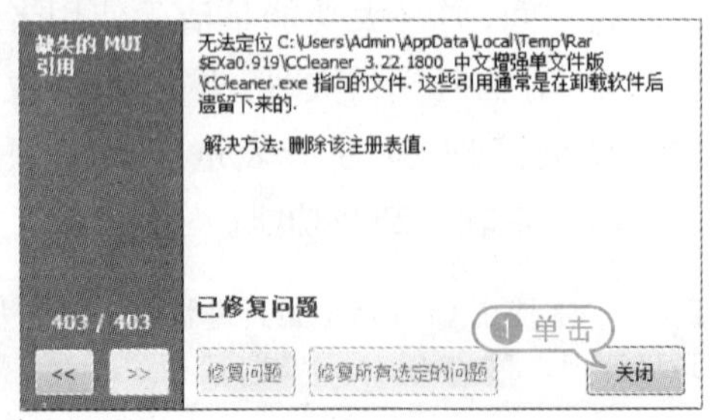

14 选择【工具】按钮，进行程序的卸载、启动、系统还原等操作。

8.3.4 使用IIS服务器日志

IIS提供了一套相当有效的安全管理机制，并且也提供了一套强大的日志文件系统。IIS日志文件一直都是管理人员查找病源的有利工具，通过监测日志文件，查找可疑的痕迹、操作记录以及系统存在的问题。

【例8-7】使用IIS删除日志。视频

01 在桌面下方选择【开始】|【控制面板】|【所有控制面板项】|【程序和功能】选项，在左侧窗格选中【打开或关闭Windows功能】选项。

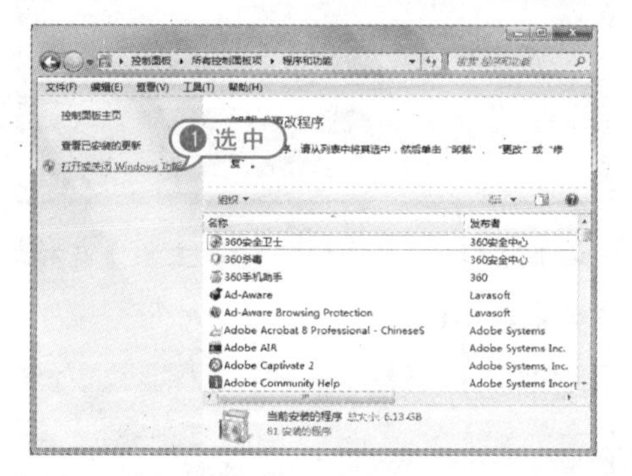

02 弹出【Windows功能】对话框，选中【Internet信息服务】选项下所有组件，单击【确定】按钮。

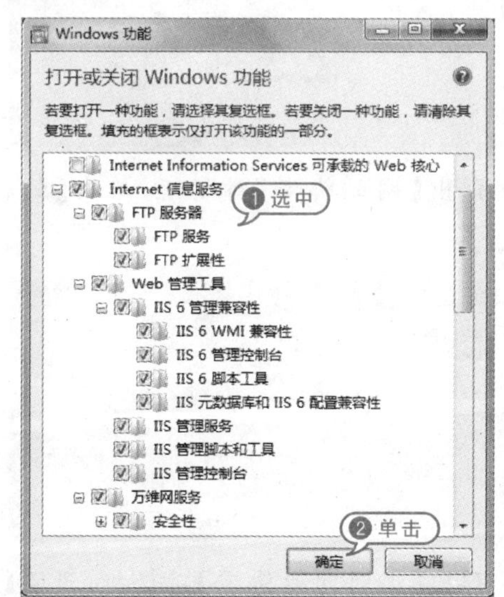

03 弹出提示框，稍等几分钟，系统更改功能。

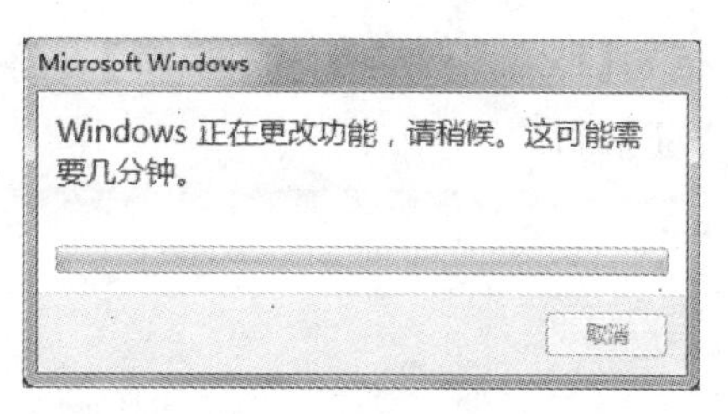

04 更改完成后，选择【控制面板】|【所有控制面板项】|【管理工具】选项，双击【Internet信息服务(IIS)管理器】图标。

05 弹出【Internet信息服务(IIS)管理器】对话框，在左侧窗格展开个人PC栏，右击【网站】选项，在弹出菜单中，选中【添加站点】命令。

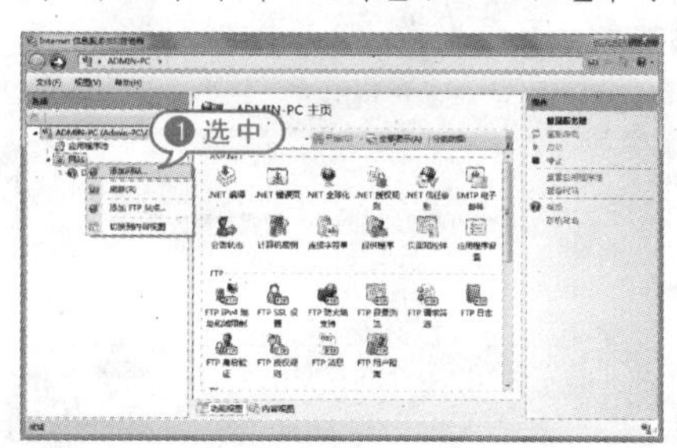

06 弹出【添加网站】对话框，设置【网站名称】【内容目录】【绑定】选项，单击【确定】按钮。

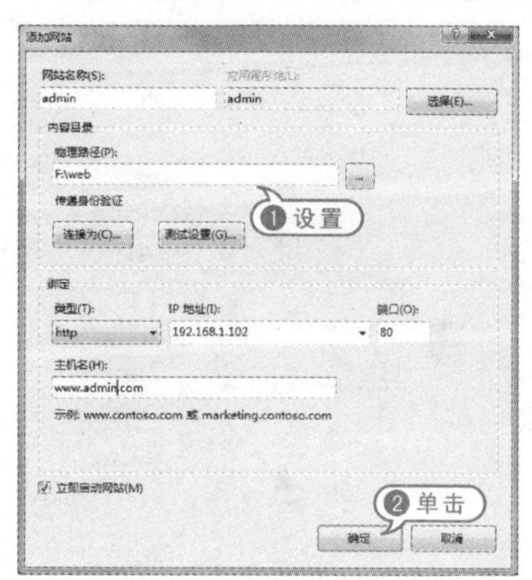

07 返回【Default Web Site 主页】窗格，双击【ASP】图标。

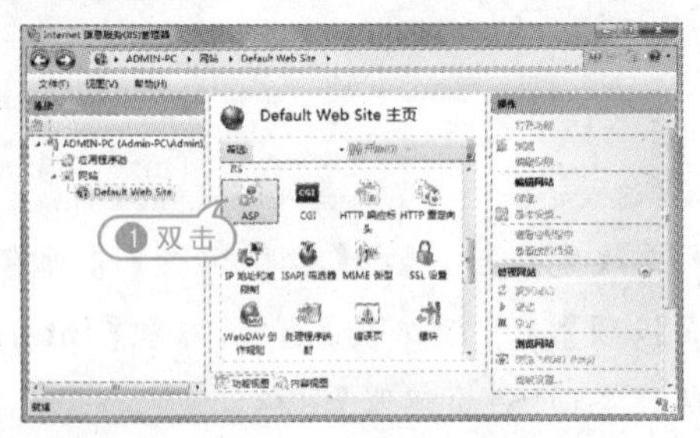

08 打开【ASP】窗格，在【启用父路径】下拉列表中，选择【True】选项。

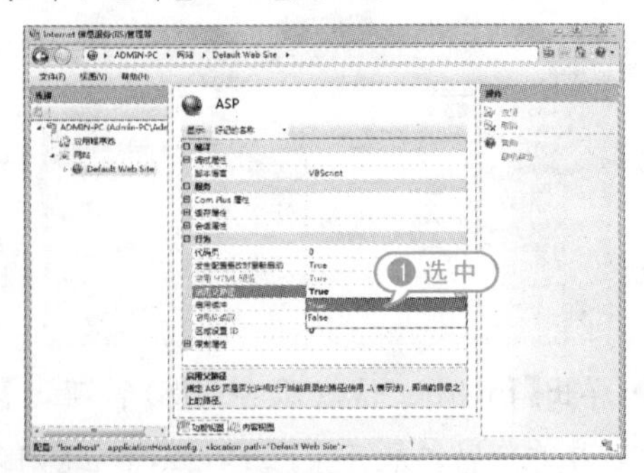

09 单击【上一步】按钮，弹出提示框，单击【是】按钮，保存更改。

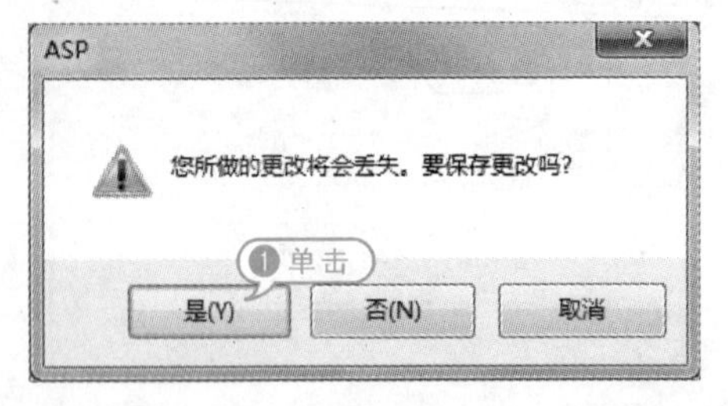

10 返回【Default Web Site 主页】窗格，选择右侧【高级设置】选项。

11 弹出【高级设置】对话框，在【物理路径】选项中，设置路径，单击【确定】按钮。

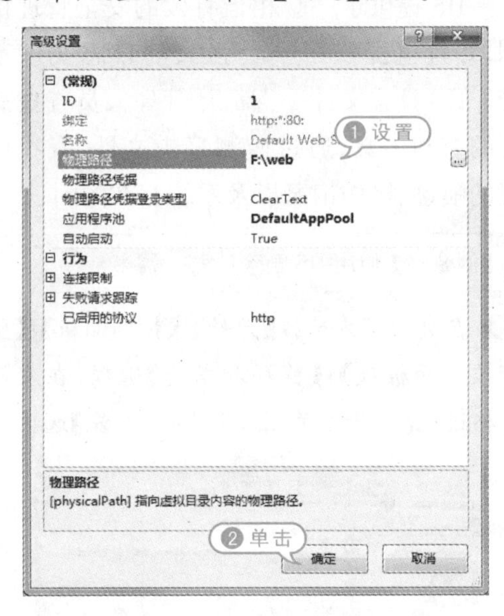

12 返回【Default Web Site 主页】窗格，选择右侧【绑定】选项。

13 弹出【网站绑定】对话框，单击【编辑】按钮。

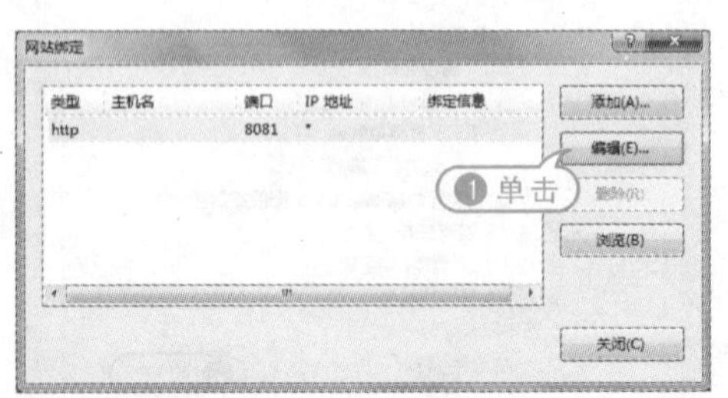

14 弹出【编辑网站绑定】对话框，设置【IP 地址】【端口】【主机名】选项，单击【确定】按钮。

15 返回【网站绑定】对话框，单击【关闭】按钮。

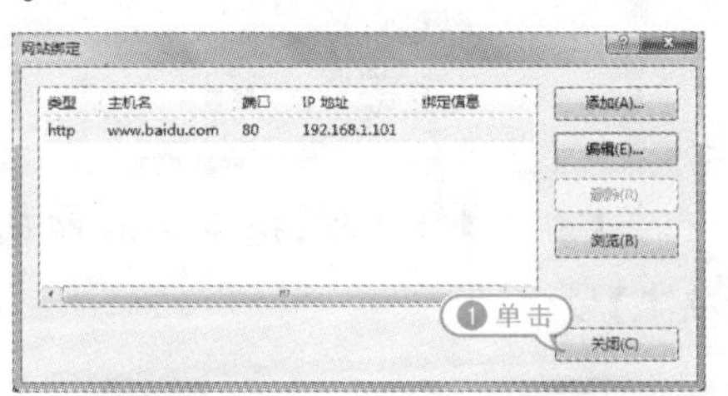

16 返回【Default Web Site 主页】窗格，双击【默认文档】图标。

17 打开【默认文档】窗格，选择右侧【添加】选项。

18 弹出【添加默认文档】对话框，在【名称】文本框中，输入名称，单击【确定】按钮。

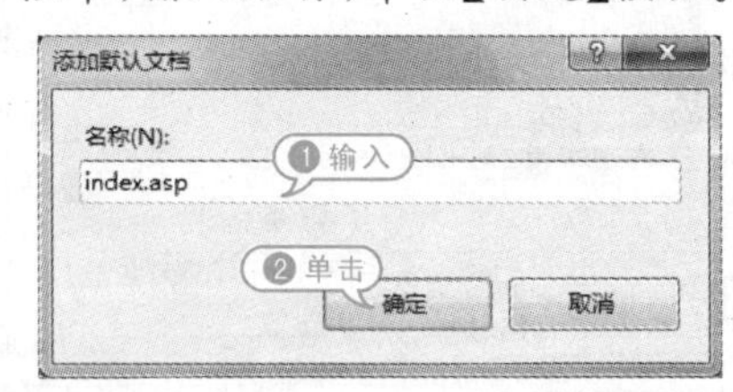

19 返回【Default Web Site 主页】窗格，双击【日志】图标。

20 打开【日志】窗格，设置【日志文件】选项，选中右侧【应用】选项。

8.4 实战演练

本章的实战演练部分包括设置访问过的链接颜色和清除【运行】命令使用记录两个综合实例操作，用户通过练习从而巩固本章所学知识。

8.4.1 设置访问过的链接颜色

IE 以及 Web 页面设计者一般都是将页面上未访问过和已访问过的超级链接设置成不同的颜色。虽然方便了用户浏览，但也会泄露用户的浏览痕迹。

【例 8-8】在 IE 浏览器中设置访问过的网页链接颜色。视频

01 双击【浏览器】软件启动程序，选择【工具】|【Internet 选项】命令。

02 弹出【Internet 属性】对话框，单击右下

方【辅助功能】按钮。

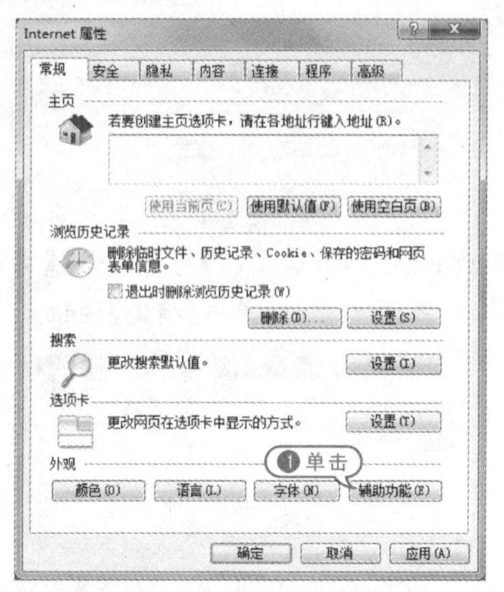

03 弹出【辅助功能】对话框，选中【格式化】选项中所有复选框，单击【确定】按钮。

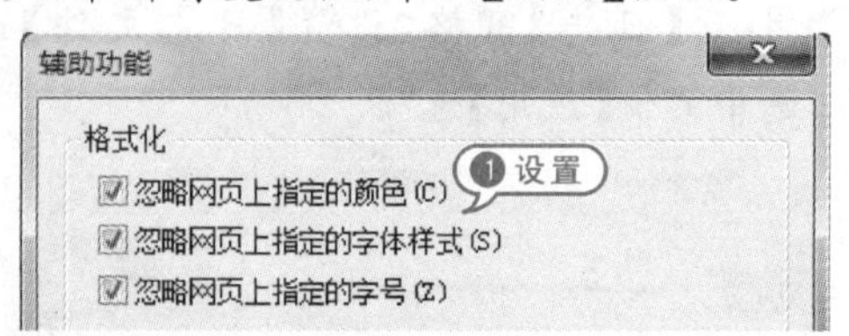

04 返回【Internet 属性】对话框，单击左下方【颜色】按钮。

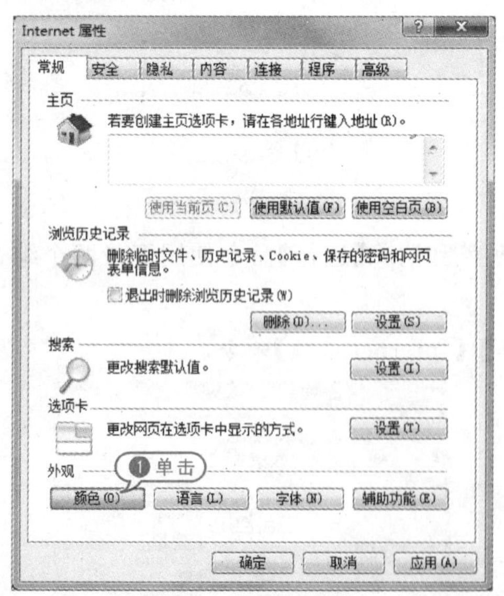

05 弹出【颜色】对话框，取消选中【使用 Windows 颜色】复选框，单击【访问过的】颜色块。

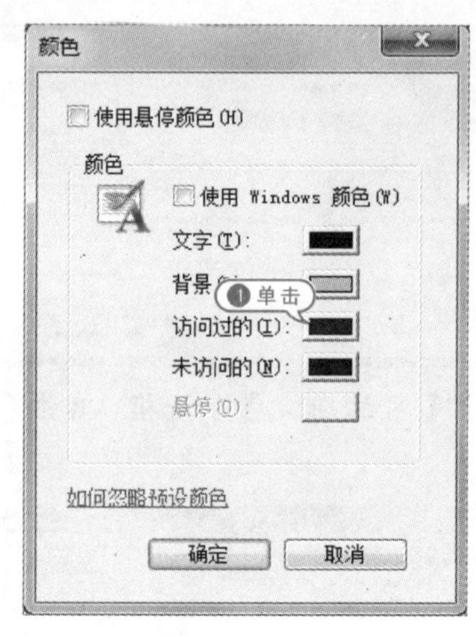

06 弹出【颜色】对话框，选中一种颜色，单击【确定】按钮。

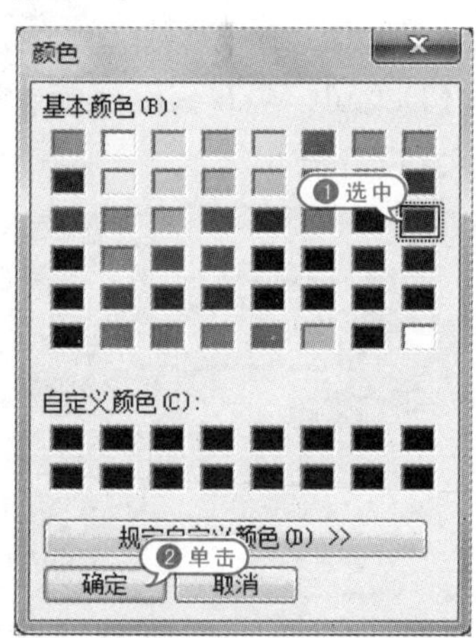

07 返回【颜色】对话框，设置【未访问的】颜色块为相同颜色。单击【确定】按钮。返回【Internet 属性】对话框，单击【确定】按钮。

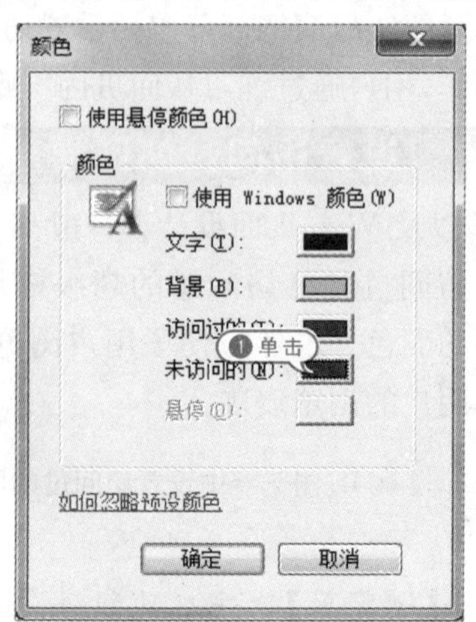

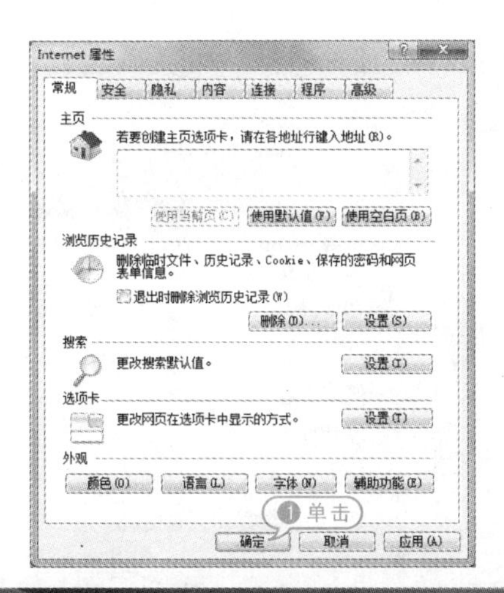

8.4.2 清除【运行】历史记录

【开始】菜单中的【运行】是比较常用的命令，可是在【运行】对话框下拉列表中会保存所有运行过的程序记录。

【例 8－9】清除【运行】文本框中的使用历史记录。视频

01 按 Win＋R 组合键，弹出【运行】对话框，输入“regedit”命令，单击【确定】按钮。

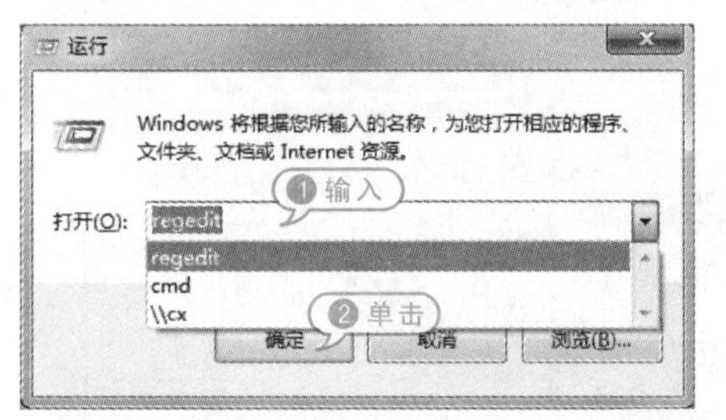

02 弹出【注册表编辑器】对话框，在窗格左侧展开【HKEY _ CURRENT _ USER】|【Software】|【Microsoft】|【Windows】|【CurrentVersion】|【Explorer】|【RunMRU】选项。

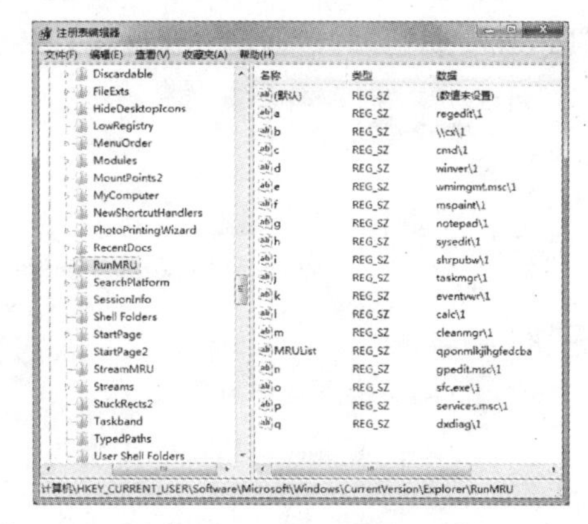

03 除了默认选项外，右击需要删除的选项，在弹出的菜单中，选择【删除】选项。

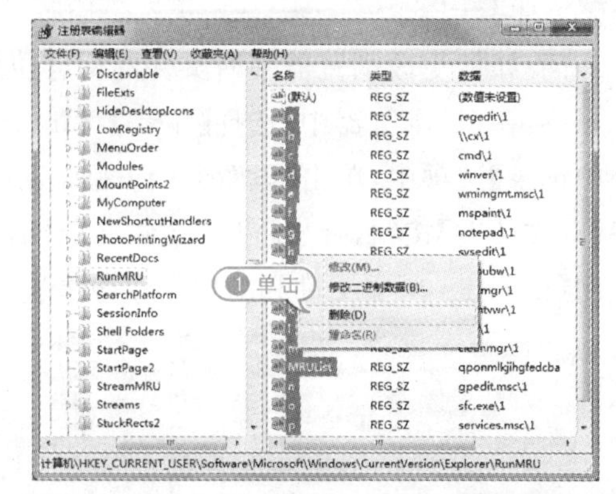

04 按 Win＋R 组合键，在【打开】下拉列表中的历史记录已清除。

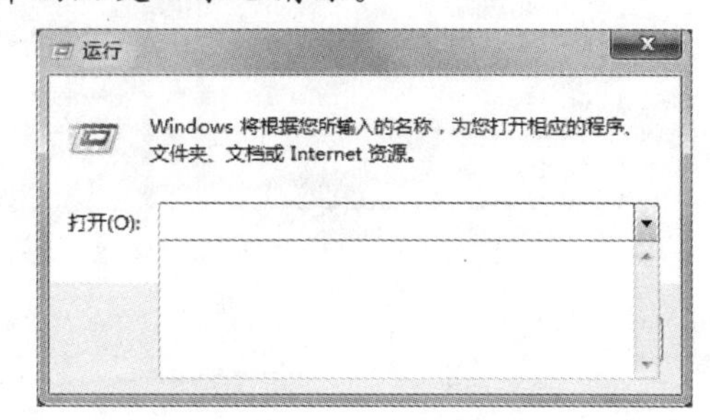

8.5 专家答疑

一问一答

问：如何清除 IE 浏览器中保存的用户名和密码信息数据？

答：在 IE 浏览器中，选择【工具】|【Internet 选项】。弹出【Internet 属性】对话框，选择【内容】选项卡，在【自动完成】选项中，单击【设置】按钮。弹出【自动完成设置】对话框，单击【删除自动完成历史记录】按钮，弹出【删除自动完成历史记录】对话框，选中需要清除的选项，单

击【删除】按钮。稍等几分钟，删除完毕后返回【自动完成设置】对话框，单击【确定】按钮，返回【Internet 属性】对话框，单击【确定】按钮，完成操作。

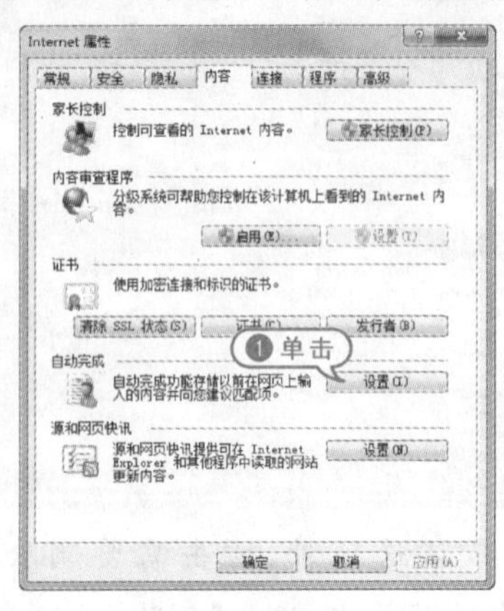

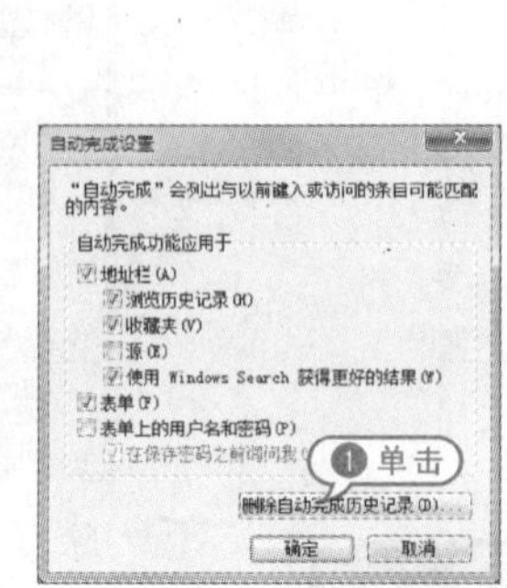

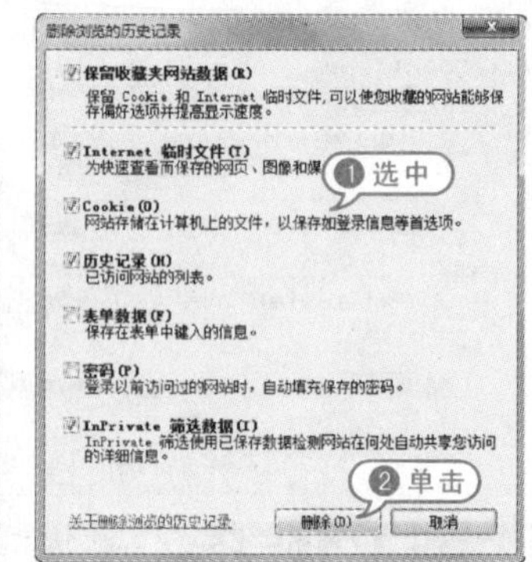

一问一答

问：如何更改浏览器临时文件的保存位置？

答：在 IE 浏览器中，选择【工具】|【Internet 选项】。弹出【Internet 属性】对话框，在【浏览历史记录】选项中，单击【设置】按钮，弹出【Internet 历史文件和历史记录设置】对话框，单击【移动文件夹】按钮，弹出【浏览文件夹】对话框，设置临时文件保存的路径，单击【确定】按钮，返回【Internet 历史文件和历史记录设置】对话框，单击【确定】按钮，完成所有操作。

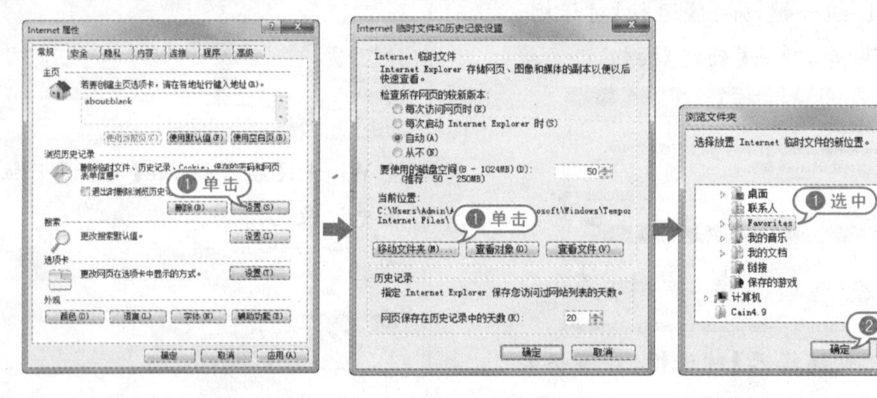

第9章

脚本攻击技术

脚本通常可以由应用程序临时调用并执行。各类脚本被广泛地应用于网页设计中,因为脚本不仅可以减小网页的规模,还能提高网页浏览速度。如今的黑客技术都是以脚本攻击为主,黑客利用脚本攻击技术,伪装成普通网站访问者,迷惑用户。

参见随书光盘

例 9-1 使用管中窥豹工具
例 9-2 编辑脚本的规则
例 9-3 使用 NBSI 注入工具
例 9-4 查找动态 URL
例 9-5 查找特殊动态 URL
例 9-6 使用 ZBSI 注入工具
例 9-7 浏览器的脚本攻击防范
例 9-8 打开 Access 数据库文件
例 9-9 使用啊 D 进行 SQL 注入
例 9-10 安装 MS SQL 数据库
例 9-11 创建 SQL 数据库
例 9-12 使用 cookie 在线注入工具

9.1 脚本注入技术

脚本(script)是使用一种特定的描述性语言，依据一定的格式编写的可执行文件，又称作“宏”或“批处理文件”。脚本通常可以由应用程序临时调用并执行。正是因为脚本的这些特点，它往往被一些别有用心的人所利用。攻击者在脚本中加入一些破坏计算机系统的命令，当用户浏览网页时，一旦调用这类脚本，便会使用户的系统受到攻击从而造成严重损失。

9.1.1 脚本的攻击

脚本简单地说就是一条条的文字命令，这些文字命令是可以看到的(如可以用记事本打开查看、编辑)。脚本程序在执行时，是由系统的一个解释器，将其一条条地翻译成机器可识别的指令，并按程序顺序执行。因为脚本在执行时多了一道翻译的过程，所以它比二进制程序执行效率要稍低一些。

网络上的 SQL 注入漏洞攻击、JS 脚本攻击、HTML 脚本攻击似乎愈演愈烈。很多站点陆续被此类攻击所困扰，并非像主机漏洞那样可以当即修复，来自于 Web 的攻击方式给我们在防范或者是修复上都带来了很大的不便。

- 简单的脚本攻击：此类攻击应该属于捣乱。比如 ****：alert()；</table>等等。由于程序上过滤得不严密，攻击者既得不到什么可用的，但他又可以达到捣乱的目的。目前很多站点的免费服务，或者是自身站点的程序上也是有过滤不严密的问题。
- 危险的脚本攻击：这类脚本攻击已经到达可以窃取管理员或者是其他用户信息的程度上了。比如 Cookies 窃取，利用脚本对客户端进行本地的写操作，等等。
- SQL 注入漏洞攻击：这个攻击方式是从动网论坛和 BBSXP 开始的。利用 SQL 特殊字符过滤得不严密，而对数据库进行跨表查询的攻击。
- 远程注入攻击：某站点的所谓的过滤只是在提交表格页面上进行简单的 JS 过滤。对于一般的用户来说，大可不必防范；对早有预谋的攻击者来说，这样的过滤似乎根本没作用。常说的 POST 攻击就是其中一例。通过远程提交非法的信息以达到攻击的目的。

扩展名	文件类型
.js	JScript 脚本
.jse	JScript 已编码脚本
.pls	Perl 脚本
.vbe	VBScript 已编码脚本
.vbs	VBScript 脚本
.wsc	Windows 脚本组件
.wsf	Windows 脚本文件(XML 格式)
.wsh	WSH 设置

9.1.2 脚本的编辑语言

脚本本身是可以使用 Notepad 这样的简单文本编辑器来编辑的文本文件。文本文件中包含的是使用脚本语言编写的指令。可以根据偏好从几种语言中选择一种。

Windows 7、Vista、XP 和 2000 带有两款脚本语言解释器：VBScript 和 JScript。使用二者之一，可以做相当多的事情。

- VBScript：其中的 VB 表示 Visual Basic，是从 1964 在达特茅斯大学诞生的 Basic 演进而来，并且有了很大的发展和变化。目前 Basic 仍然是一种很好的入门级编程语言，并且在 Microsoft 的手中，变成了一种有用的现代语言。

▶ JScript：该语言是模仿 Netscape 的 JavaScript 语言的一种编程语言(Microsoft 使自身的版本具备了其前竞争对手的功能，但也使其略有不同，以保证其受人关注和不兼容)。该语言作为将编程能力构建到 Web 页面中的一种方式来设计。

▶ Perl：是于 1987 年由 Unix 社区中的开发者所开发。从一开始，Perl 就是一种开放的语言，其编写、调试以及后续的开发，都是由公众自由进行的；是一种流行的、功能强大的语言，适合用于操作文本；有着广泛的字符串处理和模式匹配功能，以及主流编程语言的所有其他功能。

▶ Python：是源自阿姆斯特丹的国家数学和计算机研究院的一款流行脚本/编程语言；是一款可移植的面向对象的语言，不像 Perl 那么晦涩，并且在 Linux 社区很受欢迎。

▶ REXX：起源于 1979 年，是 IBM 大型机的脚本语言。从那时起，IBM 已经开发了用于 IBM Linux、AIX、OS/2 和 Windows 以及其大型机操作系统的版本。Open Object REXX 是其最新的 Windows 版本。

▶ Ruby：起源于日本的一种较新语言。目前在欧洲和日本比在美国更流行，正渐有起色。

9.1.3 使用脚本注入工具

管中窥豹(LiQiDiS)脚本注入工具集多种功能于一身，如敏感文件扫描、漏洞扫描、服务器错误扫描、编码解码等功能；并且程序稳定性强，在扫描漏洞时不易崩溃。

【例 9-1】使用管中窥豹工具扫描敏感文件并进行脚本注入。视频

01 双击【管中窥豹】软件运行程序，在地址栏中输入网址，单击【去】按钮。

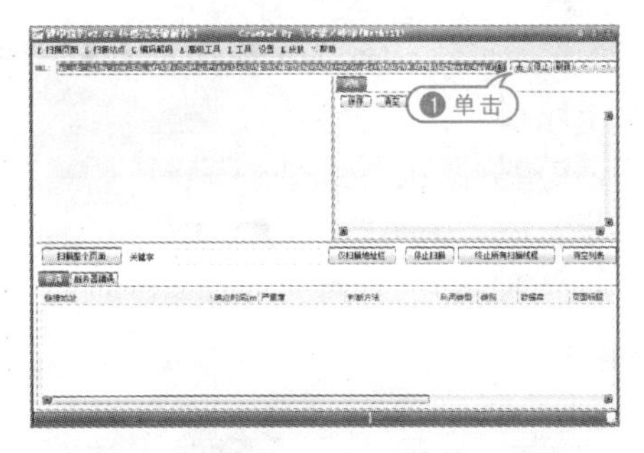

02 单击【扫描整个页面】按钮，在下方列表中查看链接地址的漏洞。

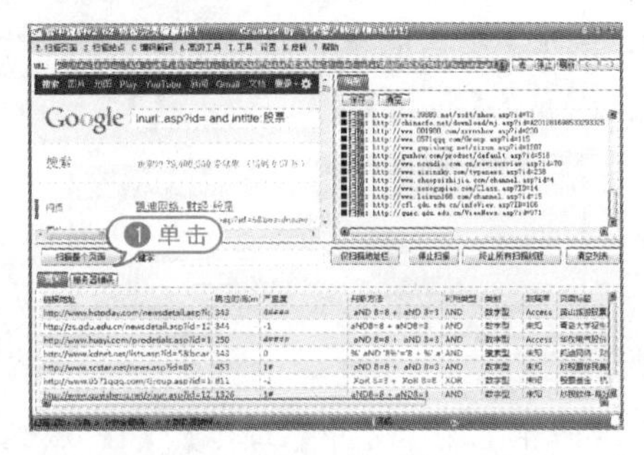

03 在列表中选中【服务器错误】选项卡，查看地址和错误信息。

04 选择【扫描站点】|【扫描敏感文件】命令。

05 弹出对话框，在 URL 文本框中输入网址，设置扩展名及需要扫描的文件，单击【扫描】按钮。

06 返回主窗格，选择【扫描站点】|【扫描序列文件】命令。

07 弹出对话框，在【请输入带有变量的URL地址】文本框中，输入网址，并进行变量设置，单击【扫描】按钮。

08 返回主窗格，选中【工具】|【IP域名反置】命令。

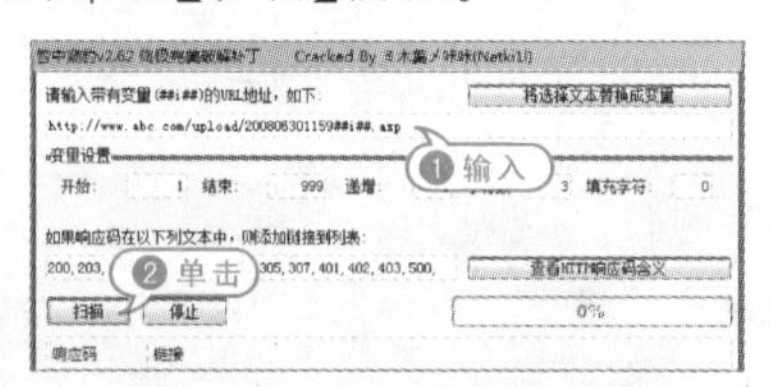

09 弹出对话框，在【IP/主机名】文本框中输入网址，单击【获取IP】按钮，即可查询到所输入网站IP地址。

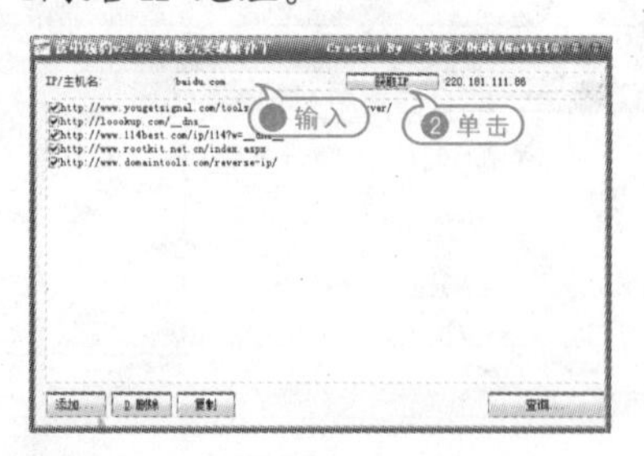

10 单击下方【查询】按钮，可以查看到该地址的地图信息。

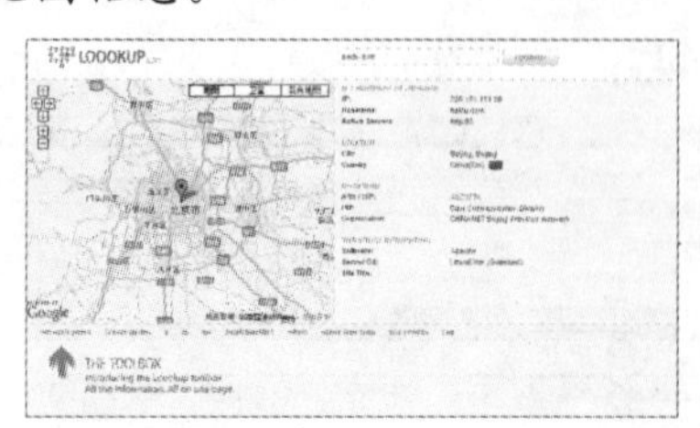

9.1.4 编辑脚本的规则

Windows 7、Vista、XP、2000 带有两款脚本语言解释器：VBScript 和 JScript。使用二者之一，可以做相当多的事情。也有其他的强大的脚本编程语言可以使用，并且，可以自由地添加到 WSH。下面介绍创建一个简单的脚本的规则。

【例 9－2】创建一个简单脚本的基本规则与基本编辑要素。视频

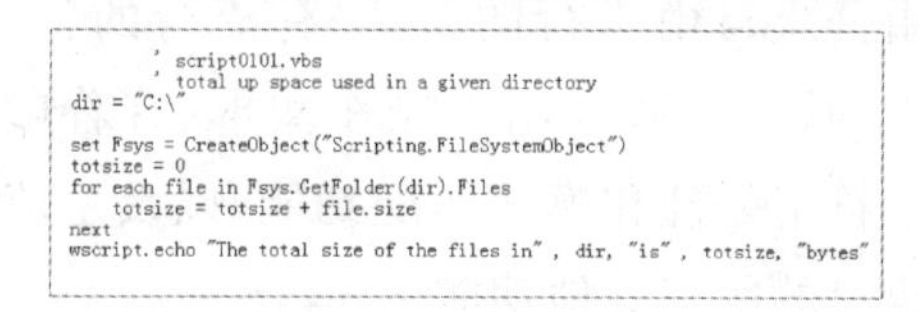

```
      ' script0101.vbs
      ' total up space used in a given directory
dir = "C:\"

set Fsys = CreateObject("Scripting.FileSystemObject")
totsize = 0
for each file in Fsys.GetFolder(dir).Files
    totsize = totsize + file.size
next
wscript.echo "The total size of the files in" , dir, "is" , totsize, "bytes"
```

01 第 1 行和第 2 行是注释。在 VBScript 中，单引号(')之后的任何内容都会被忽略。注释对 Windows 没有任何意义，其作用是帮助用户理解这段脚本的作用。用户最好将自己的所有脚本添加注释，以说明作用以及如何操作。

02 第 3 行指定了需要计算其内容的文件夹的名称。

03 第 4 行是空行。使用空行把一段程序或脚本的各个部分从视觉上分隔开，这是一种编程风格。尽管 WSH 不要求这么做，但是，当用空白(也就是空行)分隔开程序中的某些步骤的时候，用户和他人都会更容易阅读和理解程序。

04 第 5 行使用一个编程组件(即对象)，名为“Scripting. FileSystemObject”，该对象允许脚本深入探究硬盘和文件夹，并且可以获取关于其中的文件的信息。VBScript 没有将这一功能内建到语言自身之中，但是 FileSystemObject 对象可以，并且可以在程序中使用该对象。

05 第 6 行设置了计数器(即一个变量，用于累加)，使用该计数器来计算所有文件的总

的大小。从 0 开始，并且添加每个文件的大小。

06 第 7 行到第 9 行构成了一个循环，针对选定的目录中的每个文件，将循环中的每行执行一次。缩进了循环中的文本。VBScript不要求必须使用缩进，这只是让用户容易看到循环的开头和结尾，助于理解程序。

07 第 8 行做实际的工作：将 Windows 目录中的每个文件的大小累加到名为"totsize"的变量中。当循环对每个文件做完此操作，即得到目录中所有文件的总的大小。

08 在 VBScript 中，等号(=)表示"两个事物是相等的"。该程序行告诉 VBScript，获取变量 totsize 中的值，给其加上值 file.size，这就是所涉及的文件的大小，然后将结果放入到变量 totsize 中(如果计算机键盘有更多的符号可用，VBScript 可能设计为这样编写：totsize <= totsize + file.size)。

09 第 10 行以普通英文显示了结果。默认情况下，echo 命令在一个弹出对话框中显示文本。

9.2 SQL 注入攻击

SQL 注入，就是通过把 SQL 命令插入到 Web 表单递交或输入域名或页面请求的查询字符串中，最终达到欺骗服务器执行恶意的 SQL 命令，比如先前的很多影视网站泄露 VIP 会员密码大多就是通过 Web 表单递交查询字符暴出的，这类表单特别容易受到 SQL 注入式攻击。

9.2.1 NBSI 注入工具

NBSI 是一款由 VB 语言编写的网站漏洞检测工具，可以检测 ASP 注入漏洞，特别在 SQL Server 注入检测方面有极高的准确率。

【例 9-3】使用【NBSI】注入工具。视频

01 双击【NBSI】软件启动程序，在上方工具栏中，单击【网站扫描】按钮。

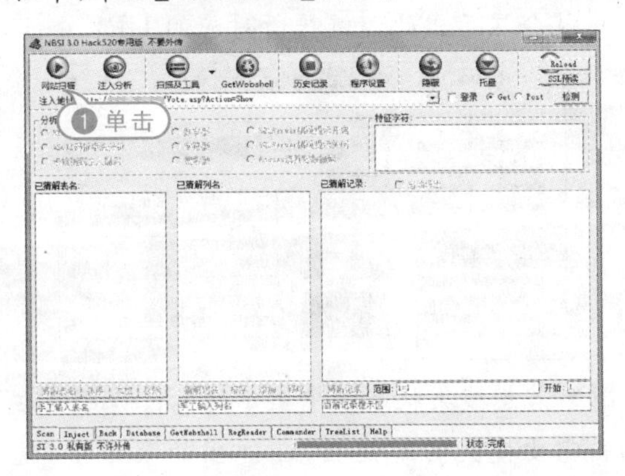

02 打开【网站扫描】窗格，在【网站地址】文本框中，输入需要扫描的网站地址，选中右侧【全面扫描】单选按钮，单击【扫描】按钮。

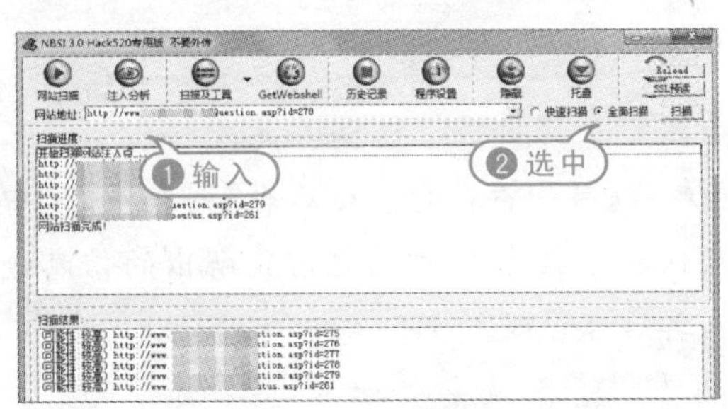

03 扫描完成后，在【扫描结果】列表中，选中需要注入分析的网站地址，单击右侧的【注入分析】按钮。

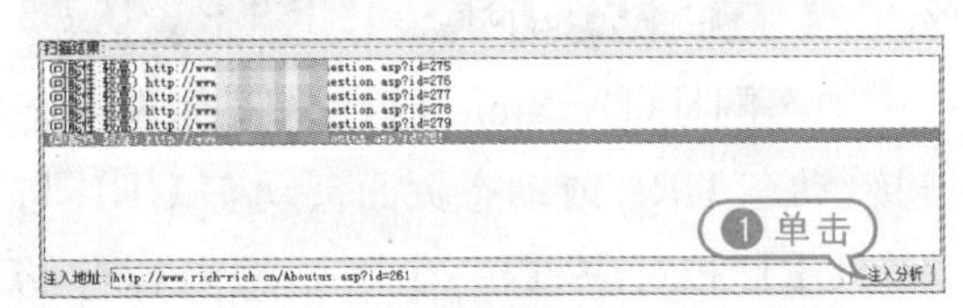

04 打开【注入分析】窗格，选中【post】单选按钮，在【特征字符】对话框中输入相应的特征字符，单击【检测】按钮，完成后在【已猜解记录】列表中查看详细信息。

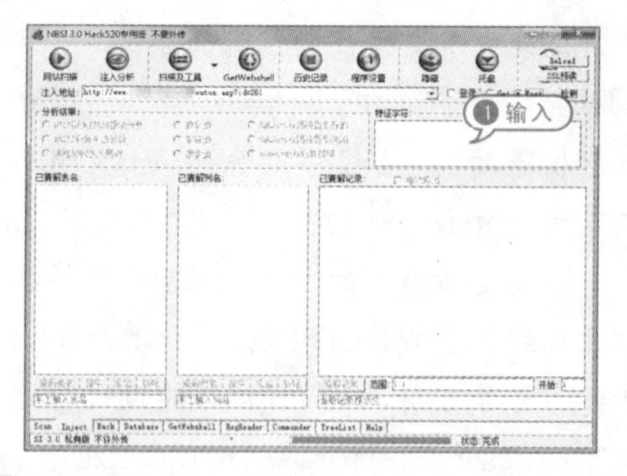

05 返回【注入信息】窗格，在【扫描结果】列表中，复制标识为"可能性：较高"的网址。

06 单击【扫描及工具】按钮，将复制的网址粘贴到【扫描地址】文本框中，选中下侧【由根目录开始扫描】复选框，单击右侧【开始扫描】按钮。

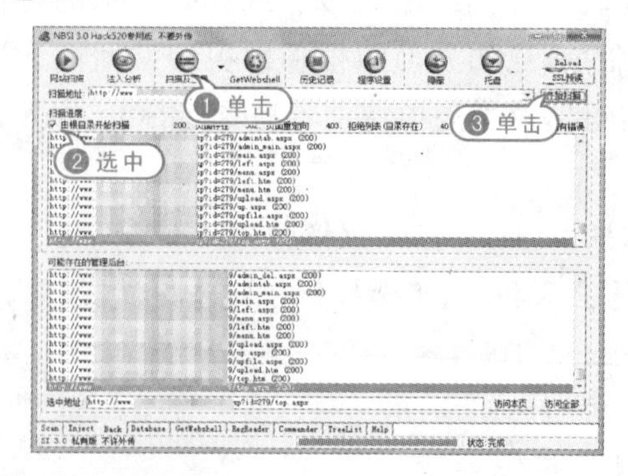

07 在【可能存在的管理后台】列表中，选中默认的管理页面，利用之前猜解出的信息进入其后台管理。

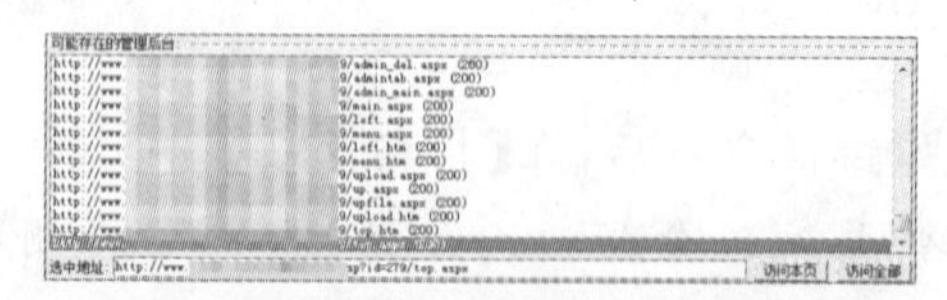

9.2.2 查找动态 URL

动态网址(Dynamic URL)，又称为动态链接、动态 URL 或动态页面。动态 URL 与静态 URL 相对应，当一个网站的内容存储于一个数据库，并根据要求来显示页面，这时就可以使用动态网址。这种情况下，网站提供的内容基本是基于模板形式的。动态网址通常以 aspx、asp、jsp、php、perl、cgi 为后缀，并带有?、=、& 这样的参数符号。

【例 9－4】通过浏览器查找网页中的动态 URL 地址。视频

01 双击【浏览器】软件打开程序，在【地址】文本框中输入网址，按【回车】键。在下方状态栏中显示页面信息"正在加载图片 http://d5. sina. com. cn/201209/24/456528_950450ls_qp_0925. jpg"。

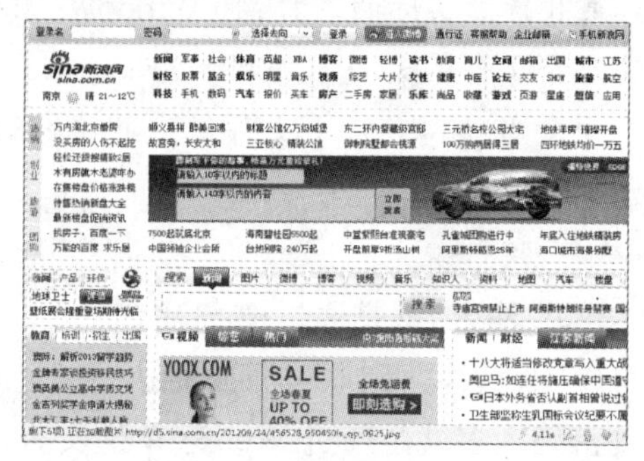

02 当页面所有元素加载完毕后，左下方状态栏显示为"完成"或空白。

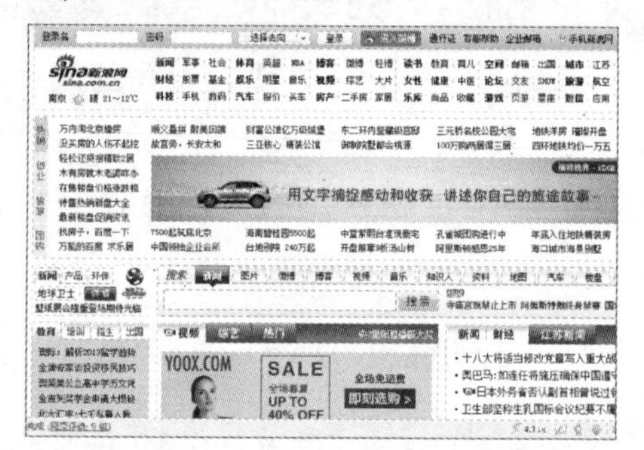

03 将鼠标指针移动到超链接上，在状态栏中就会显示出此超链接所对应的 URL。

04 若想搜集状态栏中显示的 URL，可以右击需要搜集的超链接，在弹出的菜单中，选中【属性】命令。

05 弹出【属性】对话框，在【地址】栏中，可以复制此URL信息。

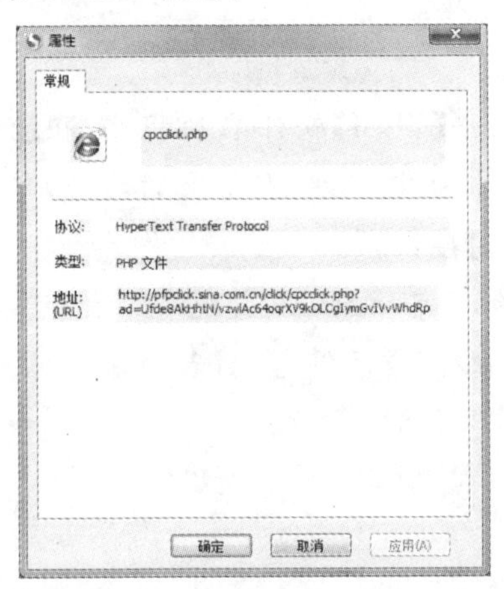

9.2.3 查找特殊动态URL

一些网站出于保密或其他目的，在浏览器状态栏位置是不显示动态URL的，将动态页面隐藏在静态页面的代码中。可以通过打开源代码的方法查找动态URL。

【例9-5】在网页中查找脚本触发类超链接中动态URL。视频

01 双击【IE浏览器】软件打开程序，在【地址栏】文本框中，输入网址，按【回车】键。

02 右击网页的空白处(即没有图片、链接、背景图片的页面位置)，在弹出的菜单中，选中【查看源文件】命令。

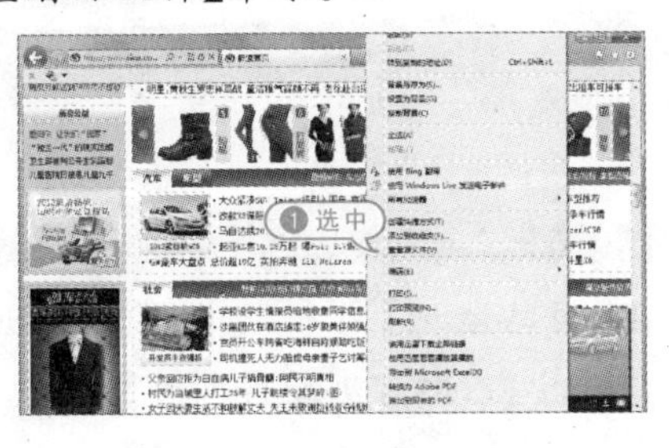

03 弹出【原始源】对话框，选择【编辑】|【查找】命令。

04 弹出【查找】对话框，在【查找】文本框中输入"asp"，选中【全字匹配】复选框，单击【下一个】按钮。

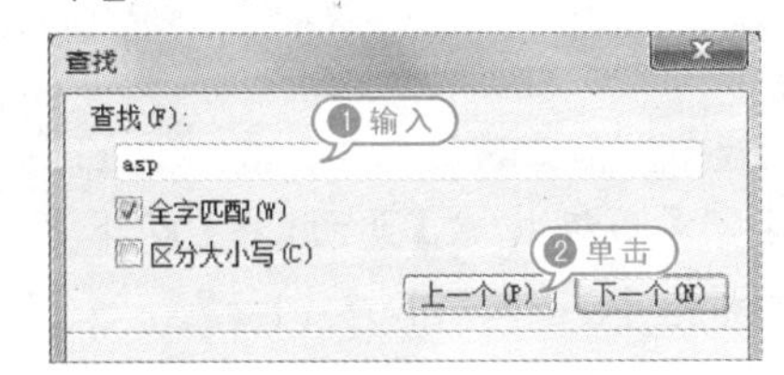

05 通过对源代码动态URL关键字的查找，查找到代码中动态URL。

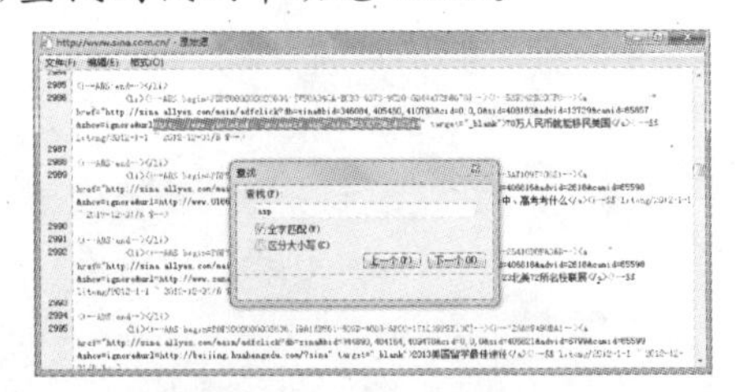

专家指点

在源代码中查找到的动态URL，如出现类似"newss.asp? CataID=A0003&id"等号后不是纯数字的URL，属于字符型动态URL；如等号后的值是数字的，表示为数字型动态URL。

9.2.4 PHP注入工具

PHP是英文"Hypertext Preprocessor"超文本预处理语言的缩写。PHP是一种HTML内嵌式的语言，在服务器端执行嵌入HTML文档的脚本语言。PHP注入依靠强大的灵活性，成为现今黑客比较常用的注入攻击方式。

【例 9-6】使用 ZBSI 注入工具查找网页中的漏洞并进行注入。视频

01 双击【浏览器】软件打开程序，在【地址】文本框中输入“www. google. com”网址，按【回车】键，在打开的网页中，单击 按钮，选中【高级搜索】命令。

02 打开【高级搜索】页面，在【以下所有字词】文本框中，输入“php? id=”。

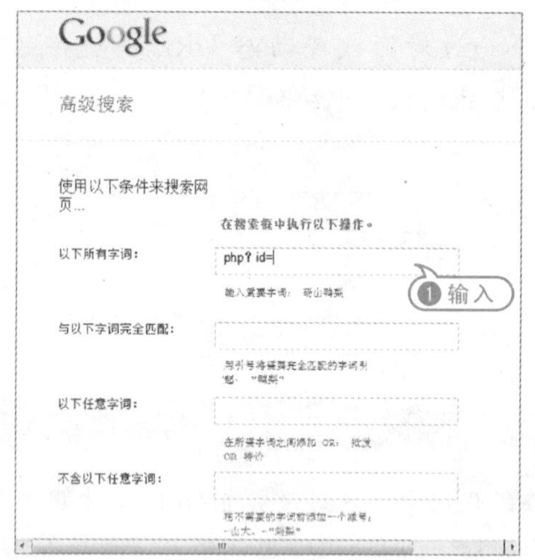

03 在【字词出现位置】下拉列表中，选中【网页网址中】选项，单击【高级搜索】按钮。

04 打开搜索出的页面，在【地址】文本框中复制该网址。

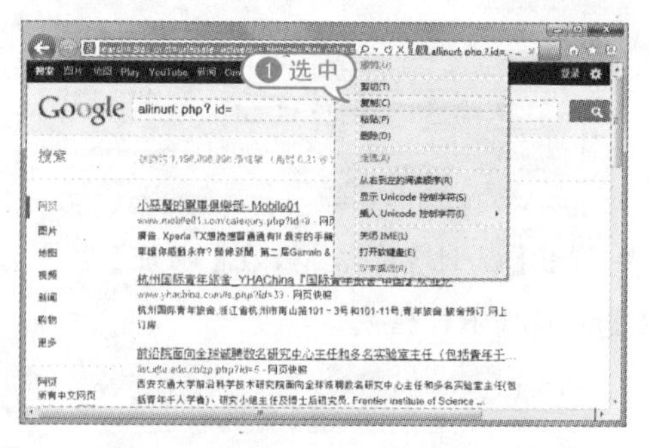

05 双击【ZBSI】软件启动程序，在【注入地址】文本框中，粘贴刚复制的网址，单击【检测注入】按钮。

06 检测完毕后，若出现“恭喜，可以进行 PHP 注入”提示信息，则表明该网站可以进行 PHP 注入。

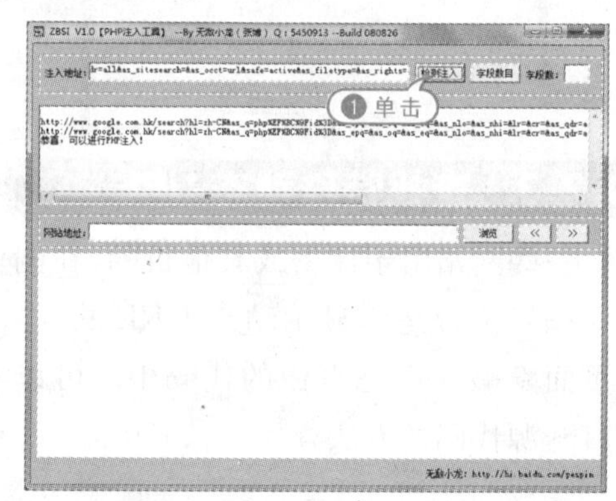

07 单击【字段数目】按钮，即可在下方列表中查看到含有猜解到字段的网址。

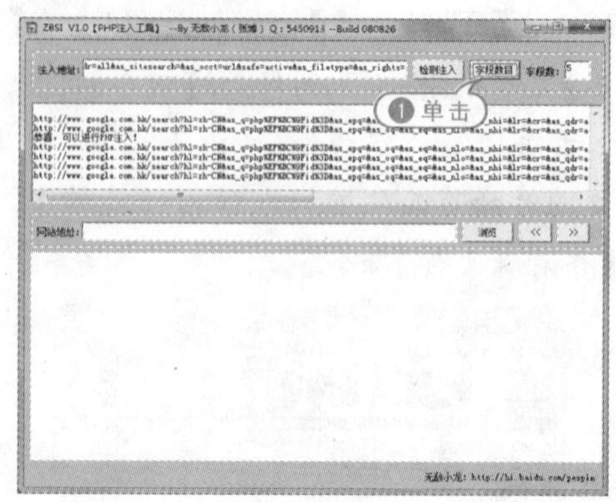

08 在【网站地址】文本框中，输入网址，单击【浏览】按钮，即可浏览该网页。

9.2.5 防范脚本攻击

浏览器的安全问题往往是由于脚本语言造成的。现在互联网上形形色色的网站存在着各种不安全的脚本命令，对计算机的安全使用极为不利。Firefox 用户可以通过扩展来防止不信任或陌生的网站执行不良脚本。这个扩展的名称是 NoScript。

【例 9－7】使用 Firefox 火狐浏览器扩展组件阻止脚本攻击。视频

01 双击【Firefox(火狐浏览器)】软件打开程序，选中【Firefox】|【附加组件】命令。

02 打开【附加组件管理器】页面，在【搜索】文本框中输入“NoScript”，按【回车】键，在搜索到的附件列表中，找到该软件，单击对应的【安装】按钮。

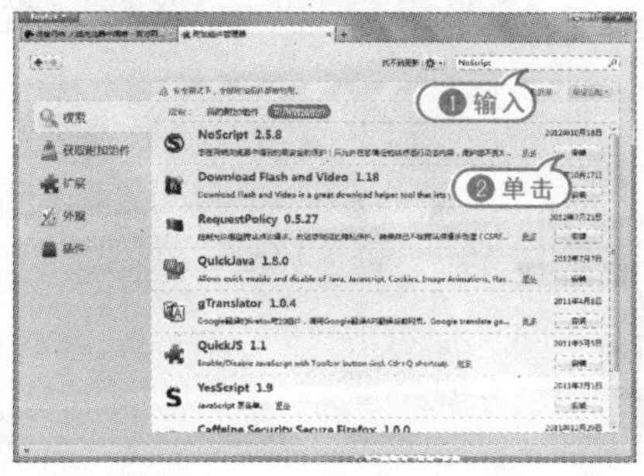

03 安装完毕后，单击【选项】按钮，进行设置。

04 弹出【NoScript 选项】按钮，选中【当鼠标划过 NoScript 图标时打开许可菜单】和【更改许可设置后自动重新载入相关页面】复选框。

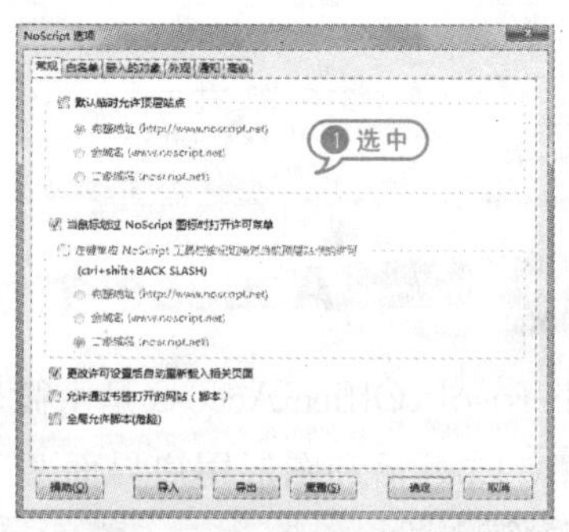

05 选中【白名单】选项卡，在【网站地址】文本框中输入网址，单击【允许】按钮。

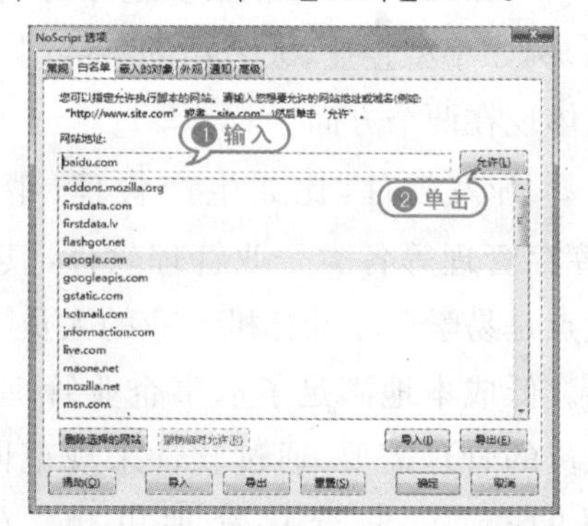

06 选中【嵌入的对象】选项卡，根据需要选中对应选项，其他选项卡保持默认设置即可，单击【确定】按钮。

07 关闭【附加组件管理器】页面，在【地址】文本框中，输入网址“www.baidu.com”，查看下方状态栏，通过之前的设置，该网站脚本执行是被关闭的。

08 若需要执行此脚本，右击页面空白处，在弹出的菜单中，选择【NoScript】|【允许baidu.com】命令即可。

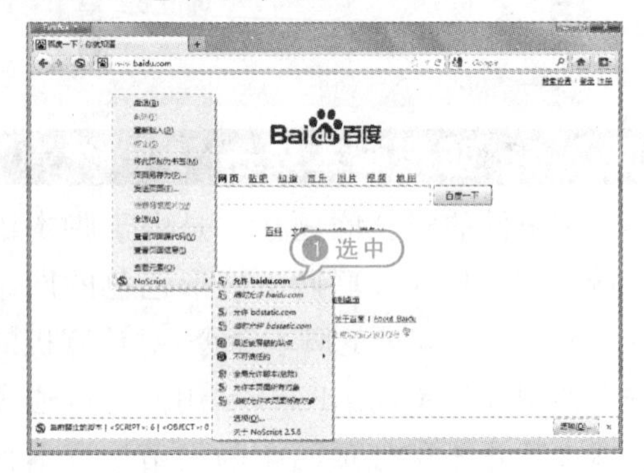

9.3 Access 数据库的注入

Microsoft Office Access 是由微软发布的关联式数据库管理系统，结合了 Microsoft Jet Database Engine 和图形用户界面两项特点，是 Microsoft Office 的系统程序之一。

9.3.1 Access 数据库的作用

Microsoft Access 在很多地方得到广泛使用，例如小型企业，大公司的各部门，作用主要体现在两个方面。

- 开发软件：比如生产管理、销售管理、库存管理等各类企业管理软件，其最大的优点是易学。非计算机专业的人员，也能学会。低成本地满足了从事企业管理工作的人员的管理需要，通过软件来规范同事、下属的行为，推行其管理思想。（VB、.NET、C 语言等开发工具对于非计算机专业人员来说太难了，而 Access 则很容易。）
- 进行数据分析：Access 有强大的数据处理、统计分析能力，利用 Access 的查询功能，可以方便地进行各类汇总、平均等统计，并可灵活设置统计的条件。比如在统计分析上万条记录、十几万条记录及以上的数据时速度快且操作方便，这一点是 Excel 无法与之相比的，提高了工作效率和工作能力。

9.3.2 打开 Access 数据库

不正确地调用 Windows 应用程序接口可能会产生一些意想不到的副作用，以及潜在地对一个应用程序的代码及数据段的破坏。因此正确地使用一个空的 32 位指针在 Microsoft Access 中是十分必要的。

【例 9-8】使用正确的方式打开 Access 数据库文件。视频

01 双击【Microsoft Access】软件启动程序。

02 在弹出的【Microsoft Access】对话框中，选择【文件】|【打开】选项。

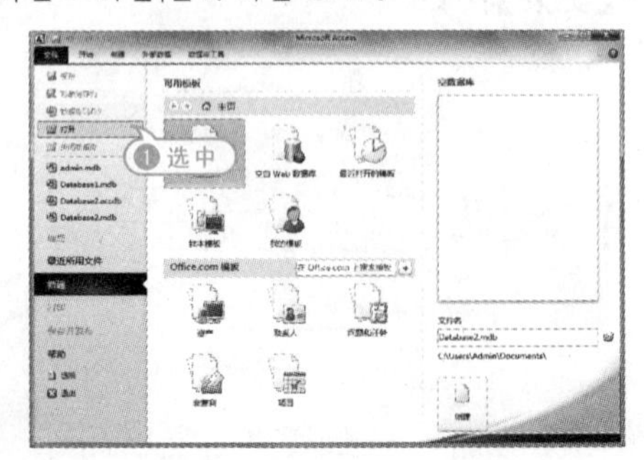

03 弹出【打开】对话框，在【选择文件类型】下拉列表中，选择【所有文件（*.*）】选项。

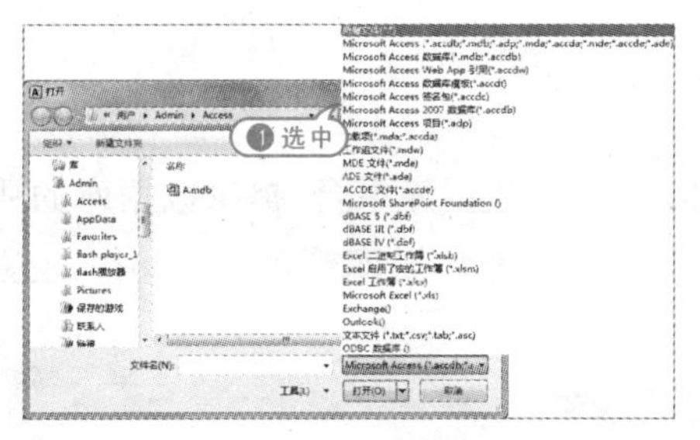

04 显示目录中各种扩展名的文件，选中需要打开的文件，单击【打开】按钮。

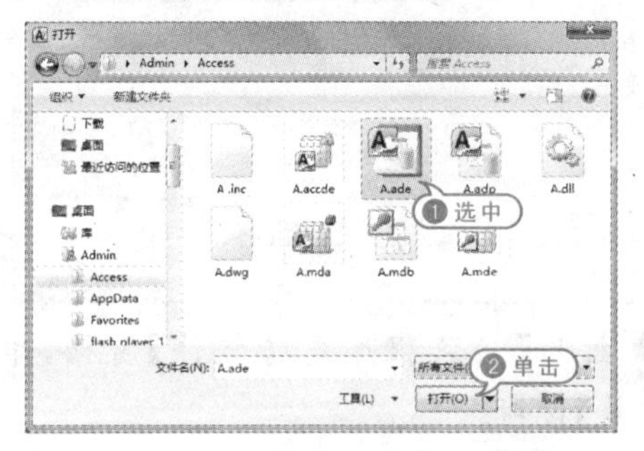

05 必须是数据库文件格式文件才可以打开，否则将出现【不可识别的数据库格式】提示框。

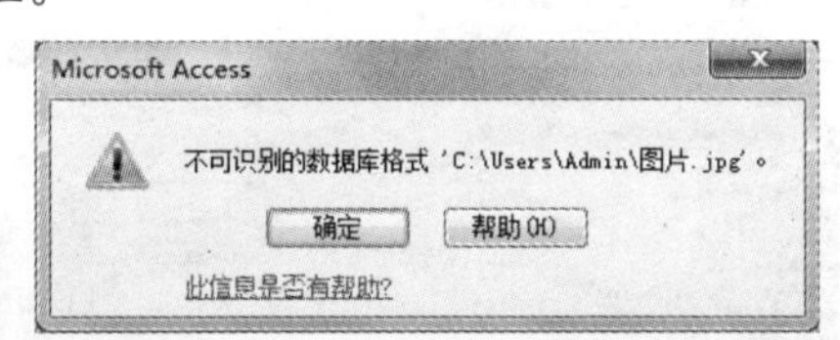

9.3.3 使用啊D进行SQL注入

黑客利用Access数据库的方法并不是很多，主要是为了查找出数据库中的保存管理员账号和密码的表段、字段，并猜解出管理员的用户名和密码，登录管理后台进行破坏。

【例9－9】使用啊D注入工具进行SQL数据库注入。视频

01 双击【啊D注入工具】软件打开程序，选中左侧【扫描注入点】选项，在【检测网址】对话框中，输入需要检测注入的网址，单击按钮。

02 在下方的【可用注入点】列表中，右击需要检测的注入点，在弹出的菜单中，选中【注入检测】命令。

03 打开【注入检测】窗格，单击【检测】按钮。

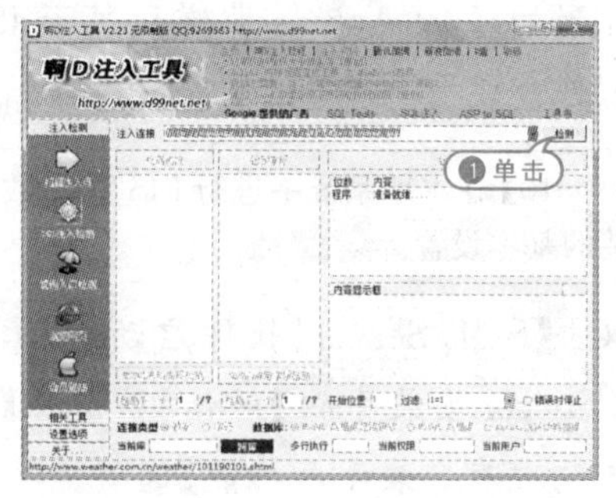

04 若该注入点可以注入，在下方会显示出链接类型和数据库类型。

05 单击【检测表段】按钮，猜解数据库的表名，选中【会员】表，单击【检测字段】按钮，在猜解出的字段中，选中【username】和【password】字段。

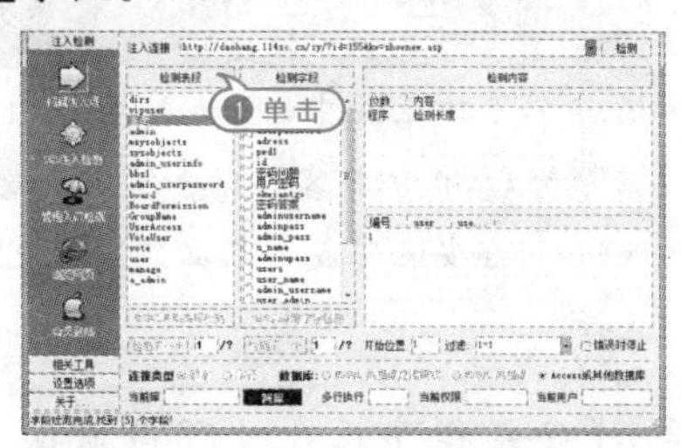

06 单击【检测内容】按钮，对所选字段内容进行猜解。

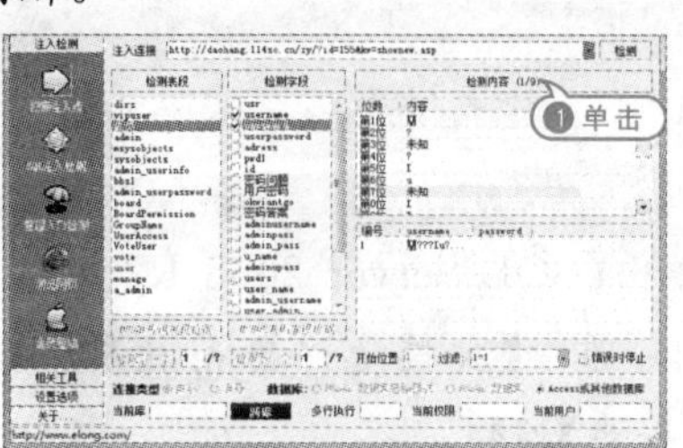

9.4 使用 MS SQL 数据库

MS SQL 是指微软的 SQL Server 数据库服务器，是一个数据库平台，提供数据库的从服务器到终端的完整的解决方案，其中数据库服务器部分是一个数据库管理系统，用于建立、使用和维护数据库。

9.4.1 安装 MS SQL 数据库

使用 MS SQL 注入之前，需要在本地安装一个 MS SQL 数据库，因为 MS SQL 数据测试环境不像 Access 那样只基于 ISS 就可以操作。

【例 9－10】在本地系统中进行 MS SQL 数据库安装的基本设置。视频

01 双击【SQL Server】软件启动程序，弹出【SQL Server 安装中心】对话框，选中【全新安装或向现有安装添加功能】选项。

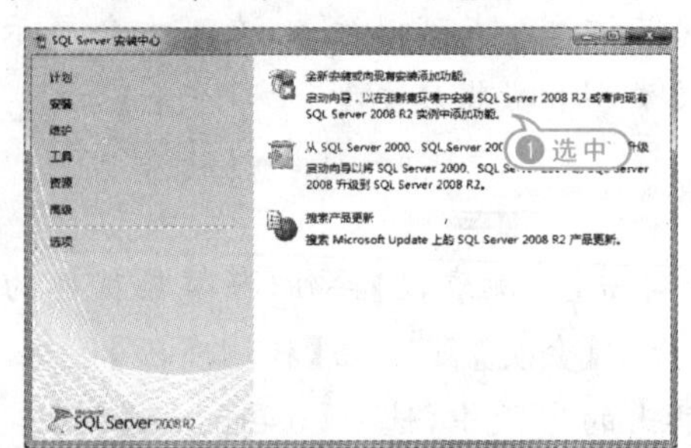

专家指点

在 Windows 7 操作系统中，启动 Microsoft SQL 2008 安装程序后，系统兼容性助手将提示软件存在兼容性问题，在安装完成之后必须安装 SP1 补丁才能运行。

02 弹出【安装程序正在处理当前操作，请稍候】提示框。

03 弹出【SQL Server 2008 R2 安装程序】对话框，选中【我接受许可条款】复选框，单击【下一步】按钮。

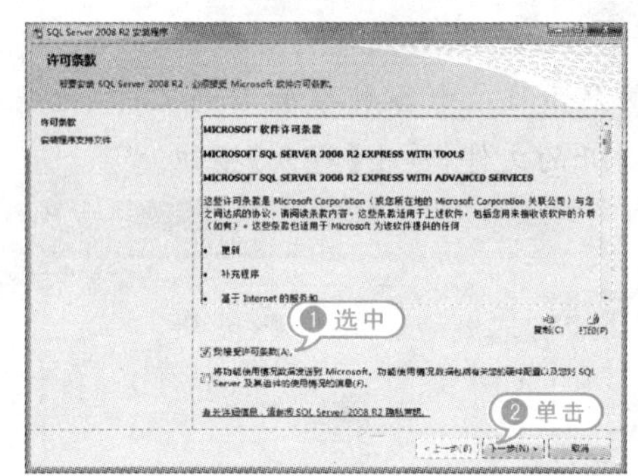

04 打开【安装程序支持文件】窗格，单击【安装】按钮。

05 打开【功能选择】窗格，单击【全选】按钮，单击□按钮，设置共享功能目录的路径，单击【下一步】按钮。

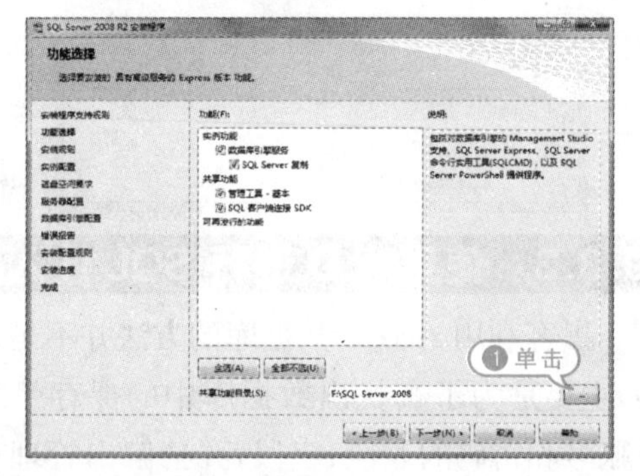

06 打开【实例配置】窗格，选中【命名实例】单选按钮，输入名称，单击□按钮，设置实例根目录路径，单击【下一步】按钮。

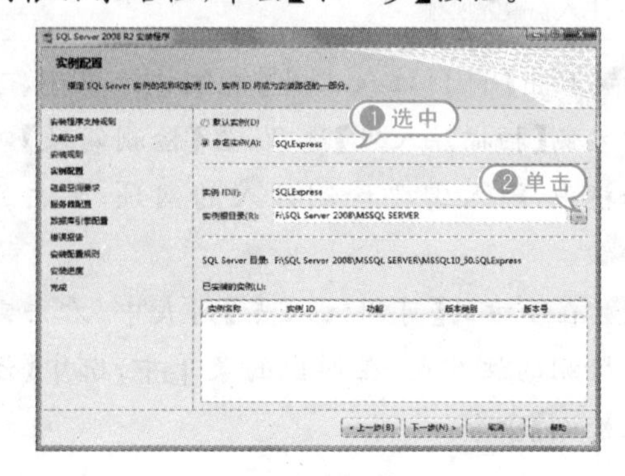

07 打开【服务器配置】窗格，单击【对所有SQL Server服务使用相同的帐户】按钮，单击【下一步】按钮。

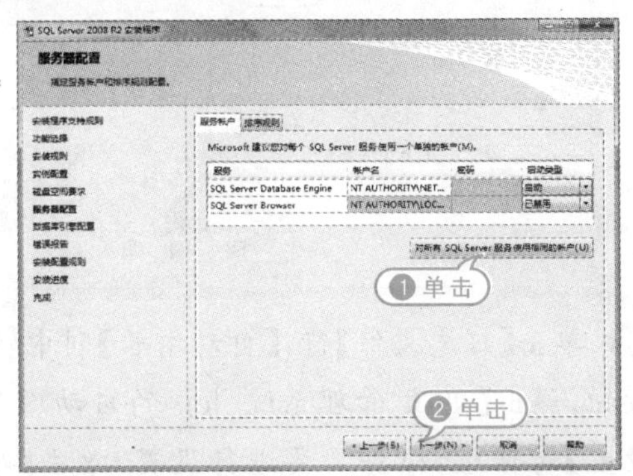

注意事项

在服务器配置中，需要为各种服务指定合法的账户，根据用户实际需求做出调整。

08 打开【数据库引擎配置】窗格，选中【混合模式(SQL Server身份验证和Windows身份验证)】单选按钮。

09 在下方【输入密码】和【确认密码】文本框中，输入密码。这样为数据库设置一个单独的密码，该密码与Windows密码不同，可以提高安全性。单击【添加当前用户】按钮，单击【下一步】按钮。

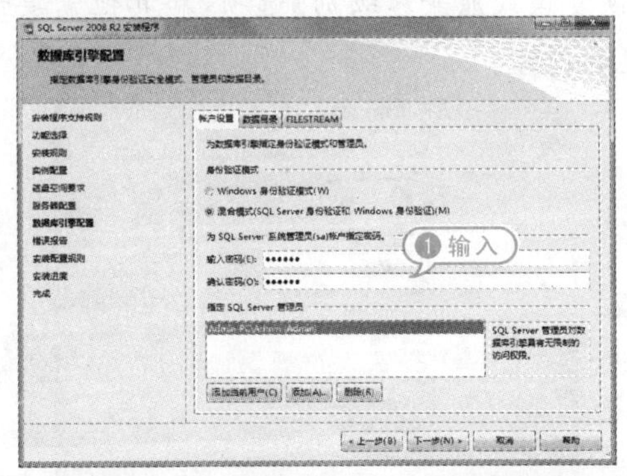

10 打开【安装进度】窗格，开始安装程序。

11 稍等片刻，等待程序自动打开【完成】窗格，在【关于安装程序操作或可能的所有步骤的信息】列表中查看是否有安装失败的文件。

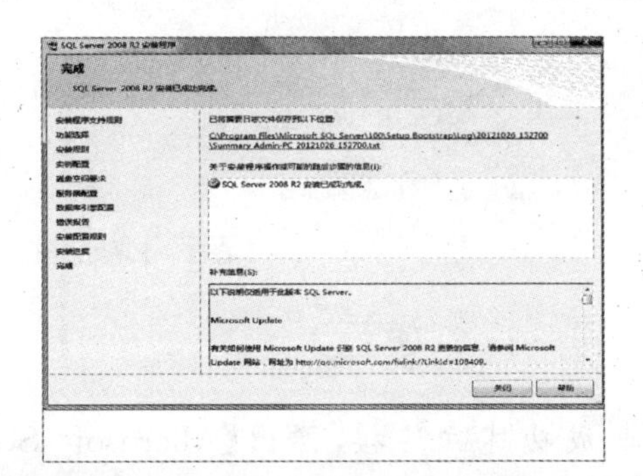

9.4.2 创建SQL数据库

SQL Server Management Studio是SQL Server系统运行的核心窗口，提供了用于数据库管理的图形工具和功能丰富的开发环境，方便数据库管理员及用户进行操作。首先来介绍如何使用SQL Server Management Studio来创建自己的用户数据库。在SQL Server 2008中，通过SQL Server Management Studio创建数据库是最容易的方法，对初学者来说简单易用。

【例9-11】建立SQL Server Management Studio数据库。视频

01 选择【开始】|【所有程序】|【Microsoft SQL Server 2008 R2】|【SQL Server Management Studio】选项。

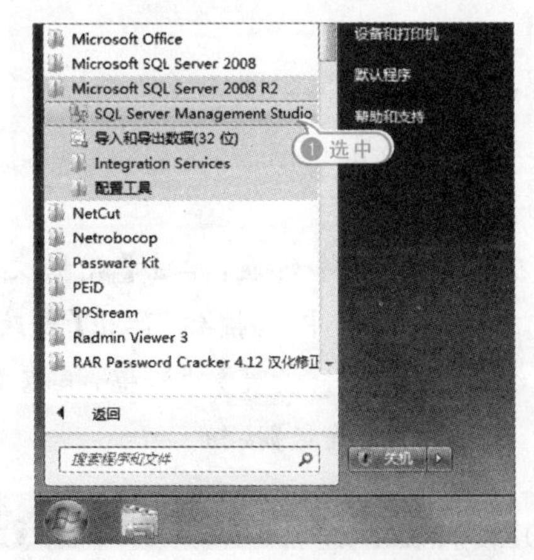

02 弹出【连接到服务器】对话框，在【身份验证】下拉列表中，选中【SQL Server身份验证】，单击【连接】按钮。

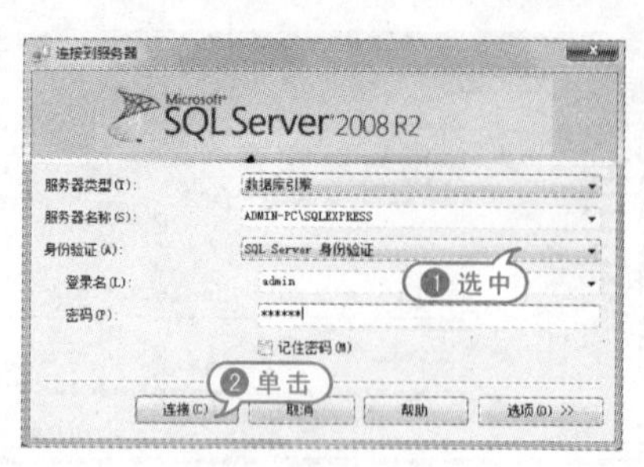

03 成功建立连接，弹出【Microsoft SQL Server Management Studio】对话框，在【对象资源管理器】窗格中展开【服务器】选项，右击【数据库】选项，在弹出的菜单中，选择【新建数据库】命令。

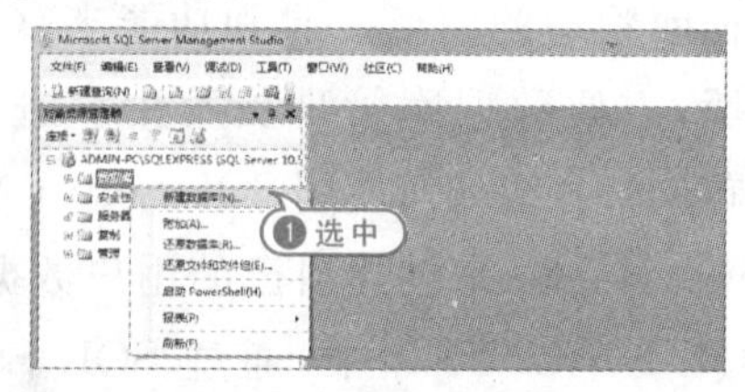

04 弹出【新建数据库】对话框，在【数据库名称】文本框中输入"管理系统"。在【所有者】文本框中输入"sa"。根据需要启用或禁用【使用全文索引】复选框。

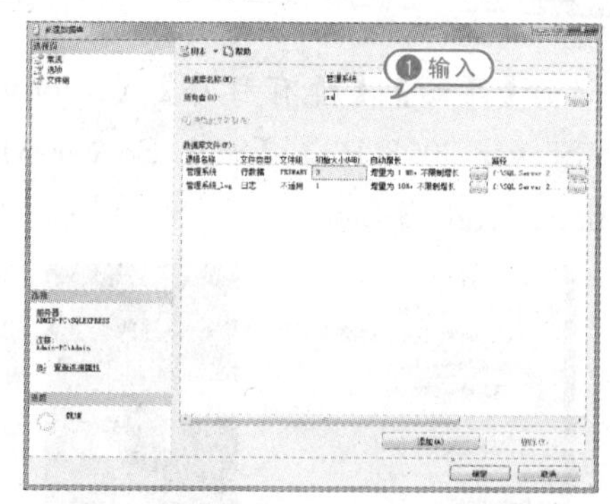

05 在下方数据库列表，单击【数据文件】行、【自动增长】列中▭按钮，弹出【更改 管理系统 的自动增长设置】对话框，根据需要进行设置，单击【确定】按钮。

注意事项

在创建数据库时，系统自动将 model 数据库中的所有用户自定义的对象都复制到新建的数据库中。

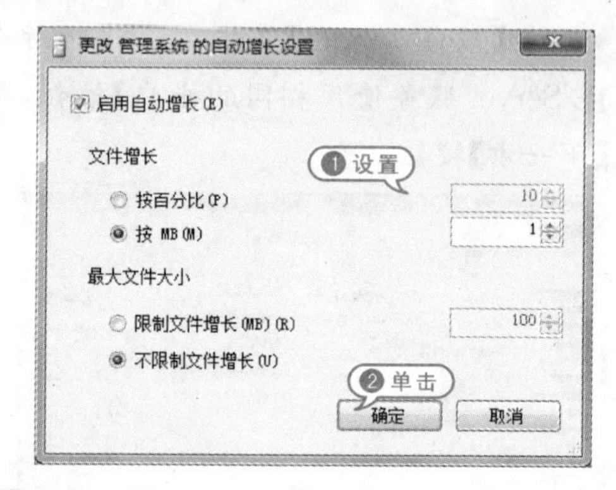

06 单击【日志文件】行，【自动增长】列中▭按钮，弹出【更改 管理系统_log 的自动增长设置】对话框，根据需要进行设置，单击【确定】按钮。

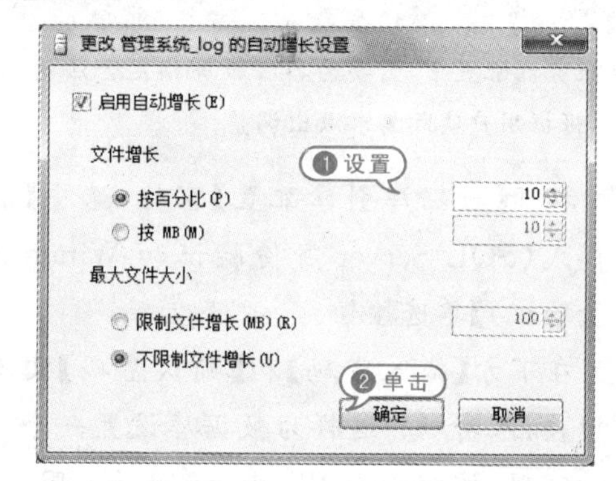

07 返回【新建数据库】对话框，在左侧窗格单击【选项】选项，设置数据库的【排序规则】【恢复模式】【兼容级别】选项，和其他需要设置的内容。

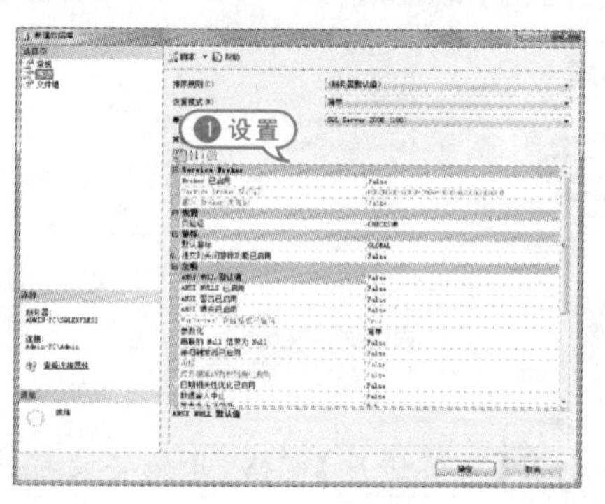

08 在左侧窗格单击【文件组】选项，设置数据库文件所属的文件组，可以通过【添加】或【删除】按钮更改数据库文件所属的文件组。完成以上操作，单击【确定】按钮。

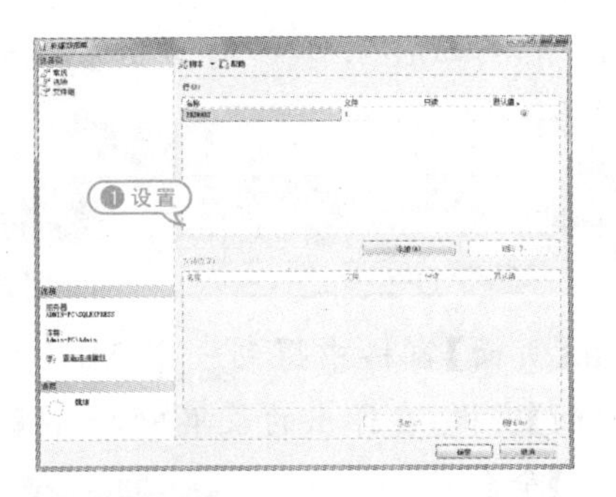

09 成功创建一个数据库后，通过【对象资源管理器】窗格查看新建的数据库。

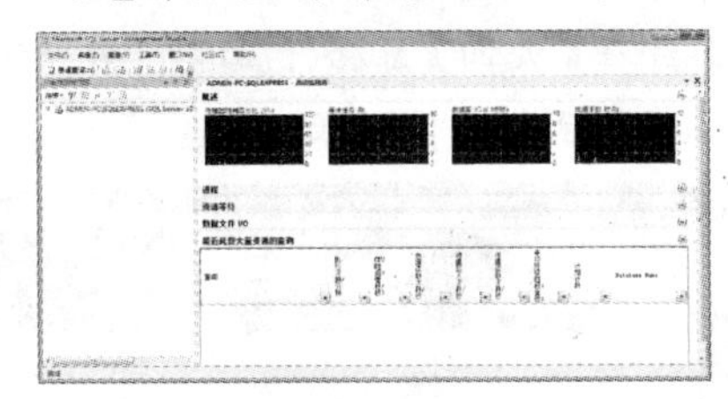

9.5 实战演练

本章的实战演练部分是使用 cookie 在线注入工具这个综合实例操作，用户通过练习从而巩固本章所学知识。

一般的注入是使用 get 或者 post 方式提交，get 方式提交是直接在网址后面加上注入语句，post 则是通过表单方式。相对 post 和 get 方式注入来说，cookie 注入就比较繁琐一些。

【例 9－12】使用 cookie 在线注入工具进行在线注入。视频

01 双击【浏览器】软件启动程序，在【地址】文本框中输入需要注入的网址，按【回车】键。

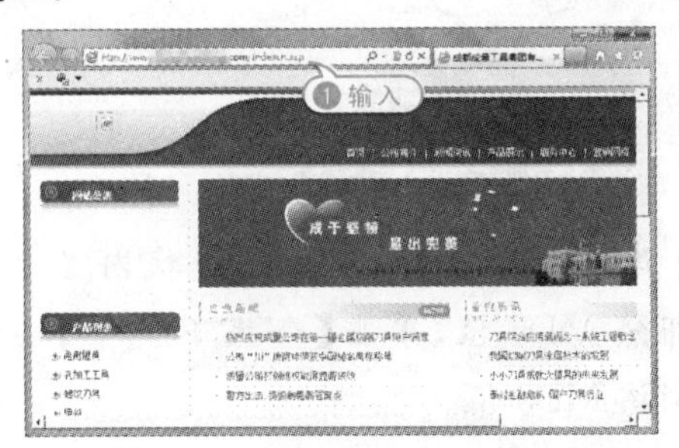

02 单击任意链接，打开网页，并复制地址栏中的地址。

03 双击【在线注入工具】软件启动程序，在【测试地址】文本框中粘贴刚复制的地址，单击【访问网站】按钮。

04 在【判断】下拉列表中，选择【and1＝2】选择，单击对应的【注入】按钮，单击【转到网站】，在【网页】窗格左上方，出现“数据库出错”字符。

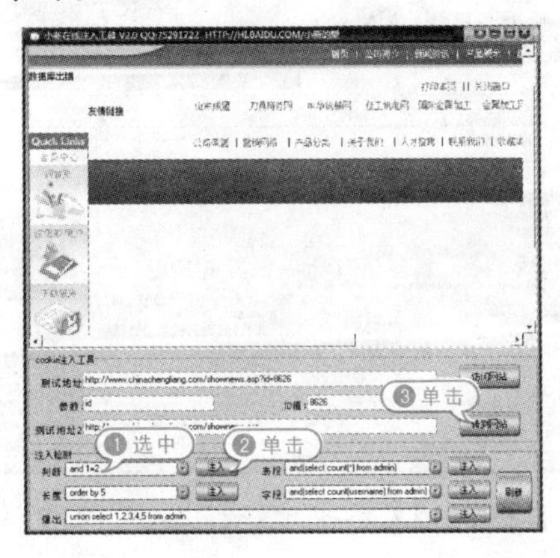

05 在【长度】下拉列表中，依次设置值的长度，单击对应的【注入】按钮，再单击【刷新】按钮。当在【页面】窗格中出现“数据库出错”字符，表示超出值的长度。

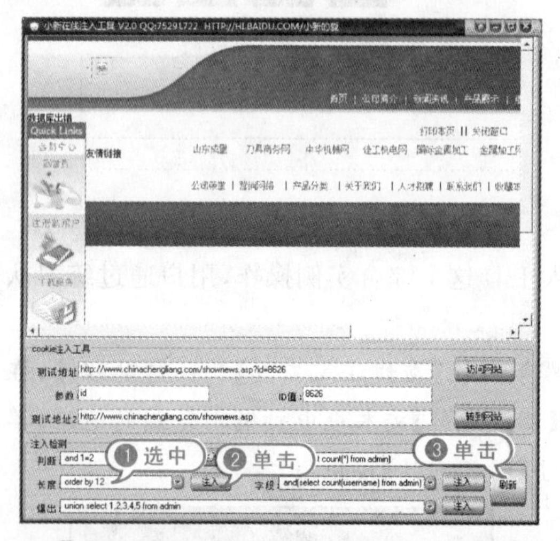

专家指点

例如，依次设置值长度后，单击【注入】【刷新】按钮，当值设置为 12 位时，注入后报错，即长度为 11 位。

06 在【爆出】下拉列表中，选择【union select 1, 2, 3, 4, 5, 6, 7, 8, 9, 10, 11 from admin】选项，单击对应的【注入】按钮，单击【刷新】按钮。页面显示的是“2、3”。

07 在【爆出】文本框中，将“2, 3”改为“username, password”，单击对应的【注入】按钮，单击【刷新】按钮。

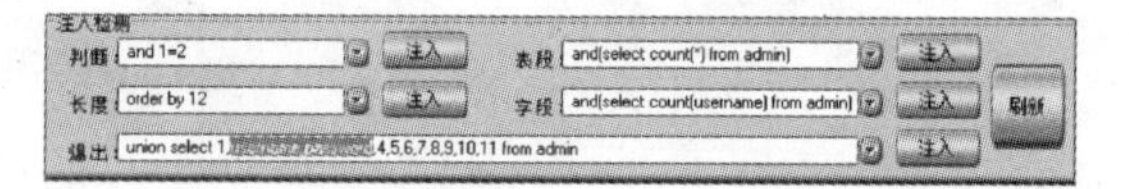

08 在【页面】窗格中得到一个 MD5 值，右击【页面】窗格，在弹出的菜单中，选择【查看源文件】命令。

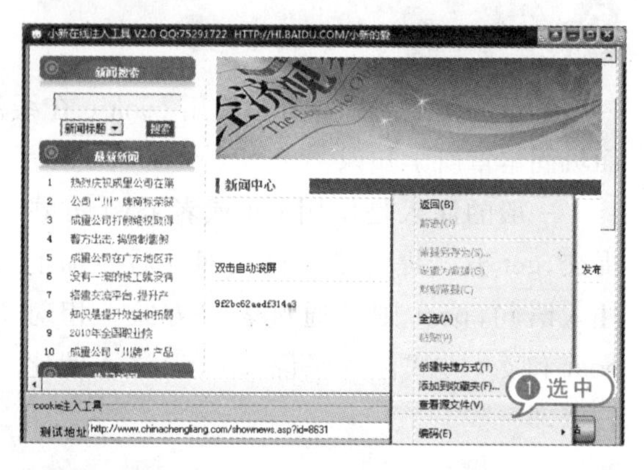

09 弹出【源文件】对话框，选择【编辑】|【查找】命令。

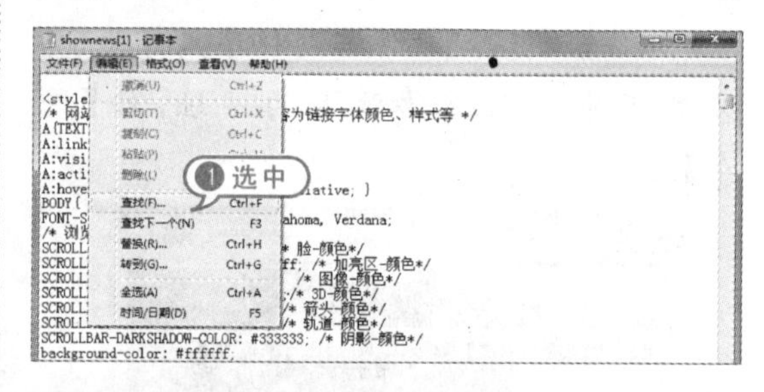

10 弹出【查找】对话框，在【查找内容中】输入部分 MD5 值，单击【查找下一个】按钮。复制该 MD5 值。

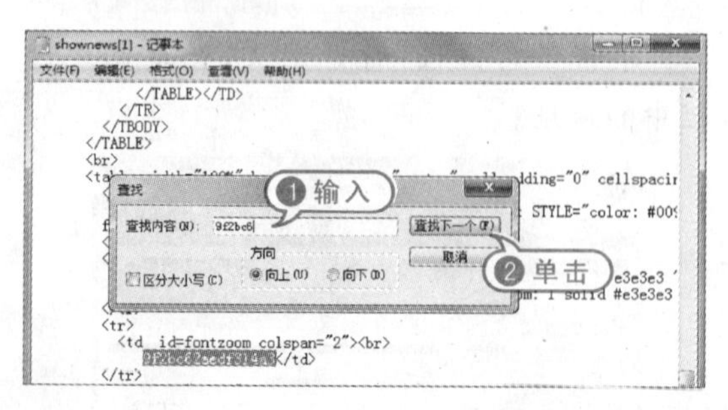

11 使用【MD5 解密】工具，解密该 MD5 值获得管理员密码，即可登录网站后台。

9.6 专家答疑

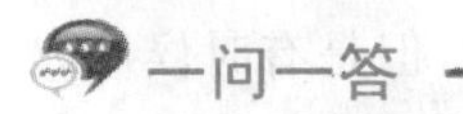

问:什么是跨站脚本?

答:跨站脚本(Cross-Site Scripting,简称 XSS),是一种迫使 Web 站点回显可执行代码的攻击技术,而这些可执行代码由攻击者提供,最终为用户浏览器加载。不同于大多数攻击(一般只涉及攻击者和受害者),XSS 涉及三方,即攻击者、客户端与网站。XSS 的攻击目标是为了盗取客户端的 cookie 或者其他网站用于识别客户端身份的敏感信息。获取到合法用户的信息后,攻击者甚至可以假冒最终用户与网站进行交互。

XSS 漏洞成因是由于动态网页的 Web 应用对用户提交请求参数未做充分的检查过滤,允许用户在提交的数据中掺入 HTML 代码(最主要的是“>”“<”),然后未加编码地输出到第三方用户的浏览器,这些攻击者恶意提交的代码会被受害用户的浏览器解释执行。

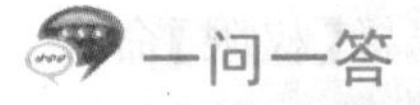

问:如何在网站程序设计初期防范 SQL 注入漏洞的产生?

答:由于在进行 SQL 注入攻击前,黑客需要在可修改参数中提交“ ' ”、“and”等特殊字符以判断是否存在注入漏洞,而在实行 SQL 注入时,需要提交“;”、“--”、“select”、“union”、“update”各种字符构造相应的 SQL 注入语句。在防范 SQL 注入时,用户需要注意能产生安全隐患的地方,其关键就是用户输入数据的入口处。如果对所有用户输入进行了判定和过滤,就可以防止 SQL 注入了。

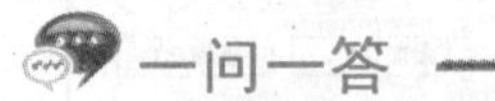

问:从网站用户角度,如何防护 XSS 攻击?

答:当打开一封 E-mail 或附件、浏览论坛帖子时,恶意脚本可能会自动执行,因此,在做这些操作时一定要特别谨慎。建议在浏览器设置中关闭 JavaScript。如果使用 IE 浏览器,将安全级别设置到“高”。XSS 攻击其实伴随着社会工程学的成功应用,需要用户增强安全意识,只信任值得信任的站点或内容。

问:SQL 指令植入式攻击的危害有哪些?

答:SQL 指令植入式攻击可能引起的危害取决于该网站的软件环境和配置。当 Web 服务器以操作员(dbo)的身份访问数据库时,利用 SQL 指令植入式攻击就可能删除所有表格、创建新表格,等等。当服务器以超级用户 (sa) 的身份访问数据库时,利用 SQL 指令植入式攻击就可能控制整个 SQL 服务器;在某些配置下攻击者甚至可以自行创建用户账号以完全操纵数据库所在的 Windows 服务器。

问:如何防止 MS SQL 数据库文件被非法下载?

答:把数据库的名字进行修改,并且放到很深的目录下面。比如把数据库名修改为

"Sj6gf5. mdb",放到多级目录中,这样攻击者想简单地猜测数据库的位置就很困难了。当然这样做的弊端就是如果 ASP 代码文件泄漏,无论隐藏多深都没有用了。

把数据库的扩展名修改为 ASP 或者 ASA 等不影响数据查询的名字。但是有时候修改为 ASP 或者 ASA 以后仍然可以被下载,比如将其修改为 ASP 以后,直接在 IE 的地址栏里输入网络地址,虽然没有提示下载但是却在浏览器里出现了一大片乱码。如果使用 FlashGet 或影音传送带等专业的下载工具就可以直接把数据库文件下载下来。不过这种方法有一定的盲目性,毕竟入侵者不能确保该文件就一定是 MDB 数据库文件修改扩展名的文件,但是对于那些有充足精力和时间的入侵者来说,可以将所有文件下载并全部修改扩展名来猜测。该方法的防范级别将大大降低。

问:在手工克隆账号时,为什么有时候无法访问 SAM 值?

答:这是由于当前账号没有 System 权限,解决方法为:在【注册表编辑器】窗口中右击【HEKY_LOCAL _MACHINE】|【SAM】|【SAM】选项,在弹出的菜单中选择【权限】命令。打开【SAM 的权限】对话框,在其中设置当前账号与 System 账号一样拥有完全控制权限。单击【确定】按钮返回【注册表编辑器】窗口后,即可使用当前账号访问 SAM 值。

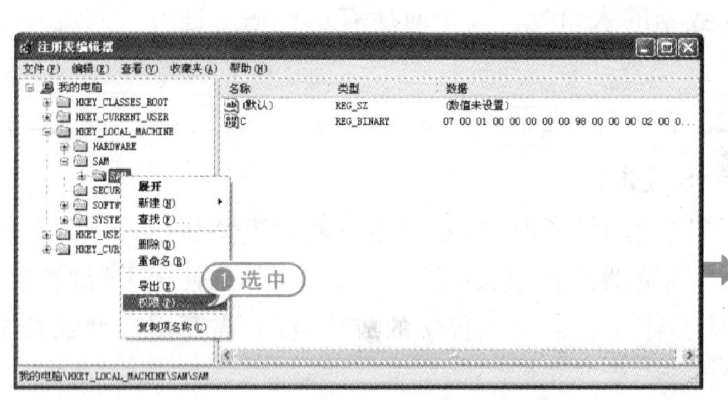

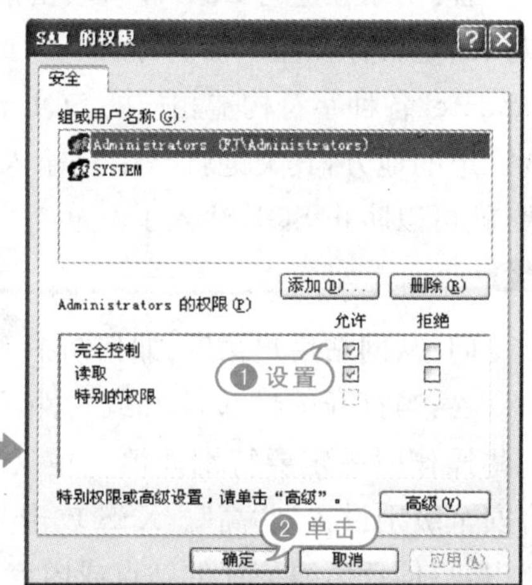

第10章

防范黑客技巧

了解了黑客的各种入侵方式后，本章汇总了在实际应用过程中比较有实用价值的防范黑客的技巧，包括系统设置技巧、系统应用技巧、常用防范技术和应用软件等，有助于用户熟练掌握并运用，并利用工具对计算机进行各种保护。

参见随书光盘

例 10-1　查看 QQ 好友的 IP 地址
例 10-2　使用任务查看器工具
例 10-3　加快系统启动速度
例 10-4　加快系统关闭速度
例 10-5　设置开机启动项
例 10-6　关闭自动更新重启提示
例 10-7　磁盘配额管理技巧
例 10-8　设置系统防火墙
例 10-9　使用网络检测工具
例 10-10　使用多功能系统工具
例 10-11　使用瑞星杀毒软件
例 10-12　备份 Windows 7 系统

10.1 设置系统防范黑客

Windows 7 是由微软公司开发的，具有革命性变化的操作系统。该系统旨在让人们的日常电脑操作更加简单和快捷，为人们提供高效易行的工作环境，适当的系统设置可以防范黑客入侵。

10.1.1 系统资源监视器

用 QQ 时间比较长的一些用户会使用第三方版本的 QQ 或者插件来显示好友 IP 地址，但其实在 Windows 7 中根本用不着第三方软件，在系统自带的资源监视器中，就能很方便地看到 QQ 好友的 IP 地址。

【例 10－1】使用系统资源监视器查看 QQ 好友的 IP 地址。视频

01 按 Ctrl＋Alt＋Delete 组合键，选择【启动任务管理器】选项，弹出【Windows 任务管理器】对话框，选择【性能】选项卡，单击【资源监视器】按钮。

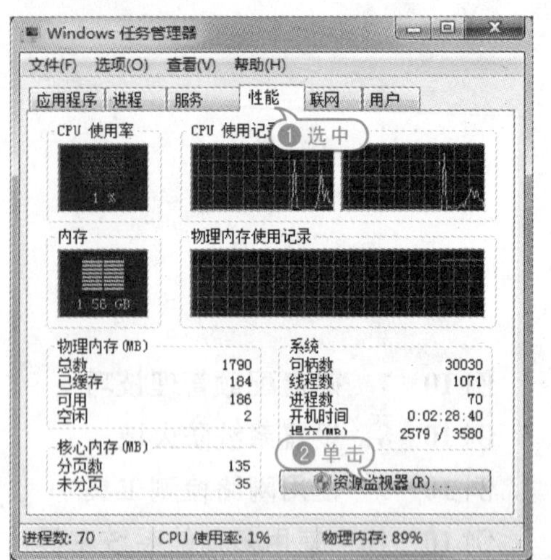

专家指点

严格意义上来说，查询别人的 IP 地址也是触及了他人隐私的，所以请用户不要向别人透露好友的 IP，保护自己的同时也要懂得保护朋友的信息安全。

02 弹出【资源监视器】对话框，选择【网络】选项卡，在【映像】列表中，选中【QQ. exe】复选框。

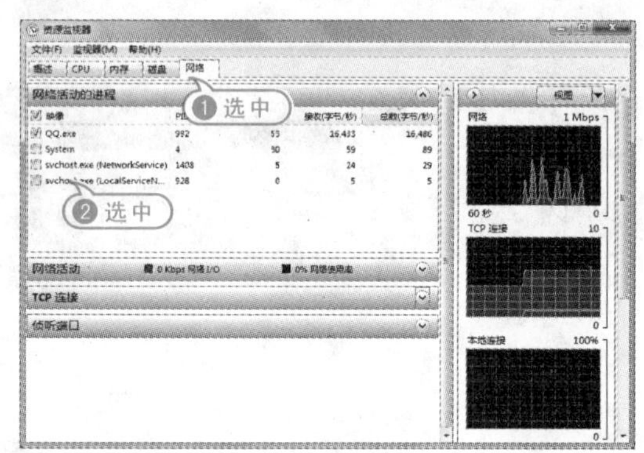

03 单击【TCP 连接】扩展按钮，查看 QQ 进程的详细信息。

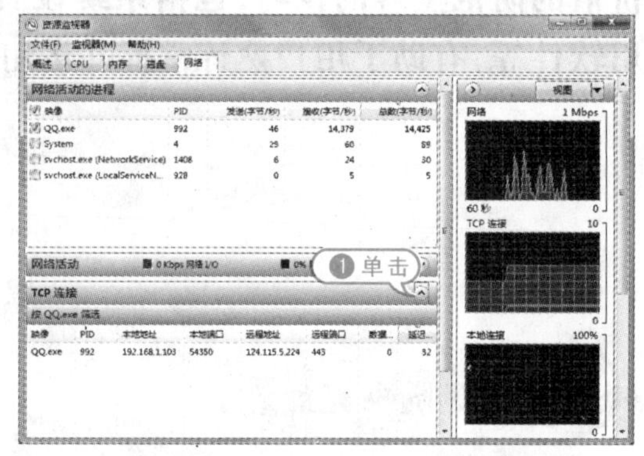

04 右击该列名称位置，在弹出的菜单中选择【选择列】命令。

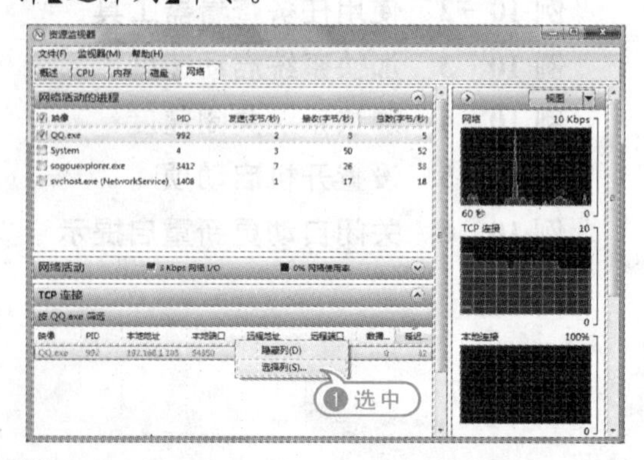

05 弹出【选择列】对话框，选中【发送(字节)/秒】复选框，单击【确定】按钮。

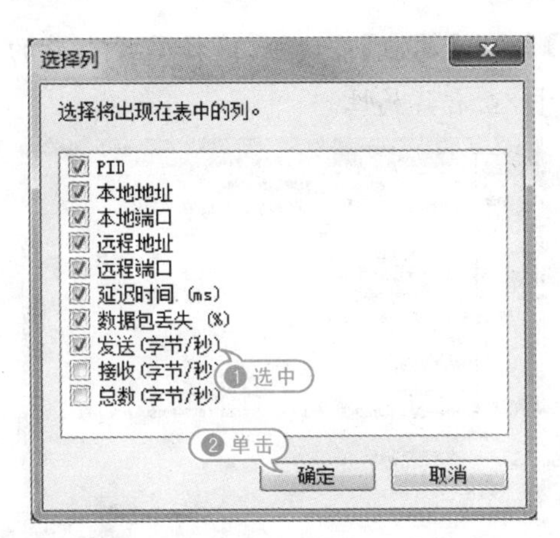

06 只要查询 IP 地址的好友发送任意一句话，查看【发送】列中的数据变化进程，该进程中【远程地址】列即为好友 IP 地址。

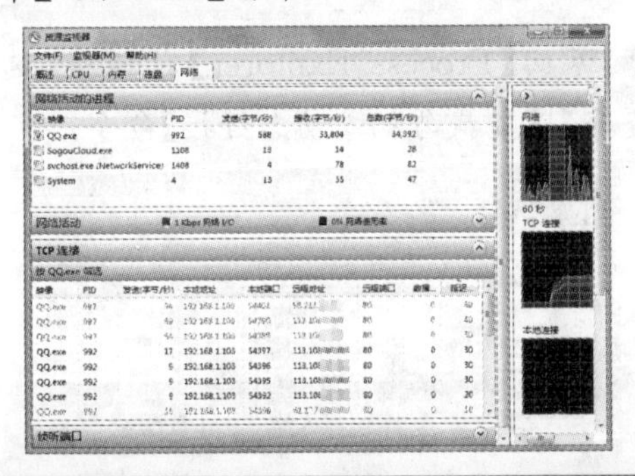

10.1.2 使用任务查看器

Process Explorer 是一款免费的增强型任务管理器，是最好的进程管理器。它能让用户了解看不到的在后台执行的处理程序，方便地管理程序进程；能监视、挂起、重启、强行终止任何程序，包括系统级别的不允许随便终止的关键进程和十分隐蔽的顽固木马。除此之外，它还详尽地显示计算机信息：CPU、内存、I/O 使用情况，可以显示一个程序调用了哪些动态链接库 DLL、句柄、模块、系统进程；以目录树的方式查看进程之间的归属关系，可以对进程进行调试；可以查看进程的路径，以及公司、版本等详细信息，多色彩显示服务进程直观的曲线图；可以替换系统自带的任务管理器。使用了 Process Explorer 任务查看器，系统自带的任务管理器就可以扔进垃圾桶了。

【例 10－2】使用 Process Explorer 任务查看器工具进行操作。视频

01 双击【Process Explorer】软件启动程序，选择【选项】|【字体】命令。

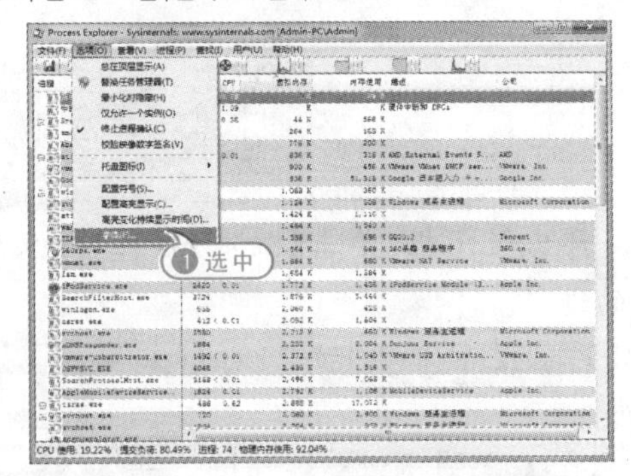

02 弹出【Process Explorer 字体】对话框，在【字体】窗格中，选中【宋体】选项，在【大小】选项中，选择【9】选项，单击【确定】按钮。

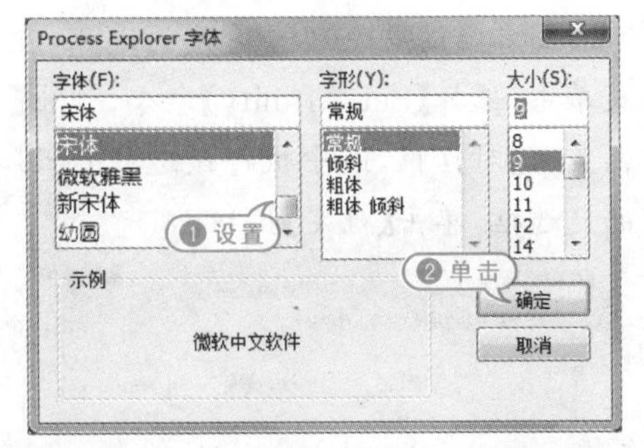

03 选择【选项】|【配置高亮显示】选项，弹出【配置高亮显示】对话框，单击选项后的【更改】按钮可以选择该选项的颜色，设置完成后单击【确定】按钮。

04 右击需要结束的进程，在弹出的菜单中，选择【终止进程】命令。

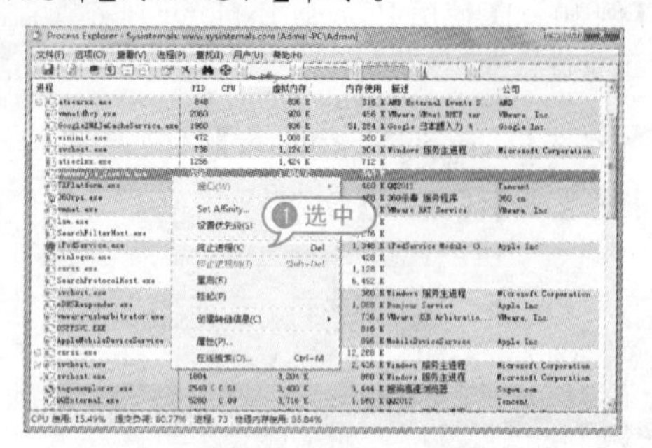

05 弹出提示框，单击【确定】按钮，结束选中的进程。

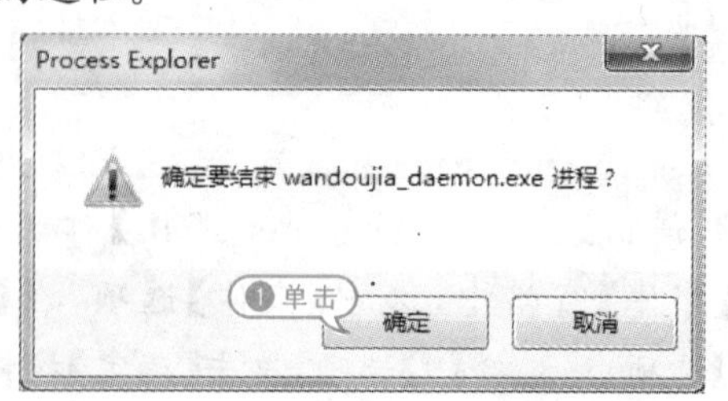

06 右击需要设置处理器关系的进程，在弹出菜单中，选择【Set Affinity】命令，弹出【处理器关联】对话框，选中执行该进程 CPU 对应的复选框，单击【确定】按钮。

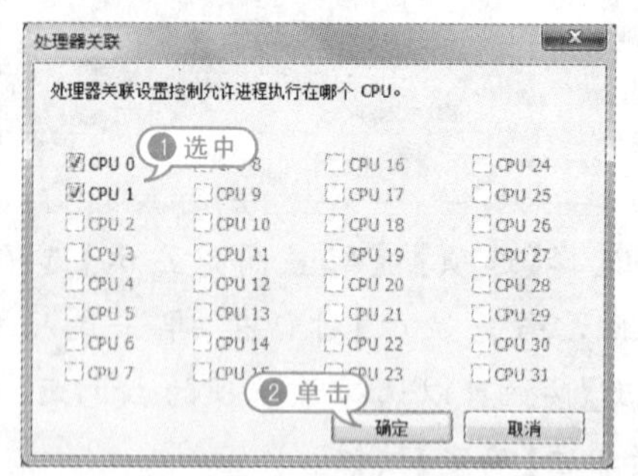

07 右击需要查看属性的进程，在弹出的菜单中，选择【属性】命令。

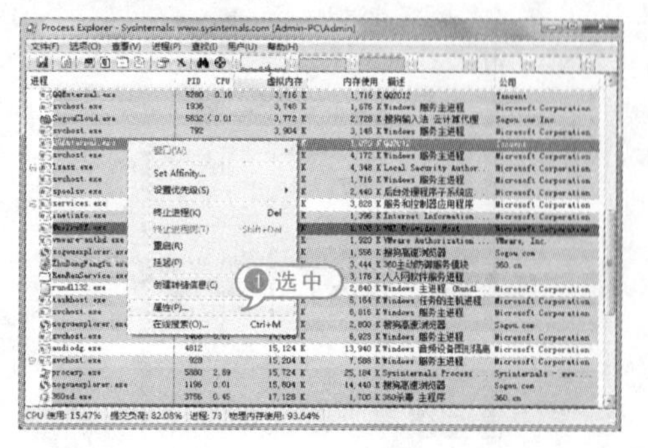

08 弹出【属性】对话框，选择需要查看的选项卡，查看其属性。

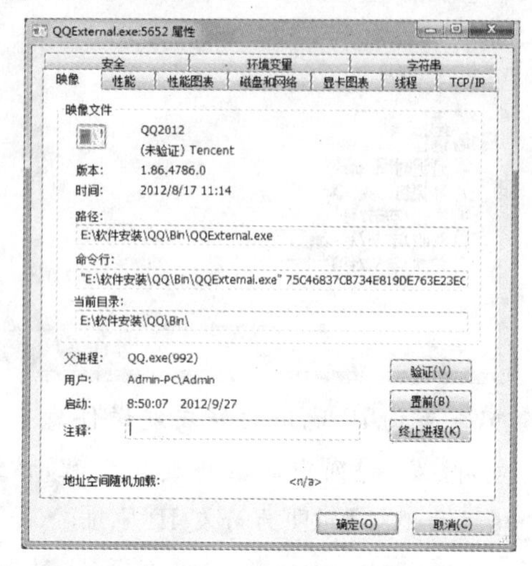

09 返回【Process Explorer】对话框，选择【查找】|【查找句柄或动态链接】命令。

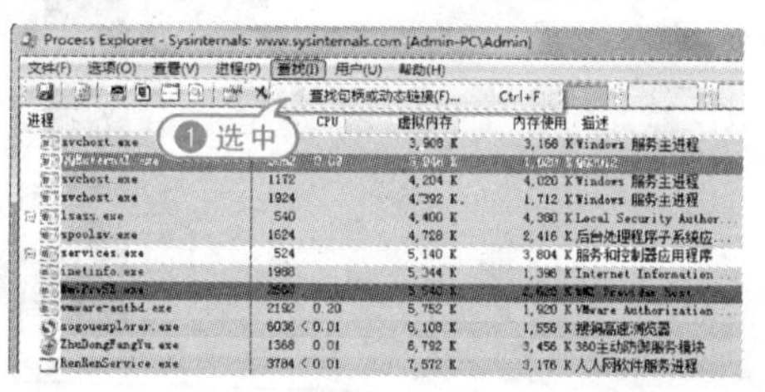

10 弹出【Process Explorer 搜索】对话框，在【句柄或动态链接子字串】文本框中，输入"smss"，单击【搜索】按钮，即可查找出本地计算机中 smss 进程。

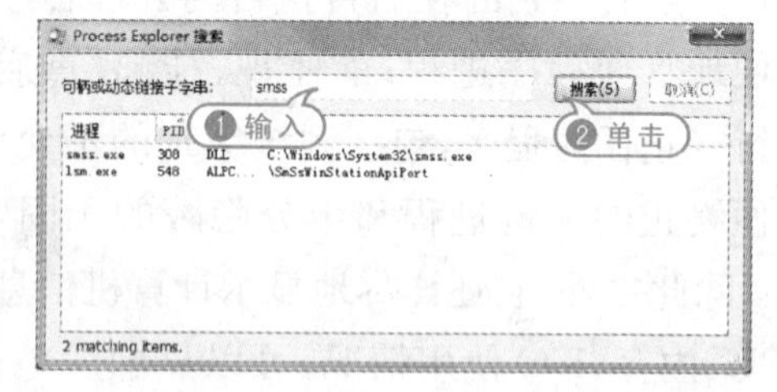

11 返回【Process Explorer】对话框，选择【用户】|【Admin-PC\Admin】|【发送消息】命令。

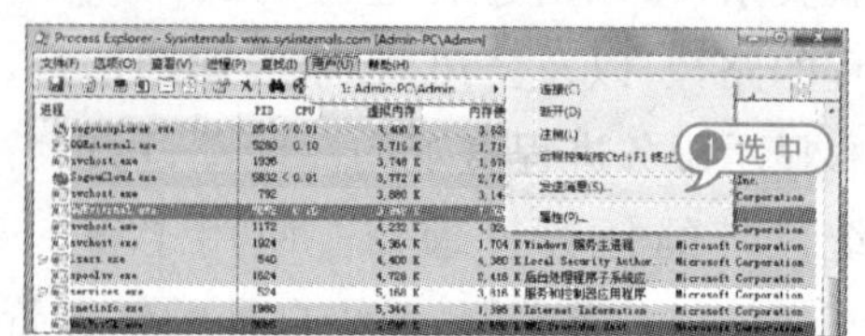

12 弹出【发送消息】对话框，在【消息】文本框中，输入消息内容，选择【确定】按钮。

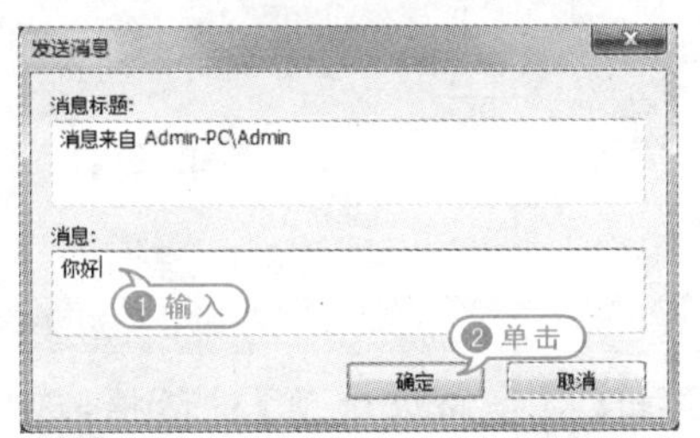

13 选择【用户】|【Admin-PC\Admin】|【属性】选项，弹出【会话属性】对话框，查看相关属性，单击【确定】按钮。

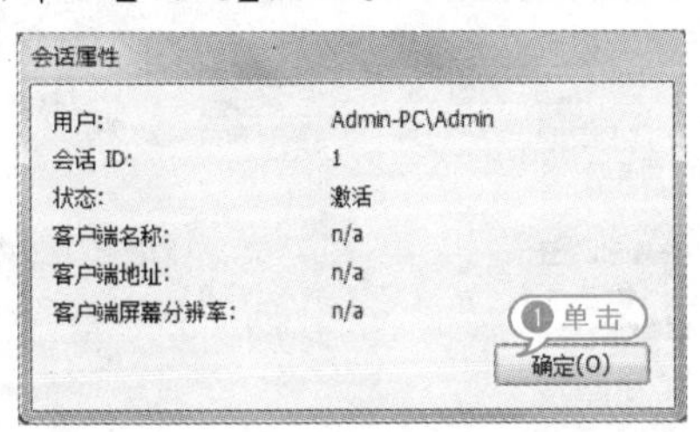

14 在工具栏中单击按钮，选择列表中需要查看的进程，即可在下方窗格中显示该进程包含的句柄。

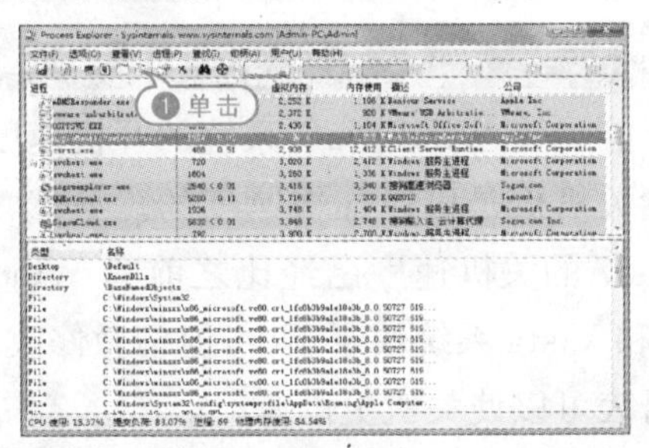

15 选中需要查看的句柄后，选择【句柄】|【属性】选项，弹出【属性】对话框，在【细节】选项卡中查看该句柄的详细信息，单击【确定】按钮。

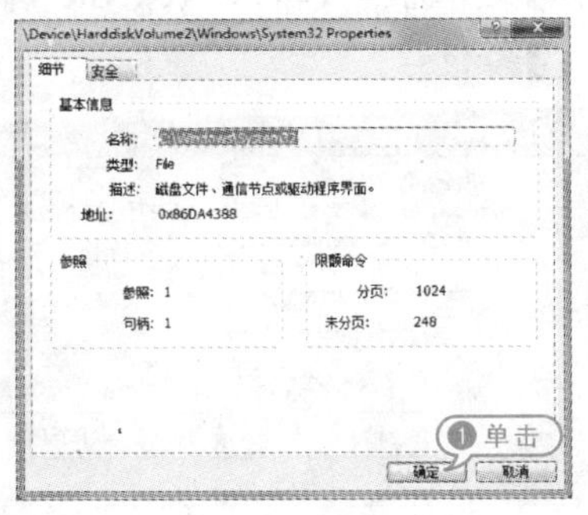

16 在工具栏中单击按钮，弹出【系统信息】对话框，查看当前系统的详细信息，单击【确定】按钮。

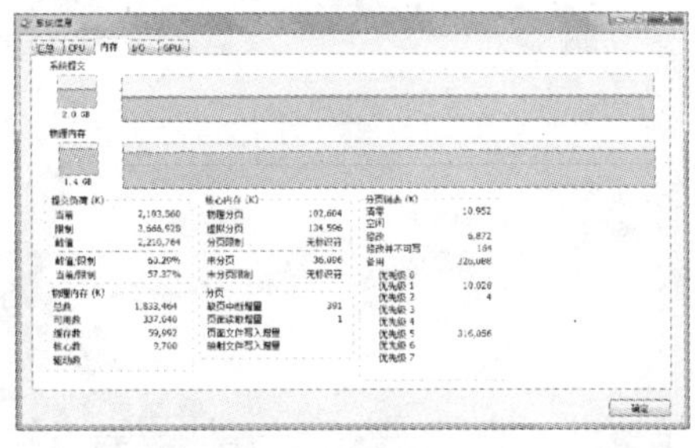

17 选择【查看】|【选择属性列】选项，弹出【选择属性列】对话框，在【进程映像】选项卡中，选中【描述】【公司】【会话】复选框。

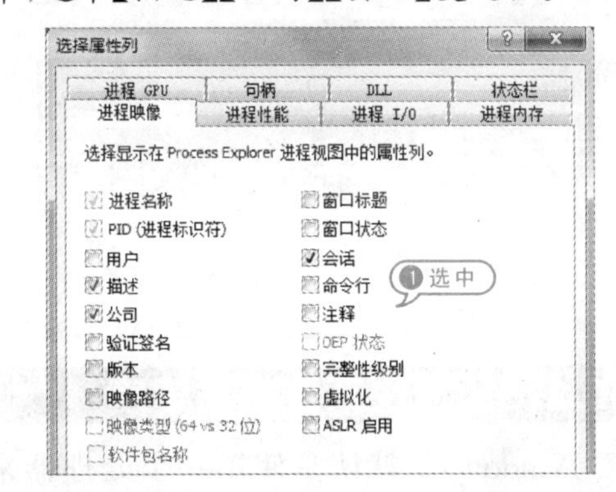

18 在【进程性能】选项卡中，选中【CPU 使用】【句柄计数】复选框。

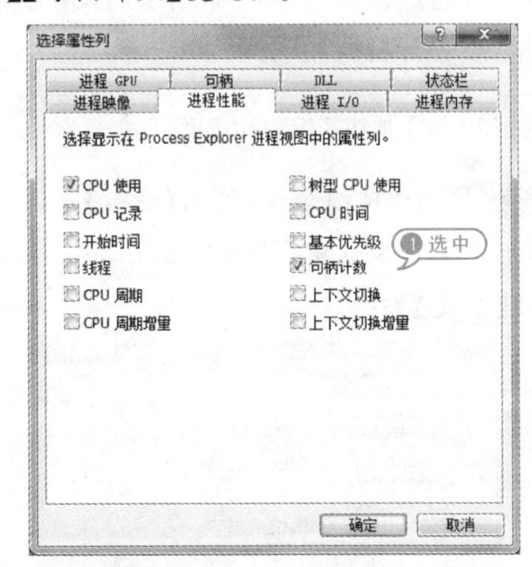

19 在【句柄】选项卡中，选中【类型】【名称】【句柄值】【文件共享标记】复选框，单击【确定】按钮。

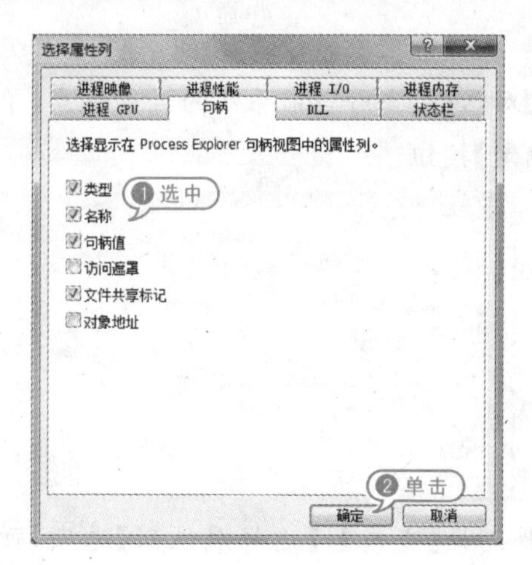

20 返回【Process Explorer】对话框，查看设置属性后显示的进程。

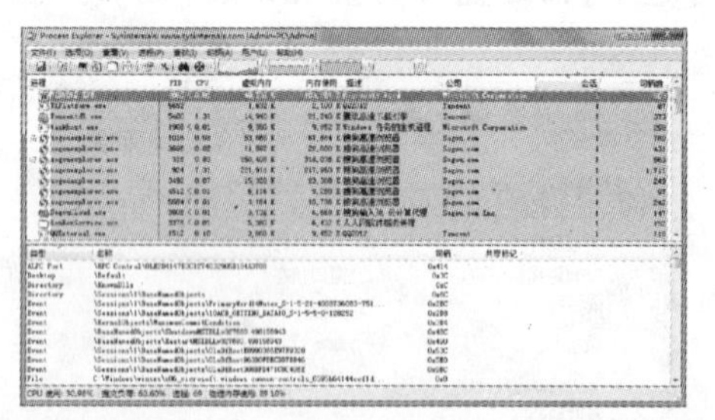

10.1.3 加快系统启动速度

Windows 7 默认是使用一个处理器来启动系统的，但不少用户已用上多核处理器的电脑，通过设置可以增加用于启动的内核数量，减少开机所用时间。

【例 10－3】加快系统启动速度。视频

01 按 Win＋R 组合键，弹出【运行】对话框，在【打开】文本框中，输入“msconfig”命令，单击【确定】按钮。

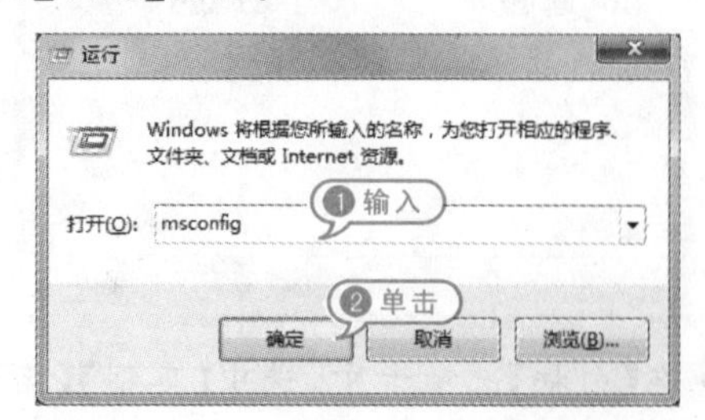

02 弹出【系统配置】对话框，选择【引导】选项卡，单击【高级选项】按钮。

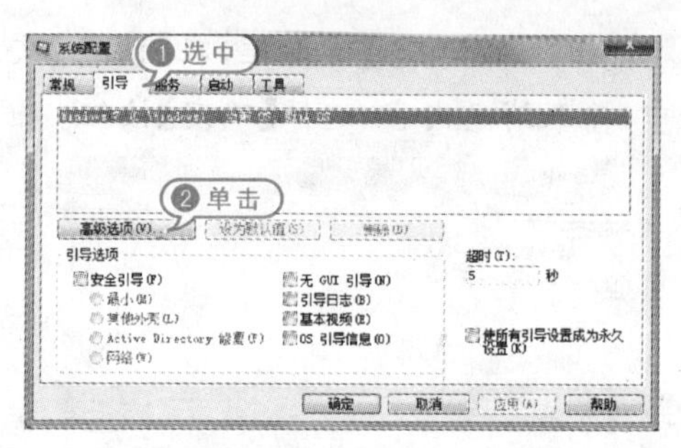

03 弹出【引导高级选项】对话框，选中【处理器数】复选框，设置下拉列表中处理器数，选中【最大内存】复选框，设置内存值。

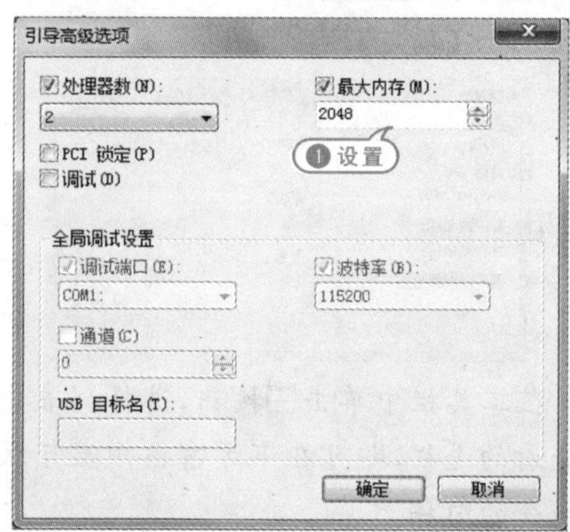

10.1.4 加快系统关闭速度

能加快 Windows 7 系统的开机速度，那自然关机也是可以加快速度的。虽然 Windows 7 的关机速度已经比之前的 Windows XP 和 Vista 系统快了不少，但稍微修改一下注册表可以使关机更迅速。

【例 10－4】通过设置注册表编辑器加快系统关闭速度。视频

01 按 Win＋R 组合键，弹出【运行】对话框，在【打开】文本框中，输入“regedit”命令，单击【确定】按钮。

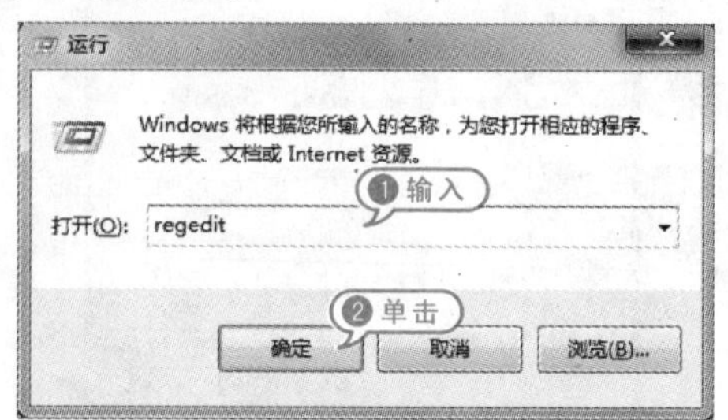

02 弹出【注册表编辑器】对话框，展开【HKEY_LOCAL_MACHINE】|【SYSTEM】|【CurrentControlSet】|【Control】选项，双击右侧的【WaitToKillServiceTimeOut】选项。

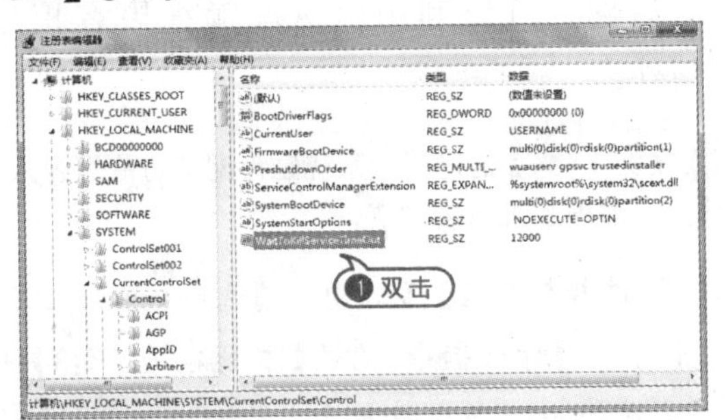

03 弹出【编辑字符串】对话框，在【数值数据】文本框中，修改数值为“5000”，即为5秒，单击【确定】按钮。

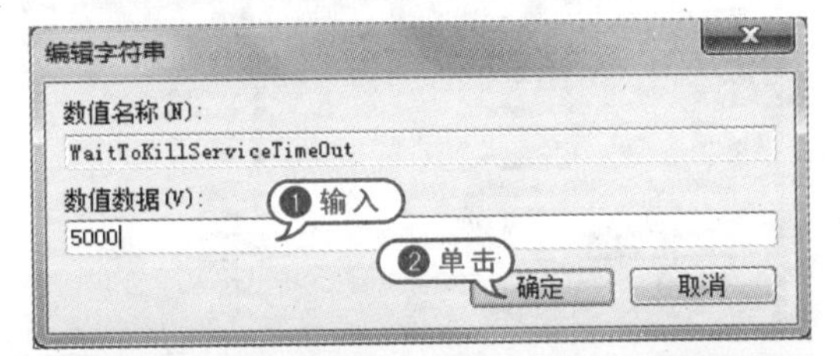

10.1.5 设置开机启动项

在系统中安装某些程序后，在重新启动电脑后，程序会自动启动，造成电脑启动速度减慢，也有些病毒会随机启动，只要电脑一重新启动，也会同时启动，从而破坏系统正常运行。

【例10-5】设置开机启动项。视频

01 选择【开始】|【控制面板】|【系统和安全】选项。

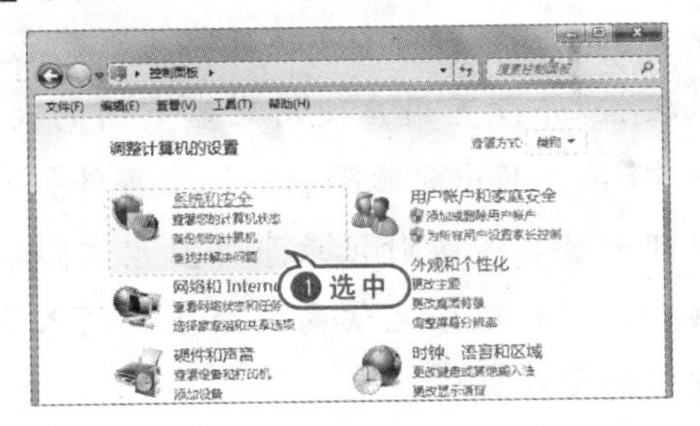

02 弹出【系统和安全】对话框，选择【管理工具】选项。

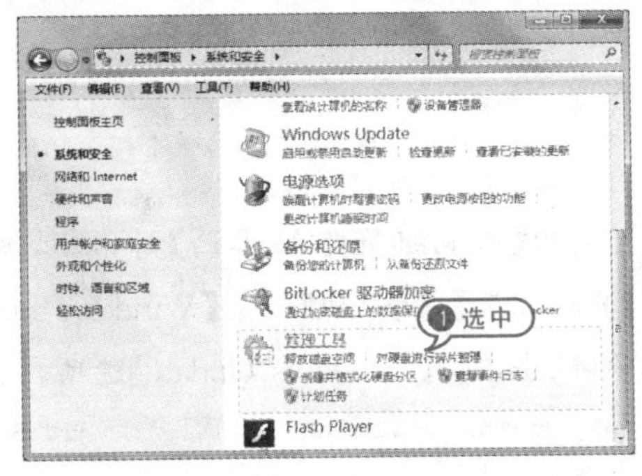

03 弹出【管理工具】对话框，双击【系统配置】图标。

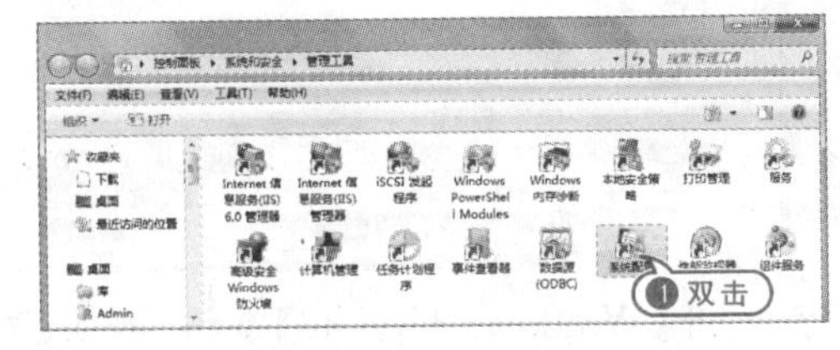

04 弹出【系统配置】对话框，选择【启动】选项卡，选择需要禁止的选项，单击【全部禁用】按钮，单击【确定】按钮。

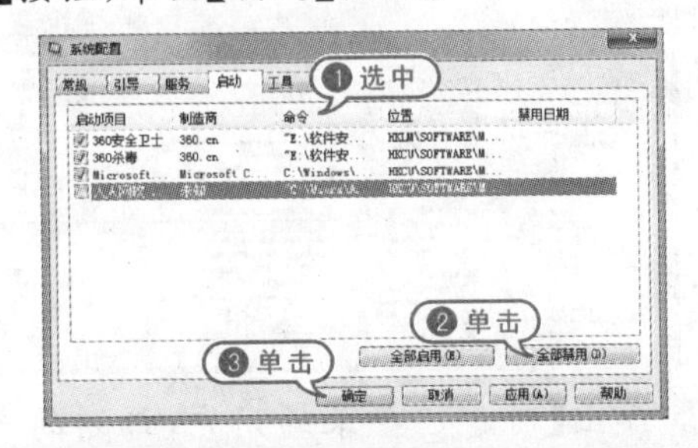

10.1.6 关闭自动更新重启提示

在计算机使用过程中会遇到系统自动更新，完成自动更新后，系统会提示重新启动计算机，但是在工作中，重启很不方便，只能不停地推迟，很麻烦。可以设置取消更新重启提示。

【例10-6】通过设置本地组策略关闭系统自动更新重启提示。视频

01 按Win+R组合键，弹出【运行】对话框，输入“gpedit.msc”命令，单击【确定】按钮。

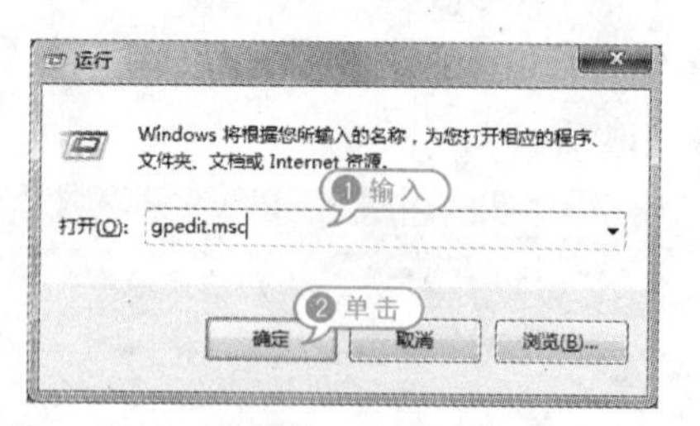

02 弹出【本地组策略编辑器】对话框，展开【计算机配置】|【管理模板】|【Windows 组件】选项，双击右侧【Windows Update】选项。

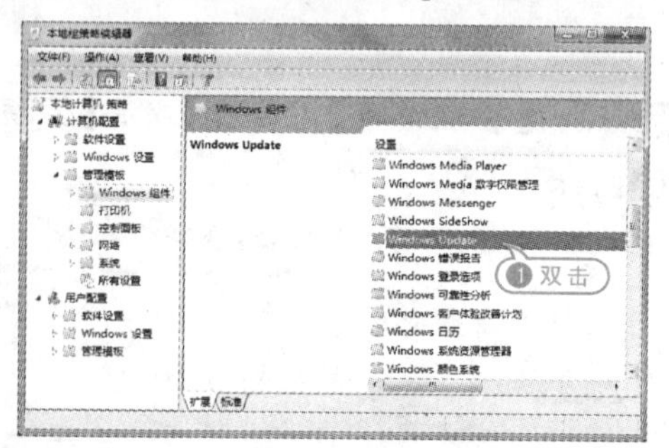

03 打开【Windows Update】窗格，双击【对于已登录的用户，计划的自动更新安装不执行重新启动】选项。

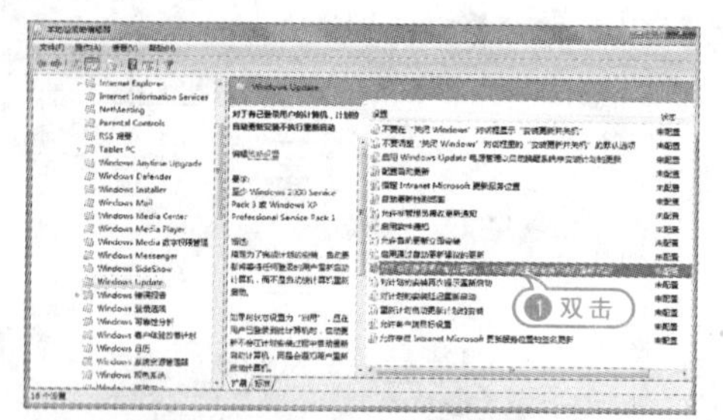

04 弹出【对于已登录的用户，计划的自动更新安装不执行重新启动】对话框，选中【已启用】单选按钮，单击【确定】按钮。

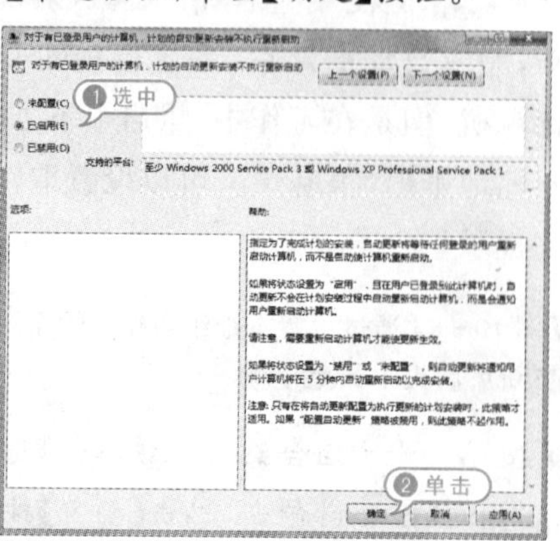

10.1.7 磁盘配额管理技巧

大多数情况下，黑客入侵远程系统需要把木马程序或后门程序上传到远程系统当中。那么，要防范的话，就要切断黑客的这条后路。可以利用磁盘配额把黑客拒之门外。

【例 10－7】通过设置系统磁盘配额防范黑客入侵远程系统。视频

01 选择【开始】|【计算机】选项，在弹出的【计算机】对话框中，右击【本地磁盘(F:)】图标，在弹出的快捷菜单中，选中【属性】命令。

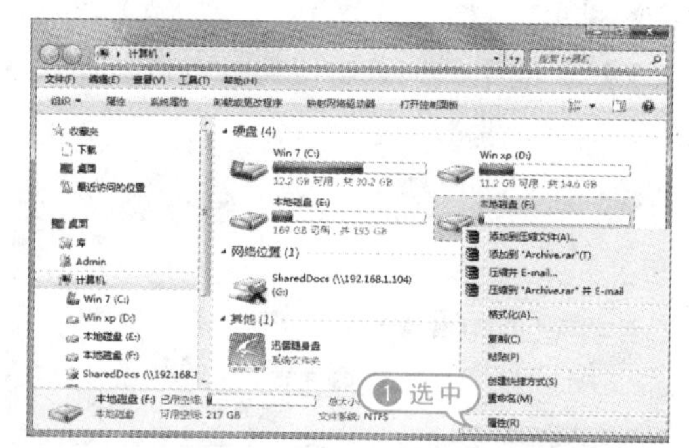

02 弹出【本地磁盘(F:)属性】对话框，选择【配额】选项卡，单击【显示配额设置】按钮。

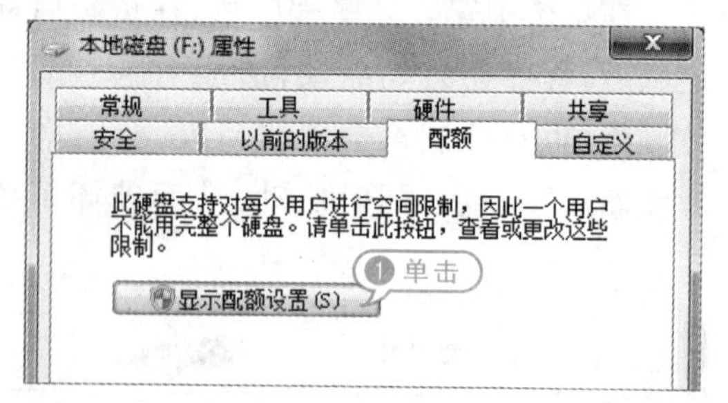

03 弹出【配额】对话框，选中【启用配额管理】和【拒绝将磁盘空间给超过配额限制的用户】复选框，选中【将磁盘空间限制为】单选按钮，并设置用户使用磁盘空间的大小。选中【用户超出配额限制时记录事件】和【用户超出警告等级时记录事件】，单击【确定】按钮。用户已经无法向此分区中写入大于配额的文件。

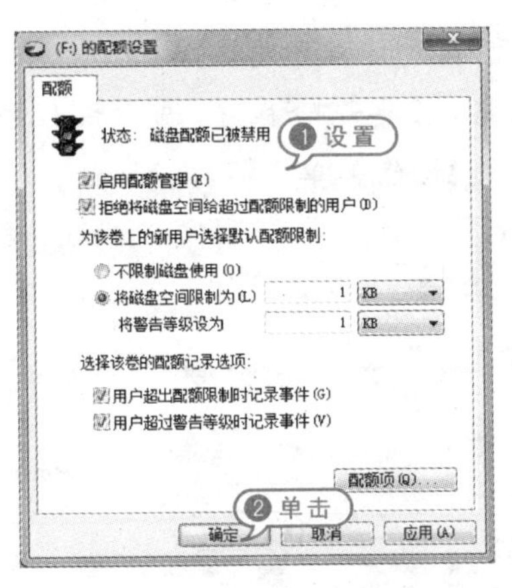

04 若想针对不同用户划分使用功能，在【配额】对话框中，单击【配额项】按钮。

05 弹出【(F:)的配额项】，选择【配额】|【新建配额项】选项。

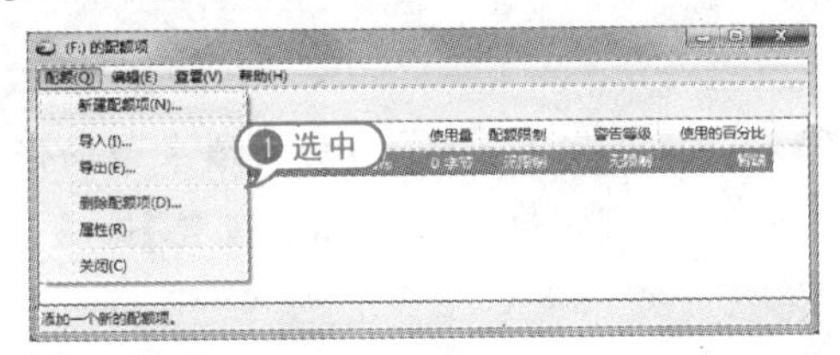

06 弹出【选择用户】对话框，在【输入对象名称来选择】文本框中，输入用户名，单击【确定】按钮。

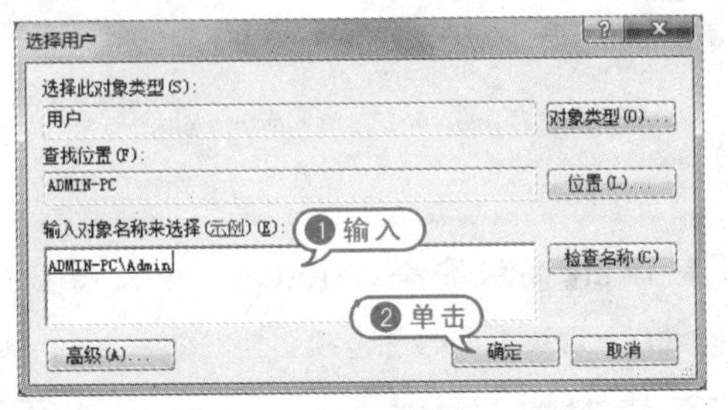

07 弹出【添加新配额项】对话框，选择【不限磁盘使用】单选按钮，单击【确定】按钮。

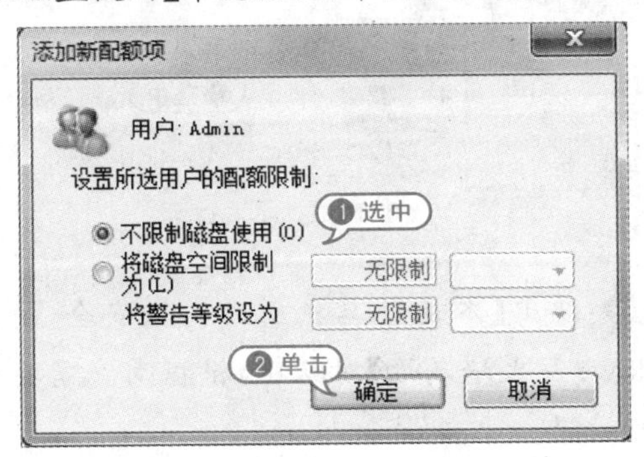

10.1.8 设置系统防火墙

在操作系统中，安全始终是用户最为关注也是最为担心的问题。Windows 作为使用最为广泛的操作系统，当然也成为众多恶意行为的攻击目标。虽然微软已经采取了不少的措施，但是在过去的 Windows 操作系统版本中，仍然因为种种安全问题而饱受诟病，好在大多数问题微软都通过补丁升级的方式及时进行了处理。在微软全新的操作系统中，微软显然对于安全问题更加重视，使得 Windows 7 系统的安全功能焕然一新，不仅仅融入了更多的安全特性，而且原有的安全功能也得到改进和加强。

【例 10－8】设置系统防火墙。 视频

01 选择【开始】|【控制面板】选项，弹出【控制面板】对话框，选择【系统和安全】选项。

02 在弹出的【系统和安全】对话框中，选择【Windows 防火墙】选项。

03 打开【使用 Windows 防火墙来帮助保护您的计算机】窗格，单击【使用推荐设置】按钮，启用防火墙。

04 选择【允许程序或功能通过 Windows 防火墙】选项。

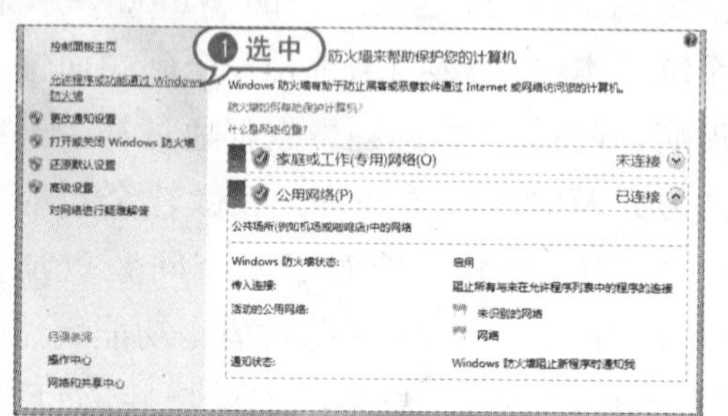

05 打开【允许程序通过 Windows 防火墙通信】窗格，单击【允许运行另一程序】按钮。

06 弹出【添加程序】对话框，选中需要添加的程序（或单击【浏览】按钮，查找该应用程序，单击【打开】按钮）。单击【添加】按钮。

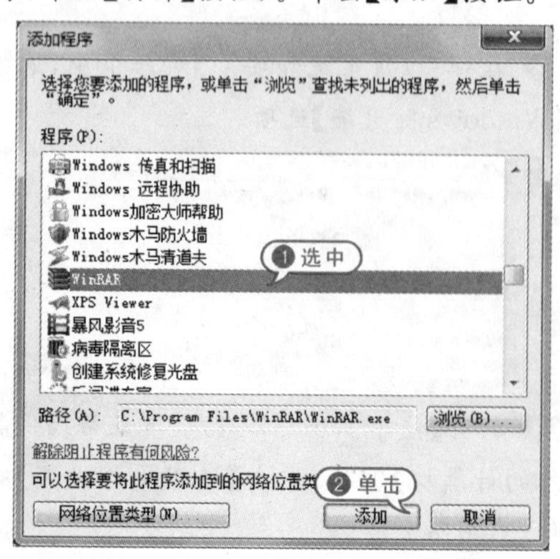

07 返回【允许程序通过 Windows 防火墙通信】窗格，若要删除程序，选中该程序后，单击【删除】按钮。单击【确定】按钮。

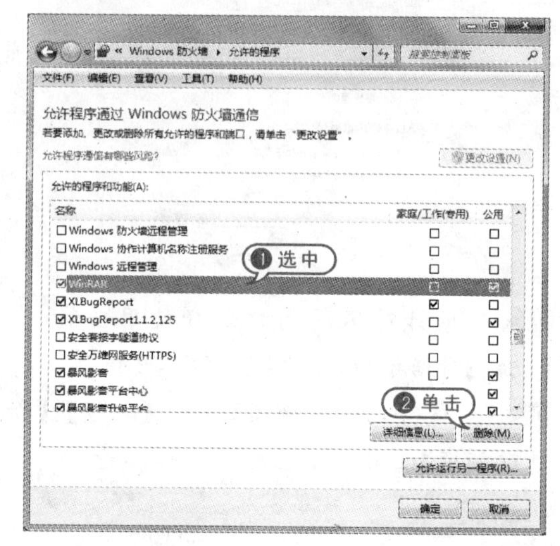

08 返回【使用 Windows 防火墙来帮助保护您的计算机】窗格，选择【高级设置】选项。

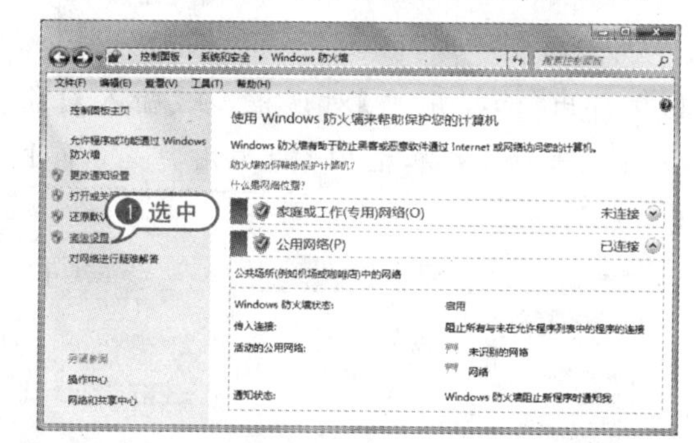

09 弹出【高级安全 Windows 防火墙】对话框，选择右侧【属性】选项。

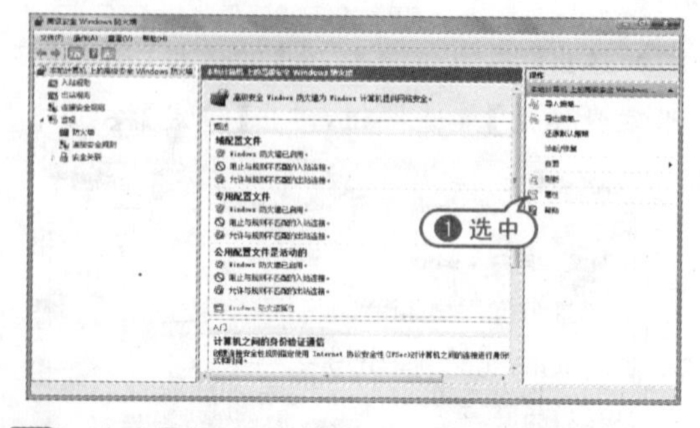

10 弹出【本地计算机上的高级安全 Windows 防火墙属性】对话框，根据用户需要进行设置。

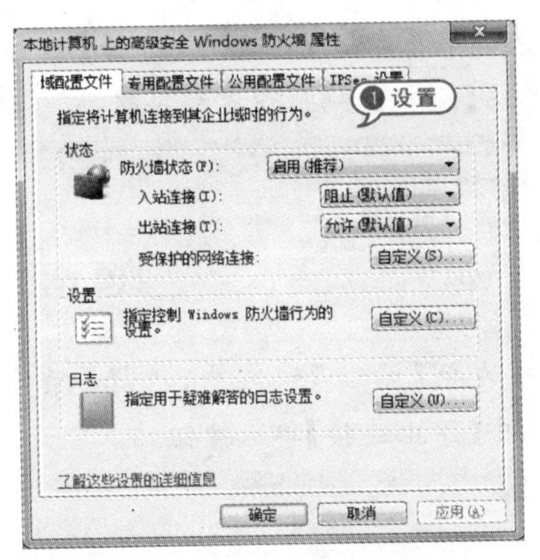

11 在【设置】选项中，单击【自定义】按钮，弹出【自定义 域配置文件的设置】对话框，根据需要进行设置，单击【确定】按钮。（如要查看说明，选中左下方【了解这些设置的详细信息】选项即可。）

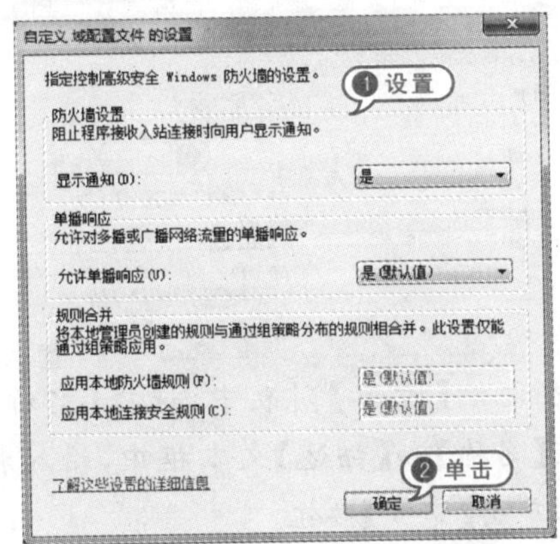

12 返回【本地计算机上的高级安全 Windows 防火墙属性】对话框，在【日志】选项中，单击【自定义】按钮，弹出【自定义 域配置文件的日志设置】对话框，根据需要进行设置，单击【确定】按钮。（如要查看说明，选中左下方【了解日志的详细信息】选项即可。）

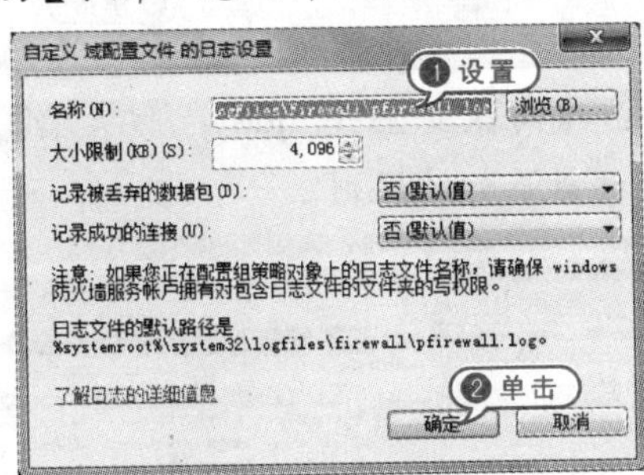

13 返回【本地计算机上的高级安全 Windows 防火墙属性】对话框，选择【IPsec 设置】选项卡，单击【IPsec 默认值】项中的【自定义】按钮。

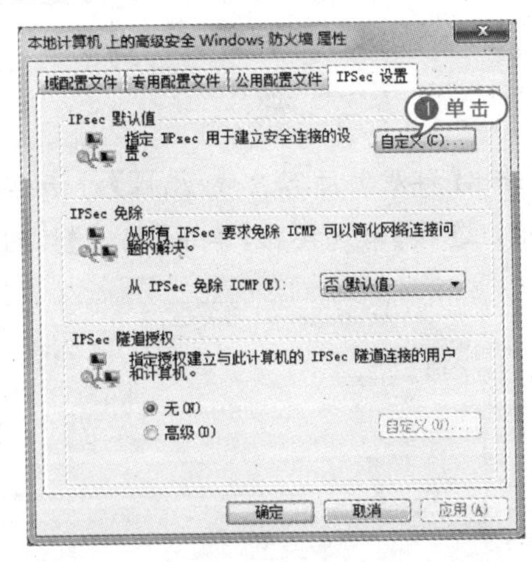

14 弹出【自定义 IPsec 设置】对话框，进行配置用来帮助保护网络流量的密钥交换、数据保护和身份验证方法，设置完成后单击【确定】按钮。

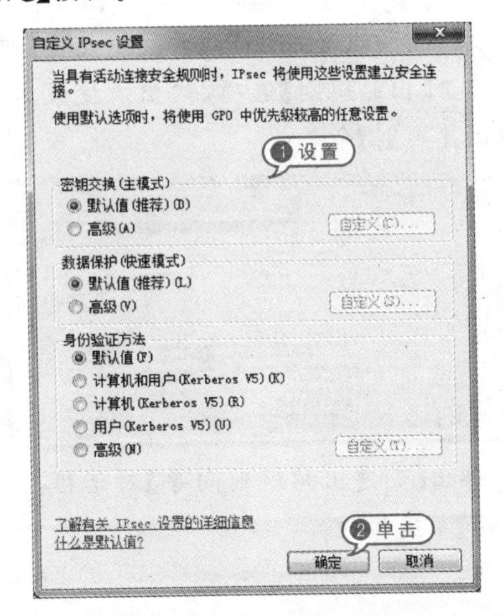

15 如要查看说明，选中左下方【了解有关 IPsec 设置的详细信息】选项即可。

16 返回【高级安全 Windows 防火墙】对话框，选择【入站规则】选项，在【入站规则】选项中，右击【游戏大厅客户端】选项，在弹出的菜单中，选择【属性】命令。

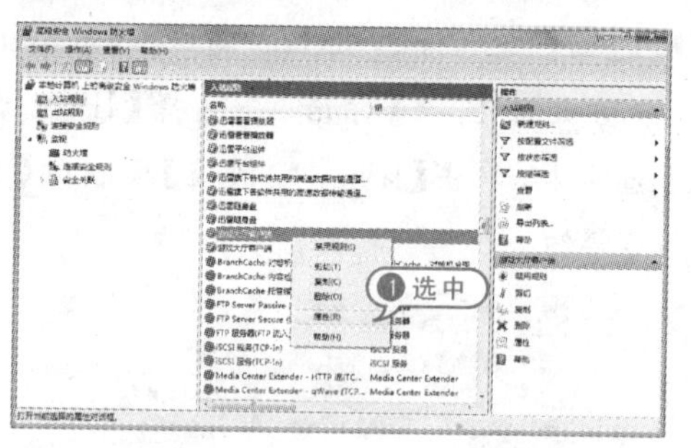

17 弹出【游戏大厅客户端 属性】对话框，选中【阻止连接】单选按钮，单击【确定】按钮。

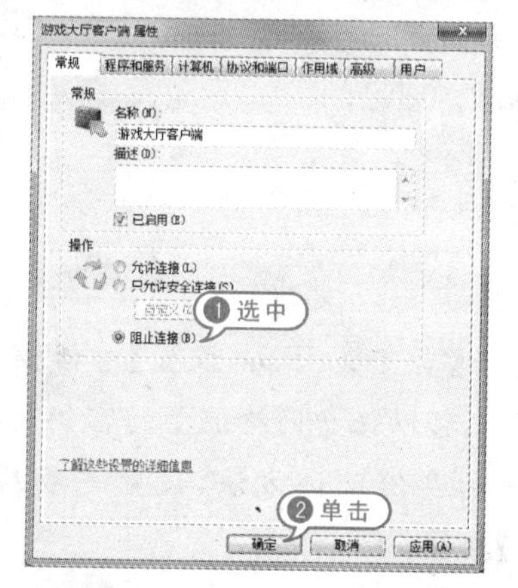

18 返回【高级安全 Windows 防火墙】对话框，右击【出站规则】选项，弹出快捷菜单，选中【新建规则】命令。

19 弹出【新建出站规则向导】对话框，选中【程序】单选按钮。

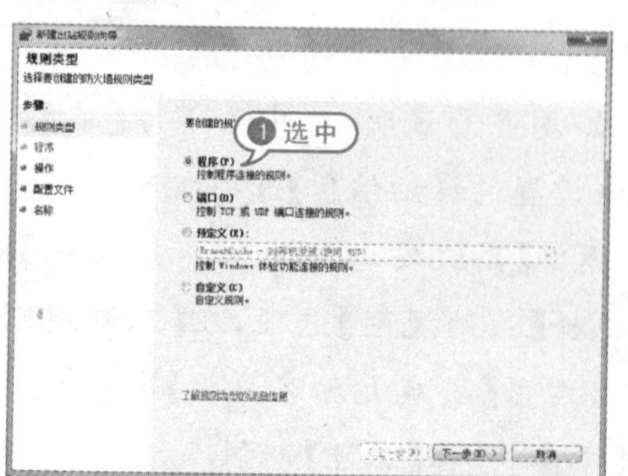

20 在左侧【步骤】列表中，选择【程序】选项，单击【浏览】按钮，设置程序路径。

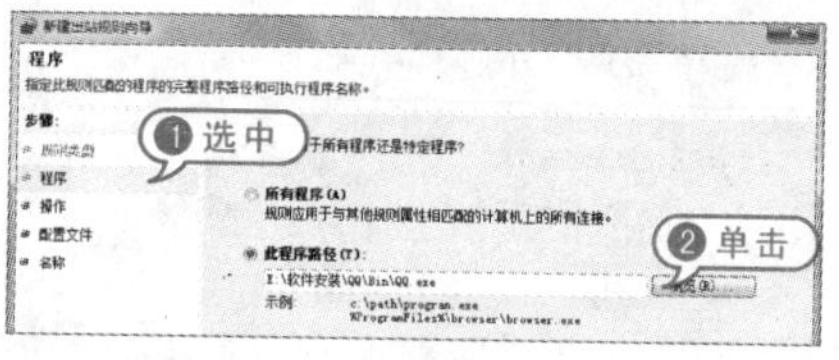

21 在左侧【步骤】列表中，选择【操作】选项，选中【阻止连接】单选按钮。

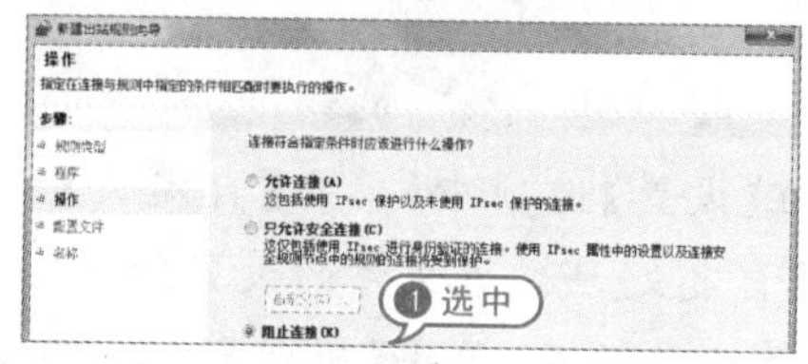

22 在左侧【步骤】列表中，选择【配置文件】选项，选中【域】【专用】【公用】复选框。

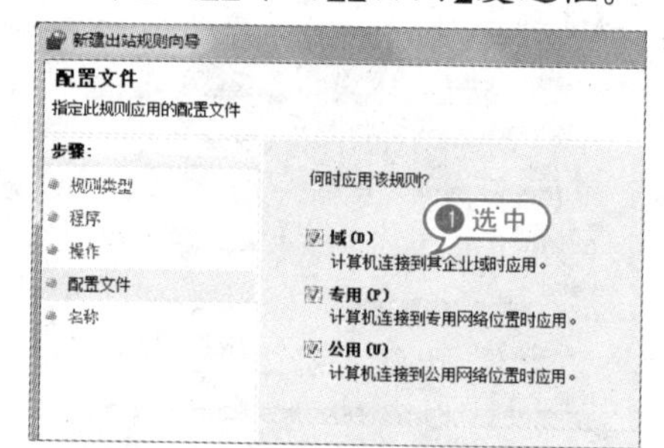

23 在左侧【步骤】列表中，选择【名称】选项，在【名称】和【描述】文本框中，输入相应内容，单击【完成】按钮。

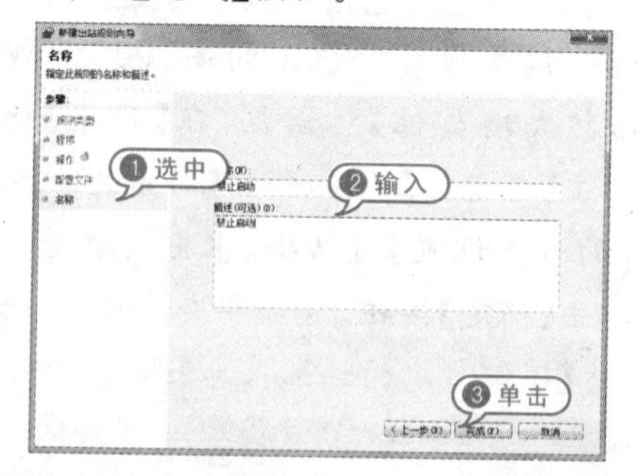

24 返回【高级安全 Windows 防火墙】对话框，查看新添加的规则。

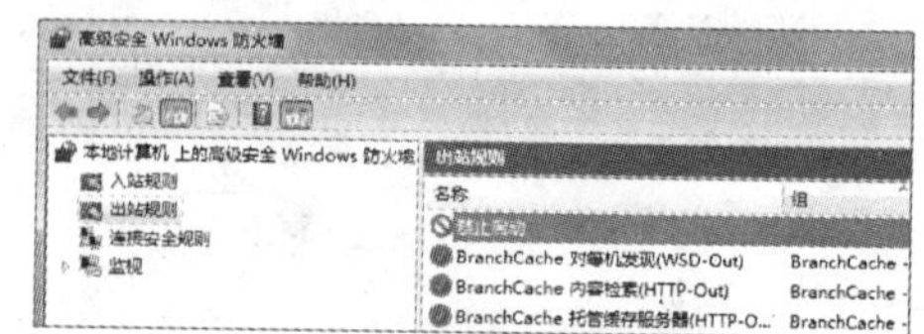

10.2 使用工具防范黑客

本节介绍几种常用黑客和防范黑客的工具，通过这些工具可以了解黑客攻击手段，掌握防范黑客攻击的方法，堵住可能出现的各种漏洞。这虽然只是初级黑客甚至是不算黑客的黑客所使用的工具，但这些工具对普通用户的杀伤力却是非常大的。

10.2.1 网络检测工具

Colasoft Capsa 是一款很容易使用的基于 TCP/IP 协议的网络监测、嗅探、分析工具，使用此程序，可以帮助用户捕获本地和网络中的 IP 数据包，并进行分析监测。

【例 10-9】使用网络检测工具。视频

01 双击【Colasoft Capsa】软件启动程序，双击【Full Analysis(全部分析)】按钮。

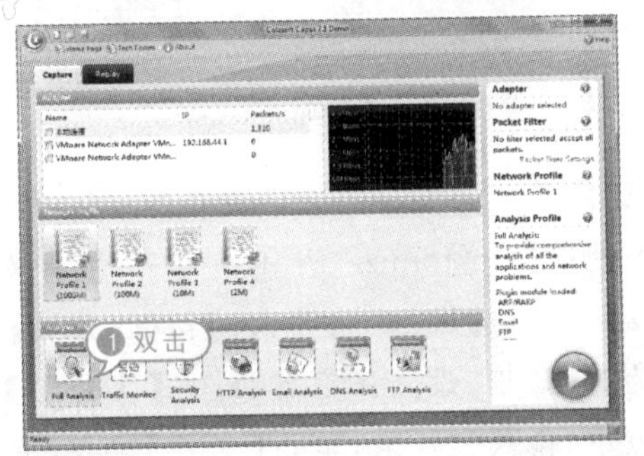

02 弹出【Modify Analysis Profile(修改分析简介)】对话框，选中选项前对应的复选框后，单击【Next】按钮。

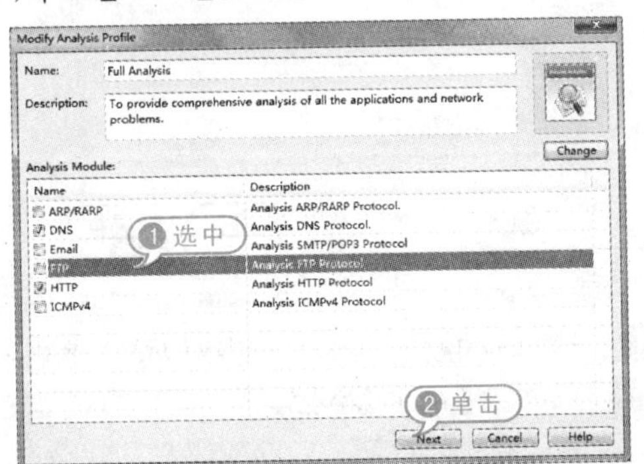

03 弹出【Analysis Profile Options(分析简介选项)】对话框，在左侧窗格选中【Analysis Object(分析对象)】选项，选中需要分析的选项前对应的复选框。

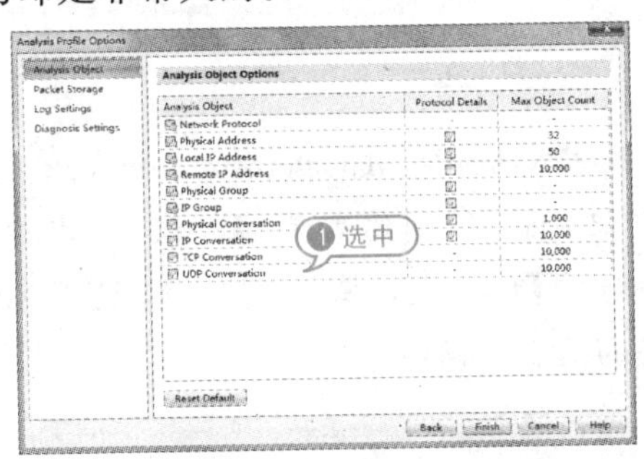

04 在左侧窗格选中【Packet Storage(数据包)】选项，设置数据包缓冲区的大小。

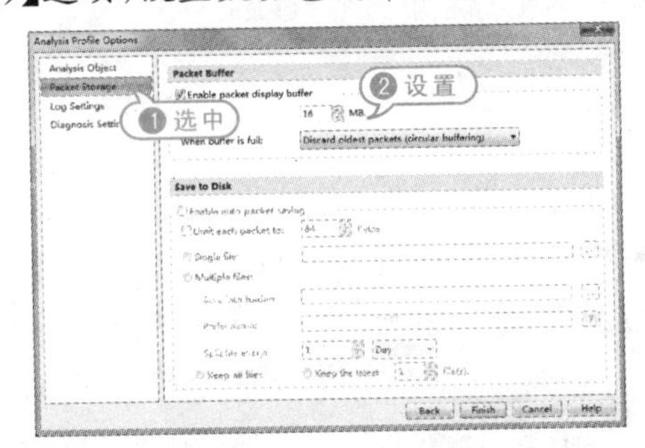

05 在左侧窗格选中【Log Settings(日志设置)】选项，设置需要保存的日志类型。

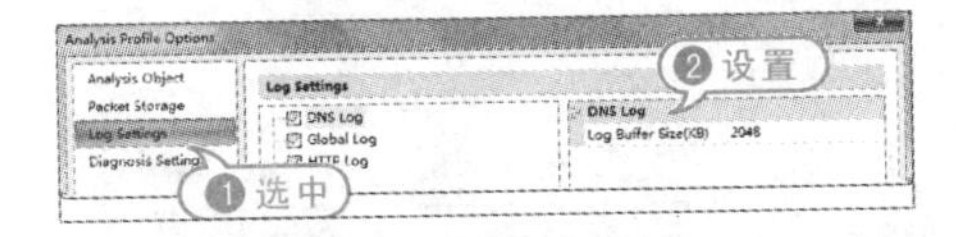

06 在左侧窗格选中【Diagnosis Settings(诊断设置)】选项，设置诊断分析的各属性。单击【Finish】按钮，完成设置。

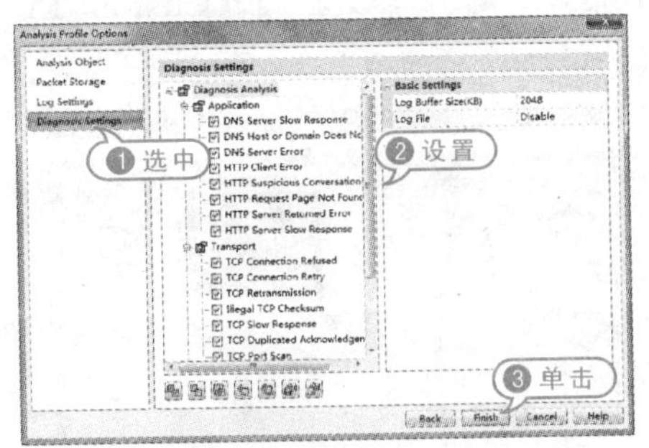

07 返回【Colasoft Capsa】对话框，双击

【Network Profile 1(网络配置 1)】按钮。

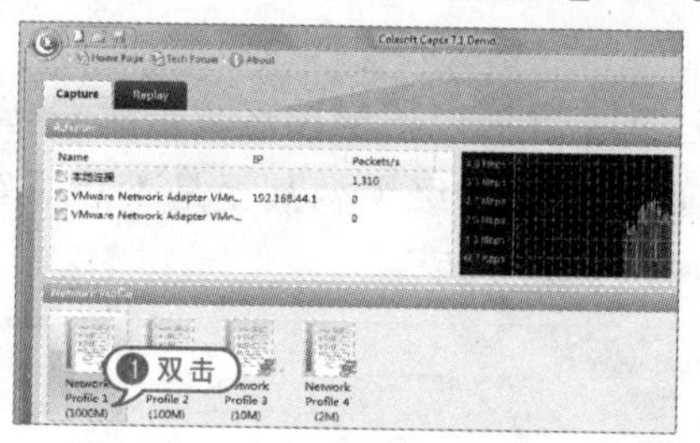

08 弹出【Profile Management-Network Profile1(配置管理-网络配置)】对话框,在左侧窗格选中【General(基本)】选项,设置网络配置的名称和网络带宽。

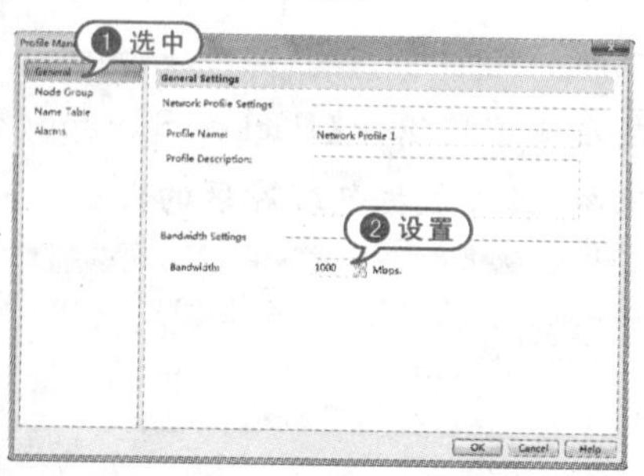

09 在左侧窗格选中【Node Group(节点组)】选项,进行添加、导入、导出节点组。

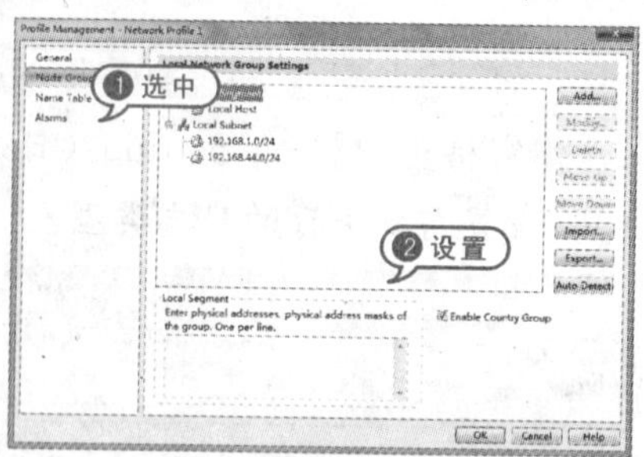

10 返回【Colasoft Capsa】对话框,单击按钮,在弹出的菜单中,选中【Local Engine Settings(本地引擎设置)】|【Custom Protocol(普通协议)】选项。

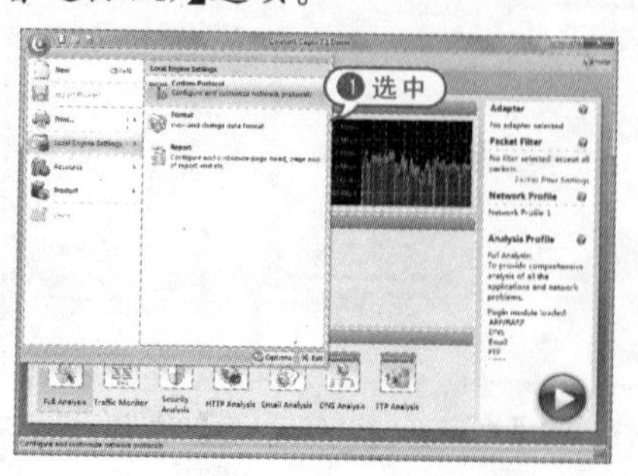

11 弹出【Customize Protocol(普通协议)】对话框,可以进行添加、修改、导入和导出协议等操作。选中需要修改的协议,单击【Modify(修改)】按钮。

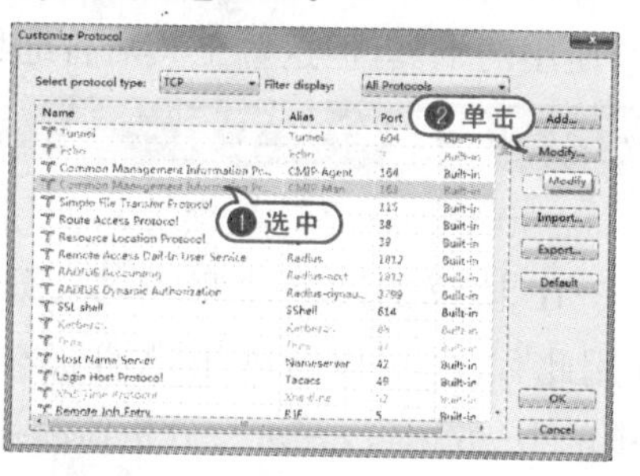

12 弹出【Modify Protocol(修改协议)】对话框,进行修改协议,单击【OK】按钮。

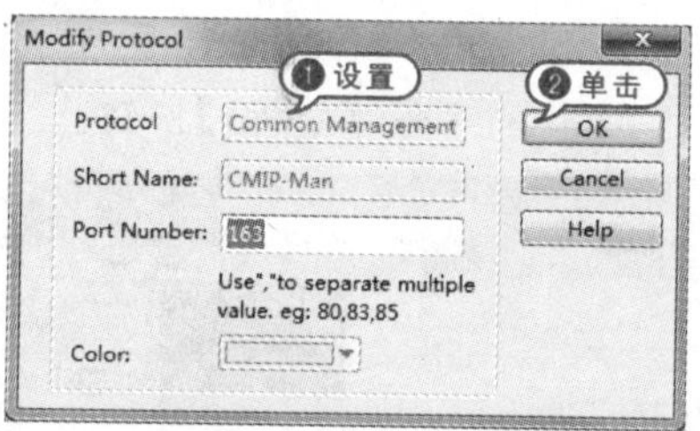

13 返回【Customize Protocol(普通协议)】对话框,单击【Export(导出)】按钮,弹出【另存为】对话框,设置保存路径,在【文件名】文本框中,输入文件名,单击【保存】按钮,完成导出协议操作。

14 弹出【Export successfully(成功导出)】提示框,单击【确定】按钮。

15 返回【Colasoft Capsa】对话框，单击按钮，在弹出的菜单中，选中【Local Engine Settings（本地引擎设置）】|【Format（格式）】选项，弹出【Local Engine Settings（本地引擎设置）】对话框，在左侧窗格选择【Display Format（显示格式）】选项，设置显示网络数据的具体格式。

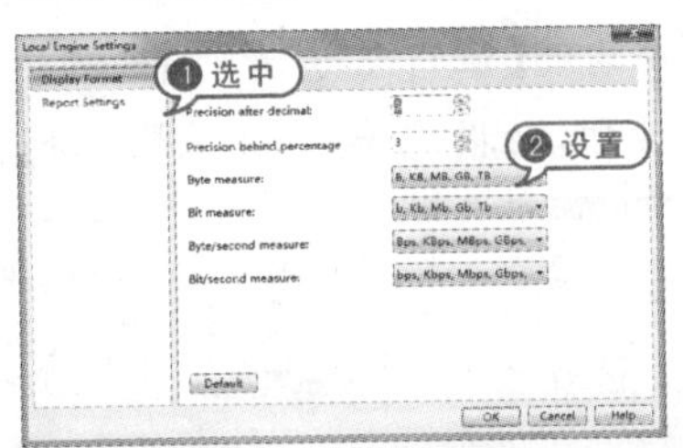

10.2.2 多功能系统工具

Windows 魔法助手具有系统清理和文件处理的功能，其中系统清理包括了文件日常清理、注册日常清理、其他日常清理、启动项目清理、软件卸载清理、磁盘文件清理、注册信息清理；文件处理包括了文件信息设置、文件资料粉碎。

Windows 魔法助手几乎包括了平时最常用的所有工具，帮助清理系统中无用的文件，释放被占用的硬盘空间，让系统运行更流畅。文件处理不仅可以对文件进行替换、插入、提取等操作，资料粉碎功能更保证了文件的安全性。

【例 10-10】使用多功能系统工具。视频

01 双击【Windows 魔法助手】软件启动程序，单击【扫描】按钮。

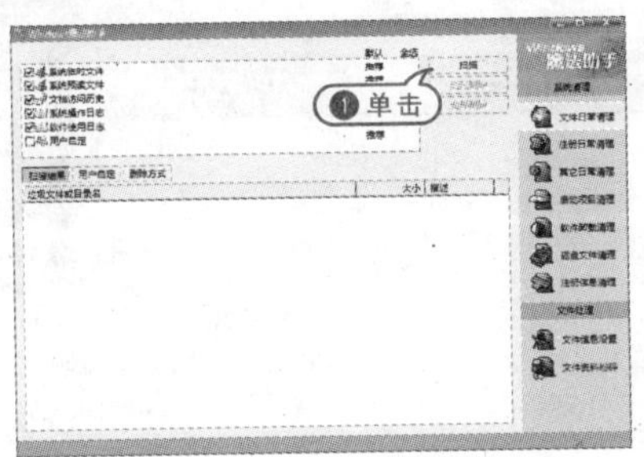

02 扫描完毕后，选中【删除方式】选项卡，选中【垃圾文件放回收站(推荐)】单选按钮。

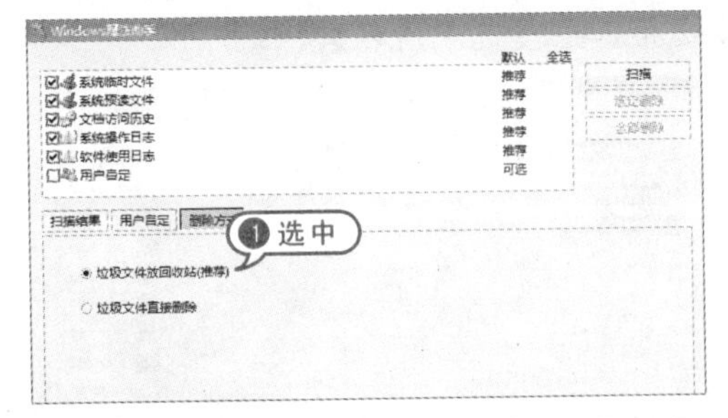

03 选中【扫描结果】选项卡，单击【全部删除】按钮。或在列表中，单独选定需要删除的垃圾文件，单击【选定删除】按钮。

04 弹出提示框，稍等片刻，删除垃圾文件。

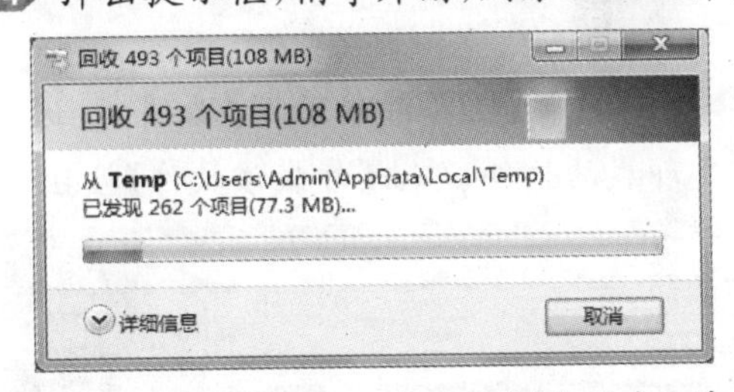

05 选择右侧【注册日常清理】选项卡，单击【扫描】按钮，扫描完毕后，单击【全部删除】按钮。

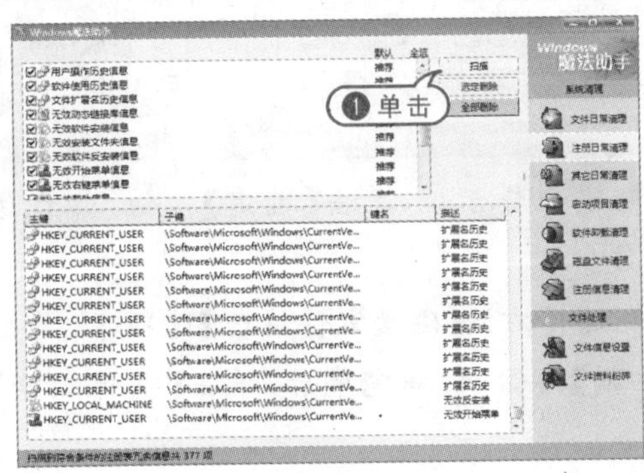

06 选择右侧【其它日常清理】选项卡，单击【全部扫描】按钮，选择需要清理的选项前的复选框，单击【选定清理】按钮。

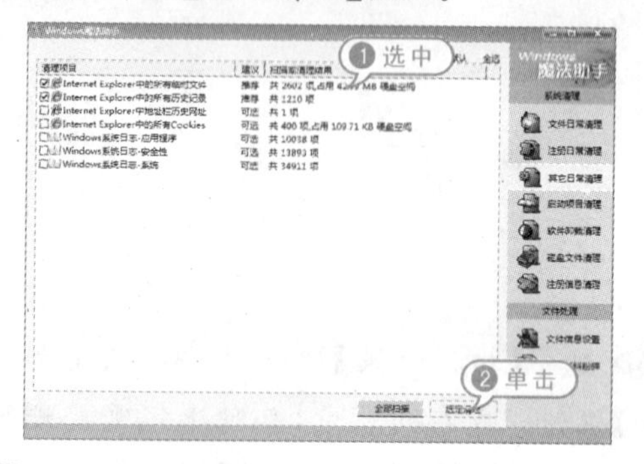

07 选择右侧【启动项目清理】选项卡，选择需要删除的选项前的复选框，单击【选定删除】按钮。

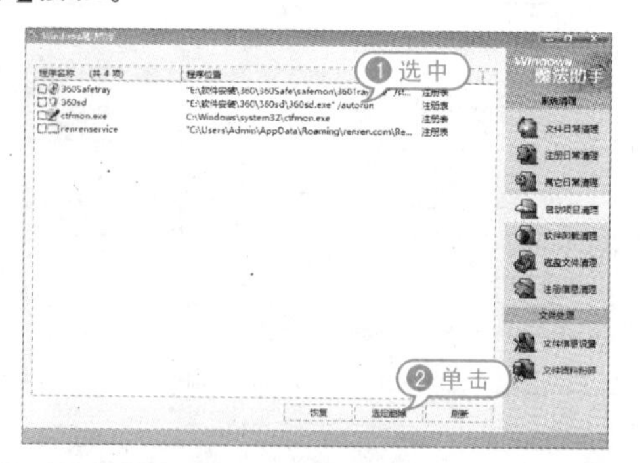

08 选择右侧【软件卸载清理】选项卡，选中需要卸载的软件，单击【卸载该软件】按钮。

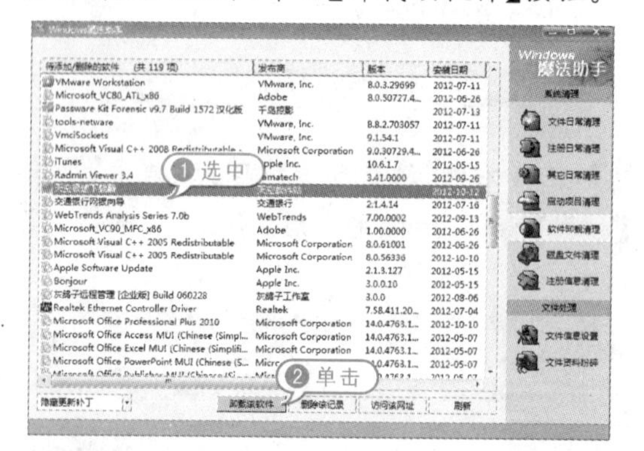

09 弹出提示框，单击【确定】按钮，卸载该软件。

10 选择右侧【磁盘文件清理】选项卡，单击【扫描】按钮，扫描完毕后，单击【全部删除】按钮。

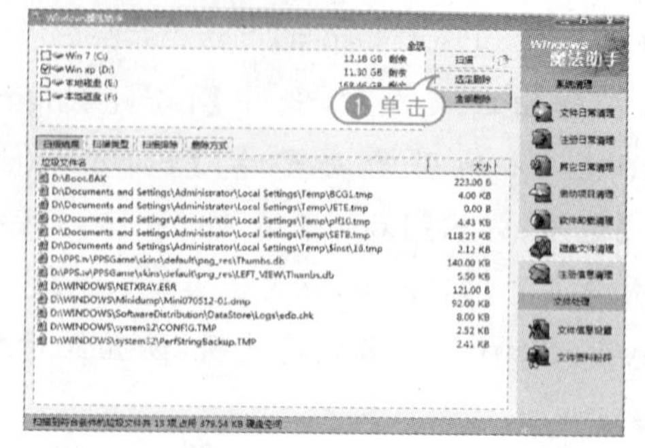

11 选择右侧【注册信息清理】选项卡，单击【扫描】按钮，扫描完毕后，单击【备份】按钮。

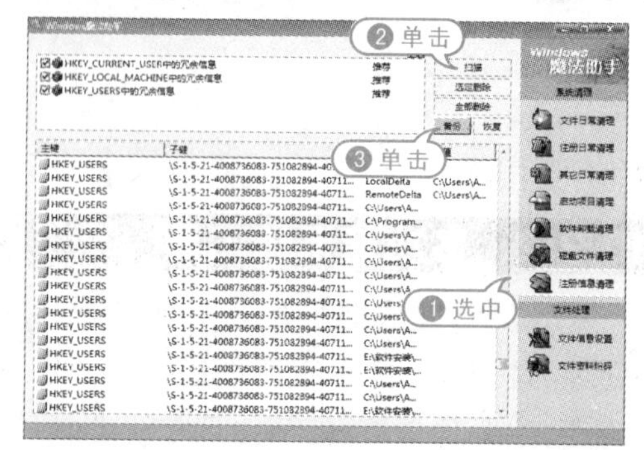

12 稍等片刻，弹出【备份成功】提示框，单击【确定】按钮。返回【注册信息清理】选项卡，进行删除。

13 单击【恢复】按钮，选中需要恢复的文件选项，单击【选定恢复】按钮，恢复误删的注册信息。

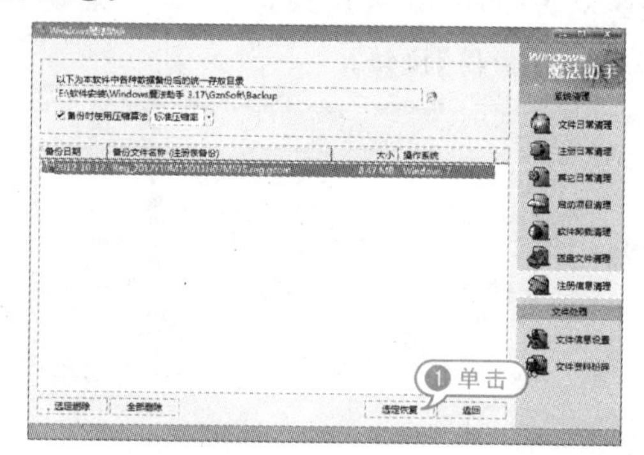

14 选中右侧【文件资料粉碎】选项卡，单击【文件选择】按钮，弹出【请选择您要粉碎的文件】对话框，选择需要粉碎的文件，单击【打开】按钮。

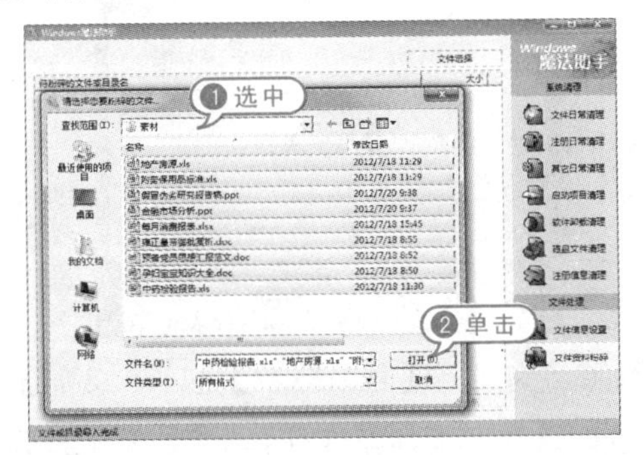

15 返回【文件资料粉碎】选项卡，单击【全部粉碎】按钮。

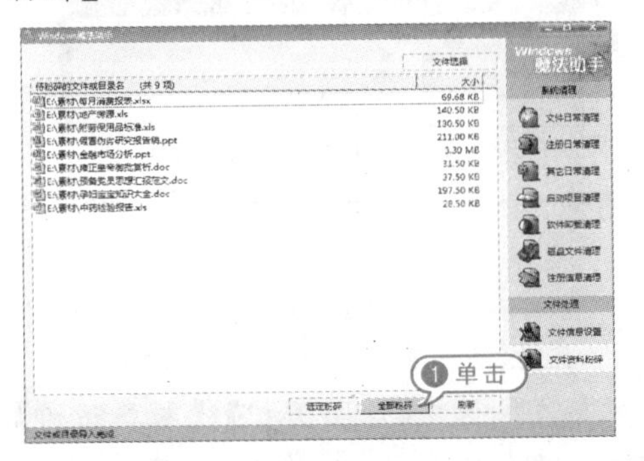

16 弹出【文件粉碎】提示框，单击【确定】按钮，完成文件粉碎。

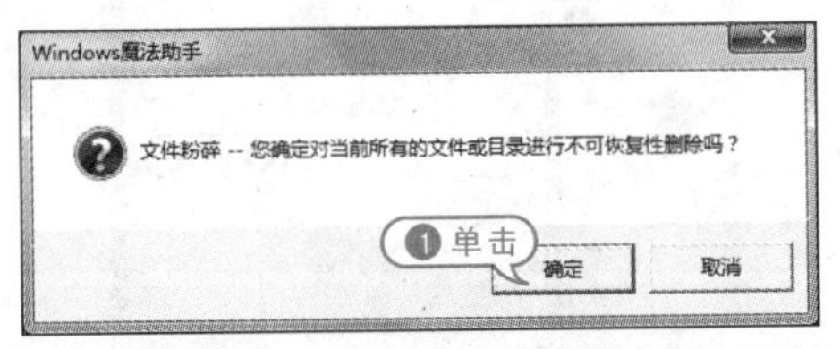

10.2.3 瑞星杀毒软件

瑞星品牌是中国最早的计算机反病毒标志之一。针对互联网上大量出现的恶意病毒、挂马等，瑞星智能云安全系统可自动收集、分析、处理，阻截木马攻击、黑客入侵等，为用户提供智能化的整体上网安全解决方案。

【例 10-11】使用瑞星杀毒软件查杀计算机中的木马病毒与入侵防范的设置。视频

01 双击【瑞星杀毒软件】软件启动程序，选中【设置】选项。

02 弹出【瑞星杀毒软件设置】对话框，在左侧选中【查杀设置】|【快速查杀】选项，根据需要进行设置。

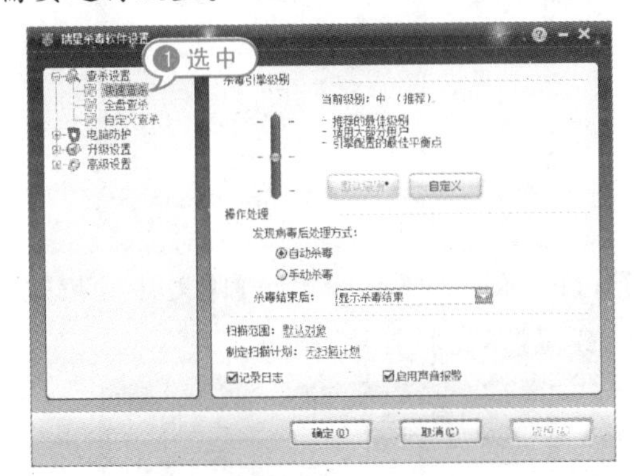

03 在左侧选中【查杀设置】|【全盘查杀】选项，选中【排除目录】|【设置】选项。

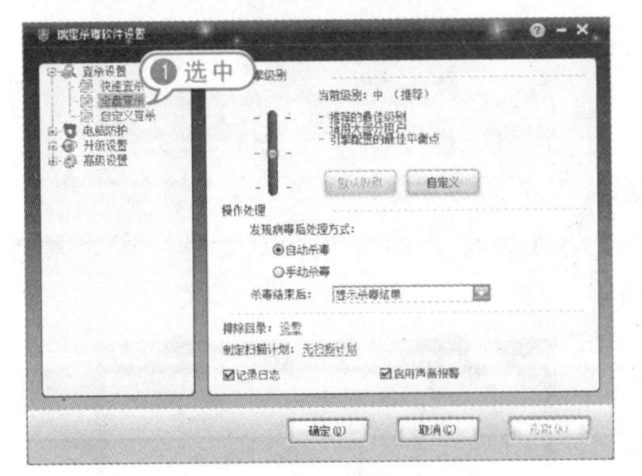

04 弹出【排除查杀目标】对话框，单击【添加】按钮，弹出【浏览文件或文件夹】对话框，选择需要添加的文件路径，单击【确定】按钮。

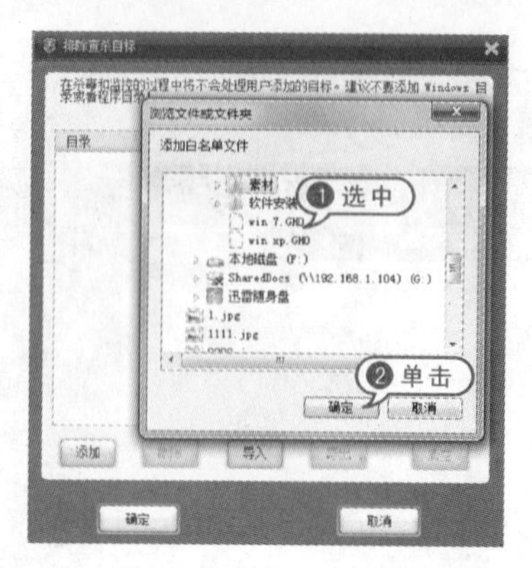

05 返回【瑞星杀毒软件设置】对话框，在左侧选中【查杀设置】|【自定义查杀】选项，根据需要进行设置。

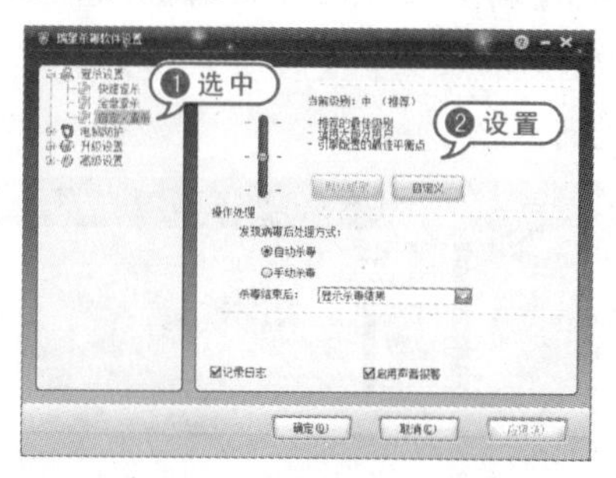

06 在左侧选中【电脑防护】|【文件监控】选项，设置【不监控目录】选项。

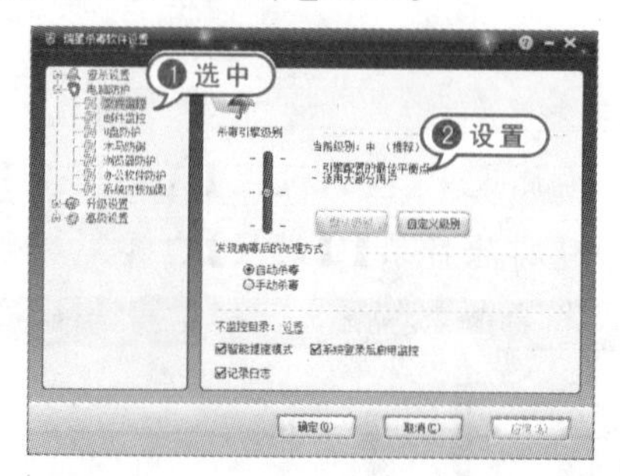

07 在左侧选中【电脑防护】|【邮件监控】选项，发现病毒后的方式，以及邮件客户端参数等。

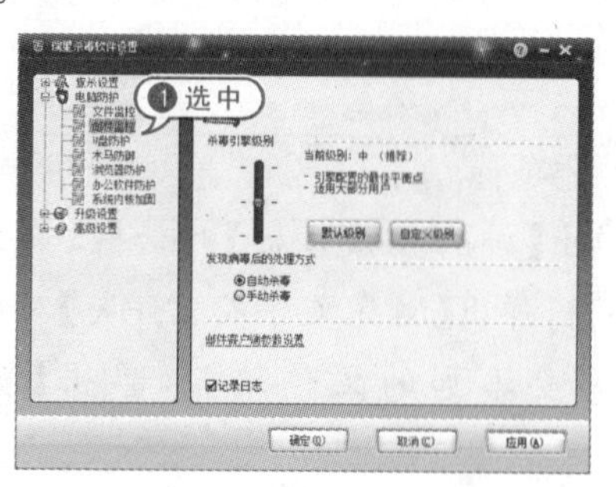

08 弹出【SMTPOUTLOOK 设置】对话框，设置扫描方式，选中对应选项前的复选框，单击【确定】按钮。

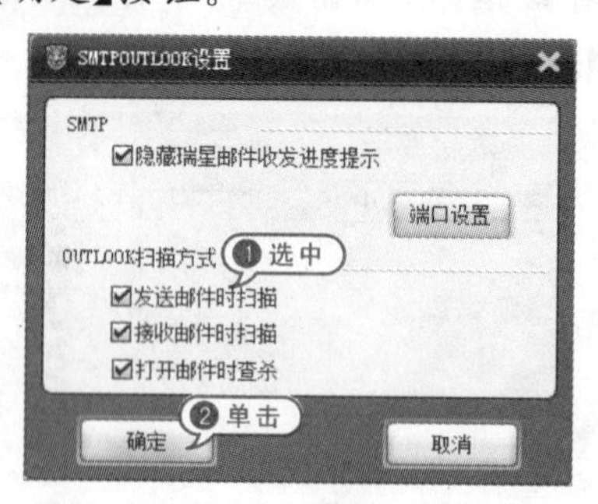

09 在左侧选中【电脑防护】|【U 盘防护】选项，设置【自动阻止】选项，选中【立即扫描】单选按钮。

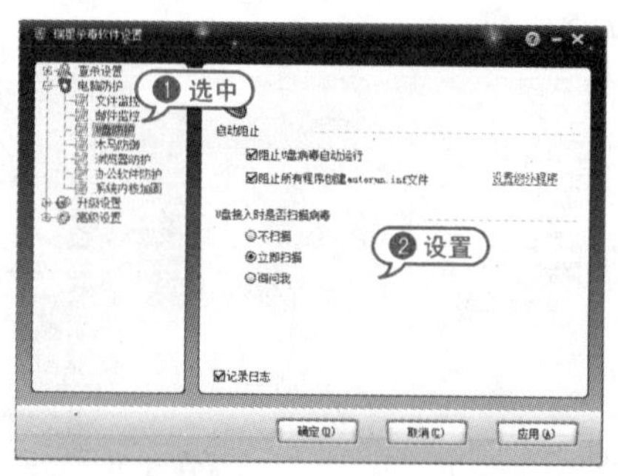

10 在左侧选中【电脑防护】|【木马防御】选项，选择【自动阻止未知木马运行】单选按钮。

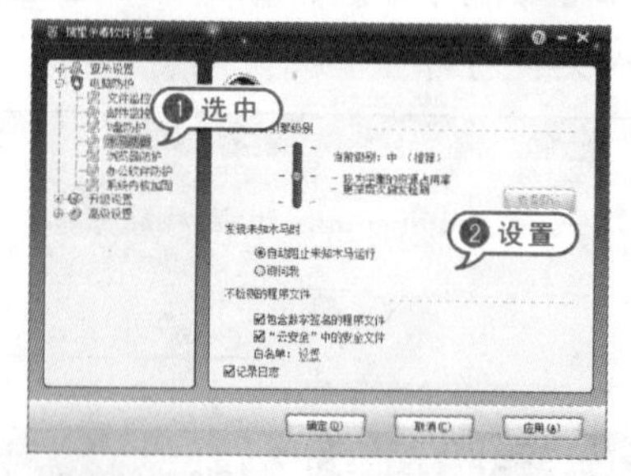

11 在左侧选中【电脑防护】|【浏览器防护】选项，保持默认设置。

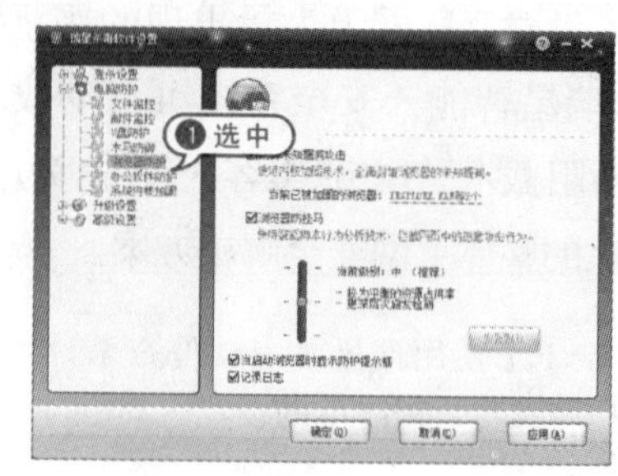

12 在左侧选中【电脑防护】|【办公软件防护】选项，选中【防御未知漏洞攻击】复选框。

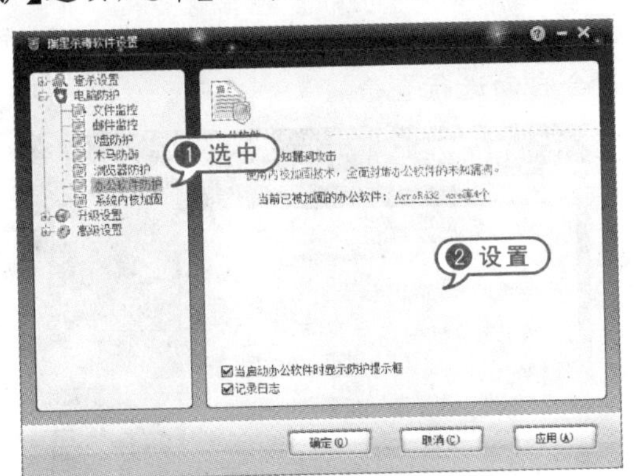

13 在左侧选中【电脑防护】|【系统内核加固】选项，选中【初级模块】单选按钮，选中对应的【修改】选项。

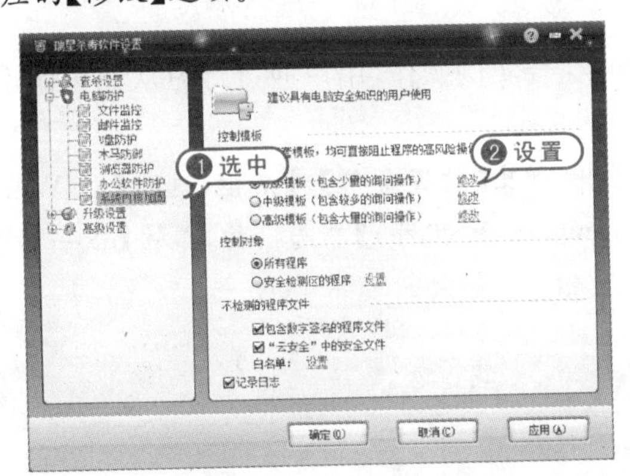

14 弹出【系统内核加固-修改初级模版】对话框，设置规则及触发规则时的操作，单击【确定】按钮。

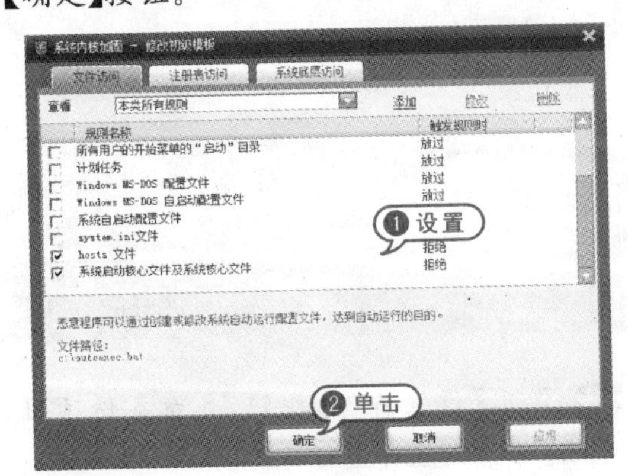

15 在左侧选中【升级设置】选项，在【升级频率】下拉列表中，选择【即时升级】选项。

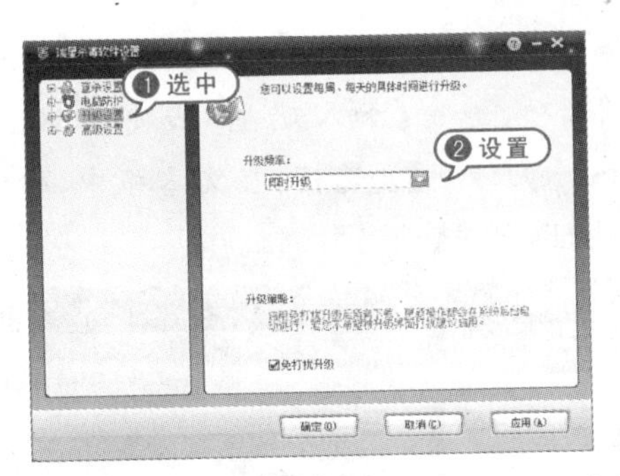

16 在左侧选中【高级设置】选项，选中【自动备份染毒文件到病毒隔离区】复选框，设置日志保留天数。

17 在左侧选中【高级设置】|【软件安全】选项，选中【使用密码】单选按钮。

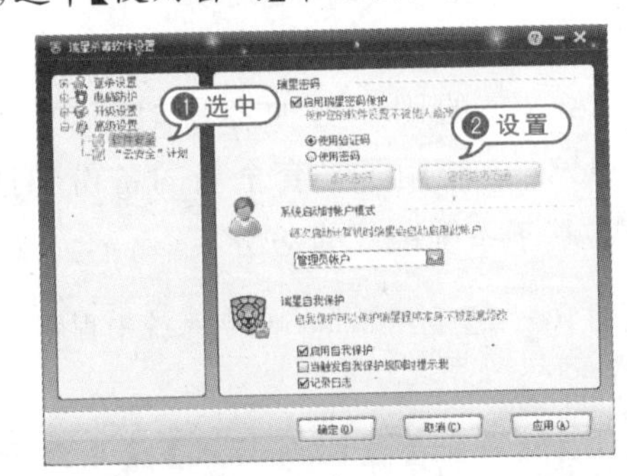

18 弹出【设置密码】对话框，在【输入密码】和【确认密码】文本框中，输入密码，并设置【密码应用范围】选项，单击【确定】按钮。

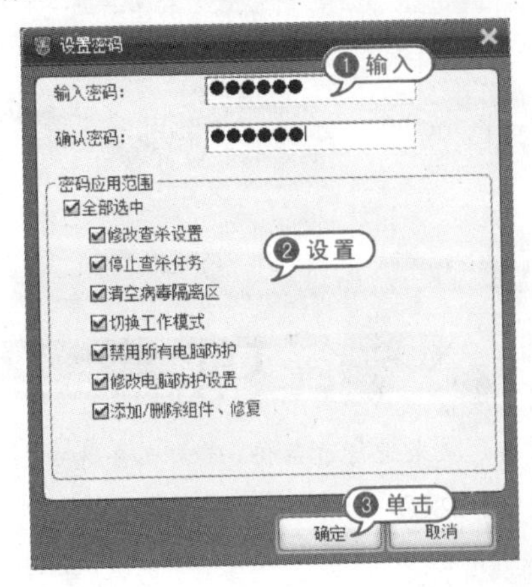

19 在左侧选中【高级设置】|【"云安全"计划】选项，选中【加入瑞星"云安全"(Cloud Security)计划】复选框，在文本框中，输入邮箱地址，单击【确定】按钮。

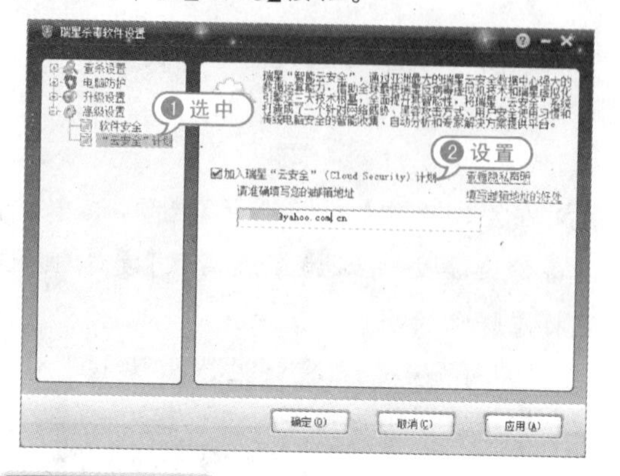

20 返回【瑞星杀毒软件】对话框，单击【全盘查杀】按钮。

21 程序进行扫描病毒扫描，如有病毒，软件会自动进行查杀。

10.3 实战演练

本章的实战演练部分介绍备份 Windows 7 的综合实例操作，用户通过练习从而巩固本章所学知识。

为了适应新的系统特性，同时方便 Windows 7 的用户更加容易地保护系统，Windows 7 使用了一套全新的备份和还原方式：基于系统镜像的备份。

【例 10－12】利用 Windows 7 系统中程序备份 Windows 7 系统。视频

01 选择【开始】|【控制面板】|【系统和安全】|【备份和还原】选项，弹出【备份和还原】对话框，选中【设置备份】选项。

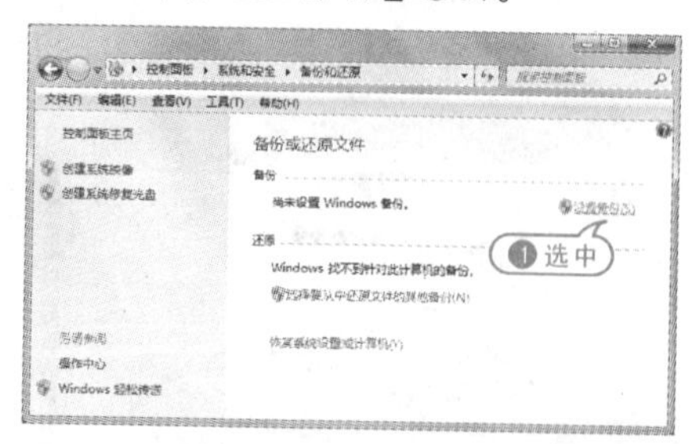

注意事项

如果用户从未进行过备份，只需点击选中【创建系统镜像】选项即可开始进行全新的备份。

02 弹出【设置备份】对话框，选中【让 Windows 选择(推荐)】单选按钮，单击【下一步】按钮。

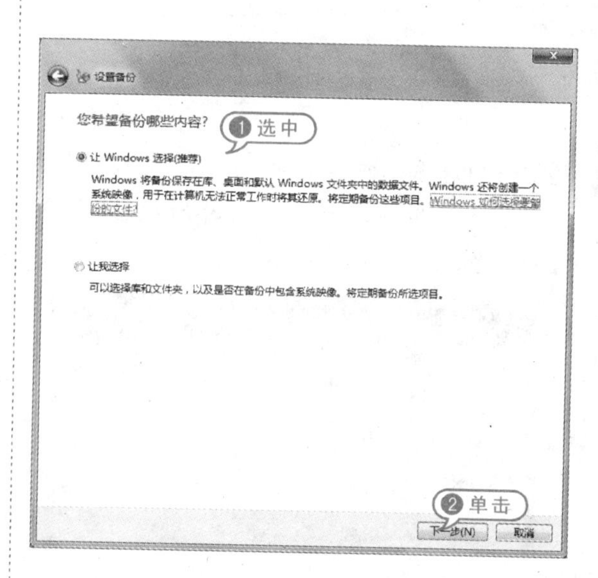

03 弹出【设置备份】按钮，查看备份项目，单击【保存设置并进行备份】按钮。

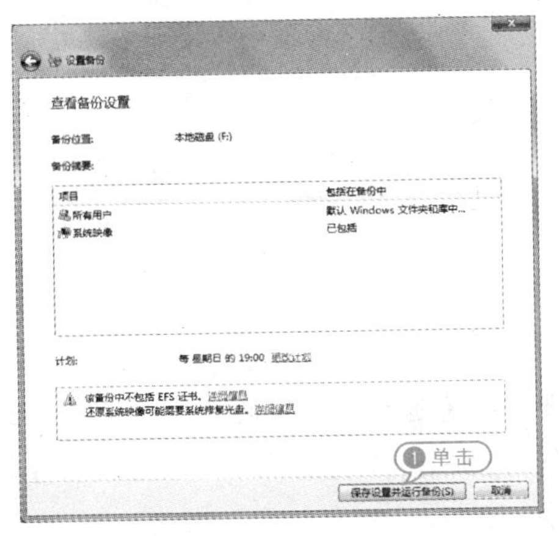

04 弹出【备份或还原文件】对话框，文件进行备份，单击【查看详细信息】按钮。

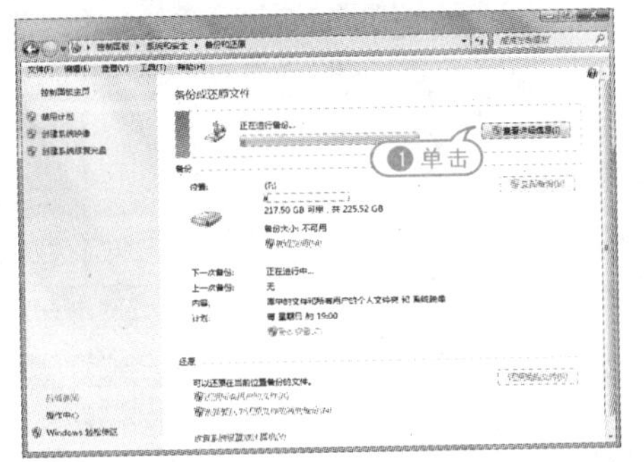

05 查看文件备份的进度，文件越大备份所需要的时间就越长。

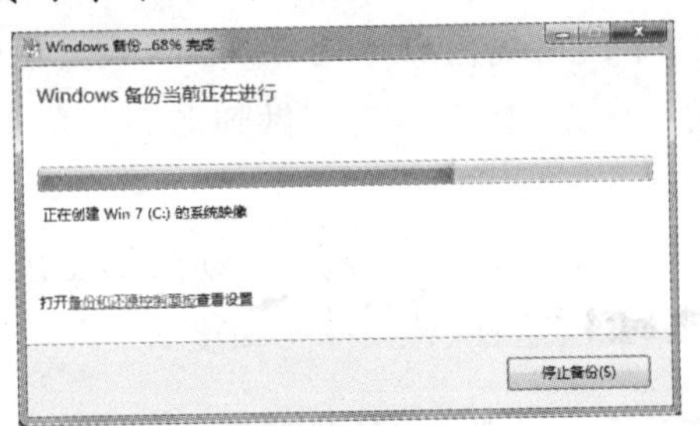

06 文件备份完毕后，单击【还原我的文件】按钮。

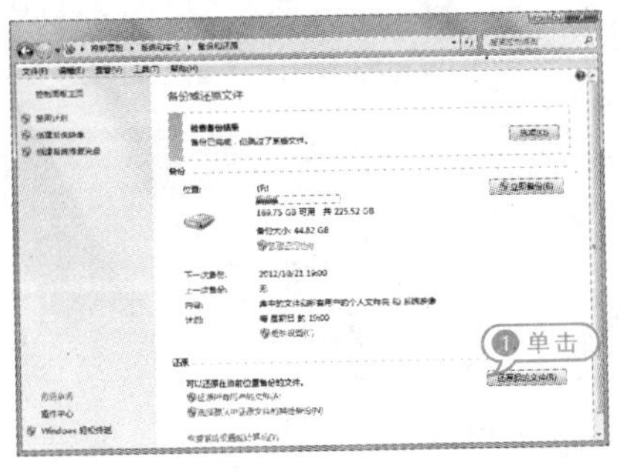

07 弹出【还原文件】对话框，单击【浏览文件夹】按钮。

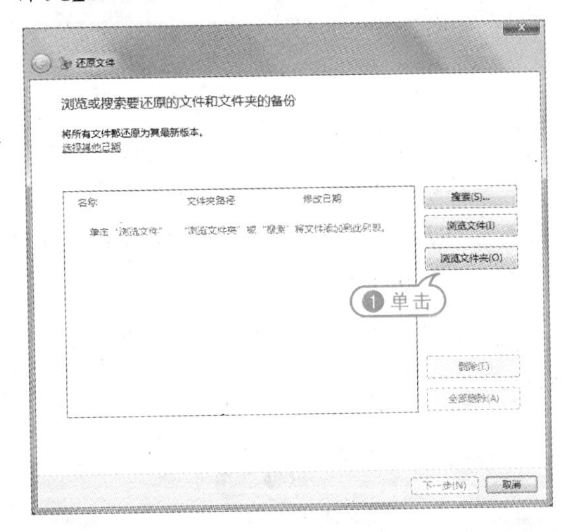

08 弹出【浏览文件夹或驱动器的备份】对话框，选中需要还原的文件的备份文件夹，单击【添加文件夹】按钮。

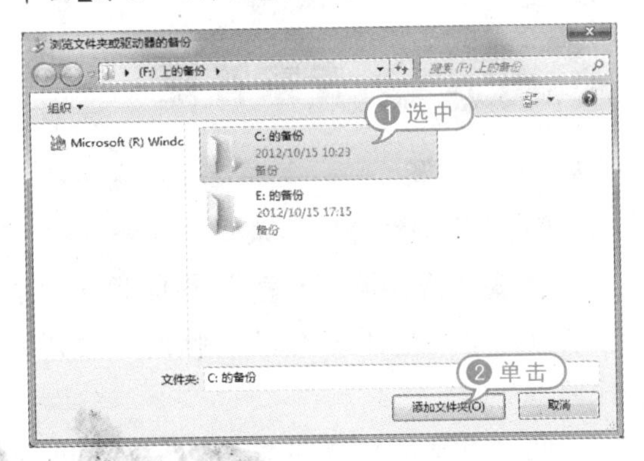

09 弹出【还原文件】对话框，选中【在原始位置】单选按钮，单击【还原】按钮。

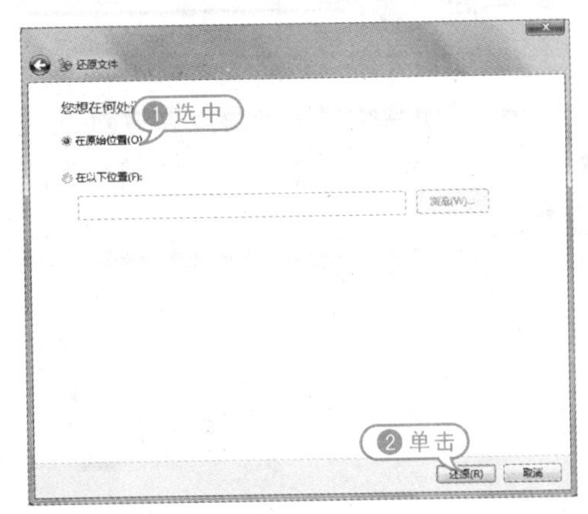

10 文件进行还原，稍等片刻，单击【完成】按钮。

11 返回【备份或还原文件】对话框，选中【管理空间】选项。

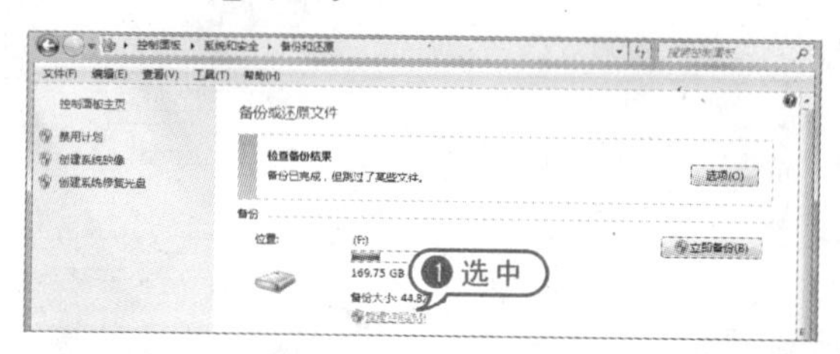

12 弹出【管理 Windows 备份磁盘空间】对话框，查看空间使用情况，单击【查看备份】按钮。

13 弹出【选择要删除的备份期间】对话框，选中需要删除的备份，单击【删除】按钮即可。

10.4 专家答疑

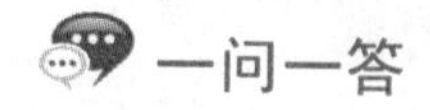

一问一答

问：除了本章介绍的杀毒软件外，还有哪些常用的杀毒、防毒软件？

答：360 杀毒是永久免费、性能超强的杀毒软件，中国市场占有率第一。360 杀毒采用领先的五引擎，全面保护您的电脑拥有完善的病毒防护体系，且唯一真正做到彻底免费、无需任何激活码。

金山毒霸 2011 是世界首款应用"可信云查杀"的杀毒软件，全面超越主动防御及初级云安全等传统方法，配合金山可信云端体系，实现了极佳的安全性、检出率与速度。

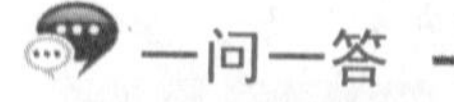

一问一答

问：如何关闭系统声音？

答：关闭系统提示音可以释放点系统资源，选择【开始】|【控制面板】|【声音】选项，弹出【声音】对话框，选择【声音】选项卡，取消选中的【播放 Windows 启动声音】复选框，单击【确定】按钮。

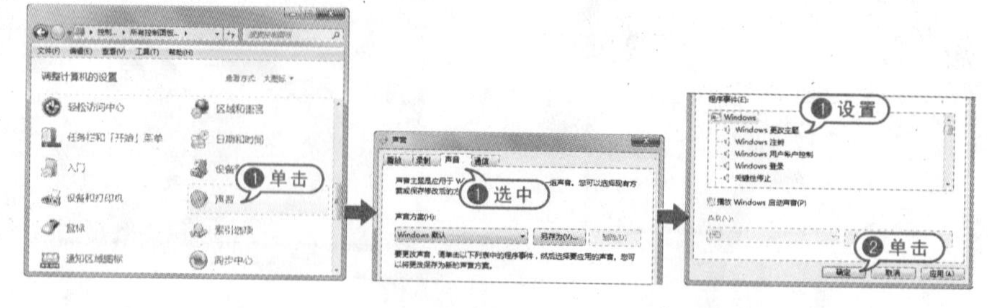